# Trio 2

## Gesellschaftslehre

**Autoren:**
Christa Forster, Hofheim
Egbert Klöckner, Wiesbaden
Zdena Steffen, Hanau
Hartmann Wunderer, Wiesbaden
Reinhard Ziegler, Hanau

**Schroedel**®

Mit Beiträgen von:
Bauer, Thomas; Bösch, Markus; Braun, Thomas; Castelle, Lars-Pierre, Dietz, Joachim; Grosser, Walther; Hermann, Gunnar; Kahlert, Georg; Kuchler, Evelyn; Langbein, Andreas; Libera, Renata; Mager, Franz-Peter; Meier, Hartmut; Mertins, Harald; Mühlberger, Wolfgang; Pandel, Hans-Jürgen; Rein, Christiane; Ruckenbrod, Johannes; Sauer-Sapp, Nicole; Schroeder, Anke; Schuster, Karl-Anton; Schutzbach, Hans-Jürgen; Senft, Astrid; Spangenberg, Justus; Spanger, Jürgen; Storm, Detlef; Sutor, Gerhard; Vorrath, Dieter; Wagner, Herbert; Weinhold, Volkmar; Wolf, Dagmar; Wolf, Heinz-Ulrich



Druck A $^{1}$ / Jahr 2009

Alle Drucke der Serie A sind im Unterricht parallel verwendbar, da bis auf die Behebung von Druckfehlern untereinander unverändert. Die letzte Zahl bezeichnet das Jahr dieses Druckes.

Redaktion: Matthias Meinel
Karten, Grafiken: Freier Redaktionsdienst, Berlin; Heidolph, Kottgeisering
Satz: Yvonne Behnke
Druck und Bindung: westermann druck GmbH, Braunschweig

ISBN 978-3-507-**36 117-1**

## 1 Das römische Weltreich und seine Einflüsse auf die Anfänge Europas

## 2 Wir in der Welt – die Welt bei uns

## 3 Mittelalterliche Lebenswelten

## 4 Jugend und Recht

## 7 Vom mittelalterlichen Weltbild zur Moderne

## 8 Herr-liche Zeiten – heute vorbei?

## 9 Unberechenbarer Planet Erde?!

# 1 Das römische Weltreich und seine Einflüsse auf die Anfänge Europas

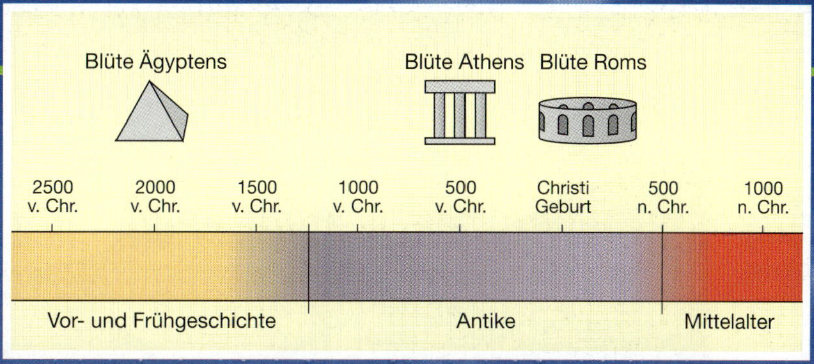

*Colosseum in Rom*

## Sagen und Legenden zur Gründung Roms

*10.1*

11.1 *Die römische Wölfin ist das Wahrzeichen Roms. Die Bronzeplastik stammt aus der Zeit um 500 v. Chr. Erst viel später wurden die Zwillinge Romulus und Remus hinzugefügt.*

## Rom – Stadt auf sieben Hügeln

Der Sage nach soll die Gründung Roms durch Romulus und Remus im Jahr 753 v.Chr. gewesen sein. Deshalb lautet ein alter Merksatz:
*7–5–3: Rom schlüpft aus dem Ei.*
Tatsächlich aber war Rom zu dieser Zeit noch ein kleines Bauerndorf auf einem Hügel im Sumpfgebiet des Flusses Tiber. Die ersten Römer lebten in einfachen Hütten mit Strohdächern und Lehmfußböden. Sie züchteten Schafe und bauten auf den fruchtbaren Feldern Getreide an. Um dieses Dorf herum ragten noch weitere sechs Hügel aus dem Sumpfgebiet. Auch dort siedelten Hirten und Bauern.
Später schlossen sich diese Dörfer zu einer Stadt zusammen. Zur besseren Verteidigung wurde um die sieben Hügel eine Steinmauer gezogen. Ein großer Fortschritt war der Bau eines großen Abwassersystems. Durch Kanäle wurden die sumpfigen Ebenen trockengelegt.
Die Lage der neuen Stadt war für die weitere Entwicklung sehr günstig: Eine Fernhandelsstraße führte vorbei und mit Schiffen konnten die Römer auf dem Tiber das nahe Meer erreichen.
Innerhalb weniger Jahrhunderte wurde aus dem ehemaligen Hirten- und Bauerndorf am Tiber der Mittelpunkt eines mächtigen Weltreichs. Um Christi Geburt schrieb ein römischer Geschichtsschreiber:
*„Roms Kriegsruhm ist so überwältigend, dass die Völker der Erde glauben, der Vater seines Gründers sei der Kriegsgott Mars gewesen."*

### Die Sage von Romulus und Remus

*In Italien lebte einst der gütige und friedliche König Numitor. Aber sein gewalttätiger Bruder Amulius stürzte den König und vertrieb ihn. Außerdem bestimmte er, dass Rhea Silva, die Tochter des gestürzten Königs, Priesterin werden sollte. Priesterinnen mussten ehelos bleiben. So versuchte Amulius das Erbe seines Bruders und die Herrschaft als König für sich zu sichern.*
*Doch Rhea Silva heiratete heimlich den Kriegsgott Mars. Sie wurde schwanger und brachte die Zwillinge Romulus und Remus zur Welt. Gleich nach der Geburt ließ der grausame Amulius die beiden Zwillinge in einem Schilfkorb auf dem Fluss Tiber aussetzen.*
*Der Schilfkorb blieb aber an einer Stelle am Ufer hängen. Dort fand eine Wölfin die Zwillinge und säugte sie. Schließlich entdeckte ein Hirte die Jungen. Er nahm sie zu sich und zog sie auf.*
*Romulus und Remus wuchsen zu kräftigen jungen Männern heran. Als sie von ihrer königlichen Herkunft erfuhren, verjagten sie den grausamen Großonkel Amulius. Ihr Großvater Numitor wurde wieder rechtmäßiger König im Land.*
*Romulus und Remus beschlossen nun, am Fluss Tiber eine neue Stadt zu gründen. Dabei zerstritten sich die Zwillingsbrüder. Im Streit erschlug Romulus den Remus. Romulus wurde erster König der neuen Stadt, die nach ihm benannt wurde: Rom.*

**AUFGABEN >>**

1. Gestaltet in Gruppenarbeit diese Sage als Bildergeschichte oder Comic.
2. Vergleicht die Sage von der Gründung Roms mit dem Sachtext oben. Welcher Text gefällt euch besser? Begründet eure Meinung.
3. Überlegt, warum die Römer diese Sage über die Gründung ihrer Stadt erfunden haben könnten.

## Rom – Zentrum der Macht

Rom war die Hauptstadt des Römischen Reiches. Sie lag verkehrsgünstig am Fluss Tiber (> S. 11). Viele Straßen führten nach Rom. „Alle Wege führen nach Rom", hieß es deshalb seinerzeit in einem Sprichwort. Zur Zeit des Kaisers Augustus (> S. 15) hatte die Stadt über eine Million Einwohner. Rom war Sitz des Kaisers und Mittelpunkt der Macht. Augustus begann sich deshalb seine Hauptstadt prächtig auszuschmücken. Er baute neue Paläste, Tempel und Straßen (Abb. 12.1, 13.1 und Quellentext).

Auf dem Marktplatz, dem Forum Romanum, trafen sich Menschen aller Sprachen und Völker. Hier wurde die Politik des Weltreiches gemacht, hier wurden Geldgeschäfte erledigt, Handelsverträge abgeschlossen und Gerichtsprozesse abgehalten. Rom bot in Theatern und im Zirkus viele einmalige Vergnügungen (> S. 17). Der Kaiser sorgte bisweilen durch Getreidespenden für die Versorgung der Stadtbewohner.

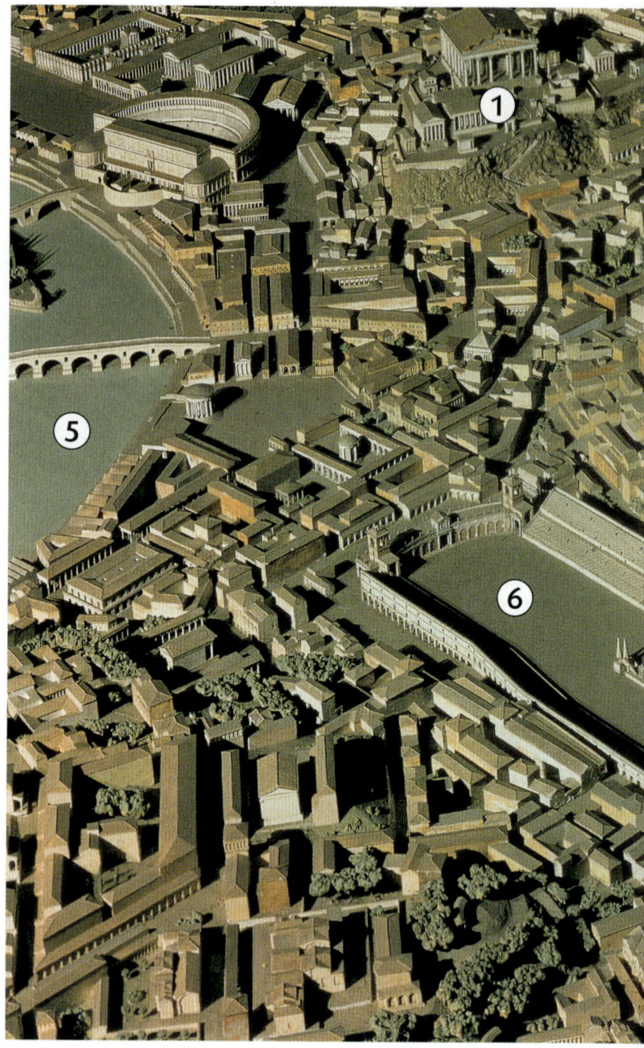


**AUFGABEN >>**

1 Kaiser Augustus tat sehr viel für die Stadt Rom. Beschreibt. Ordnet dazu die Ziffern der Textquelle dem Modell (Abb. 13.1) zu.
2 Überlegt, warum Augustus seine Hauptstadt so ausschmückte.
3 Rom war gleichzeitig politische Zentrale und kulturelles Zentrum. Erklärt diese Aussage.

*12.1 Das Forum Romanum war der Mittelpunkt der Weltstadt Rom. Rekonstruktion des westlichen Teils*

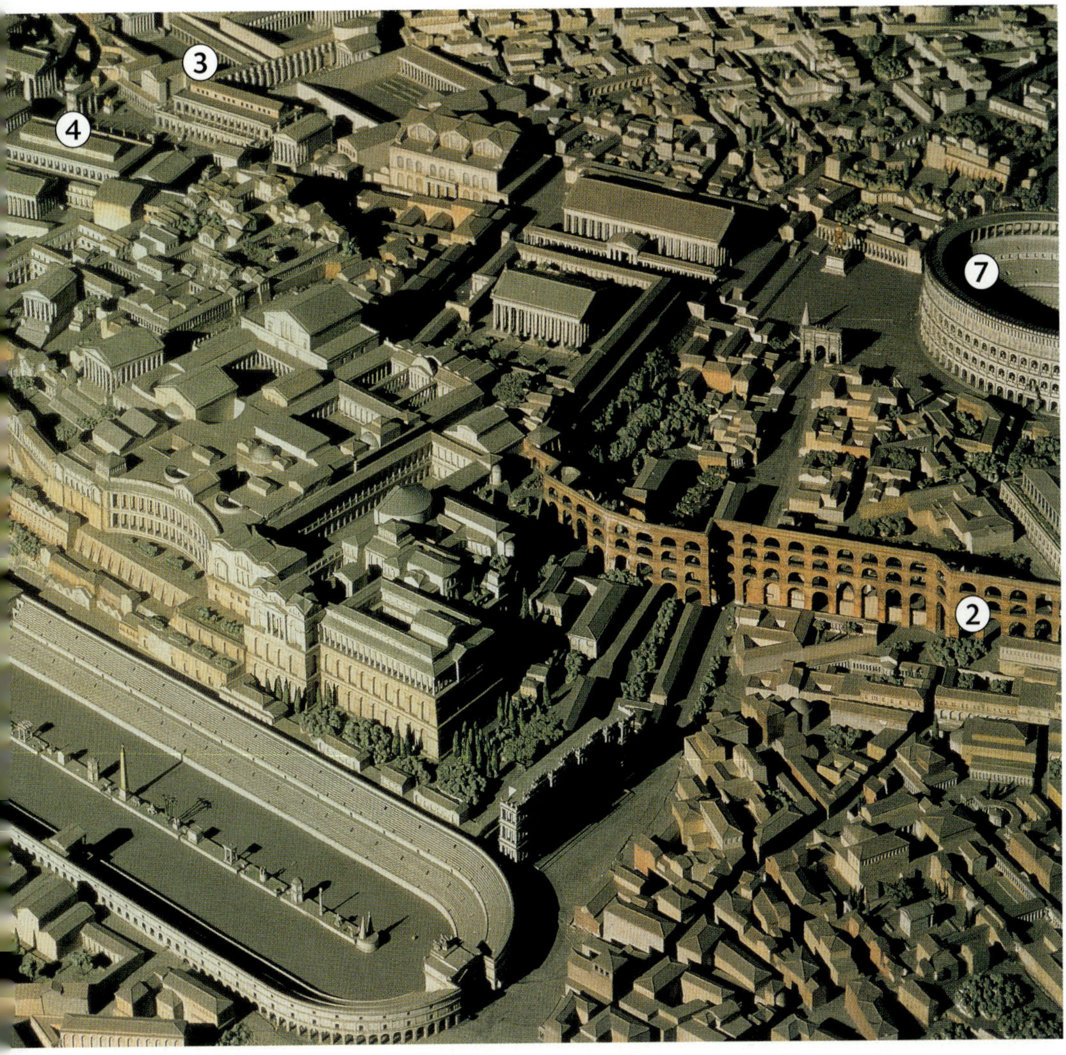


13.1 Rom zur Kaiserzeit (Modell).

Augustus, Aus dem Tatenbericht, vor 14 n. Chr.

*„Der Bevölkerung in Rom habe ich pro Kopf dreihundert Sesterzen (römische Münze) auf Grund des Testaments meines Vaters und zwölf Getreidespenden zuweisen lassen, wobei das Getreide mit meinen eigenen Mitteln gekauft worden war ... den kapitolischen Tempel (1) und das Theater des Pompeius, beide Bauwerke ließ ich mit großem Aufwand wiederherstellen, ohne dass irgendeine Inschrift mit meinen Namen angebracht wurde.*
*Die Wasserleitungen (2), die bereits Altersschäden aufwiesen, habe ich wiederherstellen lassen ... Das Forum Julium (3) und die zwischen den Tempeln des Castor und Saturn gelegene Basilika (4) habe ich fertiggestellt ... 82 Heiligtümer der verschiedensten Gottheiten habe ich in der Stadt durch den Senat wiederherstellen lassen ... ich ließ die Via Flaminia von der Stadt Rom bis hin nach Ariminium erneuern, sowie sämtliche Brücken (5) ...*
*Dreimal habe ich in meinem eigenen Namen Gladiatorenspiele veranstaltet ... Zweimal bot ich dem Volk ein Schauspiel mit von überall hergeholten Athleten, ... Tierhetzen mit afrikanischen Raubtieren habe ich in meinem Namen im Zirkus (6) oder auf dem Forum oder im Amphitheater (7) für das Volk 26mal durchführen lassen, wobei ungefähr 3 500 Tiere erlegt wurden. Das Schauspiel einer Seeschlacht veranstaltete ich auch für das Volk jenseits des Tibers ...*
*Bei dieser Gelegenheit fuhren dreißig mit Rammspornen versehene Schiffe, Drei- oder Zweiruderer, und noch eine größere Anzahl kleinerer Schiffe gegeneinander los; auf diesen Flotten kämpften ungefähr 3000 Mann, abgesehen von den Ruderknechten."*

(Aus: Augustus, Meine Taten, herausgegeben von Ekkehard Weber, München, 1975, S.23 ff.)

# Z Zusatzthema: Von der Republik zur Kaiserzeit

## Patrizier und Plebejer: Wer hat die Macht?

Zunächst regierten in Rom Könige. Doch um 500 v. Chr. vertrieben Adelige den letzten König. Über die wichtigen Angelegenheiten der Stadt entschied nun nicht mehr ein Einzelner, sondern sie wurden zur Sache aller römischen Bürger erklärt (lat. = res publica). Noch heute nennen wir deshalb einen Staat ohne Königsherrschaft **Republik**.
Doch nicht alle Bürger besaßen den gleichen politischen Einfluss. Die Macht lag in den Händen der reichen Landbesitzer, der **Patrizier**. Sie bildeten die wichtige Ratsversammlung, den Senat. Hier fielen die meisten politischen Entscheidungen. Aus den Reihen der Patrizier kamen auch die Regierungsbeamten, die Magistrate. Die wichtigsten Beamten waren die beiden Konsuln. Sie leiteten für ein Jahr den Staat und befehligten das Heer. Über Kriege und wichtige Gesetze entschied die Volksversammlung. Auch dort hatten sich die Patrizier die Mehrheit gesichert. Denn je größer der Besitz war, desto mehr zählte die Stimme.
Kleinbauern, Handwerker und Kaufleute stellten die Mehrheit der römischen Bürger. Die Patrizier nannten sie herablassend **Plebejer** (lat. plebs = das Volk) und hielten sie von wichtigen Ämtern fern. Die Plebejer kämpften gegen die Willkür der patrizischen Beamten. In den sogenannten Ständekämpfen erreichten die Plebejer, dass sie eigene Vertreter, die Volkstribune, wählen durften. Diese hatten z.B. das Recht, Einspruch zu erheben gegen die Verurteilung von Bürgern, gegen Amtshandlungen der Beamten und gegen Beschlüsse des Senats (Vetorecht).

## Die Republik in der Krise

Zunächst waren die meisten Soldaten im römischen Heer Kleinbauern. Aufgrund der ständigen Kriege konnten sie auf ihren Höfen aber nicht genug erwirtschaften. Die Großgrundbesitzer nutzten die Notlage aus und kauften das Land der Kleinbauern billig auf. Viele besitzlos gewordene Bauern mussten nun auf der Suche nach Arbeit in die Stadt ziehen (> S. 16).
Immer weniger Bauern wollten in den Legionen dienen. Deshalb wurde um 100 v. Chr. das Bürgerheer in ein Berufsheer umgewandelt (> S. 20). In dieses Heer wurden auch viele arbeitslose Männer eingestellt. Der Feldherr rüstete die Soldaten aus, bezahlte sie und versorgte sie nach ihrer Entlassung. So fühlten sich die Soldaten ihrem Heerführer eng verbunden – mehr als dem römischen Staat. Erfolgreiche Heerführer gewannen deshalb immer mehr Einfluss im Staat. Es kam zu Machtkämpfen zwischen beliebten Feldherren und Politikern. Das führte zu einer Reihe von Bürgerkriegen.
Ein besonders erfolgreicher Heerführer war Gaius Julius Cäsar. Nachdem er ganz Gallien erobert hatte, zog er nach Italien und besiegte das vom Senat aufgestellte Heer. Der Senat, in den Caesar anschließend viele politische Freunde aufgenommen hatte, ernannte ihn zum Diktator (Alleinherrscher) auf Lebenszeit. Er hatte aber unter den alten Adelsfamilien viele Feinde. Diese befürchteten, er könne die politischen Ämter ganz abschaffen und wolle König werden. 44 v. Chr. wurde Caesar daher von Anhängern der Republik ermordet.

*14.1 Römischer Patrizier mit Büsten seiner Vorfahren. Besonders bei den Wohlhabenden genossen die Ahnen große Verehrung. (Statue aus dem 1. Jh. v. Chr.)*

## Die Familie bestimmt den Alltag

Rom war kein Sozialstaat, es gab keine Krankenversicherung oder Sozialhilfe. Vor allem die Familie unterstützte ihre Angehörigen in Notlagen. Schuf eine Familie über mehrere Generationen hinweg Ansehen und Reichtum, so kam das den Nachkommen zugute. Deshalb verehrten die Römer ihre Vorfahren fast wie Götter. Das Vertrauen unter gleichgestellten Familien hatte ebenfalls große Bedeutung. Der einzelne Mensch musste sich in die Gemeinschaft einordnen und zum Überleben der Familie beitragen. Unumschränkter Herrscher in der Familie war das männliche Familienoberhaupt, der Vater. Er verfügte über das Eigentum, entschied über Beruf und Lebensweise der Söhne und Töchter, wählte deren Ehepartner aus und bestrafte Vergehen innerhalb der Familie.

## Augustus – Roms erster Kaiser

Nach Caesars Tod brach ein neuer Bürgerkrieg aus, den sein Adoptivsohn Octavian gewann. Er zeigte dabei großes Geschick in der Kriegskunst und Soldatenführung. Doch die Menschen hatten viel unter diesen Kriegen gelitten. Sein Ziel war es nun, dem Reich Sicherheit und Frieden zu bringen. Als Zeichen dafür ließ er einen Tempel errichten. Dessen Pforten sollten immer dann geschlossen bleiben, wenn im Reich Frieden herrschte. Es gelang ihm, dieses Tor jahrelang geschlossen zu halten.
27 v. Chr. ernannte ihn der römische Senat zum alleinigen Herrscher des Römischen Reiches. Jetzt verlieh man ihm den Ehrentitel Augustus, was „der Erhabene" bedeutet. Er galt als fleißiger Herrscher. Er kümmerte sich um die Regierungsgeschäfte selbst. Seine Reden verfasste er ohne fremde Mithilfe. Stets war er durch Boten informiert, was in seinem Reich geschah. Sich selbst nannte er nicht Kaiser (von Caesar), sondern Princeps, der Erste. In dieser Stellung vereinte er alle wichtigen Ämter des Römischen Reiches auf sich. Er war Verwalter des Reiches (Tribun). Er hatte den Oberbefehl über das Heer (Imperator). Er erließ alle neuen Gesetze und verfügte über den größten Teil der Gelder des Staates. Außerdem war er der oberste Priester (Pontifex Maximus).
Bis zum Zerfall des Römischen Reiches (> S. 32) herrschten nun in Rom Kaiser.

15.1 *In Rom wurden über 80 Statuen zu Ehren Augustus´ errichtet. Auf dem Brustpanzer sind seine Heldentaten dargestellt. Die Höhe der Statue beträgt 2,04 m. Ursprünglich war die Statue farbig.*

***Der römische Schriftsteller Sueton (70-140 n.Chr.) beschreibt Augustus so:***

*„Im Alter sah er auf dem linken Auge weniger gut. Seine Zähne standen weit auseinander und waren klein und unsauber. Die Nase war oben hervorspringend und unten gebogen ... Seine Figur war klein, doch gibt (man) sie immerhin mit ein Meter siebzig an. Sein Körper war, wie berichtet wird, voller Flecken und Muttermale ... Hüftgelenk, Ober- und Unterschenkel auf der linken Seite waren etwas schwach, sodass er oft hinken musste ... Auch fühlte er bisweilen im Zeigefinger der rechten Hand eine solche Schwäche, dass er das starre und wie erfrorene Glied selbst mit Hilfe eines Ringes kaum gebrauchen konnte ... Durch große Vorsicht konnte er seinen schlechten Gesundheitszustand etwas verbessern ... Auf Reiten und Waffenübungen verzichtete er."*

(Aus: Sueton, Leben der Caesaren. dtv, Artemis, Zürich 1955, S. 103-105)

**AUFGABEN >>**

1. Erklärt die Aufgaben des Senats, der Beamten und der Volkstribune.
2. Beschreibt die Person, den Werdegang und die Herrschaft des Kaisers Augustus.
3. Nennt die Ämter, die Augustus innehatte und die ihn mächtig machten.
4. Vergleicht die Statue von Augustus (Abb. 15.1) und die Beschreibung Suetons über ihn. Erklärt die Unterschiede und überlegt, warum sich der Kaiser als jungen Mann darstellen ließ.

*16.1 Modell eines Mietshauses (links) und Querschnitt durch das Erdgeschoss (rechts)*

# Alltagsleben in Rom

## Unterschiedliche Wohnverhältnisse

Nur die reichen und wohlhabenden Römer konnten sich eine Villa mit fließendem Wasser, Dampfbädern sowie mit Fußbodenheizung leisten und ihre Wohnräume mit Wandbildern oder Mosaikfußböden ausstatten lassen (Abb. 16.2). Die Masse der Bevölkerung lebte dagegen in großen mehrstöckigen Mietshäusern (Abb. 16.1).

Ein Geschichtsforscher, der solche Mietshäuser in der Stadt Rom ausgegraben hat, berichtet über die Wohnverhältnisse:

*„Fast immer befand sich in einem Winkel eine schmale Ziegel- oder Steintreppe, die durch eine Holzleiter verlängert wurde. Über sie erreichte man einen Hängeboden, dem ein einziges Fenster Licht gab. In diesem Verschlag stand dem Inhaber für sich und seine Angehörigen nur ein einziger Raum zur Verfügung. In diesem Raum wurde gearbeitet und gekocht, gegessen und geschlafen. Bei den Mietern der obersten Stockwerke ging es allerdings noch viel enger zu.*
*Eine Heizung war in den „Mietskasernen" nicht vorhanden. Trinkwasser gab es nur in der unteren Etage, Abfälle und Fäkalien mussten nach draußen auf die Straße gebracht werden."*

*16.2 Querschnitt durch eine vornehme Villa*

## „Brot und Spiele“

Um die Bevölkerung bei Laune zu halten, ließen die Herrscher in Rom jeden Monat kostenlos Weizen an die Armen und Arbeitslosen verteilen. Außerdem sorgten sie durch kostenlose Attraktionen auch für die Unterhaltung und das Freizeitvergnügen ihrer Untertanen. Sehr häufig fanden in den Stadien Kampf- und Wettspiele statt. Bei den Spielen gab es oft kostenlose Speisen eines vornehmen Spenders. „Brot und Spiele", das war ein wichtiges Motto in Rom. Besonders beliebt waren die Wagenrennen im Circus Maximus.

*17.1 Wagenrennen im Circus Maximus*

Einer der berühmtesten Wagenlenker war Diocles. Ab seinem 18. Lebensjahr fuhr er 24 Jahre lang Wagenrennen. Er startete in 4257 Rennen, in 1462 Rennen errang er den Sieg.

Ein römischer Gelehrter berichtet über die Spiele im Colosseum:

*„Zufällig geriet ich in eine Mittagsvorstellung. Ich erwartete Unterhaltung und ein wenig Entspannung, aber was erwartete mich? Alle Kämpfe zuvor waren harmlos im Vergleich zu dem, was nun kam. Nichts haben die Kämpfer, um sich zu schützen. Mit ihrem ganzen Körper sind sie den Hieben ausgesetzt. Wozu Fechtkünste? All das verzögert nur den Tod. So ist jedenfalls die Meinung des Publikums. Morgens werden die Menschen den Löwen und Bären vorgeworfen, nachmittags den Zuschauern. Die rufen: „Töte! Töte! Schlag zu! Warum läuft er so furchtsam ins Schwert seines Gegners? Warum tötet er so zaghaft? Warum stirbt er so ohne Begeisterung?"*

(Aus: Seneca, Moralische Briefe 7, gekürzt)

*17.2 Kampfspiele im Colosseum*

## AUFGABEN >>

1 Erklärt das Motto „Brot und Spiele" im alten Rom.
2 Sammelt Gründe, warum die Römer sehr gerne und regelmäßig Wettkämpfe besuchten.
3 Wie beurteilt ihr diese Freizeitangebote?
4 Auch bei uns gibt es heute viele Freizeitangebote, die Spaß und Unterhaltung, Sensationen oder manchmal den besonderen „Kick" bieten. Sammelt Beispiele. Welche dieser Angebote sind bei euch besonders beliebt?

*17.3 Kampfsport heute*

# Methode: Auswerten von Geschichtskarten

18.1 *Die Entwicklung des Römischen Reiches: vom Stadtstaat zum Weltreich*

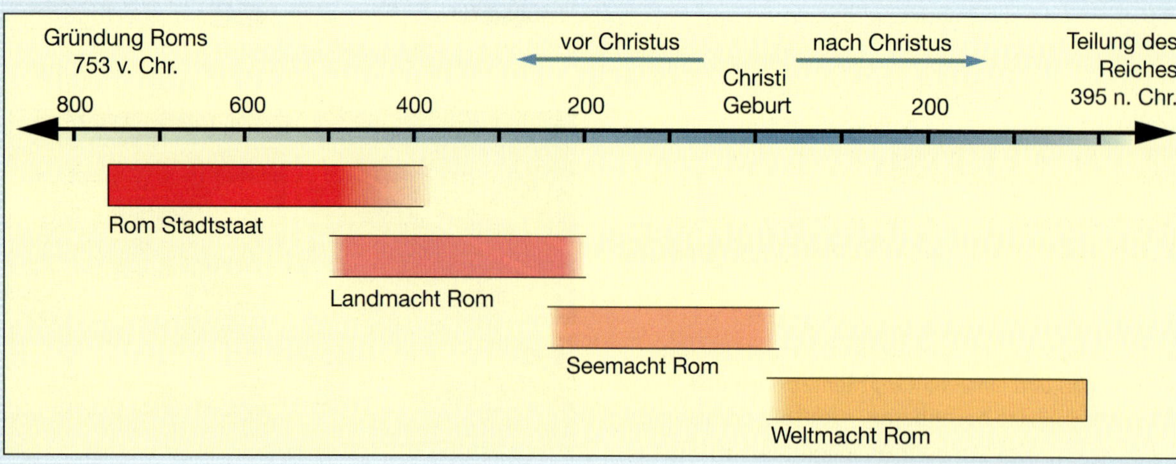


18.2 *Zeitleiste zur Entwicklung des Römischen Reiches*

Geschichtskarten gehören zu den thematischen Karten. Sie unterscheiden sich von denen, die ihr aus dem Erdkundeunterricht kennt. So wird auf der Karte 18.1 die Ausdehnung des Römischen Reiches über einen Zeitraum von mehr als 600 Jahren dargestellt.
Die Abb. 19.1–4 zeigen das gleiche Thema. Hier wurde jedoch die Entwicklung des Römischen Reiches in vier einzelne Karten zerlegt.

Beim Auswerten von Karten könnt ihr in zwei Schritten vorgehen. Den ersten Schritt solltet ihr grundsätzlich bei allen Karten vornehmen. Der zweite Schritt ist hingegen stärker vom Thema der Karte abhängig. Zusätzliches Arbeitsmaterial (z.B. Bilder, Texte oder Tabellen wie Tab. 18.2) helfen euch, den dargestellten Sachverhalt noch besser zu verstehen.

**1. Schritt: Orientierung auf der Karte und Klären der Kartensymbole**

a) Ermittelt den Kartenmaßstab.
b) Stellt anhand des Atlas fest, welchen Ausschnitt der Erde die Karten behandeln.
c) Stellt in der Legende fest, welche Bedeutung die Farben und Zeichen der Karte haben.

**2. Schritt: Erfassen des Inhalts**

a) Abb. 19.1 zeigt euch die Lage der Stadt Rom. Ihr erfahrt, wann und von welchem Ort aus sich das Römische Reich entwickelte.
Sucht auf Abb. 18.1 den Stadtstaat Rom. Ordnet die Abb. 19.1 dem Zeitabschnitt der Zeitleiste 18.2 zu.
b) Abb. 19.2 zeigt die Entwicklung des Reiches innerhalb Italiens. Ihr erfahrt, wie und wann sich Rom zur Landmacht entwickelte.
Sucht wiederum mithilfe der Legende, wie diese Entwicklung auf Abb. 18.1 dargestellt ist. Ordnet die Karte 19.2 der Zeitleiste 18.2 richtig zu.
c) Abb. 19.3 und 4 zeigen die Eroberungen Roms im Mittelmeerraum und in der damals bekannten Welt.
Ihr erfahrt auch mithilfe von Abb. 16.1, wann welche Länder von Rom erobert wurden und wie sich Rom zur Weltmacht entwickelte. Stellt fest, wie weit der Machtbereich Roms zur Zeit von Kaiser Augustus (14 n. Chr.) reichte.

Vergleicht zum Schluss die Karten 18.1 und 19.2-4. Welche Vorteile, welche Nachteile erkennt ihr?

Ihr könnt auch eine Karte für eure Zeitleiste im Klassenzimmer erstellen.

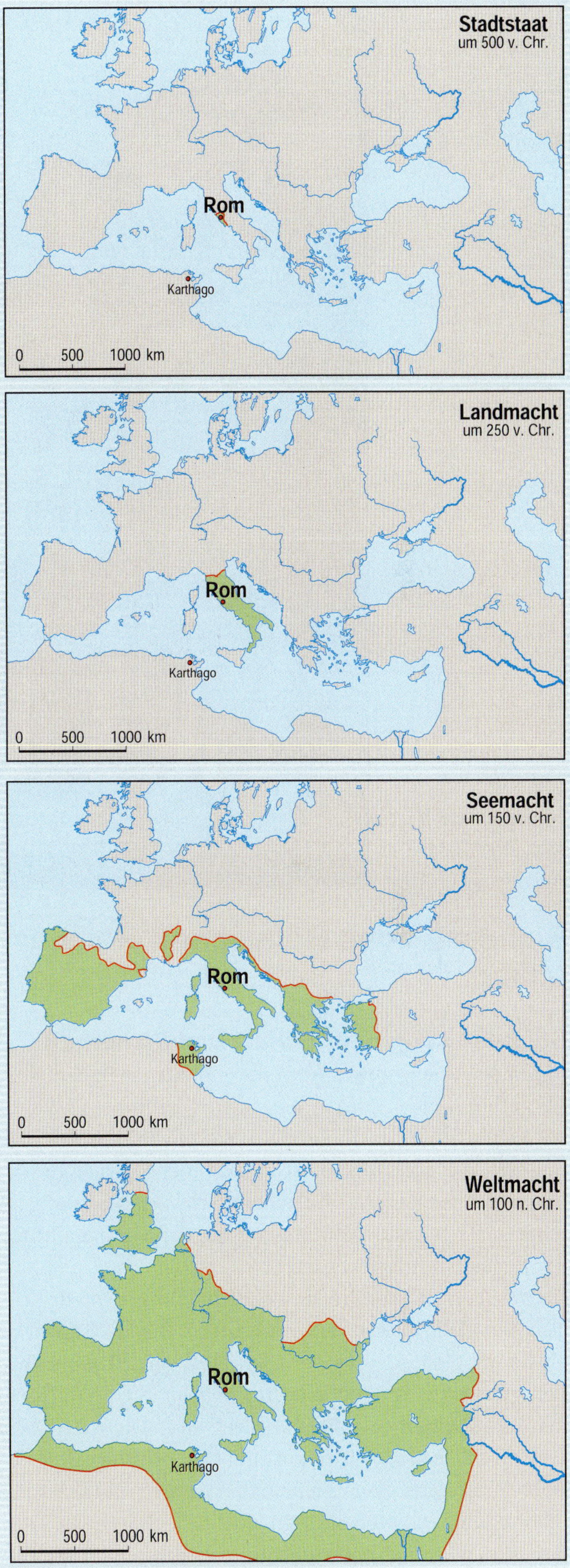


*19.1 – 4 Vom Stadtstaat zur Weltmacht*

*20.1 Römische Soldaten. Ärmere Soldaten hatten allerdings diese Ausrüstung nicht!*

# Sicherung des Römischen Reiches durch das Militär

## Soldaten sorgen für Schutz und Sicherheit

In seinen Anfängen war Rom nur ein kleiner Bauernstaat. Das Heer war ein Bürgerheer. Jeder Römer, der eigenes Land besaß, konnte vom 17. bis zum 46. Lebensjahr zum Kriegsdienst verpflichtet werden. Für ihre Ausrüstung mussten die Soldaten selbst aufkommen. Bürger mit Vermögen kämpften deshalb in der Reiterei und bei den Schwerbewaffneten. Ärmere Kleinbauern dienten als Leichtbewaffnete und bei der Marine. Offiziersstellen wurden in der Regel von Adligen besetzt.

Als das Reich immer größer wurde und immer mehr Kriege geführt wurden, mussten die Römer ihr Heer erweitern. Die Feldherren begannen, Freiwillige als Berufssoldaten mit einer Dienstzeit von 20 Jahren anzuwerben. Sie wurden gut verköstigt und erhielten regelmäßig Sold. (So ein Heer bezeichnet man als Söldnerheer). Nach Ablauf ihrer Dienstzeit bekamen die Soldaten schließlich ein kleines Landgut zum Lebensunterhalt (> S. 14).

Auch Nichtrömer konnten Soldaten werden und sich so das römische Bürgerrecht erwerben. Infolgedessen wuchs die Stärke der Truppen ständig an, sodass allmählich auf Wehrpflichtige verzichtet werden konnte. Rund 300 000 Berufssoldaten waren jederzeit einsatzbereit.

Diese große Heer verlangte eine besonders gute Organisation: Unter Augustus bestand eine Legion aus etwa 6100 Mann Fußvolk und 700 Reitern sowie leicht bewaffneten Truppen. Die ganze römische Armee umfasste 25 Legionen. An der Spitze einer Legion stand der Legat, der die Befehlsgewalt vom Kaiser erhalten hatte. Er war für die Verwaltung des Legionslagers und des Heeres zuständig. Je erfahrener und tüchtiger ein Legat war, desto schwierigere Aufgaben wurden ihm erteilt, z.B. ein Einsatz in umkämpften Gebieten oder in neu erworbenen Provinzen fernab von Rom. Dafür wurde er vom Kaiser besonders gut entlohnt.

## Aufbau, Ausrüstung und Stationierung des Heeres

Die Soldaten waren einheitlich gekleidet und mit Wurfspeeren und Schwertern ausgerüstet. Als Schutz trugen sie Beinschienen, Panzer und Helm. Die Legionäre konnten zu Fuß etwa 25 km am Tag zurücklegen. Dabei schleppten sie 40 kg mit: Rüstung, Waffen und Verpflegung.

Wurfmaschinen und Rammböcke gehörten ebenfalls zur Ausstattung des Heeres. Mit ihrer Ausrüstung und ihrer Disziplin waren die römischen Truppen ihren Gegnern meist überlegen (Abb. 21.1).

Um ihre Macht zu sichern, bauten die Römer an den Grenzen und in den Provinzen **Kastelle** (Abb. 21.2) und Verbindungsstraßen. In den Kastellen waren die Soldaten einer ganzen Legion stationiert, um im Kriegsfall sofort einsatzbereit zu sein. In Friedenszeiten wurden die Soldaten als Bauarbeiter an wichtigen Baustellen eingesetzt, z.B. an Brücken, Straßen, Wasserleitungen, Amtsgebäuden.

Das Heer spielte in Rom eine wichtige Rolle: Es eroberte ein riesiges Reich und sorgte dann für Sicherheit und Zusammenhalt der Provinzen.

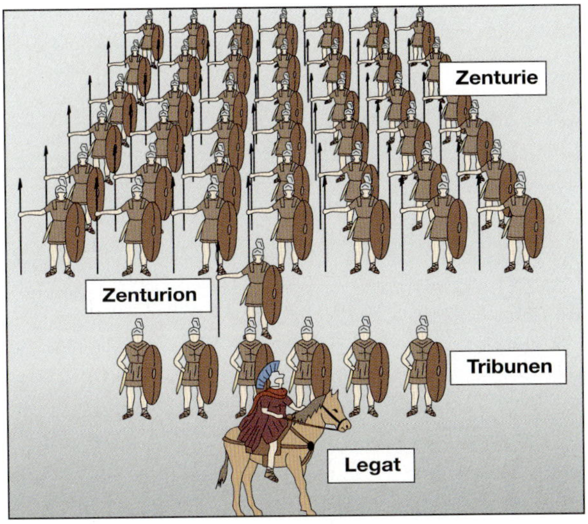

21.1 *Aufbau des römischen Heeres: eine Zenturie*

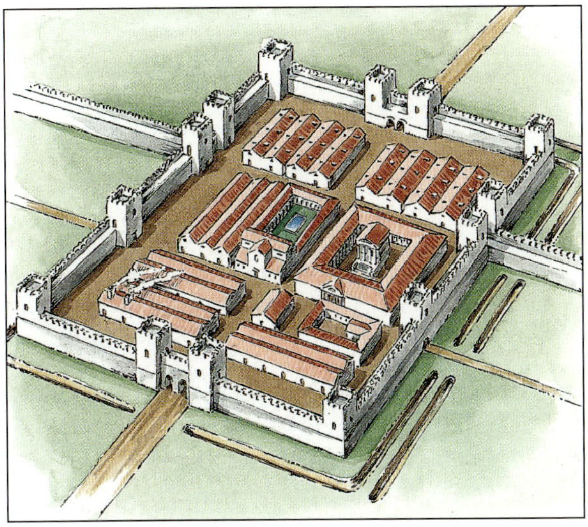
21.2 *Römisches Kastell*

Das römische Heer gründete sich auf die Legion. Eine Legion bestand aus 10 Kohorten, die in 6 Zenturien zu je 80 Mann unterteilt waren.
Je eine Gruppe von 8 Legionären teilte sich ein Zelt. Ein Zenturion bildete die Soldaten aus und sorgte für Disziplin. Er erhielt seine Anweisungen vom Tribun. Die Legion wurde von einem Legaten angeführt.

Ein Kastell ist ein befestigtes Heerlager. Grundform ist ein durch Mauern gesichertes Rechteck, das von zwei Straßen gekreuzt wird. An der Kreuzung liegen Wirtschaftsgebäude, Bad und Lazarett. Im größten Gebäude ist der Sitz des Kommandanten. Daneben befindet sich das Fahnenheiligtum. Tore und Lagerecken werden meist durch Türme zusätzlich gesichert.

21.3 *Römisches Kriegsschiff*

Den Bau ihrer Schiffe hatten die Römer ihren Feinden abgeschaut. Mit ihrer Flotte gewannen sie die Herrschaft übers Mittelmeer. Die Schiffe besaßen einen Rammsporn am Bug und eine bewegliche Enterbrücke. So konnten sie die feindlichen Schiffe erstürmen. An Bord der Schiffe waren 120 Soldaten und 300 Ruderer. Diese unmenschliche Ruderarbeit wurde als Strafe verhängt und musste von Sklaven verrichtet werden.

## AUFGABEN >>

1. Arbeitet aus dem Text den Weg des römischen Heers vom Bürger- zum Berufsheer heraus.
2. Erklärt den Vorteil des Berufsheers.
3. Beschreibt Aufbau, Ausrüstung und Stationierung des römischen Heers. Erklärt, warum dies die Säulen des Erfolgs des römischen Heers waren.
4. Sucht zum Thema „römisches Militär" aus Sachbüchern weitere Informationen.
5. Begründet, warum die Römer anderen Volksstämmen gegenüber militärisch überlegen waren.
6. Überlegt, warum es für den Kaiser so wichtig war, Oberbefehlshaber des Heers zu sein.

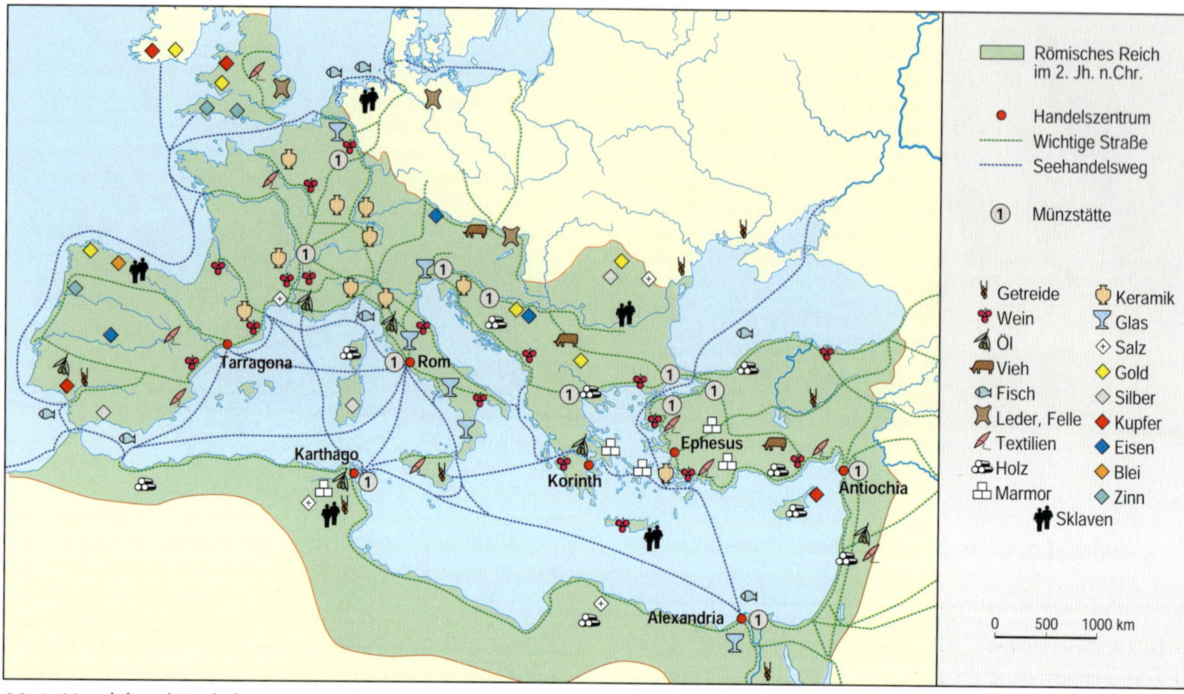


*22.1 Handel und Verkehr im Römischen Reich*

# Zusammenhalt des Römischen Reiches

## Handel ermöglichte eine gute Versorgung der Menschen

Das Römische Reich besaß in seiner Blütezeit unter Kaiser Augustus etwa 45 Provinzen. Bald entstand zwischen diesen ein reger Warenaustausch: Die Soldaten wollten auf ihre gewohnten Gegenstände und Nahrungsmittel nicht verzichten und ließen diese in die Legionslager liefern. Aber auch begehrte Waren aus den Provinzen gelangten nach Rom. Ein gut angelegtes Straßennetz und regelmäßige Schifffahrtslinien unterstützten diesen Austausch der Händler. Insgesamt gab es 80 000 km Fernstraßen, die ständig von Legionären überwacht wurden.

*22.2 Römische Postkutsche*

## Verwaltung regelt das Zusammenleben im Reich

Durch sein Heer sicherte sich das Reich militärisch ab. Wie aber konnte es zu einer Einheit zusammenwachsen?
Augustus verwaltete das Reich von Rom aus. Die Gebiete in der Nähe Roms fügte er in das Staatsgebiet ein. Damit erhielten die Bewohner das römische Bürgerrecht. „Provinz" hießen alle Herrschaftsbereiche außerhalb Italiens. Dort regierten Beamte, die Legaten. Um als „Statthalter" den Kaiser zu vertreten, waren sie mit allen Vollmachten ausgestattet. Sie hatten den Oberbefehl über die stationierten Legionen. Außerdem waren sie oberste Verwalter. Sie sorgten für Ordnung, Recht und Sicherheit.
Dabei halfen ihnen Präfekten, die für die Rechtsprechung zuständig waren. Das römische Rechtswesen war einzigartig in dieser Zeit. Es erlaubte jedem Bürger, sein Recht vor Gericht zu erstreiten. Der Rechtsgrundsatz „In dubio pro reo" (im Zweifel für den Angeklagten) gilt bis heute.
Die Kommandanten (Prätoren) standen den Legionen vor. Tribune hatten die Aufgabe, Steuern einzutreiben. Diese Steuern (Tribute) mussten sie nach Rom abliefern. Boten zu Fuß, zu Pferd und auf Schiffen übermittelten die Nachrichten von Provinz zu Provinz und zur Hauptstadt.
Die Menschen der besetzten Gebiete waren Untertanen Roms. Sie mussten Steuern und Abgaben zahlen. Mit der Zahl der Provinzen stiegen die Einnahmen und damit wuchsen der Reichtum und die Macht des Reiches.

23.1 *Im Hafen wird ein Lastenschiff entladen*

## Kultur prägt den Lebensstil im gesamten Römischen Reich

Die Menschen im römischen Weltreich hatten aber nicht nur Steuerpflichten zu leisten. Sie genossen auch manche Neuerung, welche die Römer brachten.
Mit der Verwaltung wurde auch die lateinische Schrift verbreitet. Diese Schrift hatte gegenüber den anderen bekannten Schriften der Zeit, zum Beispiel gegenüber den Hieroglyphen, einen großen Vorteil: Das Alphabet bestand aus lediglich 27 Zeichen. Die Schrift war einfach und klar, jeder konnte sie lernen. Wir verwenden sie im Wesentlichen bis heute.
Die Bewohner des Reiches schätzten es außerdem sehr, dass sie überall mit gleicher Münze bezahlen konnten. So konnten die Händler stets überall bezahlen, Waren kaufen und verkaufen sowie die Preise vergleichen.
Die Römer waren auch hervorragende Baumeister (> S. 26). Mit einfachsten Werkzeugen errichteten die Legionäre in Friedenszeiten Brücken, gepflasterte Straßen, Aquädukte (Wasserleitungen), Kastelle und Grenzmauern. Jeder Bürger durfte die öffentlichen Gebäude benutzen. Beim Bau setzten die Römer als billige Arbeitskräfte vor allem Sklaven ein.
Zwischen den einzelnen Provinzen herrschte ein lebhafter Austausch. Die Römer verbreiteten ihre Kultur und Errungenschaften in ihrem ganzen Reich. Sie griffen die Erfindungen und das Wissen der eroberten Länder auf und nutzten diese. Ebenso handelten die Völker in den eroberten Provinzen. Sie griffen die Sprache, die Sitten, das Rechtssystem, die Kunst und Kultur der Römer auf und nahmen sie an. Man bezeichnet diesen Prozess auch als **Romanisierung**.

23.2 *Wasserleitung (Aquädukt) bei Jerusalem*

**AUFGABEN >>**

1 Welche Ämter schuf Kaiser Augustus zur Verwaltung des Reiches? Beschreibt die Aufgaben dieser Ämter.
2 Nennt Neuerungen, die die Römer in ihre Provinzen brachten. Erläutert am Beispiel des Geldes, welchen Vorteil die Menschen daraus zogen.
3 Erklärt den Begriff der Romanisierung.
4 Erstellt mithilfe der Karte 22.1 eine Tabelle über den Handel. Welche Güter wurden gehandelt? Woher stammten sie? Wie wurden sie nach Rom geliefert?

| gehandeltes Gut | Herkunftsland | Handelsweg |
|---|---|---|
| Kupfer | Südspanien | Schiffstransport |
| ... | ... | ... |

5 Der Kaiser wusste, dass eine gute Versorgung und Verwaltung seine Macht sicherte. Erklärt, warum.

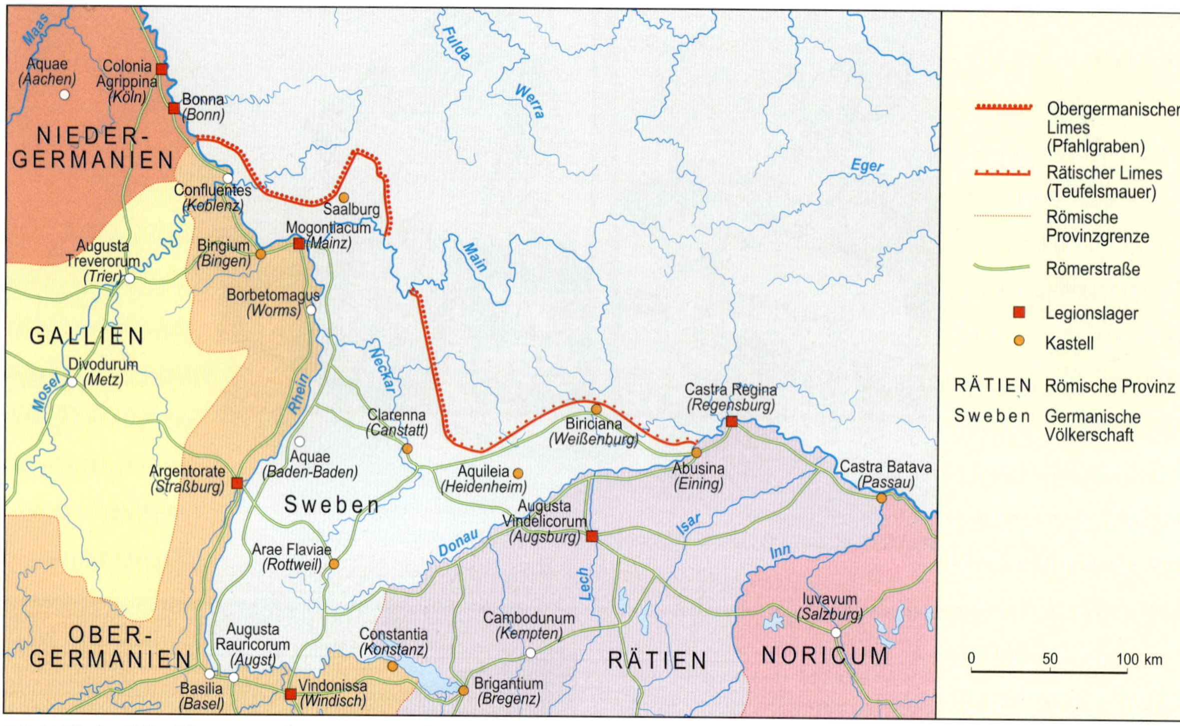


*24.1 Verlauf des Limes*

## Die Römer in Süddeutschland

### Die Römer dehnen ihr Gebiet aus und sichern ihre Eroberungen

In die römisch besetzten Gebiete Galliens (Frankreich) fielen immer wieder Germanen und Kelten ein. Diese hatten kein einheitliches Reich wie die Römer aufgebaut. Sie lebten in viele Stämme zergliedert, hatten aber Gemeinsamkeiten – zum Beispiel Sprache, Kunst und Religion.
Um sich vor den Kelten und Germanen zu schützen, entschlossen sich die Römer, bis zum Rhein und zur Donau vorzudringen. Die beiden Flüsse sollten eine sichere und natürliche Grenze zu den Stämmen im Norden des Reiches bilden. Außerdem sollten so die Alpenpässe nach Gallien und Süddeutschland gesichert werden.

15 v. Chr. wurden unter Kaiser Augustus die keltischen Stämme zwischen Alpen und Donau von den Römern besiegt und ihr Gebiet zu den römischen Provinzen Rätien und Noricum (Karte 24.1) ernannt.
Um das neu eroberte Gebiet zu sichern, errichteten die Römer einen Grenzwall, den **Limes**. Er war rund 550 km lang. Im Abstand von 300-1000 m erhob sich jeweils ein Beobachtungsturm. Dieser war nur über eine Leiter und eine Falltür zu erreichen. Oben hielten 4-6 Soldaten Wache. Bei Gefahr zündeten sie Fackeln an, um die Besatzung der anderen Türme zu warnen oder Verstärkung aus dem nächsten Kastell anzufordern. Der obergermanische Limes (Abb. 25.1) wurde als Holzpalisade mit Wall und Graben errichtet, der rätische Limes (Abb. 25.2) war eine etwa 3 m hohe Steinmauer. Am Limes entstanden auch zahlreiche Kastelle, z.B. die Saalburg (> S. 36).

**AUFGABEN >>**

1 Zeigt anhand der Karte 24.1 den Grenzverlauf zwischen dem Römischen Reich und dem germanischen Gebiet.
2 Nennt Gründe, warum die Römer Süddeutschland eroberten.
3 Nennt Maßnahmen, mit denen die Römer neu erworbene Gebiete sicherten und verwalteten.
4 Beschreibt den Limes. Erklärt, warum sein Bau nötig war.
5 Ein kleiner Keltenjunge kommt zum ersten Mal an den Limes. Beschreibt seinen Eindruck und seine Gedanken.

*25.1 und 2 Der obergermanische und der rätische Limes*

## In Hessen sind bis heute zahlreiche römische Spuren zu finden

Wie die Perlen an einer langen Kette reihen sich zahlreiche römische Befestigungsanlagen entlang des Limes (Abb. 24.1). Hier liegen auch viele spätere hessische Städte bzw. Burganlagen: z. B. Kemel, Alteburg-Heftrich, der Feldberg, das römische Kastell Saalburg (> S. 36), Friedberg, Butzbach, Arnsburg, Echzell, Ober-Florstadt, Altenstadt, Marköbel, Groß-Krotzenburg, Seligenstadt. Die Gründung vieler dieser Orte geht sehr wahrscheinlich auf ehemalige Römerlager zurück.

Ein Beispiel: Auf dem Friedberger Burgberg (etwa 25 km nördlich von Frankfurt gelegen) errichteten die Römer um Christi Geburt ein großes Militärlager – dort, wo später die Burganlage gebaut wurde. Hier waren wahrscheinlich 1 000 Legionäre stationiert, unter anderem auch berittene Truppen für Patrouillen (also Erkundungszüge). Man vermutet, dass das Römerlager ungefähr so groß wie die spätere Burg war.

Bei Ausgrabungsarbeiten fand man ein Bad, das wahrscheinlich zum Haus des Truppenkommandanten gehörte. Man kann diese Badeanlage heute im Kellergeschoss des Friedberger Burggymnasiums besichtigen (Abb. 25.3). Ferner wurden Reste von Heiligtümern des Gottes Mithras entdeckt, der von vielen Legionären verehrt wurde. Und schließlich fand man Töpferöfen, die wohl zum Brennen von Ziegeln genutzt wurden. Südlich der Burg kamen Gräberfelder zum Vorschein.

Der Limes war nicht einfach nur eine gefährliche militärische Grenze. Hier wurde vielmehr auch intensiv gehandelt und friedlich getauscht. Auf diese Weise gelangten zahlreiche römische Konsumgüter und Handwerkstechniken in den germanischen Bereich.

*25.3 Römische Badeanlage im Keller des Friedberger Burggymnasiums*

**AUFGABEN >>**

1 Stellt fest, welche Orte vor allem in der Wetterau entlang des Limes errichtet wurden. Die folgende Internetadresse kann euch dabei nützlich sein: http://www.deutsche-limeskommission.de/de/home/orte_am_limes.html

2 Überlegt, wo später vor allem Burgen errichtet wurden, um die herum später nicht selten Städte entstanden. Denkt dabei auch daran, welche Bedeutung die Reste der römischen Befestigungsanlagen für den späteren Burgen- und Städtebau spielen konnten.

26.1 *Bau eines steinernen Aquäduktes*

26.2 *Werkzeuge zur Holzbearbeitung*

# Römische Kultur beeinflusst die Germanen

## Alltag in den Provinzen Rätien und Noricum

Um die Legionslager herum ließen sich bald römische und keltische Familien nieder. So entwickelten sich dort größere Orte. Im Schutz des Limes herrschte Ruhe für den Warenaustausch zwischen den Römern und ihren Nachbarn.

Doch die Germanen waren sich nicht einig, wie sie den Römern begegnen sollten. Viele schätzten die Vorteile der römischen Lebensweise und übernahmen mit der Zeit vieles von den Römern. Andere wollten sich nicht anpassen und bekämpften weiterhin die Römer.

Die Römer waren großartige Bauherrn. In Friedenszeiten errichteten die Legionäre Brücken, Straßen und andere öffentliche Gebäude. Ihre Handwerkskunst in der Holzbearbeitung und im Steinhandwerk (Abb. 26.1 und 2) war der Kunst der Einheimischen überlegen. Aber bald lernten diese von den Römern und arbeiteten für sie und mit ihnen.

Die Einheimischen verkauften vor allem Naturprodukte an die Römer. Aber auch ihre handwerklich hervorragenden Eisenwaren und ihre Kunstfertigkeit in der Wagenherstellung waren bei den Römern beliebt.

*27.1 Lateinische Wörter als Ursprung für deutsche Wörter*

Über die Straßen und Brücken der Römer gelangten zahlreiche Waren aus dem ganzen Römischen Reich in die neuen Provinzen. Römische Händler brachten Luxusgüter, die den Menschen in Rätien bis dahin fremd waren, z.B. Wein, Gewürze, Gemüse, Parfüm und Olivenöl.
Die einheimischen Bauern merkten bald, dass das Vieh und einige Pflanzensorten der Römer ihren alten Sorten überlegen waren. Sie lernten von den Römern neue Pflanzen anzubauen und ihre Anbaumethoden zu verbessern. So lernten sie, dass untergepflügter Klee und Lupinen dem Boden neue Nährstoffe zuführen. Auch in der Viehzucht bezogen sie viel Wissen von den Römern.

## Lateinische Wörter in unserer Sprache

Die einheimischen Kelten und Germanen übernahmen viele Gegenstände und Techniken von den Römern. Da sie in ihrer eigenen Sprache dafür keine Bezeichnungen hatten, benutzten sie die lateinischen Begriffe der Römer. Sie entliehen also diese Wörter (sogenannte „Lehnwörter").
Im Laufe der Jahrhunderte wurden diese Wörter an die Muttersprache angepasst und natürlich verändert. Trotzdem ist bei vielen Begriffen der lateinische Ursprung noch zu erkennen. Das Lateinische hat auch heute noch Bedeutung. So wurde der Fachwortschatz für Ärzte, Apotheker oder Biologen in Latein festgelegt.

## AUFGABEN >>

1 Der Austausch zwischen Römern und Kelten fand auf den Gebieten der Baukunst, des Handwerks sowie in der Landwirtschaft statt. Beschreibt, wie dieser Austausch stattfand. Verwendet dazu auch die Abbildungen auf den Seiten 22/23.

2 Die Folgen dieses Austausches zeigen sich bis heute an der Sprache. Erstellt eine Tabelle und ordnet den lateinischen Wörtern in Abb. 27.1 die entsprechenden deutschen Begriffe zu.

3 Auch heute gibt es Lehnwörter in unserer Sprache, z.B. aus dem Englischen. Nennt einige.

4 Römer, Germanen und Kelten profitierten voneinander. Erklärt.

m

## Bildauswertung: Germanen und Römer im Vergleich

*28.1 Vor einer Siedlung der Germanen*

Bilder begegnen uns auf Schritt und Tritt: im Fernsehen, in Zeitschriften, auf Fotos oder in Büchern. Meist betrachten wir sie nur flüchtig oder oberflächlich.
Mit etwas Übung kann man aber durch genaues Betrachten und gezielte Beobachtungen aus Bildern eine ganze Menge herauslesen.

In unserem Beispiel wollen wir durch den Vergleich der beiden Bilder auf dieser Doppelseite mehr über die Lebensweise der Römer und Germanen erfahren.
Hierzu brauchen wir
1. Leitfragen für die Bildbetrachtung
2. Sammelbegriffe für den Bildvergleich

*29.1 Besuch auf einem römischen Gutshof*

Untersucht anhand der folgenden Leitfragen zunächst jedes der beiden Bilder für sich:

- Um welche Art von Bild handelt es sich? (Gemälde, Foto ...?)
- Welchen Titel (Bildunterschrift oder -überschrift) hat das Bild?
- Wie ist das Bild gegliedert? (Vordergrund, Bildmitte, Hintergrund ...?)
- Was ist auf dem Bild zu sehen? (Personen, Gegenstände, Tiere, Gebäude, Landschaften ...?)
- Wie sind die Personen dargestellt? (Körperhaltung, Kleidung, Tätigkeiten ...?)
- Mit welcher Absicht wurde das Bild vermutlich hergestellt?
- Welche Fragen ergeben sich noch aus dem Bild?

Bei der Bildbetrachtung und Bildbeschreibung werdet ihr trotz der Unterschiede feststellen, dass sich ähnliche Beobachtungen auf beiden Bildern machen lassen:
*Männer, Frauen, Kinder, Haustiere, Haus bzw. Häuser, Mauer bzw. Holzzaun, Feld- und Gartenarbeit*

Hieraus ergeben sich auch Fragen zum Vergleich zwischen Germanen und Römern:
*Wie sehen die Germanen/Römer aus?*
*Wie sind sie gekleidet?*
*Wie sind die Häuser gebaut?*
*Welche Arbeiten werden verrichtet?*
*Welche Haustiere gibt es?*

Mit diesen Fragen lassen sich dann Sammelbegriffe für den Bildvergleich finden:

| | Germanen | Römer |
|---|---|---|
| Kleidung | ..................... | ..................... |
| Häuserbau | ..................... | ..................... |
| ..................... | ..................... | ..................... |

*30.1 Christus – dargestellt als guter Hirte*

*30.2 Himmelfahrt Christi. Elfenbeinschnitzerei um 400*

## Ausbreitung des Christentums

Fast eine Milliarde Menschen bekennt sich heute zum Christentum. Diese Weltreligion entstand vor etwa 2000 Jahren im Römischen Reich. Zur Zeit des Kaisers Augustus wurde in der römischen Provinz Judäa, in Bethlehem, Jesus Christus geboren. Als junger Mann lehrte er: „Es gibt einen allmächtigen Gott, der die Menschen wie ein guter Vater liebt." Von Pontius Pilatus, dem Statthalter Jerusalems, wurde Jesus zum Tod am Kreuz verurteilt.
Seine Anhänger verbreiteten das Evangelium überall im Römischen Reich: Einer der Wortführer war der Apostel Paulus. Die christliche Lehre wurde auch schriftlich festgehalten. Alle Menschen konnten diese in Griechisch verfasste Schrift lesen. Somit blieb die christliche Religion nicht auf ein Volk begrenzt. Sie wurde von Menschen verschiedener Sprache und Kultur angenommen.
Wer sich zum neuen Glauben bekennen wollte, wurde getauft. Die Getauften lebten miteinander in einer Gemeinschaft wie Brüder und Schwestern. Alle waren gleich geachtet: Arme wie Reiche, Frauen wie Männer. Auch Sklaven wurden in die Gemeinde aufgenommen. Die Mitglieder der Gemeinde fühlten sich füreinander verantwortlich und verwirklichten das Gebot der Nächstenliebe. Sie lebten auch anders als ihre Mitbürger. Sie aßen und tranken maßvoll, verabscheuten die grausamen Schauspiele, opferten keine Tiere und betrachteten das Töten von Menschen als Verbrechen. Der Sonntag war ihnen heilig. Am Tag des Herrn trafen sie sich, um Auszüge aus der „Heiligen Schrift" zu hören und das Abendmahl zu feiern. Ein Priester führte dabei den Vorsitz.

## Christen werden verfolgt

Mit ihrem Glauben an den einen Gott nahmen die Christen im Römischen Reich eine Sonderstellung ein. Durch ihr Anderssein misstrauten viele Mitbürger den Christen. Beim Ausbruch von Seuchen, bei Kriegen oder bei Überschwemmungen gab man ihnen die Schuld. Viele römische Bürger waren überzeugt, dass die römischen Götter Not und Krieg deshalb nicht mehr vom Reich abwendeten, weil ein Teil der Bevölkerung sich weigerte, ihnen zu opfern. Als im Jahre 64 in Rom ein Brand ausbrach, ließ Kaiser Nero öffentlich verkünden, die Christen hätten das Feuer gelegt (Text 31.1). Hartnäckig weigerten sie sich, den Kaiser als einen Gott zu verehren. Deshalb wurden sie verfolgt und zur Abschreckung öffentlich gefoltert, ans Kreuz geschlagen, verbrannt und wilden Tieren zum Fraß vorgeworfen.

Diese Märtyrer (Glaubenszeugen) dienten den anderen Christen als Vorbild, treu an ihrer Überzeugung festzuhalten. Heimlich trafen sie sich an verborgenen Orten. In Rom zum Beispiel feierten sie in den Katakomben, in unterirdischen Begräbnisanlagen (Abb. 31.3), ihre Gottesdienste.

## Das Christentum setzt sich durch

Zunehmend bedrohten fremde Völker von außen das Reich. Politische Machtkämpfe sorgten zusätzlich für Unruhen. Die Kaiser änderten deshalb ihre Politik. Sie erkannten, dass die Christen keine Staatsfeinde sein wollten. Im Jahre 313 verfügte schließlich Kaiser Konstantin, dass „künftig jeder, der sich entschieden hat, sich zur Religion der Christen zu bekennen, dies frei und ohne irgendeine Belästigung tun kann."

Nach diesem Toleranzedikt wurde die Kirche in Bezirke eingeteilt, an deren Spitze Bischöfe standen. Der jeweilige Bischof von Rom war als Papst das Oberhaupt der Gesamtkirche. Auch der Staat förderte das Christentum: Die Kreuzigung der Menschen wurde abgeschafft, der Sonntag zum Ruhetag erklärt, die Verehrung aller anderen Götter verboten. Aus den verfolgten Christengemeinden war die Staatskirche geworden.

**AUFGABEN >>**

1. Wiederholt und fasst zusammen, was ihr über Jesus, über sein Leben und Wirken wisst.
2. Erläutert die Ausbreitung des Christentums. Durch welche Phasen ist sie gekennzeichnet?
3. Beschreibt die besondere Lebensweise der Christen.
4. Zeigt an Beispielen auf, warum römische Mitbürger den Christen misstrauten.

> „Alle, die sich offen zum Christentum bekannten, wurden zuerst ergriffen, dann auf deren Aussagen hin eine weitere große Menge. Da man sie nicht der Brandstiftung überführen konnte, verurteilte man sie wegen allgemeinen Menschenhasses. Mit ihnen trieb man grausames Spiel. Sie wurden in Tierfelle eingenäht und den Hunden vorgeworfen. Wenn der Tag sich neigte, dienten sie als Fackeln. Nero gab für dieses Schauspiel seinen Park frei."
>
> (nach: Geschichtliche Quellenhefte. Heft 2. Frankfurt 1972)

*31.1 Der Schriftsteller Tacitus über Christenverfolgungen*

*31.2 Zum Erfrieren verurteilte Christen*

*31.3 Katakomben*

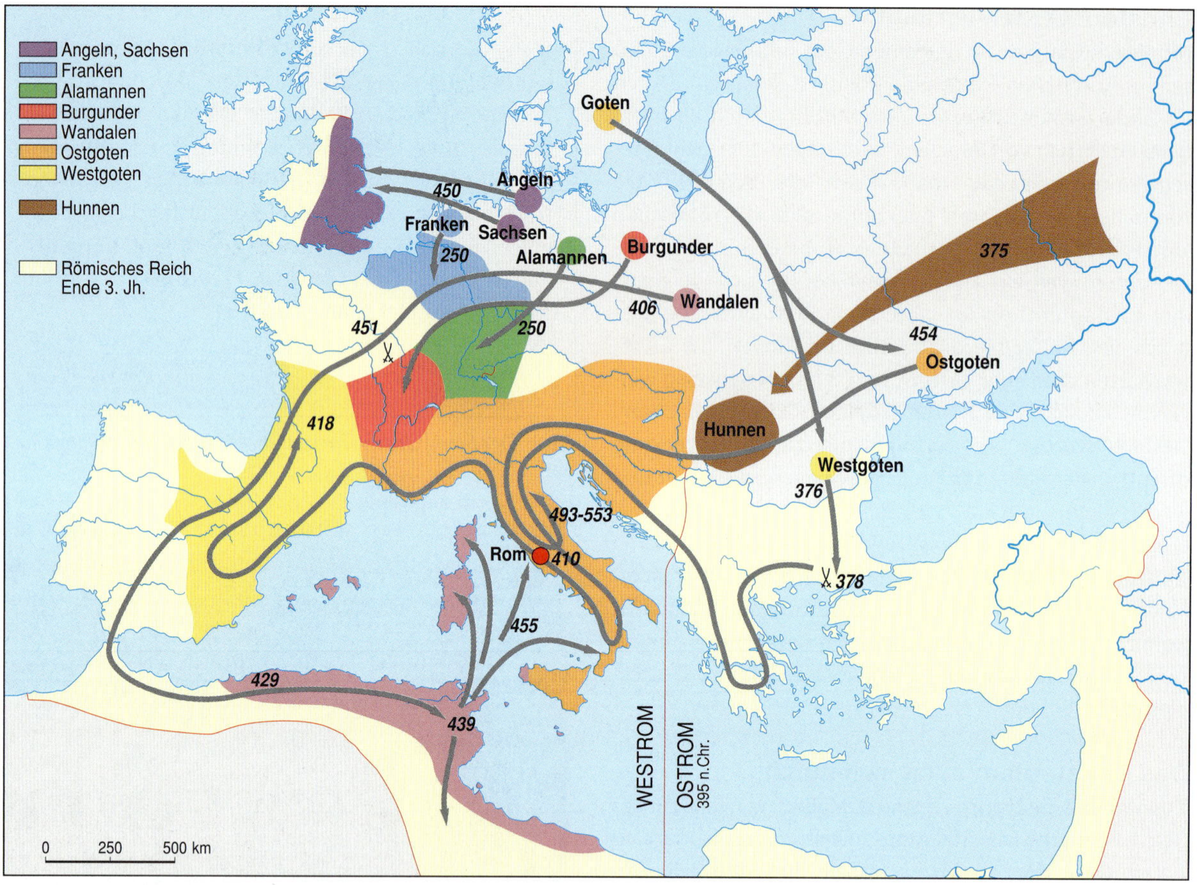


*32.1 Wanderungen germanischer Völker und germanische Reichsgründungen*

## Zerfall des Römischen Reiches

Mehr und mehr ließ das Söldnerheer der Römer die notwendige Disziplin vermissen. Auf Dauer konnte deshalb das Römische Reich den Angriffen seiner Feinde nicht standhalten. Viele der im Grenzgebiet als Hilfskräfte angesiedelten Germanenstämme erhoben sich. In großen Scharen zogen sie plündernd und mordend über das Land. Oft überschritten sie fast ungehindert die schlecht gesicherten Grenzen.

Verstärkt wurde die Wanderungsbewegung der nordgermanischen Stämme durch eine Abkühlung Nordeuropas. (Man spricht von einer kleinen Eiszeit.) Darum war dort kaum mehr Ackerbau möglich.

Um 375 n. Chr. stießen außerdem aus der Mongolei die Hunnen, ein fremdes Reitervolk, weit nach Westen vor. Sie lebten als Halbnomaden von der Viehhaltung. Von den Chinesen waren sie aus ihrer Heimat verdrängt worden. Ihr Ansturm gegen die germanischen Stämme und die Grenzen des römischen Weltreiches löste in den folgenden Jahrzehnten die **Völkerwanderung** aus.

### Germanische Reiche entstehen

Viele germanische Stämme drangen in das Gebiet der Römer ein und errichteten dort eigene Herrschaftsgebiete. Darüber berichtet ein römischer Geschichtsschreiber:

*„Zahllose Völkerschaften, und zwar solche von äußerster Wildheit, haben ganz Gallien in Besitz genommen! Die Franken durchstreifen Gallien; die Alamannen kommen sogar bis nach Italien herüber. Die Goten überschwemmen Griechenland. Alles Land zwischen den Alpen und den Pyrenäen, zwischen dem Ozean und dem Rhein haben diese Völker verwüstet. Mainz, die einst hoch berühmte Stadt, ist erobert und zerstört. Die mächtigen Städte Reims, Speyer und Straßburg sind Teile Germaniens …"*

(Aus: Lautemann/Schlenke (Hrsg.), Geschichte in Quellen, Altertum. München 1978, S. 790)

Im Jahr 476 n. Chr. setzte der germanische Feldherr Odoaker schließlich den letzten weströmischen Kaiser ab. Die meisten der neuen Reiche hielten jedoch nicht lange. Sehr schnell vermischten sich die germanischen Eroberer mit der einheimischen Bevölkerung.

## Byzanz, das zweite Rom

Immer schwieriger wurde es, das gesamte Großreich von Rom aus zu kontrollieren. Der Osten des Reiches war dicht bevölkert. Dort sprachen die Menschen auch anders als in Rom, nämlich griechisch. Daher gründete Kaiser Konstantin dort eine neue Hauptstadt: Neu-Rom. Bald wurde sie nach ihm in „Konstantinopel" umbenannt. Später erhielt sie den alten griechischen Namen „Byzanz".

Die beiden Teile des Reiches lebten sich schnell auseinander. Im Jahre 395 kam es zu einer endgültigen Aufteilung in ein Westreich und Ostreich. Schon wenige Jahre danach zerfiel das Westreich unter dem Ansturm der Germanen (> S. 32). Ostrom konnte sich hingegen noch jahrhundertelang behaupten. Im Reich von Byzanz lebte der östliche Teil des Römerreiches fort (> S. 105, 110).

Unter Kaiser Justinian erlebte das Byzantinische Reich seine höchste Blüte. Er ließ die Hauptstadt prächtig ausstatten. Die Hagia Sophia (Abb. 33.1) gilt als bedeutendes Bauwerk byzantinischer Kunst.

Justinian setzte alle Kraft daran, das Römische Reich wieder in seinen alten Grenzen herzustellen. Doch er konnte sein Ziel nur teilweise erreichen: Seine Soldaten zerschlugen die Herrschaft der Wandalen, besetzten Sizilien, nahmen Rom ein und eroberten die Gebiete der Ostgoten. Außerdem bemühte sich Justinian um die Neuordnung des Rechts. Juristen (Rechtsgelehrte) zeichneten alle damals gültigen Gesetze auf und stellten ein Gesetzbuch zusammen (> S. 35). Dieses galt im ganzen Reich Byzanz.

Die mit der Teilung des Römischen Reiches verbundene kirchliche Trennung dauert bis heute an: Die römisch-katholische Kirche im Westen spricht lateinisch. Ihr Oberhaupt ist der Papst. Die Ostkirche dagegen nennt sich orthodox (griechisch = rechtgläubig) und spricht griechisch.

**AUFGABEN >>**

1 Beschreibt den Zerfall des Römischen Reiches. Nennt Gründe dafür.

2 Wertet die Abb. 32.1 aus. Erstellt dazu eine Übersichtstabelle mit folgenden Merkmalen:
Name des Volksstammes, ursprünglicher Lebensraum, Beschreibung des Wanderungsweges, neues Herrschaftsgebiet.

3 Stellt Gründe zusammen, warum es zur Völkerwanderung kam. Informiert euch über Völkerwanderungen von heute auf der Welt.

*33.1 Hagia Sophia: Im Jahre 326 wurde die unter Kaiser Konstantin gebaute Kirche zu Ehren der Heiligen Weisheit (Hagia Sophia) geweiht. Nach einem Brand ließ sie Kaiser Justinian noch prächtiger wiederaufbauen. Mit der Eroberung der Stadt durch die Türken im Jahre 1453 wurde sie in eine Moschee umgewandelt. Heute ist die Hagia Sophia ein Museum.*

# Z Zusatzthema: Das Erbe des Römischen Reiches

*34.1 Die Mittelmeerwelt um 750*

Das Ende des weströmischen Reiches im Jahr 476 n. Chr. (> S. 32) bedeutete nicht den endgültigen Untergang römischer Herrschaft und römischer Kultur.

## Die Dreiteilung des Mittelmeerraumes

Nach der Völkerwanderung hatte sich die Mittelmeerwelt sehr verändert. Es kam mit der Zeit zu einer Dreiteilung:

***Das Frankenreich:*** Die Franken übernahmen im Westen das Erbe Roms. Sie nahmen den römisch-katholischen Glauben an und der Frankenkönig Karl (747–814) unterstützte den Papst in Rom. Im Jahr 800 ließ sich Karl sogar vom Papst in Rom zum Kaiser krönen (> S. 76). Damit trat der Frankenkönig Karl (mit Beinamen „der Große") die Nachfolge der römischen Kaiser im Westreich an.

***Das oströmische Reich:*** Der römische Kaiser Konstantin hatte im Jahr 330 in Konstantinopel eine neue Hauptstadt begründet (> S. 33). Später bekam die Stadt den griechischen Namen Byzanz, heute heißt sie Istanbul. Kaiser Justinian (> S. 33) gelang es, z.B. durch die Rückeroberung Italiens, zeit- und teilweise das Römische Reich in seinen alten Grenzen wieder herzustellen.

Das oströmische Reich konnte sich noch rund 1 000 Jahre behaupten, bis es schließlich 1453 durch die Türken erobert wurde (> S. 110).

***Einfluss des Islam:*** Mit Ausbreitung des Islam in Arabien und Nordafrika trat eine dritte Kraft auf, die ein neues Weltreich begründete. Gründer des Islam ist der Prophet Mohammed (> S. 100 f.). Er vereinte die arabischen Stämme durch seine Lehre von dem einzigen guten und allmächtigen Gott Allah. Seine Nachfolger, die Kalifen, eroberten innerhalb von 100 Jahren ein Weltreich, das von Indien bis Spanien reichte.

Über das islamische Herrschaftsgebiet in Spanien gelangten über viele Jahrhunderte hinweg Erkenntnisse der arabischen Kultur und Wissenschaften nach Europa, z. B. in Medizin, Landwirtschaft, Baukunst und Sprache.

## Das römische Erbe beeinflusst bis heute unseren Alltag

Fast alle Europäer benutzen die sehr einfach lateinische Schrift. In vielen Berufen ist die Fachsprache durch das Lateinische geprägt und viele Begriffe unserer Sprache sind aus dem Lateinischen entlehnt (> S. 27). Doch auch in anderen Bereichen könnt ihr im Alltag immer wieder auf Antikes aus der römischen Zeit stoßen.

Bis heute benutzen wir den römischen Kalender und römische Monatsnamen. Caesar (> S. 14) ließ 45 v. Chr. den Kalender reformieren: Er stellte ihn vom Mondjahr auf das Sonnenjahr um und führte Schalttage ein. Mit kleinen Verbesserungen hat dieser Kalender bis heute Bestand.

Auch die Monatsnamen sind ein Erbe der Römerzeit: So kommt der Name März von Mars, dem römischen Kriegsgott, Juli von Julius Caesar, August von Kaiser Augustus. Die Monatsnamen September bis Dezember sind von lateinischen Zahlwörtern abgeleitet. Aus ihnen können wir erkennen, dass das römische Jahr ursprünglich im März begann: September von septem (= sieben), Oktober von octo (= acht), November von novem (= neun) und Dezember von decem (= zehn).

Kaiser Justinian (> S. 33) hatte den Auftrag gegeben, alle Prozessurteile in einem Buch zu ordnen. Dadurch sollten die Richter möglichst einheitlich Recht sprechen. Diese Rechtssammlung beeinflusst bis heute unsere Gesetze. Immer noch muss jeder, der mit der Rechtssprechung zu tun hat, sich mit dem „Römischen Recht" beschäftigen. Denn das Bürgerliche Gesetzbuch, das seit 1900 in Deutschland gilt, fußt auf Rechtsgrundsätzen, die bereits die Römer aufstellten. Der Grundsatz „In dubio pro reo" (lateinisch = im Zweifel für den Angeklagten) bedeutet beispielsweise, dass im Strafprozess ein Angeklagter nicht verurteilt werden darf, wenn ein Gericht Zweifel an seiner Schuld hat.

Auch Bauwerke in vielen Teilen Europas bezeugen eindrucksvoll das römische Erbe. Bis in die Gegenwart wird der römische Baustil nachgebaut.

**AUFGABEN >>**

1. Beschreibt mithilfe des Textes und der Karte 34.1 die Dreiteilung des Mittelmeerraums nach dem Ende des Römischen Reiches.
2. Erstellt einen Zeitstrahl von Christi Geburt bis zum Jahr 1500 und tragt die Jahreszahlen und die entsprechenden Ereignisse dazu ein.
3. Ermittelt mithilfe von Wörterbüchern, wie die Monate in anderen europäischen Sprachen heißen. Stellt eure Ergebnisse in einer Tabelle zusammen.

*35.1 Ruinen des römischen Bades in Aquae (heute Baden-Baden). „Römische Bäder" sind eine heute noch genutzte Form der Dampfsauna.*

*35.2 Römischer Triumphbogen in Volubilis (heute in Marokko). Solche Torbogen bauten die Römer zum Ruhm siegreicher Feldherren.*

*35.3 Arbeit in einer Kelterei. Sklaven treten im Takt Weintrauben. Der Weinanbau wurde durch die Römer auch nach Deutschland gebracht.*

# Projekt: Römische Spuren bei uns

Auch bei uns, vor allem in Südhessen, haben die Römer zahlreiche Spuren hinterlassen. Ihre Grenzbefestigung, der Limes (> S. 24), führte schließlich durch die Wetterau und den Taunus bis nach Koblenz mitten durch Hessen hindurch.
So war die Kapersburg bei Rosbach v.d. Höhe früher ein römisches Kastell (> S. 21). Reste von Grenzbefestigungen findet man zudem bei Butzbach, wo ein Holzturm rekonstruiert wurde. Weitere Römerfunde gibt es in der Friedberger Burg, bei Echzell, wo ein großes Truppenlager der Römer war, ferner in Michelstadt. In Breuberg (Odenwald) wurden Reste einer römischen Wasserleitung gefunden. Zahlreiche Funde sind auch in Wiesbaden sowie im Stadtteil Kastel zu besichtigen. In Mainz lohnt vor allem der Besuch des Museums für antike Schifffahrt (Abb. 36.1).

*36.1 Rekonstruiertes Römerschiff im Schifffahrtsmuseum Mainz*

Mit der Klasse könnt ihr eine Exkursion zum Thema „Römische Spuren bei uns" planen. Übrigens: Auch der Begriff „Exkursion" stammt von den Römern. Das lateinische Wort excursio bedeutet „Ausflug" oder „Abstecher aufs Land". Wenn wir heute das Wort Exkursion benutzen, dann meinen wir damit einen Lerngang bzw. eine Lehr- oder Studienfahrt.
Was bei einer Exkursion zu beachten ist, erfahrt ihr auf Seite 37.

*36.2 Eingang des rekonstruierten Römerlagers „Saalburg"*

### Das Römerkastell Saalburg – Archäologischer Park

Besonders eindrucksvoll ist ein Besuch der Saalburg nördlich von Frankfurt. Jahrhundertelang waren die Überreste dieses Römerkastells lediglich ein Steinbruch für die Bewohner dieser Region. Erst vor etwa 150 Jahren erkannten die Menschen aus der Umgebung von Bad Homburg die historische Bedeutung der alten Steine, denn sie wurden nun als wichtiger Teil der römischen Grenzbefestigung zwischen dem Römischen Reich und dem „wilden" Germanien erkannt.
Um 120 n. Chr. entstanden in dieser bedrohlichen Gegend hölzerne und steinerne Wachtürme (> S. 25) sowie römische Heerlager. Die Wachtürme wurden in Sicht- oder Hörweite errichtet, damit sich die jeweiligen Besatzungen untereinander verständigen konnten. Entlang der

37.1 *„Römische Wachsoldaten" nahe der Saalburg*

164 km langen Römergrenze zwischen Main und Lahn wurden etwa 250 Wachtürme gebaut, hier lagen 23 kleinere und größere Kastelle, darunter die Saalburg, in der eine römische Kohorte (ca. 500 Soldaten) stationiert war. Dieses Kastell erstreckte sich auf einer Länge von 221 m und einer Breite von 147 m. Hier fand ein reger Austausch zwischen den Chatten, einem germanischen Volksstamm, und den Römern statt. Gehandelt wurden Seife, Felle, Honig und Wachs, die Chatten erwarben hier Gläser, Schmuck, Tonwaren und Stoffe.
Archäologische Grabungen brachten neben Mannschaftsbauten auch den Sitz des Kommandanten ans Licht, ferner ein Vorratshaus, Rüst- und Waffenkammern sowie verschiedene Brunnen. Im Museum werden verschiedene eindrucksvolle römische Kriegsmaschinen ausgestellt. Versiegte Brunnenschächte der Saalburg erweisen sich für die Archäologen als ergiebige Fundstätten, denn in diese warfen die römischen Soldaten ihren scheinbar wertlosen Müll, der sich für moderne Archäologen aber als unschätzbarer Fund erweist.
Seit etwa 100 Jahren wird hier systematisch geforscht und die Grabungen brachten zahllose Funde zutage, die vielfältige Aufschlüsse über die Lebensweise der Römer ermöglichen. Im Saalburgmuseum können diese Funde nicht nur besichtigt werden. Kundige Museumsexperten erläutern und erklären anhand der Funde die Lebensverhältnisse und die politischen Beziehungen zwischen den Römern und Germanen.
Das Museum kann man von März bis Oktober täglich, von November bis Februar von Dienstag bis Sonntag besuchen. Es lohnt sich unbedingt, vorher eine Führung zu buchen (Tel. 06175/93740), themenbezogene Führungen sind möglich, auch spezielle Aktionen wie Bogenschießen oder Speerwerfen, Limeswanderungen und Ähnliches.

Eine **Exkursion** zu den römischen Spuren sollte sorgfältig geplant werden.

- Sammelt in eurer Klasse zunächst Ideen, Arbeitsaufträge und Fragen, die auf dieser Exkursion geklärt werden könnten, verteilt Aufgaben.
- Plant ihr eine kleine Ausstellung, dann sollte geklärt werden, wer Lageskizzen anfertigt und Fotografien vom und im Museum macht.
- Vielleicht kann auch jemand einen Videofilm drehen.
- Erkundigt euch bereits vorher, welches Informationsmaterial bei dem jeweiligen Exkursionsziel zur Verfügung steht.
- Das Ergebnis könnte eine Ausstellung oder eine Broschüre sein, aber auch eine PowerPoint-Präsentation. Wer kümmert sich darum, wer stellt dafür welche Materialien zur Verfügung, wer verfasst die Informationstexte und die Bildlegenden?
- Plant ihr im Anschluss an die Exkursion ein „römisches Fest", dann sollte dies auch eine Arbeitsgruppe vorbereiten: Was kochten und tranken die Römer (oder die Germanen), wie waren sie gekleidet, welche Spezialitäten könnten vorbereitet werden? Welche Spiele waren bei ihnen beliebt?

Ein Besuch auf der Saalburg gibt hierzu viele Anregungen. Weitere solide Informationen bietet das Buch von Karl-Wilhelm Weeber, Alltag im alten Rom, erschienen im Verlag Artemis & Winkler (2000).

37.2 *Zwei junge „Römerinnen" auf dem Römerfest*

# Wissen: Das Römische Reich

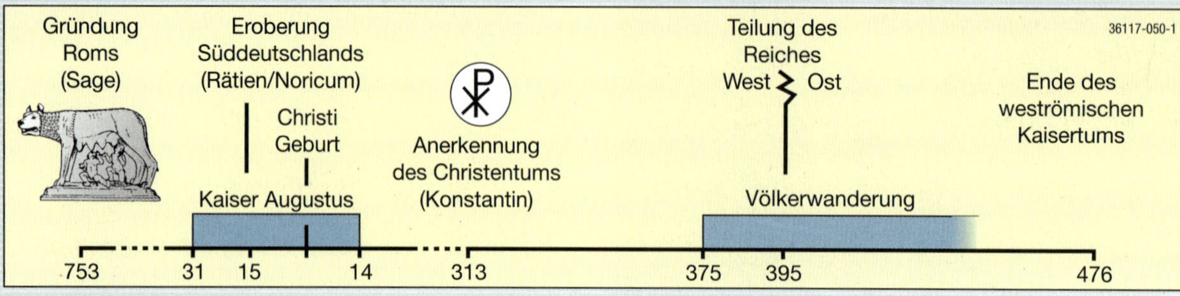


*38.1 Zeitleiste*

**Das römische Reich**

**Die Römer in Süddeutschland**

**Zerfall des Römischen Reiches**

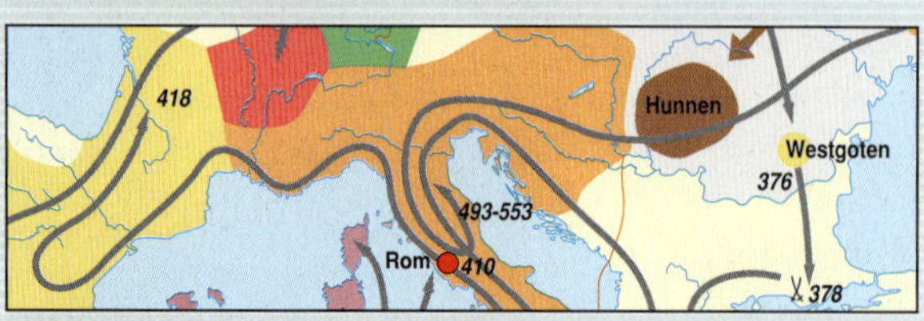


*Die Entwicklung des Reiches*
Eroberungen: Stadtstaat / Landmacht / Seemacht
Ausdehnung: umliegende Städte / Italien / damalige Welt
Rom: Hauptstadt / Mittelpunkt / Kaiserstadt

*Zusammenhalt des Reiches*
Militär: Schutz und Sicherheit
Verwaltung: Zentrale Regierungsstelle
Wirtschaft: Handel und Güteraustausch
Kultur: Ausbreitung römischer Lebensart

*Begegnung mit den Römern*
Eroberung: 15 v. Chr. / Roms militärische Überlegenheit
Sicherung des Landes: Limes / Kastelle
Ortsgründungen: z. B. Mainz / Saalburg

*Romanisierung*
Warenaustausch: Naturprodukte / Luxusgüter
Neuerungen: Architektur / Anbaupflanzen
Vorbildrolle: Lebensart / Sprache

*Das Christentum*
Verfolgung: Leben in den Christengemeinden
Anerkennung: Toleranzedikt / Staatsreligion

*Völkerwanderung um 400 n. Chr.*
Grenzüberschreitungen: Germanische Reiche
Reichsteilung: Westrom/Byzantinisches Reich

**AUFGABE >>>**

Arbeitet mithilfe der Gliederung und der Stichworte einzelne Kapitel zum Thema „Begegnung zwischen Römern und Germanen" zu einem Referat aus. Ihr könnt z.B. so formulieren:
Aus einer kleinen Bauernsiedlung am Tiber entstand ein riesiges Weltreich. Die Römer gliederten zuerst die umliegenden Orte in den Stadtstaat ein, unterwarfen dann Italien und ...

## AUFGABE >>>

Stellt euch vor, ihr wärt einen Tag in einer Straßenstation an einer Römerstraße. Menschen kommen und gehen. Ihr beobachtet das Geschehen und könnt sicher am Ende des Tages viele Fragen beantworten:

*39.1 Römische Soldaten beim Straßenbau*

Wer hat den Bau der Straße in Auftrag gegeben?

Wer hat die Straße gebaut? Wie ist das geschehen?

Welche Bauwerke wurden beim Straßenbau noch benötigt?

Wer hat die Straße benützt?

Welche Bedeutung hatten die Straßen für das Römische Reich?

a) Erklärt mithilfe dieser Abbildungen, ob auch das Römische Reich eine Hochkultur darstellt. (Aus Trio 1 kennt ihr die Merkmale einer Hochkultur.)

b) Welche der Errungenschaften Roms wirken bis in unsere Zeit nach, d.h. welche würdet ihr als Erbe Roms in unserer Zeit bezeichnen?

**Römisches Erbe**

# 2 Wir in der Welt – die Welt bei uns

Flughafen Frankfurt

Opel-Werk in Rüsselsheim

42.1 *Das neue Auto wird bestellt*

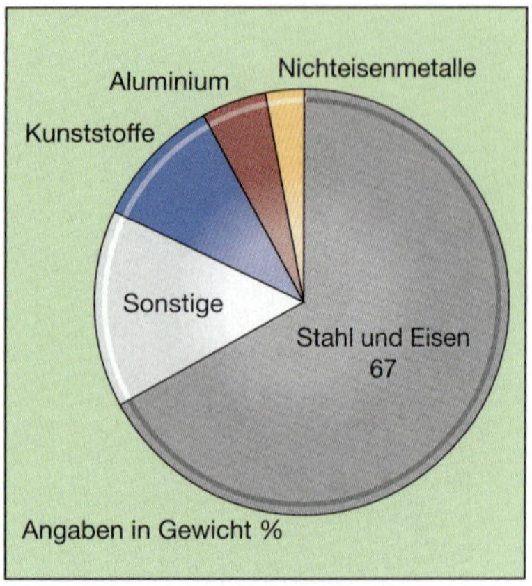


42.2 *Erzanteile am Auto*

# Die Autoindustrie – ein wichtiger Industriezweig

Freudig begleitet David seine Eltern zum Autohaus. Bei der Bestellung eines Neuwagens wollte er dabei sein. Anhand von Prospekten hatte die Familie vorher gemeinsam die Ausstattung des gewünschten Fahrzeugmodells festgelegt. Dabei wurde David klar: Das Auto kann nicht schon am nächsten Tag vor der Tür stehen. Denn es sind viele Arbeitsvorgänge notwendig, bis ein funktionierendes Auto fertig ist. Auf den folgenden Seiten könnt ihr die Entstehung eines Autos genauer verfolgen.

## Eisenerz aus Übersee

Eisen und Stahl werden in vielen Industrien benötigt, zum Beispiel zur Herstellung von Maschinen, Stahlgerüsten, Kränen, Drahtzäunen, Werkzeugen. Wie die Grafik 42.2 zeigt, ist auch die Autoindustrie bei der Herstellung auf Eisenerz angewiesen.

Eisen und Stahl sind jedoch Stoffe, die in einer speziellen Industrie erst aus dem **Rohstoff** Eisenerz, einem metallhaltigen Gestein, gewonnen werden müssen. In Deutschland sind die Eisenerzvorkommen allerdings bereits „ausgebeutet“ oder man hat ihren Abbau eingestellt, weil der Eisengehalt im Gestein zu gering war.

Deshalb bezieht Deutschland heute sein Eisenerz aus Staaten, in denen es Erze mit hohem Eisengehalt gibt (Abb. 42.3). Dort kann dieser Bodenschatz kostengünstiger abgebaut werden. Der Großteil des bei uns importierten Eisenerzes stammt aus Brasilien.

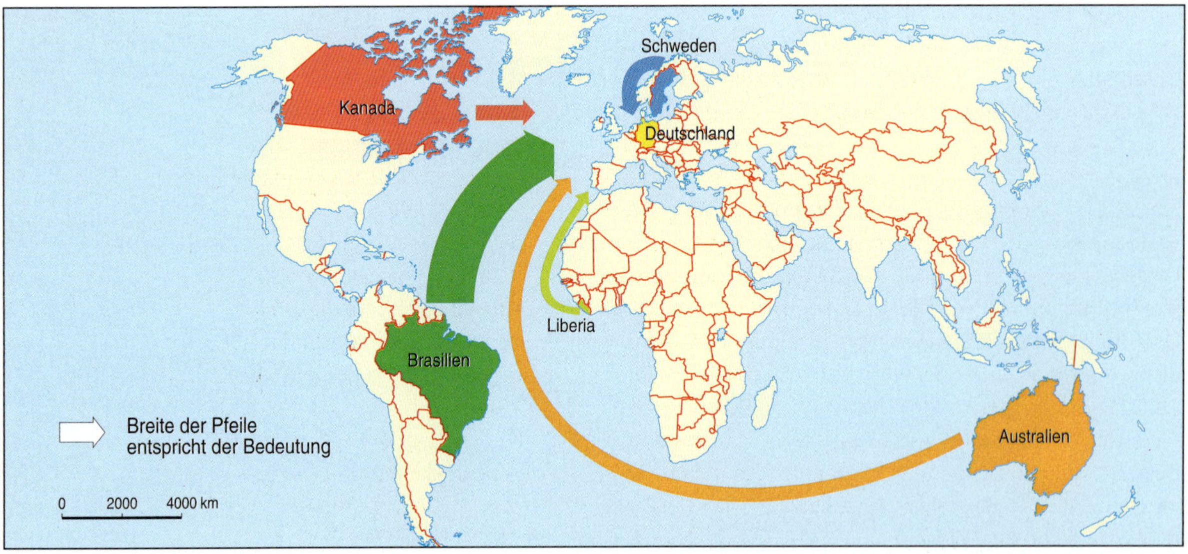


42.3 *Wichtige Erzlieferländer Deutschlands*

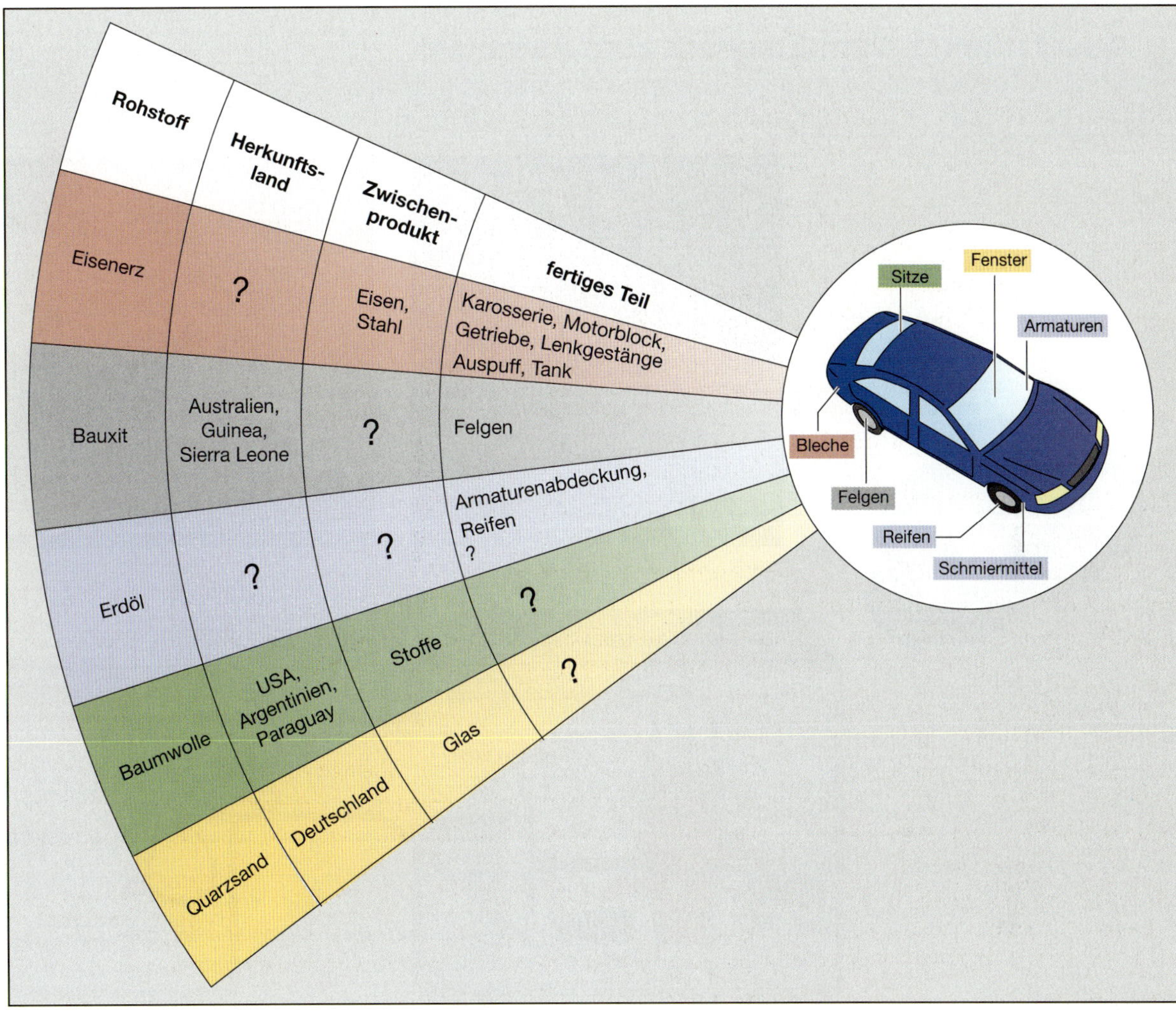


*43.1 Rohstoffbedarf der Autoindustrie*

## Autos brauchen verschiedene Rohstoffe

Eisenerz ist für die Autoindustrie der wichtigste Rohstoff. Doch auch aus anderen Rohstoffen werden Zwischenprodukte und Fertigteile hergestellt, die beim Autobau unverzichtbar sind. Wer will schon ein Auto mit Holzbänken oder Holzrädern haben? Auch bei anderen Rohstoffen ist die Autoindustrie auf Einfuhren aus der ganzen Welt angewiesen. In einem ersten industriellen Verarbeitungsvorgang entstehen daraus Zwischenprodukte wie Stahl, Rohgummi, Kunststofffasern, Lacke oder Glas. Diese Erzeugnisse kaufen weiterverarbeitende Industrien wie die Autoindustrie auf. Ein Auto besteht aus über 10 000 Einzelteilen!

Autofabriken sind zwar groß und haben Tausende von Beschäftigten, doch kein Werk stellt das Endprodukt völlig alleine her. Es gibt viele Zulieferbetriebe, die minutengenau die Fahrzeugteile an die Fließbänder der Fabriken bringen (> S. 47).

**AUFGABEN >>**

1 Erklärt, warum der Rohstoff Eisenerz beim Autobau wichtig ist (Abb. 42.2).

2 Benennt die wichtigsten Eisenerzlieferanten (Abb. 42.3).

3 Ergänzt in dem roten und blauen Kreisausschnitt von Abb. 43.1 mithilfe des Atlas Herkunftsländer der Rohstoffe. Zeigt diese auch auf der Wandkarte.

4 Verwandelt die Grafik in eine Tabelle. Verwendet im Tabellenkopf die Begriffe „Rohstoff", „Herkunftsland", „Zwischenprodukt" und „fertiges Teil".

# Z Zusatzthema: Vom Eisenerz zum Autoblech

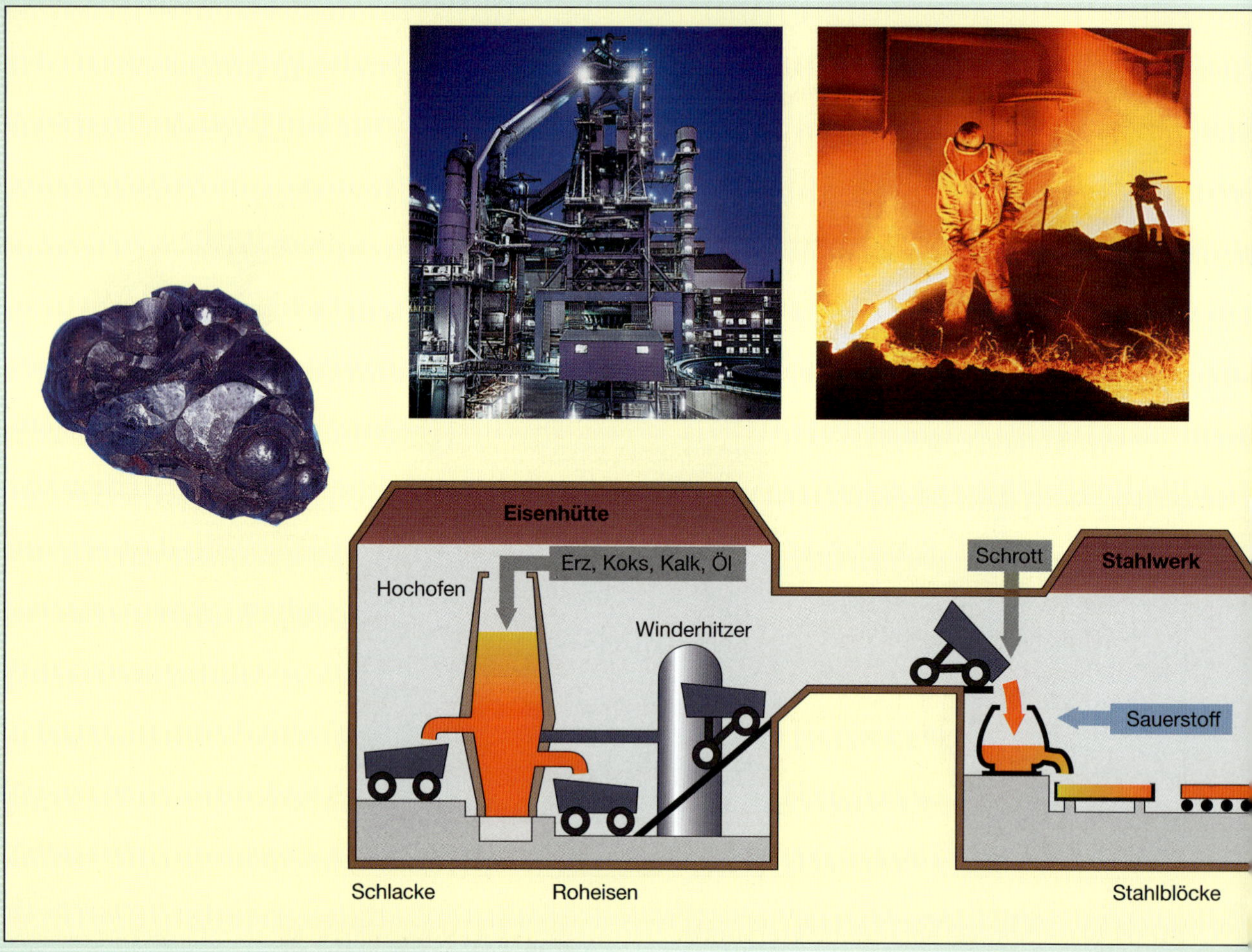


*44.1 Vom Erz zum Autoblech*

Mehrere Schritte sind notwendig, damit Eisenerz zu Eisen und schließlich zu Stahl wird. Für jeden Arbeitsschritt gibt es eigene Produktionsstätten, die meistens direkt nebeneinander liegen.

Das reine Eisen wird zuerst in einem Hüttenwerk aus dem Gestein Eisenerz herausgelöst. Im Hochofen, der wichtigsten Anlage eines solchen Werks, wird das Erz auf über 1600 °C erhitzt. Um diese Temperaturen zu erreichen, wird Koks zusammen mit Öl verbrannt. Zusätzlich erhöht ein Winderhitzer die Verbrennungstemperatur. Schließlich schmilzt das Eisenerz und es entstehen glutflüssiges Roheisen sowie Schlacke als Abfallstoff.

Ein Hochofen arbeitet bis zu zehn Jahre Tag und Nacht, ohne abzukühlen. Er liefert täglich bis zu 5000 Tonnen Roheisen. Alle 4 bis 6 Stunden wiederholt sich am Hochofen ein spannender Vorgang: Arbeiter mit feuerfester Kleidung, Schutzhelmen und Gesichtsmasken durchstoßen mit einem wassergekühlten Bohrer das Durchstichsloch am Hochofen. Funken sprühend und weiß glühend schießt das flüssige Eisen in einem etwa 10 bis 20 Zentimeter dicken Strahl heraus.

Das noch flüssige Metall wird in Spezialwaggons gegossen und zur Weiterverarbeitung ins Stahlwerk transportiert. Dort wird Schrott zugegeben, der im flüssigen Eisen schmilzt und somit wiederverwertet wird. Durch Beimengen verschiedener Stoffe entsteht schließlich aus Eisen der weniger brüchige und rostfreie Stahl.

In Gießereien und Walzwerken werden aus dem Stahl Maschinenteile, Rohre, Stahlträger, Draht, Autobleche und vieles mehr gefertigt.

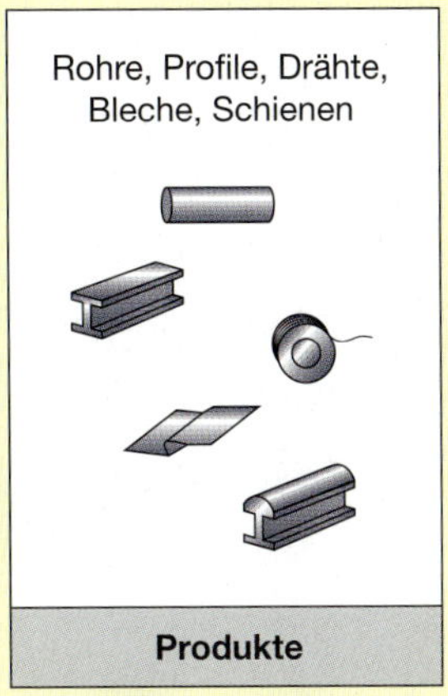


**„Einkäufer" bei der Schwerindustrie:**
- Schlossereien, Baufirmen
- Deutsche Bundesbahn
- Kranbaufirmen
- Maschinenbaufirmen
- Heizungsbaufirmen
- Kfz-Industrie
- Gartengeräte-Hersteller
- Besteck-Hersteller
- Schiffsbauwerften

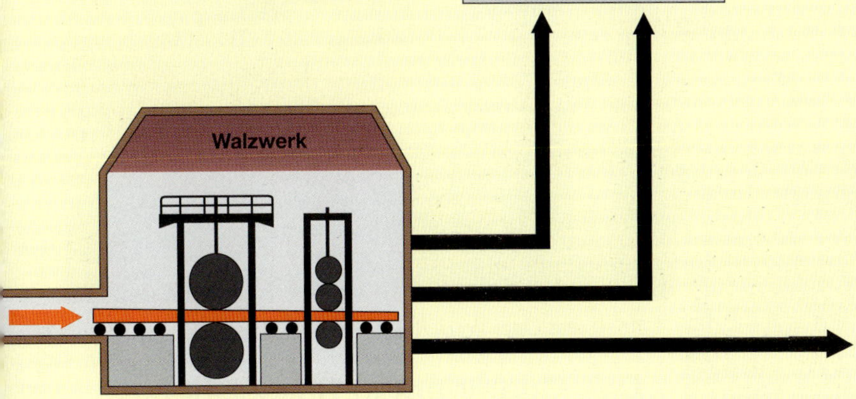


**Erzeugnisse für die Autoindustrie:**

Blechrollen sowie Gusseisenblöcke, Eisen- und Stahlplatten, Formeisen, Rundstangen ...

## AUFGABEN >>

1 Beschreibt mithilfe des Textes und Abb. 44.1 den Vorgang der Erzverarbeitung.

2 Ein kleiner Mittelklassewagen wiegt etwa 1 000 Kilogramm. Errechnet, für wie viele Pkw dieser Größe ein Hochofen pro Tag das notwendige Eisen erzeugen kann. (Zur Berechnung benötigt ihr Abb. 42.2 und die Angaben im Text von Seite 44.)

3 Ordnet die verschiedenen Enderzeugnisse der Schwerindustrie den „Einkäufern" zu (Seite 45 rechts oben).

4 Auch im europäischen Ausland wird Stahl erzeugt. Benennt Produktionsstandorte (Atlas).

5 Paust die Umrisse der „Fabriken" von Abb. 44.1 vorsichtig ab. Klebt das Ergebnis in euer Heft und beschriftet nun die „Grafik".

*45.1 Standorte der Stahlindustrie in Deutschland*

*46.1 Das Opel-Werk Rüsselsheim*

*46.2 Roboter-Schweiß-Straße*

*46.3 Transport neuer Autos*

## Das Opel-Werk in Rüsselsheim

Ein Beispiel für einen wichtigen Industriestandort in der Rhein-Main-Region ist das Opel-Werk in Rüsselsheim. Wo vor 140 Jahren das Familienunternehmen unter dem Firmengründer Adam Opel mit Nähmaschinen und Fahrrädern begann, steht heute eines der modernsten Automobilwerke der Welt. Im Jahr 2002 wurde die neue Anlage „Leanfield" eröffnet. Sie soll für die nächsten Jahrzehnte den Traditionsstandort Rüsselsheim sichern. Von den insgesamt 24 000 Beschäftigten in Rüsselsheim arbeiten im „Leanfield" 7 000 Beschäftigte. Bei voller Auslastung des neuen Werkes können hier 270 000 Fahrzeuge jährlich gebaut werden. Das Opel-Werk in Rüsselsheim ist Hessens größter industrieller Arbeitgeber. In Deutschland gibt es drei weitere Opel-Werke: in Bochum, in Kaiserslautern und in Eisenach. In den vier deutschen Standorten sind rund 47 000 Mitarbeiter beschäftigt. Europaweit werden Opel-Modelle in 15 Werken gefertigt, die in neun Staaten liegen.

Auf Seite 43 habt ihr gelernt, dass Autos verschiedene Rohstoffe benötigen und dass ein Auto aus mehr als 10 000 Einzelteilen besteht. Diese Teile fertigt ein Automobilwerk nicht alle selbst an. Es kauft viele Teile von den Zulieferern. Deshalb ist es auch für ein Automobilwerk wichtig, gut ans Verkehrsnetz angeschlossen zu sein, damit die Einzelteile genau zum richtigen Zeitpunkt („just in time") angeliefert werden können.

In Hessen gibt es fast 100 Unternehmen, die nicht nur Opel, sondern der gesamten Automobil-Industrie Teile zuliefern.

Im Opel-Werk werden nicht nur Autos gebaut, es wird auch geforscht. So werden Brennstoffzellen getestet. Damit können Autos durch Verbrennen von Wasserstoff angetrieben werden. Aus dem Auspuff würde dann nicht mehr giftiges Gas, sondern Wasserdampf herauskommen.

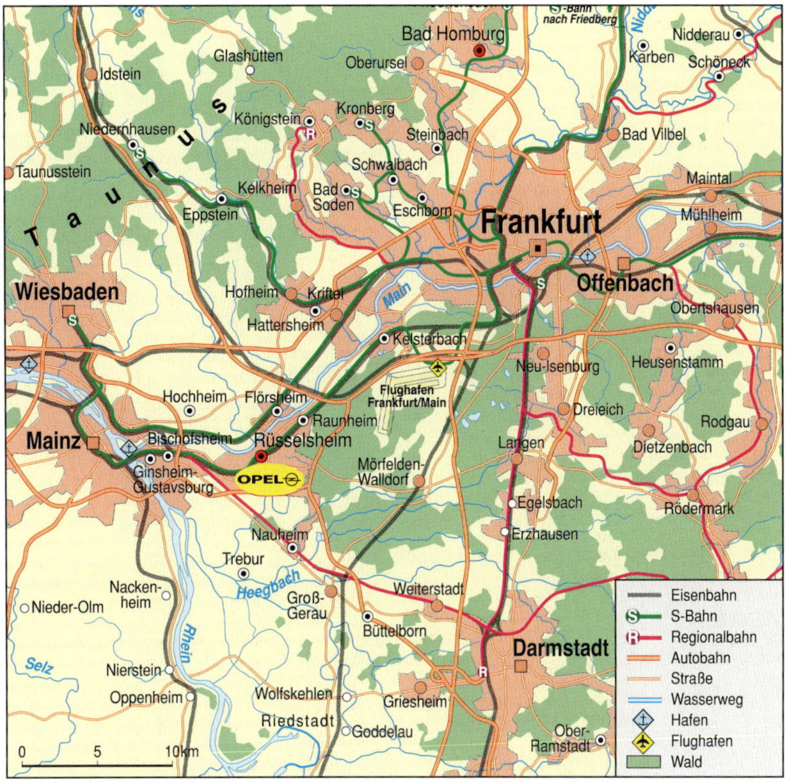


*47.1 Verkehrsanbindung zum Opel-Werk*

*47.2 Test mit Brennstoffzellen*

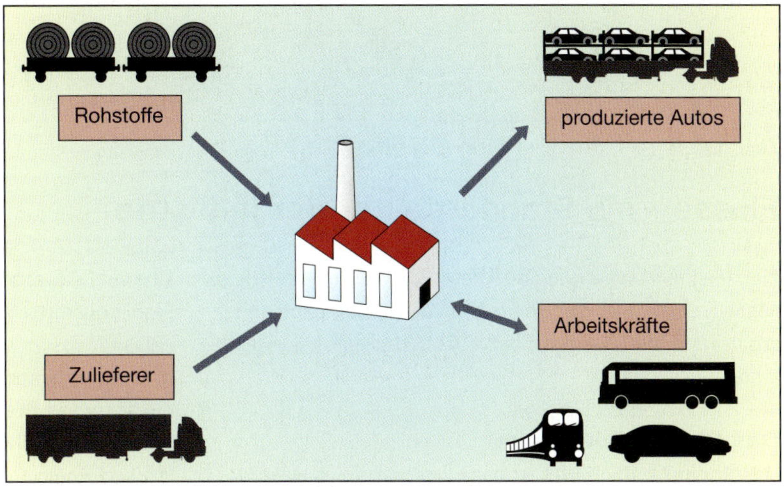


*47.3 Verkehr vom und zum Opel-Werk*

## AUFGABEN >>

1 Welche Verkehrsanbindungen hat das Opel-Werk in Rüsselsheim (Abb. 47.1)?

2 Warum braucht ein Automobilwerk gute Verkehrsanbindungen?

3 Erklärt, warum ein Werk wie das von Opel wichtig für eine Region ist.

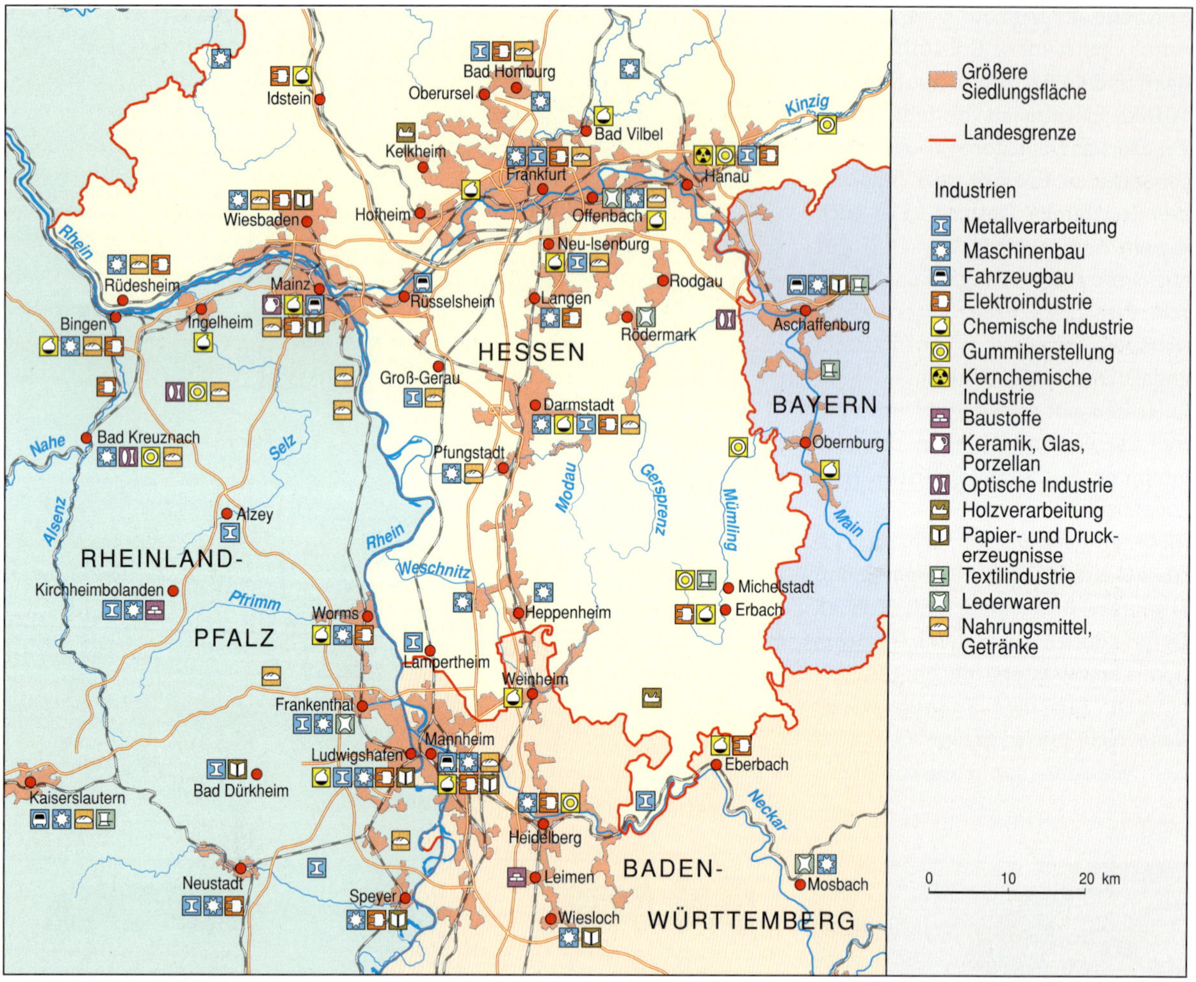


*48.1 Die Wirtschaftsregion Rhein-Main-Neckar*

## Flüsse – ein Standortfaktor der Industrie

Nach der Wirtschaftsregion Rhein-Ruhr bilden das Rhein-Main-Gebiet und das Rhein-Neckar-Gebiet (Abb. 48.1) zusammen die zweitgrößte Wirtschaftsregion Deutschlands.

### Das Rhein-Main-Gebiet

Das Rhein-Main-Gebiet ist das wirtschaftliche Herz Hessens. Es erstreckt sich von Bad Nauheim bis nach Heppenheim und von Bingen bis nach Aschaffenburg. Damit schließt es auch Gebiete der Bundesländer Rheinland-Pfalz und Bayern mit ein. Hier leben rund 3,5 Millionen Menschen in 50 Städten.

Im Rhein-Main-Gebiet werden keine wichtigen Rohstoffe abgebaut – und dennoch hat es sich zu einem bedeutenden Industriegebiet entwickelt. Zu nennen sind insbesondere weiterverarbeitende Industrien in den Bereichen Chemie, Automobil- und Maschinenbau, Elektrotechnik, Nahrungsmittel, Metallverarbeitung, Druckereierzeugnisse.

Ein wesentlicher **Standortfaktor** für die Entwicklung und die ständige Erweiterung der Industrie war und ist die günstige Verkehrslage. Der Wirtschaftsraum liegt an den Flüssen Rhein und Main und ist durch eine Vielzahl von Autobahnen und Eisenbahnlinien sowie durch den Flughafen Frankfurt gut erschlossen. Die beiden größten Arbeitgeber der Region sind Opel in Rüsselsheim (> S. 46) und die FRAPORT AG (Frankfurter Flughafen, > S.50).

Die Flüsse sind für die Industrien nicht nur als Transportwege interessant. Denn viele Fabriken entnehmen aus den Flüssen große Mengen Kühlwasser. Früher wurden auch Abwässer eingeleitet. Heute dürfen nur noch gereinigte Abwässer in die Flüsse gelangen.

## BASF – Industriegigant am Rhein

Auch in dem **Ballungsraum** Rhein-Neckar leben und arbeiten viele Menschen. Obwohl hier ebenfalls Rohstoffe fehlen, hat sich wegen der günstigen Verkehrsanbindung eine große Industrieregion gebildet. Größter Arbeitgeber ist hier der Chemiekonzern BASF (Badische Anilin- und Soda-Fabrik).

Die Firma prägt seit 1865 das Bild der Stadt Ludwigshafen. Mit einer Länge von 5,4 km und einer Breite von 1,9 km ist die BASF das größte zusammenhängende Chemiewerk Europas. Das Werksgelände ist eigentlich eine „Stadt für sich". 33 000 Beschäftigte arbeiten hier, davon sind 2400 Auszubildende. Das Unternehmen hat drei eigene Kraftwerke, eine eigene Kläranlage, Hafenbecken, Tankanlagen und Silos, ein eigenes Schienennetz mit 215 km Gleisen und 2000 km Rohrleitungen für Gas, Öl und Chemikalien. Der Strom- und Wasserverbrauch des Unternehmens ist riesig. Wichtig für den Transport der Rohstoffe und Produkte ist auch die Nähe zur Autobahn. Die BASF hat in allen Kontinenten der Erde Zweigwerke. Aus den angelieferten Rohstoffen werden zum Beispiel Chemikalien, Kunststoffe, Farben, Dünge- und Pflanzenschutzmittel, Styropor und Disketten hergestellt.

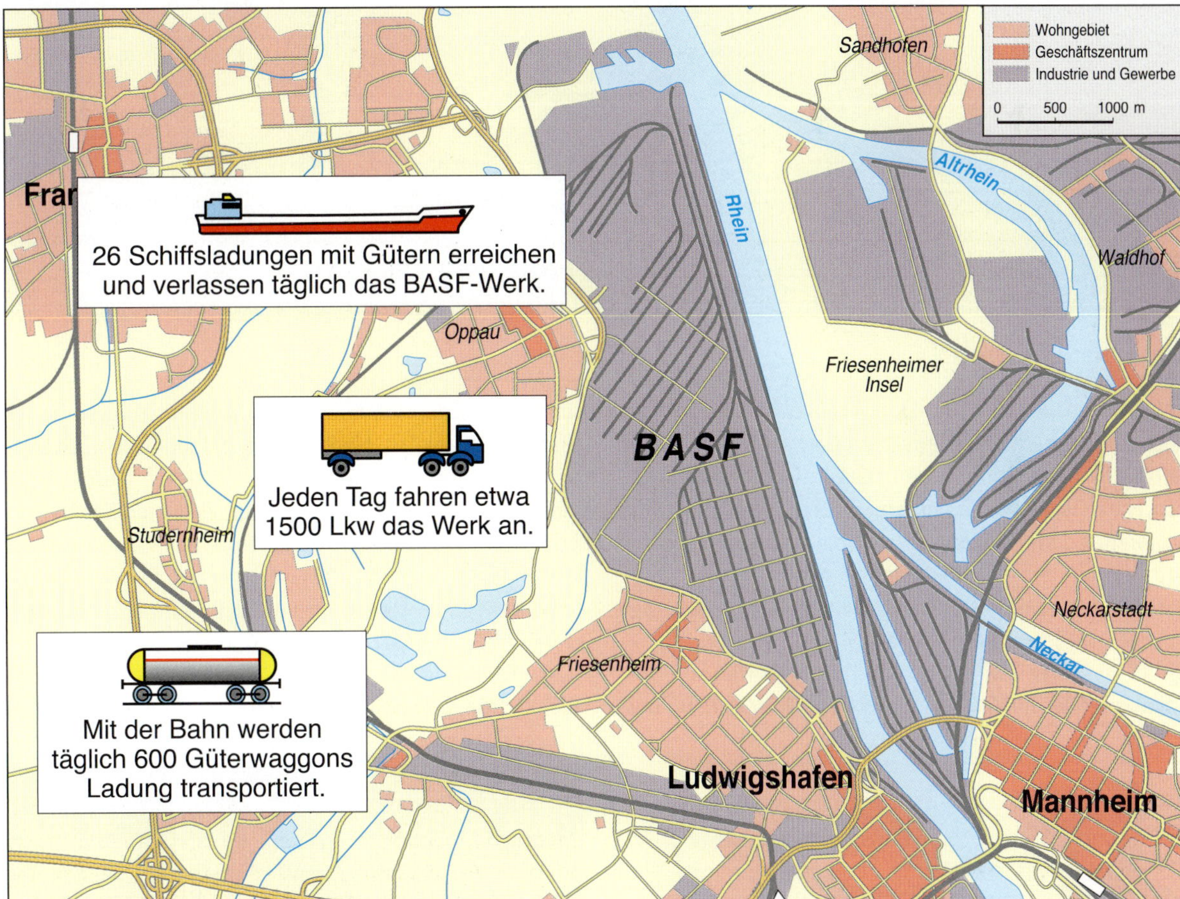


*49.1 Das BASF-Werk in Ludwigshafen*

### AUFGABEN >>

1. Sucht mithilfe des Atlas alle Städte ab 20 000 Einwohner, die im Rhein-Main-Neckar-Raum liegen und schreibt ihre Namen auf.
2. Messt mithilfe der Maßstabsleiste die Gesamtausdehnung dieses Großraumes von Nord nach Süd und von West nach Ost und rechnet die Entfernung in Kilometer um (Abb. 48.1).
3. Warum haben sich die Industrien gerade an den Flüssen angesiedelt?
4. Zeigt anhand der Abb. 49.1 die Verkehrsanlagen, die für den Gütertransport genutzt werden.

# Z Zusatzthema: FRAPORT – ein schneller Flughafen

*50.1 Flughafen in Frankfurt*

Fast jeder große Wirtschaftsraum hat auch einen internationalen Flughafen. Die internationalen Verflechtungen werden immer wichtiger und stärker: Unternehmen haben Handelspartner in fernen Ländern, viele Touristen fliegen mit dem Flugzeug in Urlaub, immer mehr Waren kommen aus dem Ausland oder werden exportiert. Diese Entwicklung nennt man **Globalisierung** (> S. 57). Die Folge ist eine ständige Ausweitung des Verkehrs.

Um in kürzester Zeit leicht verderbliche Waren zu transportieren oder ins Ausland zu reisen, eignet sich am besten das Flugzeug. Deutschlands größter Flughafen ist der Flughafen Frankfurt. Nach Fluggastzahlen ist er nach London-Heathrow der zweitgrößte Flughafen Europas. Im Luftfrachtverkehr liegt er mit einer jährlichen Fracht von 2,1 Mio. t sogar an erster Stelle. Von hier aus starten und landen täglich rund 1 350 Flugzeuge, also fast jede Minute eins. Insgesamt arbeiten 68 000 Beschäftigte auf dem Frankfurter Flughafen. Er ist damit die größte Arbeitsstätte Deutschlands. Die Deutsche Post beschäftigt hier allein schon rund 2 500 Mitarbeiter.

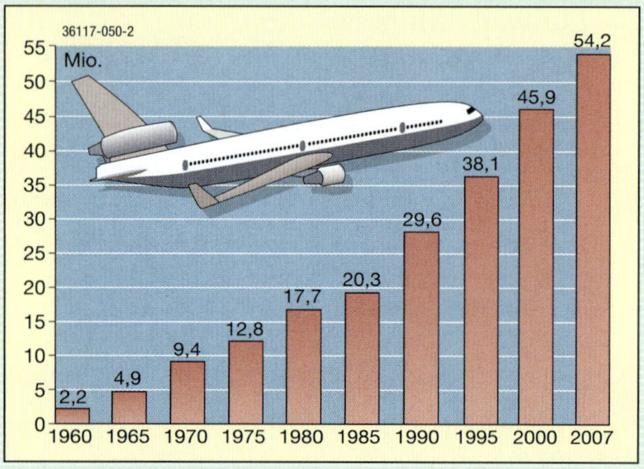


*50.2 Entwicklung der Fluggastzahlen in Frankfurt*

*50.3 Anzeigetafel (Abflug)*

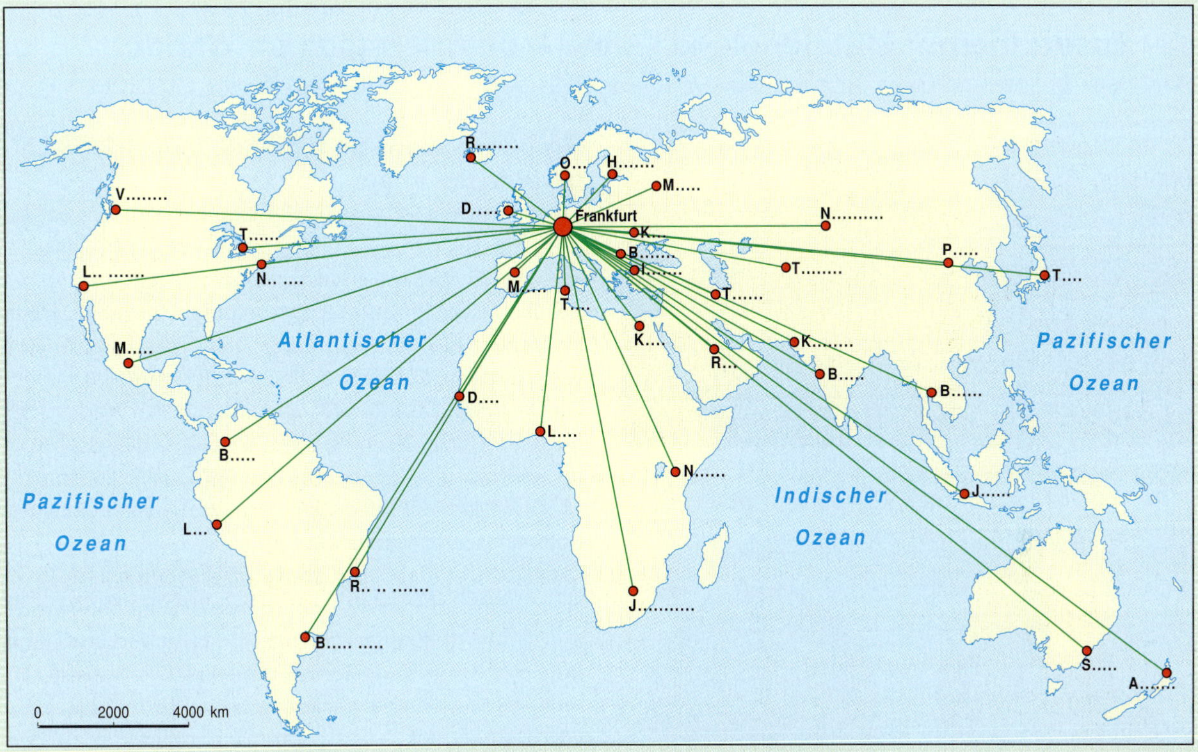


*51.1 Vom Flughafen in alle Welt*

Über zwei Abfertigungshallen, Terminals genannt, werden in Frankfurt täglich 145 000 Passagiere abgefertigt, in der Ferienzeit sogar 175 000. Die Größe des Flughafens reicht bei der ständig steigenden Zahl der Fluggäste und der Frachtmassen nicht mehr aus. Die FRAPORT AG, die den Flughafen betreibt, will ihn ausbauen. Nach mehrjährigem Mediationsverfahren, bei dem Gegner und Befürworter den Ausbau diskutierten, legte im Dezember 2007 der Planfeststellungsbeschluss (Baugenehmigung) der Landesregierung den Bau einer Landebahn im Nordwesten und ein neues Terminal im Süden fest. Prognosen sagen, dass bis 2020 rund 40 000 neue Arbeitsplätze entstehen und die Frachtmengen auf 3,2 Mio. t steigen werden. Die Bedeutung des Flughafens wird durch den Ausbau gesteigert, gleichzeitig nehmen Lärmbelästigung und die Umweltbelastung zu.

*51.2 und 3 Am Flughafen Frankfurt*

**AUFGABEN >>**

1. Im Text werden viele Zahlen zum Flughafen genannt. Stellt sie in einem Steckbrief zusammen.
2. Sucht die in Karte 51.1 genannten Flugziele im Atlas. Sortiert sie nach Kontinenten und erstellt eine Liste. Unterstreicht in der Liste die Zielorte, die ihr auf der Abflugtafel findet.
3. Informiert euch über das Nachtflugverbot und den Anti-Lärm-Pakt und diskutiert darüber.
4. Sortiert die Vorteile und die Nachteile des Ausbaus in einer Tabelle an der Tafel.

# Z Zusatzthema: Mittelengland – eine Industrieregion im Wandel

*52.1 Abriss eines ehemaligen Stahlwerkes*

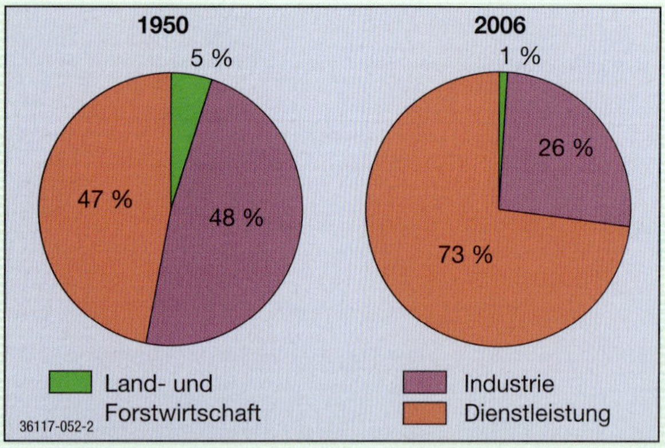


*52.2 Anteile der Beschäftigten in Großbritannien*

## Großbritannien, die führende Industriemacht, gerät in die Krise

Im 19. Jahrhundert war Großbritannien die führende Industriemacht der Welt. Getragen wurde die Vormachtstellung Großbritanniens besonders von der Stahl- und der Textilindustrie im mittelenglischen Industriegebiet. Doch im Verlauf des 20. Jahrhundert geriet das Land in eine wirtschaftliche Krise. Die Gründe hierfür waren vielfältig.

Die Textilindustrie litt vor allem durch den Verlust der britischen Kolonien in Übersee, die früher billig Rohstoffe lieferten und die teuren Fertigprodukte abnahmen. Nun fertigten die selbstständig gewordenen ehemaligen Kolonien selbst Textilien.

Ende der 1950er-Jahre setzte in den alten Industriestandorten Europas die Kohlekrise ein. Die Kohle wurde als wichtigster Energierohstoff vom billigeren Erdöl und Erdgas, z.B. aus der Nordsee, abgelöst. Die britische Eisenbahn wurde elektrifiziert oder stellte ihren Betrieb von Dampf- auf Diesel- oder Elektroloks um. In den Kraftwerken und in der Eisen- und Stahlindustrie wurde aufgrund neuer Technologien weniger Kohle benötigt.

In vielen Industriezweigen wurden die Produktionsanlagen nicht rechtzeitig modernisiert. Weil zu teuer produziert wurde, konnte Großbritannien nicht mehr mit anderen Industriestaaten Schritt halten.

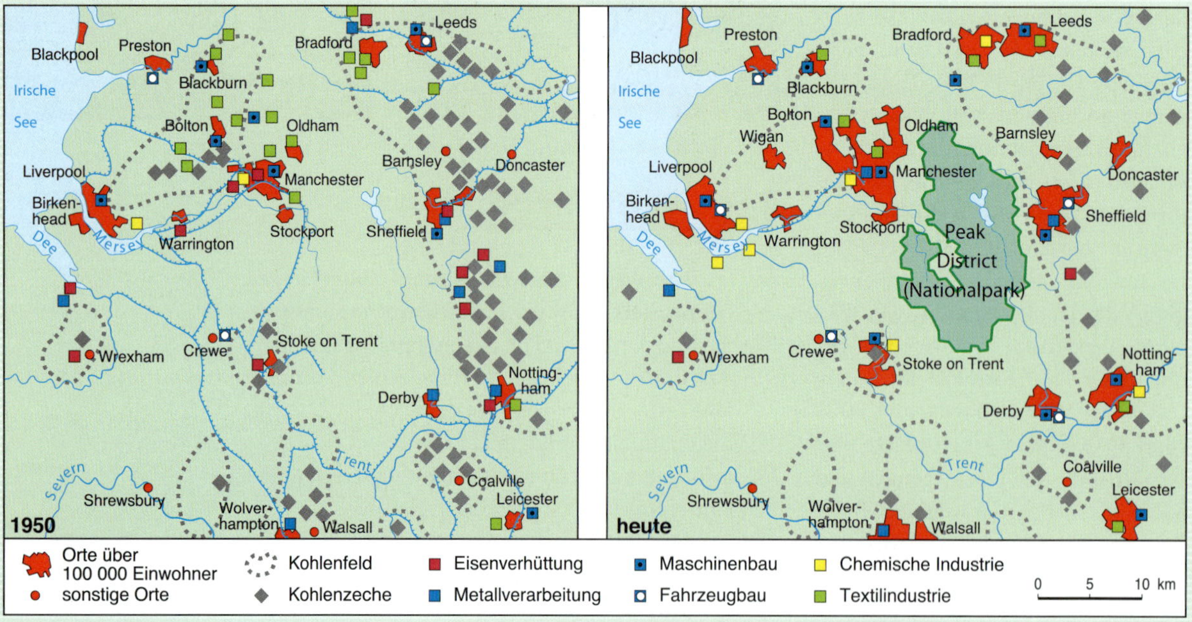


*52.3 Mittelengland 1950 und heute*

## Wirtschaftlicher Wandel

Einst bedeutende Textilfabriken, Kohlezechen und Eisenhütten wurden geschlossen, alte Stahlwerke abgerissen (Abb. 52.1). In Industrieregionen wie dem mittelenglischen Industriegebiet stieg die Zahl der Arbeitslosen. Viele Menschen wanderten deshalb aus Mittelengland ab. Viele der Arbeitersiedlungen aus dem 19. Jahrhundert verfielen.
In den 1980er-Jahren förderte die britische Regierung den beginnenden **Strukturwandel**. Alte Industrien wurden vom Staat nicht länger unterstützt. Dafür wurden moderne Industrien wie die Elektro-, Auto- und die chemische Industrie gefördert. Immer mehr Menschen fanden ihren Arbeitsplatz im Dienstleistungssektor (Abb. 52.2).
Heruntergekommene Stadtviertel wurden saniert. Außerdem entstanden am Rand der Großstädte neue Wohnsiedlungen, dies führte zum Wegzug vieler Menschen aus den Großstädten (Suburbanisierung, Abb. 52.3 und Tab. 53.1). Außerhalb der alten Industriegebiete entwickelten sich auch neue Wirtschaftsstandorte. Besondere Hoffnung setzte man auf die zukunftsorientierte Hightech-Branche. Dazu zählen die Computerindustrie, die Luft- und Raumfahrtindustrie, die Informationstechnologie (IT) sowie die Biotechnologie.
So entwickelte sich vor allem in Südwestengland seit 1970 die Hightech-Industrie. Entscheidend für diese Branche sind nicht mehr die traditionellen Standortfaktoren Rohstoffe, Energie und Transportkosten, sondern Verkehrsanbindung, Freizeitangebote und, ganz wesentlich, die Nähe zu Forschungseinrichtungen und Universitäten. Neben London ist Cambridge der bedeutendste dieser Hightech-Standorte in England. 5200 Unternehmen haben sich hier meist in Industrieparks angesiedelt.

**AUFGABEN >>**

1. Wertet die Industriekarten von 1950 und heute aus (Abb. 52.3). Welche Veränderungen gab es hinsichtlich der Flächennutzung, der Industrie sowie der Nutzung von Rohstoffen?
2. Beschreibt den wirtschaftlichen Wandel Großbritanniens von einer Industriemacht hin zum Dienstleistungsstandort. Beachtet hierbei den in Abb. 52.2 dargestellten Wandel.
3. Erläutert die Entwicklung der Einwohnerzahlen von Manchester und Birmingham (Tab. 53.1).
4. Erschließt selbst ein europäisches Land nach seinen wirtschaftlichen und sozialen Voraussetzungen. Reichhaltige und gut aufbereitete Länderinformationen findet ihr z.B. auf den Internetseiten des Auswärtigen Amtes: http://www.auswaertiges-amt.de

| Jahr | Manchester | Birmingham |
|---|---|---|
| 1921 | 736 000 | 922 000 |
| 1931 | 766 000 | 1 003 000 |
| 1941 | 734 000 | 1 041 000 |
| 1951 | 703 000 | 1 113 000 |
| 1961 | 662 000 | 1 107 000 |
| 1971 | 542 000 | 1 013 000 |
| 1981 | 449 000 | 1 013 000 |
| 1991 | 433 000 | 995 000 |
| 2001 | 440 000 | 1 010 000 |
| 2006 | 486 000 | 1 001 000 |

*53.1 Einwohnerentwicklung von Manchester und Birmingham*

*53.2 Hightech-Industrie in Cambridge*

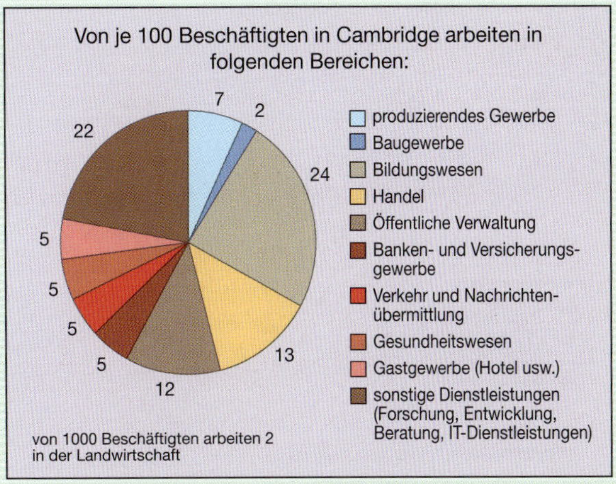


*53.3 Beschäftigte in Cambridge (2006)*

# Wissen: Industrieregionen in Europa

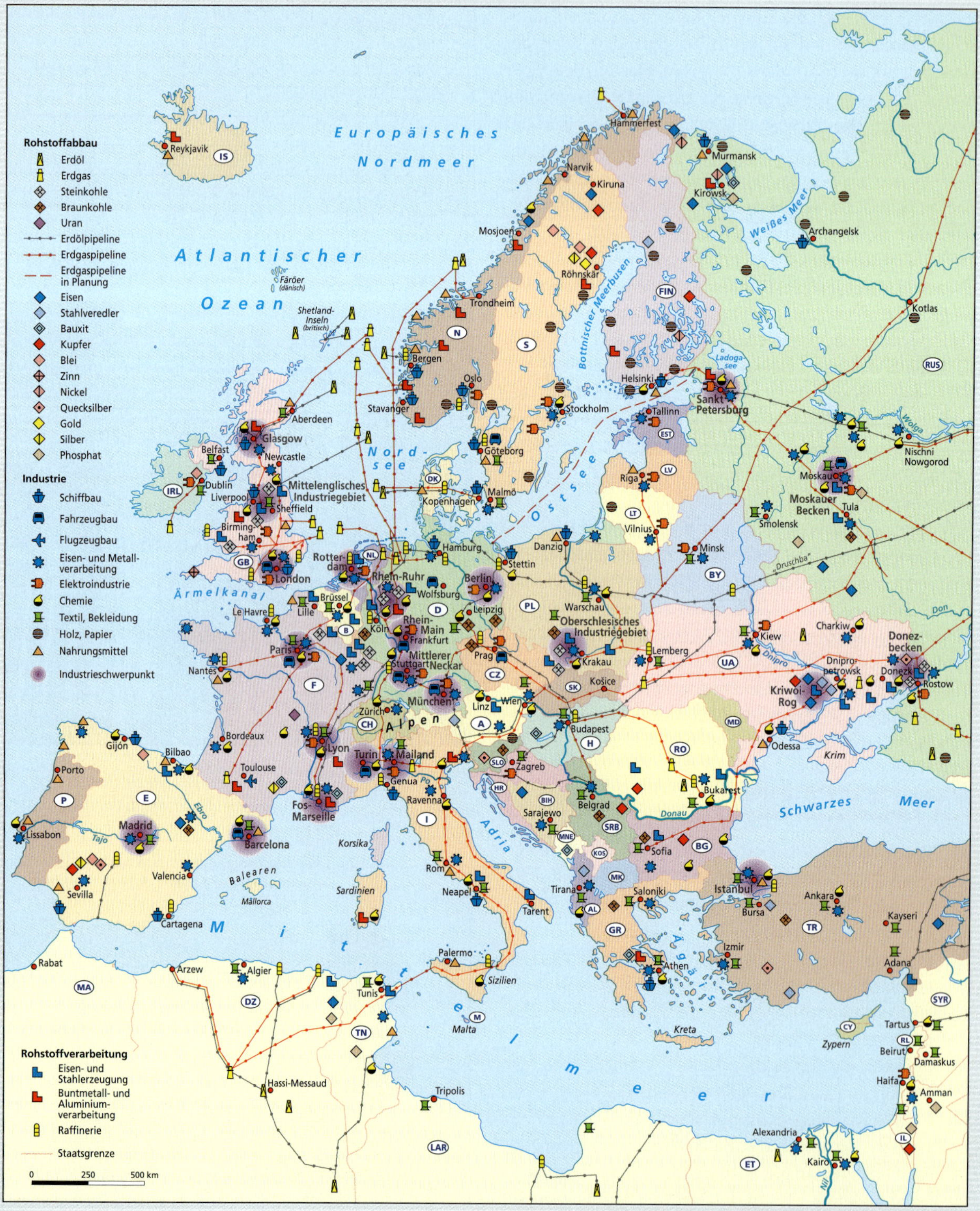


54.1

55.1

55.2

55.3

55.4

55.5

| Industrieschwerpunkte | Industriearten | Verkehrsanbindung |
|---|---|---|
| Rhein-Main | Fahrzeugbau, Chemie, Elektroindustrie | Rhein, Main, Autobahn, Eisenbahn, Flughafen Frankfurt |

55.6

## AUFGABEN >>

1 Ermittelt die wichtigsten Industrieschwerpunkte in Europa (Karte 54.1). Welche Industrien befinden sich dort? Übertragt dazu die Tabelle 55.6 ins Heft und vervollständigt sie.

2 Die Bilder auf dieser Seite weisen auf bestimmte Industriezweige und Rohstoffverarbeitungen hin. Ordnet die Bilder den Symbolen in der Legende von Karte 54.1 zu.

# Die Welt – ein globales Dorf?

## Musik kennt keine Grenzen

Bestimmt kennt ihr den englischen Sänger Robbie Williams – so wie die meisten Schüler, egal ob sie in Sydney, in Rio de Janeiro oder in Tokio leben. Denn Robbie Williams tritt nicht nur in seinem Heimatland auf, seine Musik kann überall auf der Welt gehört werden. Auch andere Künstler und ihre Kunstwerke sind „ohne Grenzen" auf der ganzen Welt bekannt.

Wichtige Sportveranstaltungen werden ebenfalls weltweit, vor allem über das Fernsehen, ausgestrahlt. So kennen Millionen Fans auf der ganzen Welt den Weltfußballer Ronaldinho aus Brasilien.

Die heutige Technik, vor allem die Medien (Fernsehen, Radio, Presse) und die schnellen Verkehrsmittel ermöglichen es, dass heute ein „Star" oft im Rampenlicht der gesamten Welt steht.

*56.1 Robbie Williams – überall auf der Welt zu hören*

## Die Menschen rücken immer näher zusammen

2007 lebten mehr als 6,6 Milliarden Menschen auf der Erde. Und trotzdem wird die Erde immer mehr zum globalen Dorf. Denn heute ist für uns praktisch jeder Ort erreichbar – und das in immer kürzerer Zeit (Abb. 56.2). Tausende von Flugzeugen ziehen Tag und Nacht über den Himmel und verbinden die großen Städte der Erde miteinander. Sie bringen Geschäftsleute, aber auch immer mehr Touristen in die entlegensten Gebiete. So begegnen sich Menschen aus verschiedenen Kulturen. Sie tauschen ihr Wissen, ihre Erfahrungen, ihre Wertvorstellungen, ihre Kulturen und Lebensstile aus. Sie kommen sich näher, lernen voneinander und lernen sich verstehen. Dies kann zum Frieden in der Welt beitragen.

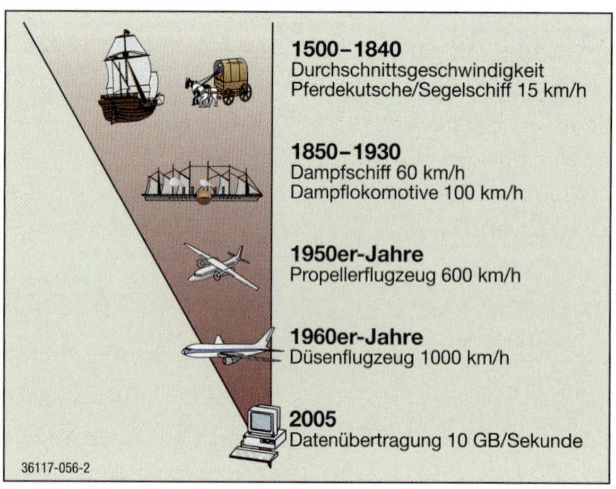


*56.2 Raum und Zeit „schrumpfen"*

## Wir leben in einer vernetzten Welt

Der Computer hat neue Möglichkeiten eröffnet: Über das Internet sind wir innerhalb weniger Minuten mit „der ganzen Welt" verbunden. Nachrichten erreichen uns von überall her in Sekunden. Wir können mit Menschen aus allen Ländern kommunizieren, das heißt Kontakt haben. Mit der neuen Technik können wir uns rasch und umfassend neueste Informationen und aktuelles Wissen beschaffen. Dies gilt allerdings nur für diejenigen, die Zugang zu den neuen Medien haben. In Afrika z.B. haben dies nur wenige Menschen (Abb. 56.3).

Durch das weltweite Netz von Online- und Internetverbindungen werden räumliche und zeitliche Grenzen fast aufgehoben. Alles ist ein bisschen näher zusammengerückt (Abb. 56.2).

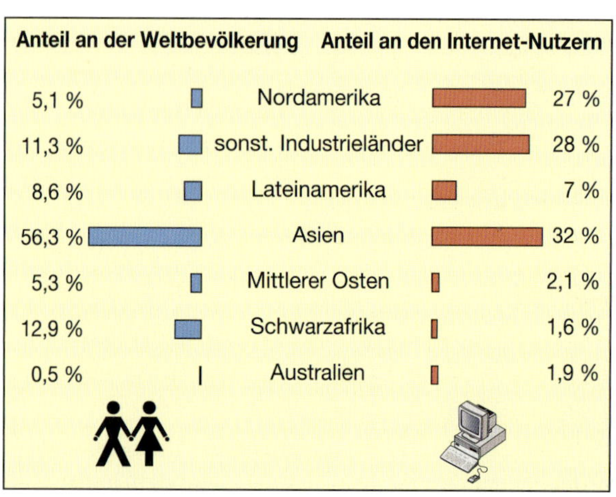


*56.3 Wer nutzt das Internet?*

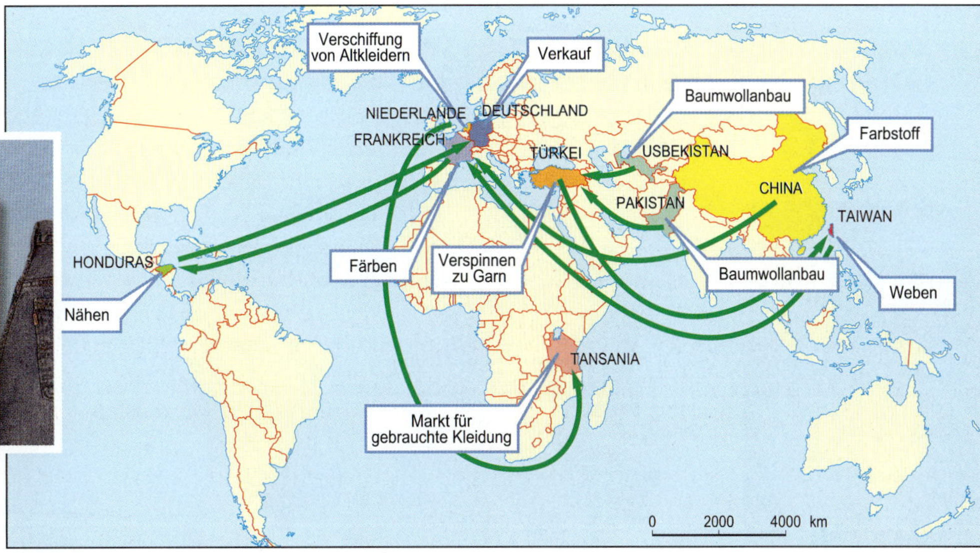


*57.1 Jeans*

*57.2 Weg einer Jeans*

# Weltweite Wirtschaftsverflechtung

## Viele Länder sind an der Herstellung einer Jeans beteiligt

Wenn heute bestimmte Waren hergestellt werden, dann geschieht das nicht mehr ausschließlich in einem Land. Kleidungsstücke wie die Jeans haben bereits eine lange Reise durch die ganze Welt hinter sich, bevor sie bei uns auf dem Ladentisch landen (Abb. 57.2).

Die Baumwolle für die Jeans wird z.B. in Pakistan und Usbekistan angebaut. Die abgeerntete Baumwolle wird dann in der Türkei zu Garn gesponnen und in Taiwan zu Stoff gewebt. Die Stoffballen gelangen nach Frankreich und werden dort mit chinesischen Farbstoffen gefärbt. In Honduras werden dann Reißverschlüsse und Knöpfe aus Großbritannien eingenäht und die Jeans endgültig fertig gestellt. Verkauft und getragen wird die Hose zum Beispiel in Deutschland. Sogar die gebrauchten Jeans im Altkleiderbeutel legen noch einen weiten Weg zurück: Über Rotterdam gelangen sie auf dem Schiffsweg nach Afrika. Dort werden sie gebraucht verkauft und noch einmal getragen.

Aber nicht nur Kleidung, sondern Nahrungsmittel und viele weitere Waren „reisen" durch die ganze Welt und kommen so zu uns und in andere Länder. Daran erkennt man die globale Arbeitsteilung.

**Globalisierung**

Bezeichnung für die weltweite Durchdringung von Märkten; sie wird bewirkt durch den grenzenlosen, meist sehr schnellen Austausch von Informationen, Wissen und Können; von Werten, Kultur und Lebensstilen; von Waren, Dienstleistungen und Geld; von „Schadstoffen" sowie von „grünen" Ideen (zum Beispiel Techniken zum Schutz der Umwelt).

Dies wird auch als gesellschaftliche (soziale, politische, kulturelle), wirtschaftliche und ökologische Vernetzung bezeichnet.

*57.3 Begriffserklärung*

**AUFGABEN >>**

1. Beschreibt anhand der Beispiele, was heute weltweit und grenzenlos ausgetauscht wird.
2. Erläutert am Beispiel der Jeans (Abb. 57.2) den langen Weg einer Ware durch die ganze Welt. Überschlagt die dabei zurückgelegten Entfernungen.
3. „Alles ist ein bisschen näher zusammengerückt". Erklärt mithilfe der Abb. 57.2, was damit gemeint ist. Verwendet dabei die Wörter „räumlich" und „zeitlich".
4. „Die Welt – ein Dorf"? Erläutert mit eigenen Worten, was dies bedeutet. Nutzt dazu auch die Begriffserklärung „Globalisierung" (Abb. 57.3).
5. Sucht weitere Beispiele für den weltweiten Prozess der Globalisierung.
6. Überlegt, auf welche möglichen Probleme beim „Globalisierungsprozess" die Abb. 56.2 und 3 hinweisen.

# Z Zusatzthema: Entwicklungs- und Industrieländer haben unterschiedliche Interessen

*Farmer Miller*

*Bauer Dabou*

*58.1 Wer bekommt das größte Stück?*

## Mr. Miller aus den USA (Industrieland) erzählt:

*„Es ist gar nicht so leicht, als Baumwollfarmer zu überleben. Der Preis für ein Kilogramm Baumwolle war in den letzten Jahren immer wieder Schwankungen ausgesetzt (Abb. 59.3). So erhielt ich 1995 für 1 kg Baumwolle 250 US-Cents. 2002 waren es nur noch 84 US-Cents. Am schlimmsten war es 1972, da waren nur 52 US-Cents zu erlösen. Die Herstellung kostete jedoch 57 US-Cents je kg. Damals war ich nahe dran aufzugeben. In den letzten Jahren ist der Preis für Baumwolle erneut gesunken. Billige künstliche Textilfasern verdrängen die Baumwollfaser (Abb. 59.4) und drücken unsere Preise. Außerdem wird weltweit immer mehr Baumwolle hergestellt (Abb. 59.2). Dies liegt auch daran, dass viele Entwicklungsländer immer mehr Baumwolle herstellen und billig auf dem Weltmarkt anbieten. Ein Bauer in Afrika kann seine Baumwolle dreimal billiger herstellen als wir, weil sie billigere Arbeitskräfte haben. Da hätten wir keine Chance.*

*Glücklicherweise wurde 2002 für uns amerikanische Baumwollfarmer ein neues Agrargesetz unterzeichnet. 180 Milliarden Dollar sollen wir Farmer in den folgenden Jahren bekommen. So erhielten die 250 000 Baumwollfarmer in diesem Jahr zusammen 3,9 Milliarden Dollar. Das hat uns schon sehr geholfen."*

## Bauer Dabou in Mali (Entwicklungsland) erzählt:

*„Ich baue ebenfalls Baumwolle an. Das ist vor allem harte Handarbeit. Der Boden wird mit einer kurzen Hacke und dem einfachen Pflug, den mein einziger Ochse zieht, gebrochen. Meine Frau und die Kinder streuen das Saatgut in die Erde, die Malariamücken zerstechen ihnen dabei den Rücken.*

*Nach langer, harter Arbeit gibt es abends Maisbrei. Dieses Jahr hoffen wir auf eine gute Baumwollernte. Denn die Wolken sind dieses Jahr gut. Der Regen kam früh, und er fiel reichlich. In wenigen Monaten werden die Sträucher mannshoch auf dem Acker stehen. Dicht werden sie stehen, nicht grün, sondern weiß. Die dicken weißen Wattebüschel werden wir dann wochenlang pflücken. Eine harte Arbeit! Aber dadurch, dass wir die „weiße Watte" mit den Händen von den Sträuchern zupfen, ist die Qualität besser. Unsere Baumwolle ist besser und billiger als in den meisten anderen Ländern. Wir hoffen daher, unsere Baumwolle gut auf dem Weltmarkt verkaufen zu können."*

Diese Hoffnung erfüllt sich allerdings nicht. Denn Mr. Miller kann seine Baumwolle doch billiger auf dem Weltmarkt verkaufen als Bauer Dabou. Dies ist durch die Subventionen an Mr. Miller, durch die finanzielle Unterstützung der amerikanischen Regierung möglich.

59.1 *Baumwollpflanze*

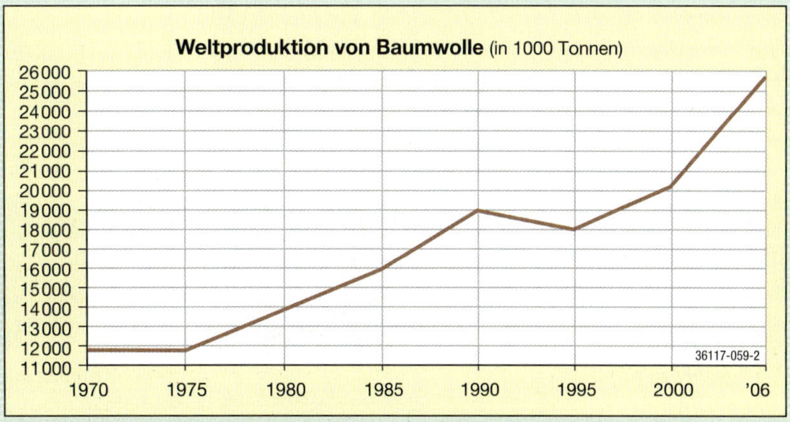


59.2 *Weltproduktion von Baumwolle (in 1000 Tonnen)*

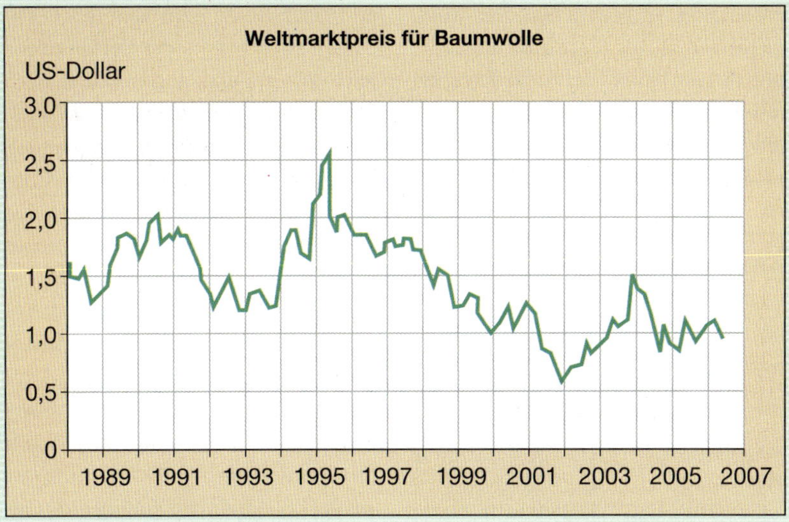


59.3 *Weltmarktpreise für Baumwolle*

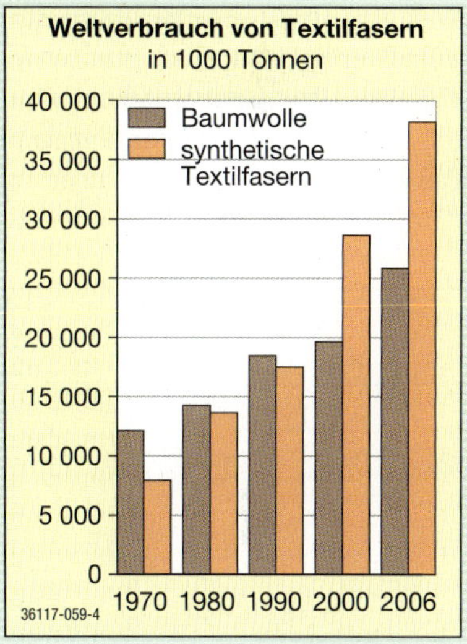


59.4 *Verbrauch von Textilfasern*

## AUFGABEN >>

1. Beschreibt, mit welchen Problemen Baumwollfarmer Miller zu kämpfen hat. Nutzt dazu die Abb. 59.2-4.
2. Erklärt, weshalb Mr. Miller seine Baumwolle billig auf dem Weltmarkt anbieten und so wirtschaftlich „überleben" kann.
3. Weshalb kann Dabou seine Baumwolle billig und in guter Qualität herstellen?
4. Beschreibt, mit welchen Problemen Dabou in Mali zu kämpfen hat.
5. Erklärt, warum Dabou am Ende keine Chance hat, seine Baumwolle auf dem Weltmarkt zu verkaufen. Lest dazu nochmals den Text über Mr. Miller durch. Was würde passieren, wenn der amerikanische Staat keine Subventionen (= Zuschüsse, Beihilfen) bezahlen würde?
6. In dem beschriebenen Fall ist Mr. Miller der Gewinner, Dabou der Verlierer der Globalisierung. Findet ihr gerecht, dass Dabou der Globalisierungsverlierer ist? Sucht Argumente für beide Seiten und führt eine Diskussion aus der Sicht von Dabou und aus der Sicht von Mr. Miller.
7. Gibt es eurer Meinung nach einen Weg aus dieser „Globalisierungsfalle"? Welche Lösungen fallen euch dazu ein?

60.1 *Krabbenkutter*

60.2 *Krabben auf dem Weg nach Marokko*

## Der weite Weg der Krabben

Wer schon mal seine Ferien an der Nordseeküste verbracht hat, der weiß: Zum Seemannsfrühstück gehören frische Krabben. Bevor diese aber auf Brötchen oder Brot landen, steht eine mühsame Arbeit bevor, denn die Tierchen müssen per Hand von ihrem Panzer befreit werden.

Deswegen gehen 95 % der in deutschen Gewässern gefischten Krabben von der deutschen Küste ungeschält auf eine lange Reise. Lkws bringen die Schalentiere in Plastiksäcken von den Fischerei-Häfen zunächst in die Sortieranlage nach Büsum und anschließend nach Husum. Von dort zieht der Krabbentreck nach Groningen (Niederlande), ins Zentrum der europäischen Krabbenindustrie. Von dort werden die Krabben dann in Kühl-Lkws weiter gen Süden verfrachtet. Nach zwei Tagen erreichen sie ihr Ziel: die Stadt Tetuan in Marokko, wo sie von Arbeiterinnen gepult werden. (Aufgrund der steigenden Ölpreise werden neuerdings die Krabben auch per Schiff transportiert, da beim Schiffstransport weniger Energie verbraucht wird.) Gekühlt und mit Konservierungsstoffen haltbar gemacht, treten die Krabben ihre Rückreise nach Holland an. Nach der Weiterverarbeitung geht es zurück an die deutsche Küste oder in die Supermärkte anderer Städte.

Aus einem Bericht über die Fabrik in Tetuan: *„Geschält werden die Krabben von 2000 Schälerinnen. Von gekühlter Frischluft umweht, aus Lautsprechern mit marokkanischen Hits beschallt. Mit Musik, erklärt Fabrikbesitzer El Manissi, geht die Arbeit leichter von der Hand. Im Akkord schaffen die 24-jährige Saida und ihre jüngere Schwester je rund 30 Kilo Krabben täglich, das sind zehn Kilo Fleisch. Der Lohn dafür: sechs Euro."*

(Aus: „Mona Lisa", ZDF-Sendung vom 20.6. 2004)

60.3 *Der weite Weg der Krabben*

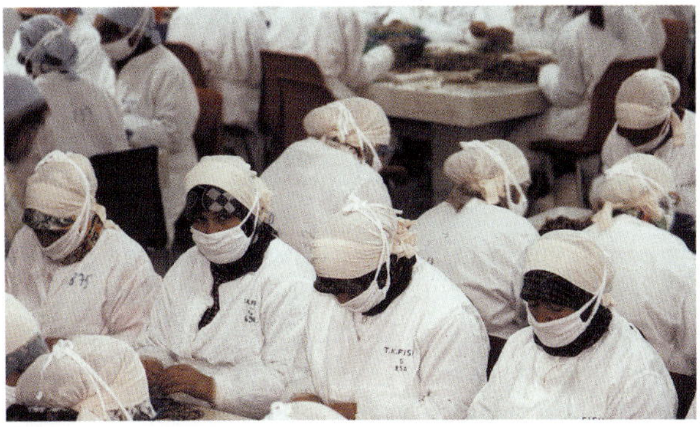

*61.1 Krabbenschälerinnen*

*61.2 Krabben auf dem Rückweg von Marokko*

*61.3 Krabben im Supermarkt*

## Globalisierung – ein Gewinn für die Frauen?

In den Fabriken in den Entwicklungsländern sind überwiegend Frauen angestellt. Die Weltbank zählt deshalb Frauen zu den Gewinnerinnen der wirtschaftlichen Globalisierung. Denn durch das eigene Erwerbseinkommen erhalten sie eine stärkere Verhandlungsmacht innerhalb der Familie und patriarchalische Einstellungen und Verhaltensweisen werden dadurch abgebaut.

Demgegenüber verweist die Hilfsorganisation „Oxfam" darauf, dass Frauen in der Regel auf der Basis von Kurzzeitarbeitsverträgen beschäftigt werden oder ganz ohne Arbeitsvertrag sind. Viele der Frauen arbeiten in hohem Tempo für geringen Lohn unter gesundheitsschädlichen Bedingungen. So haben in Fabriken, die auch für Kaufhäuser in Deutschland produzieren, bis zu 60 % der Arbeiterinnen keinen Arbeitsvertrag. Die Frauen sind gezwungen, viele Überstunden einzulegen, um mit ihrem Lohn auszukommen. Die meisten bekommen weder Mutterschutz noch Lohn im Krankheitsfall. Nur wenige sind sozialversichert und die allerwenigsten verfügen über Notgroschen für die Zukunft.

### Der globale Lebensmittelhandel nimmt zu

Durch den Transport von Lebensmitteln hat sich in Deutschland in den vergangenen 20 Jahren das Verkehrsaufkommen verdoppelt – im gleichen Zeitraum hat sich aber der Lebensmittel-Verbrauch pro Kopf nicht erhöht. Nach Prognosen des Bundesverkehrsministeriums wird sich der Güterverkehr in den nächsten 15 Jahren nochmals verdoppeln.

Diese Zunahme hat verschiedene Ursachen: Trotz steigender Energiepreise haben die Transportkosten nach wie vor einen geringen betriebswirtschaftlichen Einfluss auf den Handel. Daher lohnt es sich, die Krabben nicht bei uns, sondern in Marokko pulen zu lassen. Außerdem werden Lebensmittel immer stärker weiterverarbeitet und der Anteil an Fertigprodukten nimmt zu. So sind auch immer mehr Zwischenschritte im Lebensweg eines Produktes sowie eine Vielzahl zusätzlicher Fahrten nötig. Außerdem sind im europäischen Straßengüterverkehr 35 Prozent aller Transporte Leerfahrten, d. h. ein Lkw fährt Waren 100 km zu einem Bestimmungsort, lädt sie dort ab und fährt dann im Schnitt 35 km weit leer, bevor er erneut beladen wird.

## AUFGABEN >>

1. Beschreibt den Weg der Nordseekrabbe vom Fang bis auf unseren Tisch (Abb. 60.3). Wie viel Transportkilometer hat sie zurückgelegt?
2. Warum werden die Krabben in Marokko und nicht bei uns gepult?
3. Vergleicht die Arbeitsbedingungen der marokkanischen Frauen mit denen bei uns. Gehören sie zu den „Gewinnerinnen der Globalisierung"?
4. Diskutiert Probleme, die mit dem globalen Lebensmittelhandel verbunden sind. Seht ihr Lösungsmöglichkeiten?

*62.1 Handy-Produktion in China*

## China – „Werkbank" der Welt?

Vor 50 Jahren war China noch ein Entwicklungsland. Größte Sorge war es, die riesige Bevölkerung vor Hungersnöten zu schützen. Noch im Jahr 1980 waren fast 70 % der Chinesen in der Landwirtschaft beschäftigt und hatten Mühe zu überleben. Erst zu Beginn der 1980er-Jahre verordnete die kommunistische Regierung einen Reformkurs. China begann sich dem Westen zu öffnen.
Viele industrielle Arbeitsplätze wurden seitdem geschaffen. Heute erwirtschaftet die Industrie bereits 50 % des Sozialproduktes (die Landwirtschaft nur noch 12 %). Es wird erwartet, dass China im Jahr 2008 zum größten Exportland der Welt aufsteigt – vor Deutschland und den USA. Der Lebensstandard in China hat sich inzwischen deutlich erhöht. Allerdings hat sich der Unterschied zwischen den Stadt- und Landregionen dramatisch verschärft.

### Arbeitsplätze werden nach China verlagert

Heute ist es selbstverständlich, das Handy nicht nur zum Telefonieren, sondern auch als MP3-Player oder Digitalkamera zu benutzen. Dabei sind Handys immer preisgünstiger geworden. Auch DVD-Player und Computer stehen heute in nahezu jedem Haushalt. All diese Geräte werden heute fast komplett in China von Menschen produziert, die umgerechnet rund 35 Cent in der Stunde verdienen. Da solche Billiglöhne in Europa unvorstellbar sind, wanderten bis heute etwa 2000 deutsche Unternehmen nach China ab. Denn immer mehr Firmen lassen lohnintensive Produktionsschritte im Fernen Osten ausführen.
China sieht sich aber neuerdings nicht mehr allein als „Werkbank der Welt". Inzwischen werden hier auch High-tech-Produkte entwickelt. So arbeiten bei Peking 400 Ingenieure an den Handys der Zukunft. Das Klapphandy zum Beispiel wurde hier bereits entworfen. In den kommenden Jahren sollen diese Arbeitsplätze sogar noch verdreifacht werden.
Ein Problem für zahlreiche Firmen in den USA und in Europa stellen jedoch billige Nachahmungen von Markenartikeln dar. Diese sogenannten Produktpiraten drohen den Weltmarkt zu überschwemmen. Angstvoll fragen sich daher viele Menschen bei uns: Was bleibt da eigentlich noch an Arbeit für Deutschland übrig?
China nimmt uns aber nicht nur Arbeitsplätze weg. Auch die deutsche Wirtschaft ist stark von den Ausfuhren (Exporten) abhängig. Der chinesische Markt mit seinen 1,3 Milliarden Menschen ist für die deutsche Wirtschaft besonders interessant, weil dort noch ein großer Nachholbedarf an westlichen Konsumgütern herrscht. Der Export deutscher Produkte auf den Riesenmarkt China sichert also auch bei uns zahlreiche Arbeitsplätze.

*62.2 Textilindustrie in China*

In der Textilindustrie ist China heute weltweit führend. Die Arbeiter und Arbeiterinnen müssen dort meist unter schweren Bedingungen arbeiten. Eine Näherin erzählt: „Ich arbeite für einen Monatslohn von 13 €. Ohne festen Vertrag, bei Arbeitszeiten von täglich bis zu 14 Stunden, auch am Wochenende. Überstunden werden meist nicht bezahlt. Sozialversicherungen zum Schutz bei Arbeitslosigkeit, Krankheit, Unfall gibt es nicht. Weil es keine Lüftung gibt, ist die Hitze in den Arbeitshallen unerträglich. Sauberes Wasser gibt es ebenfalls nicht."
Um möglichst billig zu produzieren, werden auch in vielen chinesischen Betrieben keine Umweltschutzauflagen eingehalten. Die Folgen sind verschmutzte Luft, vergiftete Böden, verseuchtes Wasser.

## China verbraucht zunehmend Rohstoffe

In den Millionenmetropolen Chinas werden ständig riesige Wolkenkratzer und neue Stadtteile gebaut. Solche Projekte verschlingen inzwischen einen großen Teil der weltweiten Zement- und Stahlproduktion. (Dies gilt auch für die größte Baustelle der Welt, den Drei-Schluchten-Staudamm.)
Ebenso verbraucht China zunehmend mehr der weltweit geförderten Rohstoffe. So wurden im Jahr 2005 in China mehr als 2 130 Mio. t Kohle gefördert (zum Vergleich Deutschland: 25 Mio. t). Auch im Öl- und Stahlverbrauch ist China inzwischen führend (Abb. 63.1). Diese Steigerung der Nachfrage in China führte zu einer Verknappung vieler Rohstoffe auf den Weltmärkten. Als Verbraucher merken wir dies an den ständig steigenden Rohstoffpreisen, zum Beispiel beim Benzin.

## Chinesische Unternehmen kaufen westliche auf

Durch die ständig nach oben strebenden Produktionszahlen und den zunehmenden Anteil am Welthandel (Abb. 63.2) wurden die weltweiten Geldströme immer mehr nach China gelenkt. So hat heute China die größten Geldreserven aufgehäuft (Abb. 63.3). Mit dem Geld gehen heute chinesische Unternehmen auf dem Weltmarkt „einkaufen". Interessiert sind sie an Unternehmen, mit denen sie ihren Bedarf an Rohstoffen decken können. So ließen chinesische Unternehmen im Ruhrgebiet eine komplette Kokerei sowie ein Stahlwerk abbauen und nach China transportieren. In der Unterhaltungsbranche kaufte ein chinesischer Konzern ein bekanntes bayrisches Unternehmen auf und ist nun der größte Fernseh-Hersteller der Welt. Für die Angestellten in dem bayrischen Werk hatte dieser Aufkauf auch Vorteile, denn das Unternehmen, das kurz vor der Schließung stand, wurde durch diesen Kauf zunächst gerettet. Die Arbeitsplätze blieben zumindest vorerst erhalten.

## AUFGABEN >>

1. Durch welche Entwicklungen und Vorgehensweisen gehen in Deutschland und in westlichen Industrieländern Arbeitsplätze Richtung China verloren?
2. Brachten diese Entwicklungen in China für uns nur Nachteile? Begründet.
3. Erklärt, warum sich bestimmte stark nachgefragte Rohstoffe auf dem Weltmarkt verteuert haben.
4. Eine große Unterhaltungskette wirbt bei uns mit dem Slogan „Geiz ist geil". Erkennt ihr hier einen Zusammenhang mit den Arbeitsplatzverlagerungen nach China? Begründet.

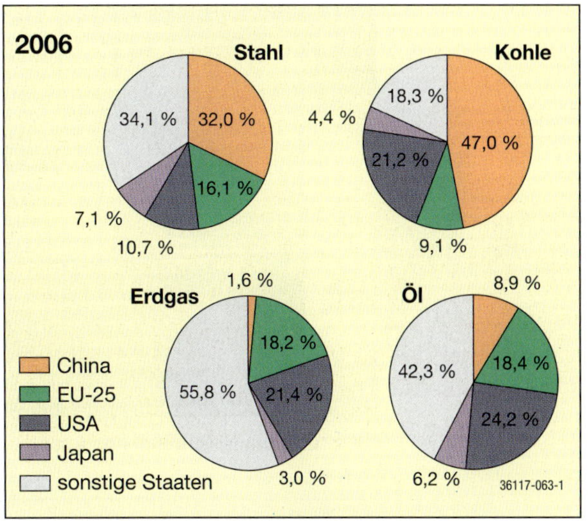


*63.1 Rohstoffverbrauch (in % des Weltverbrauchs)*

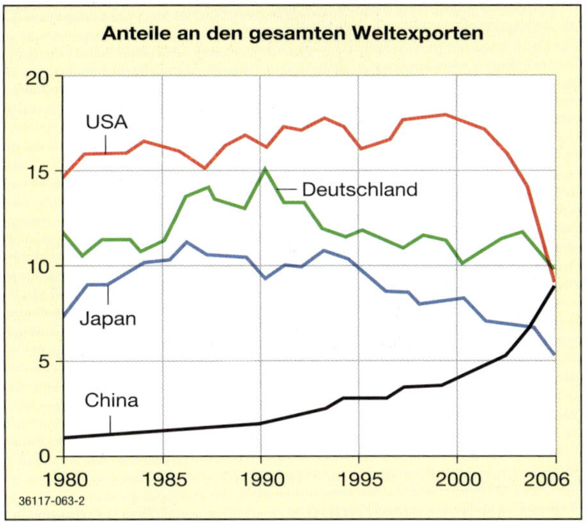


*63.2 Die wichtigsten Handelsmächte*

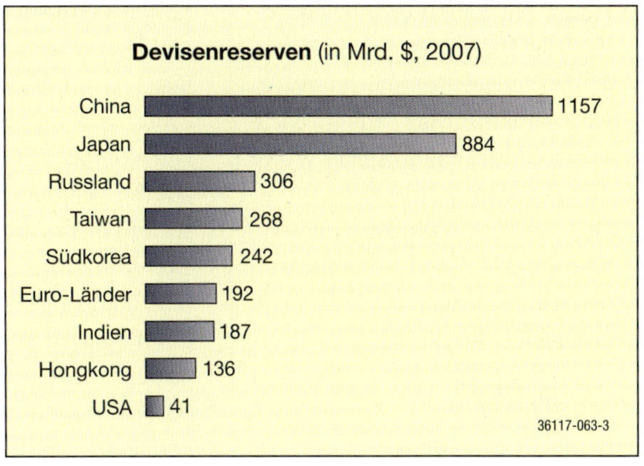


*63.3 Devisenreserven*

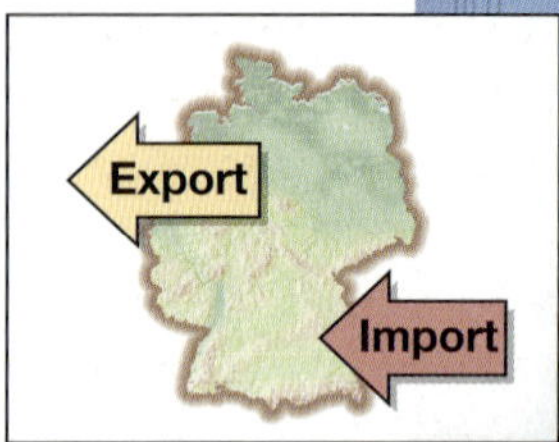


64.1

64.2 Container-Terminal im Hafen

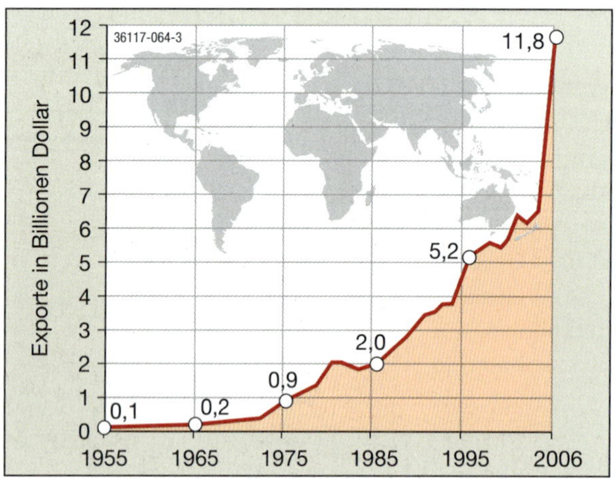


64.3 Entwicklung des Welthandels

64.4 Welthandelsströme

**Internet: Handel im Kleinen mit Hightechmethoden**

Das Bedürfnis zu handeln haben die Menschen seit der Steinzeit. Heute hat dank des Internet jeder von uns die Möglichkeit, mit Menschen in der ganzen Welt zu handeln. Man muss dazu nicht einmal mehr seine Wohnung verlassen.

Der Werbespruch der weltweiten Internet-Plattform ebay lautet zum Beispiel: „The World's Online Marketplace!"

ebay The World's Online Marketplace™

# Weltweite Wirtschaftsverflechtung

## Weltumspannende Waren- und Handelsströme

Was Globalisierung bedeutet, kann man besonders gut an den Welthandelsströmen erkennen (Abb. 64.4). Viele Waren werden heute nicht mehr von Anfang bis Ende in einem Land produziert. Häufig werden sie in verschiedensten Ländern gefertigt (Beispiel „Jeans", > S. 57). Die Hightech-Kommunikation, billige Transportkosten, niedrige Lohnkosten sowie geringe arbeitsrechtliche und umweltpolitische Auflagen in vielen Staaten begünstigen die Globalisierung. Auch durch den Handel mit den fertigen Waren sind wir heute mit allen Orten auf der Welt verbunden. Werden Waren aus dem Inland ins Ausland verkauft, so spricht man vom Export, im umgekehrten Fall vom Import (Abb. 64.1).

Die Welt verschmilzt immer mehr zu einem einzigen Markt. Das bedeutet harte Konkurrenz zwischen den Staaten und Firmen. Dies gilt auch für den Kampf um möglichst billige Rohstoffe (> China, S. 62).

Große Firmen schließen sich ebenfalls zu weltweit arbeitenden Großkonzernen (Global Player) zusammen. Um neue Märkte zu erschließen, verlagern Großkonzerne ihre Produktionsstätten in „Billiglohnländer", z. B. nach Osteuropa oder nach Indien und China, manchmal auch in Entwicklungsländer.

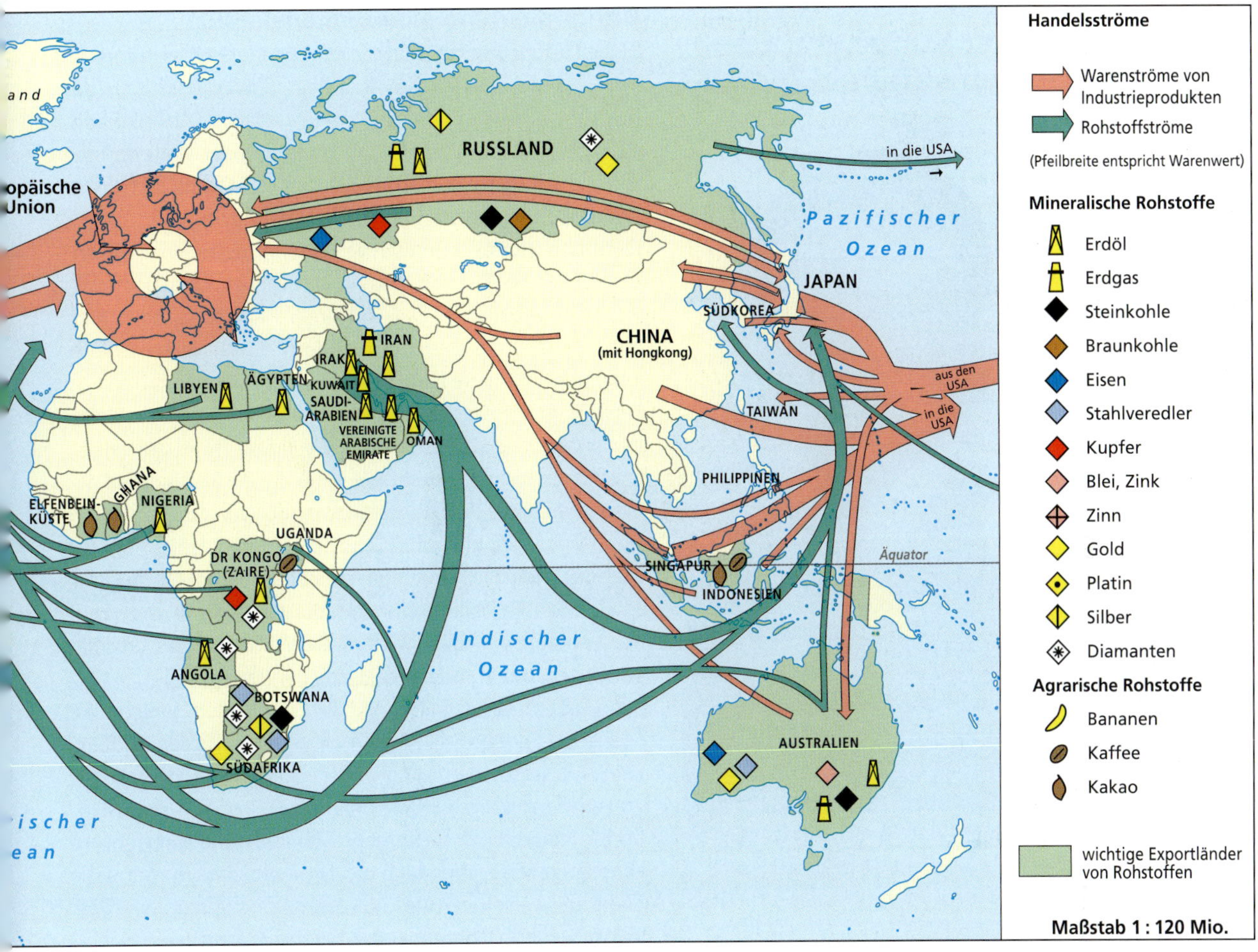


## Weltumspannende Geldströme

In den letzten Jahren beschleunigte und verstärkte die Globalisierung auch den Umlauf des Geldes rund um die Erde. Viele Hemmnisse für den weltweiten Austausch von Geld wurden beseitigt. Daher schwillt täglich der weltweite Strom von Anlagekapital. Tag für Tag sind heute unvorstellbare Geldmengen im Umlauf. Allein im Geschäft mit Devisen bzw. Währungen wurden 2007 durchschnittlich 1,5 Billionen Dollar am Tag global verteilt. Das entspricht etwa der gesamten Jahresleistung der deutschen Wirtschaft!

Mit solchen Bankgeschäften werden riesige Gewinne erzielt, manchmal aber auch enorme Verluste ausgelöst. Sie können die Volkswirtschaft eines ganzen Landes gefährden. Dies liegt vor allem daran, dass dieses Geld nicht an Warenwerte gebunden ist. Man spricht deshalb auch von fiktiven, künstlichen und gefühlten Werten, die rasant steigen und wieder fallen können. So wurde auch die Bankenkrise im Jahr 2008 durch Spekulationen ausgelöst. Viele Menschen und Firmen hatten große Wertverluste.

Die Globalisierung brachte enorme Veränderungen in der Weltwirtschaft und im Leben vieler Menschen. Die Frage ist: Bringt die Globalisierung mehr Chancen oder mehr Risiken mit sich? Und gibt es Gewinner und Verlierer der Globalisierung?

**AUFGABEN >>**

1 Beschreibt, wie sich die Globalisierung im Bereich der Waren- und Handelsströme auswirkt (Abb. 64.1-4).

2 Wie wirkt sich die Globalisierung im Bereich der Geldströme aus?

3 Was begünstigt insgesamt die Globalisierung?

4 Diskutiert in der Klasse: Bringt die Globalisierung mehr Chancen oder Risiken? Stellt dann die Vor- und Nachteile in einer Tabelle gegenüber.

5 Sammelt weitere Vor- und Nachteile der Globalisierung (z. B. Zeitungsartikel).

## Z Zusatzthema: Kultur und Lebensstil – weltweit bald gleich?

66.1 *James Bond*

### Bringt das Kino eine Einheitskultur?

Sicher könnt ihr, obwohl ihr kein Chinesisch sprecht, die Sprechblase übersetzen. Das liegt daran, dass sich der britische Agent mit diesen Worten schon in über 35 Ländern der Erde vorgestellt hat. Überall in der Welt können Zuschauer die Produktionen der Filmindustrie Hollywoods sehen. Sie dominiert den Weltmarkt.

Dennoch ist die Filmindustrie keine Industrie wie jede andere. Dies liegt daran, dass das Medium Film kulturelle Aspekte vermittelt. Das kulturelle Wirtschaftsgut Film wird daher in zahlreichen Ländern durch verschiedene, z.B. auch staatliche Filmförderprojekte unterstützt.

Hawaii, Rio de Janeiro, aber auch Berlin sind nur einige der großteils exotischen Ziele, die James Bond auf seinen Missionen bisher besucht hat (Abb. 66.2). Sie sind Teil des Erfolgsrezeptes und mitverantwortlich für den Erfolg der Bond-Filme, da viele der Orte vor einigen Jahren für die meisten Menschen noch unerreichbar waren. Diese Filme – wie auch Fernsehsendungen, die ebenfalls in viele Länder verkauft werden – haben die Vorstellungen unzähliger Zuschauer von den gezeigten Ländern geprägt.

„Es wird immer schwieriger, Orte zu finden, welche die Menschen noch nicht von ihren eigenen Reisen kennen. Die Welt ist kleiner geworden", beschreibt der Regisseur von einem der letzten Bond-Filme das Problem, neue exotische Schauplätze zu finden. Gründe dafür sind gesunkene Flugpreise, aber auch die Tatsache, dass immer neue Ziele für reisehungrige Touristen erschlossen werden. Selbst Sprachbarrieren stellen kein Hindernis mehr dar.

66.2 *Kultur und Verkehr weltweit*

## Schnellere Ausbreitung von Krankheiten

Egal, ob es eine Geschäfts- oder Urlaubsreise an ein entferntes Ziel ist: Das Reisen über große Distanzen, aber auch die Organisation des modernen Luftverkehrs birgt große Gefahren. So können gefährliche Viren über Tausende von Kilometern problemlos transportiert werden und sich dann auf anderen Kontinenten ausbreiten (Abb. 67.1). Die schnelle und weitläufige Ausbreitung wird gefördert durch die Konzentration des Luftverkehrs auf wenige große Knotenpunkte, die sogenannten „Hubs", an denen die einzelnen Verbindungen wie bei einem Rad an einem zentralen Knotenpunkt zusammenlaufen. So breitete sich im Jahr 2002 die Atemwegserkrankung SARS durch Fluggäste in kürzester Zeit von China bis nach Kanada aus.

*67.1 SARS in China – Reisende im Flugzeug*

## Globale „Trink- und Esskultur"

Für uns ist es selbstverständlich, italienische Pizza, türkischen Döner oder griechische Suflaki zu genießen. Inzwischen hat auch die chinesische, thailändische, indische Küche bei uns Einzug gehalten. Sushi ist aus Japan zu uns gekommen. Cola und Big-Mac sind in nahezu allen Ländern der Erde vertreten. Umgekehrt gibt es auch in entlegenen Ländern Restaurants mit deutscher Küche.

Wie kam es zu diesem globalen Austausch der Esskulturen? Einerseits brachten die Gastarbeiter aus Südeuropa ihre „Küche" mit und bereicherten damit unsere deutsche. Auch die Migranten aus Asien und Afrika haben unsere Esskultur beeinflusst. Andererseits sind die Deutschen die „Weltmeister" im Reisen. Dabei sind sie vielen fremden Kulturen begegnet. Dieser Austausch hat sicher zu einer Bereicherung unserer deutschen Küche beigetragen.

In den letzten Jahren findet eine weltweite Ausbreitung von Cola und Big-Mac statt. Dies hat aber nicht nur Vorteile. Es besteht die Gefahr, dass Esstraditionen der verschiedenen Länder verloren gehen. Viele einheimische, auf das jeweilige Land abgestimmte Gerichte werden verdrängt. Fachleute warnen schon von einer einseitig auf Fleisch ausgerichteten Fehlernährung. Diese zu vitamin- und nährstoffarme Nahrung kann zu Mangelkrankheiten führen.

*67.2 Exportierte „Esskultur" in Japan*

*67.3 Die gleiche Marke – überall in der Welt*

**AUFGABEN >>**

1 Findet eine Erklärung für den Begriff „Kultur". Vergleicht damit anschließend die Definition in einem Lexikon oder Wörterbuch.

2 Nennt weitere Beispiele globaler Kultur. Diskutiert die Vor- und Nachteile globaler Kultur.

4 Erläutert, warum die Verbreitung von gefährlichen Viren durch den weltweiten Flugverkehr gefördert wird (Abb. 66.2). Überlegt mögliche Gegenmaßnahmen.

4 Erklärt, wie es zu dem globalen Austausch der Esskulturen kam und kommt. Erläutert an Beispielen, welche Vor- und Nachtteile dieser Austausch der Esskulturen mit sich brachte.

68.1

68.2 *Auf Safari*

**„Jambo" – Urlaub zwischen Beach und Busch**
Als Urlauber in Kenia erwartet Sie ein Kontrastprogramm der besonderen Art. Erleben Sie die vielfältige Schönheit Afrikas: traumhafte Strände und tropische Vegetation an der Küste des Indischen Ozeans, weite Savannen mit einer reichen Tier- und Pflanzenwelt sowie das Hochgebirge mit dem Mt. Kenia ... Kombinieren Sie Ihren Badeurlaub in gepflegten Hotelanlagen mit einer Foto-Safari in die 50 Wildreservate und Nationalparks ... Kenia – das Königreich der Tiere mit einer Mischung von üppiger Natur und faszinierender Kultur.

68.3 *Aus einem Reisekatalog*

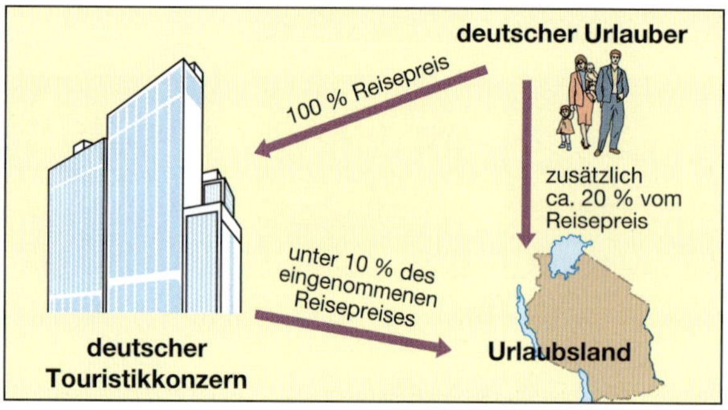


68.4 *Wer verdient am Tourismus*

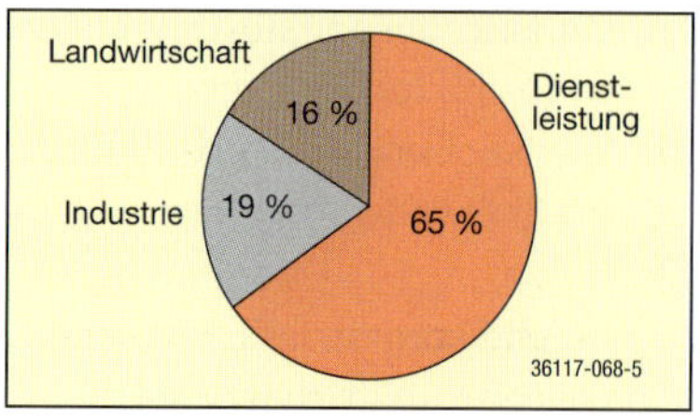


68.5 *Deviseneinnahmen Kenias (2005)*

## Weltweiter Tourismus – ein Traum für alle Beteiligten?

Der Tourismus ist weltweit einer der wichtigsten Wirtschaftszweige. Er bietet 225 Millionen Menschen einen Arbeitsplatz. Besonders groß ist die wirtschaftliche Bedeutung für zahlreiche Entwicklungsländer. Denn diese Länder haben nur wenige Alternativen für Arbeitsplätze und Deviseneinnahmen.

Für den ostafrikanischen Staat Kenia hat sich der Tourismus neben dem Export von Kaffee und Tee zu einer wichtigen Einnahmequelle entwickelt. In den 1960er-Jahren wurde das Land von den Touristikkonzernen in den Industrieländern für den **Massentourismus** entdeckt. Die Zahl der Auslandsgäste in Kenia stieg von 530 000 (1985) auf 1,8 Millionen (2007). 15 % der Touristen kommen aus Deutschland.

Die Gäste geben ihr Geld für Verpflegung, Unterbringung, Safaris oder für Souvenirs aus. Die Einnahmen benötigt Kenia dringend, um die importierten Güter zu bezahlen, die nicht im Land hergestellt werden können. Außerdem soll mit den Einnahmen aus dem Tourismus die **Infrastruktur** des Landes verbessert werden. Die Straßen, Flugplätze und die Versorgungsleitungen werden nicht nur für die Urlauber gebraucht, sie sollen auch der einheimischen Bevölkerung zugutekommen.

In dem Land gibt es kaum Industrie und nur etwa 8 % der Fläche Kenias stehen als Nutzfläche für die Landwirtschaft zur Verfügung. Daher ist der Dienstleistungsbereich Kenias die wichtigste Quelle für Devisen (Abb. 68.5). So brachte die Tourismusbranche im Jahr 2007 dem Land Einnahmen in Höhe von 740 Mio. €. Durch blutige Unruhen kam es aber 2008 zu schweren Einbußen im Tourismus.

69.1 *Souvenirverkauf*

69.2 *Touristen in einem Dorf der Massai*

## Der Tourismus und seine Folgen für Kenia

Der Tourismus ist heute für Kenia ein bedeutender Wirtschaftszweig. Der rasant zunehmende Touristenstrom hat aber auch negative Auswirkungen:

- ***Eingriffe in die natürliche Umwelt***
  Die Safarifahrten in die Wildgebiete am frühen Morgen und am späten Abend verwandeln die Savannen in einen Staubkessel. Die Vegetation ist an vielen Stellen bereits zerstört. Die Wildtiere zeigen ein gestörtes Verhalten, da sie ihre Beute nicht mehr anpirschen können, ohne dass ihnen eine Zuschauerhorde auf den Fersen ist.
- ***Soziale Folgen***
  Die Überfremdung durch eine hohe Zahl von Auslandsgästen beeinflusst Sitten und Gebräuche des Landes. Das traditionelle Leben der afrikanischen Bevölkerung wandelt sich. Manche Bevölkerungsgruppen, zum Beispiel die Massai, werden regelrecht vom Tourismus überrollt. Häufig dienen ihre Dörfer als Kulisse für Reisegruppen auf der Suche nach einem exotischen Fotomotiv (Abb. 69.2).
  Viele Einheimische versuchen, ihren Lebensunterhalt im Tourismus zu verdienen – vor allem in den Hotelanlagen an der Küste und in den Safariparks. Oft finden sie, weit entfernt von ihren Heimatdörfern, nur in der Hauptsaison Arbeit. Außerdem sind die Arbeitszeiten lang und die Bezahlung gering. Führungskräfte in der Tourismusbranche sind überwiegend Ausländer. Am stärksten sind die Einflüsse des Tourismus in den Touristenzentren zu spüren. Dort ist inzwischen auch eine Zunahme der Kriminalität und der Prostitution festzustellen.

69.3 *Touristenhotel*

**AUFGABEN >>**

1. Notiert Faktoren, die Kenia als Tourismusziel interessant machen.
2. Erläutert die Bedeutung des Tourismus als Wirtschaftsfaktor für Kenia.
3. Wer verdient am Tourismus? Erläutert mithilfe der Abb. 68.4.
4. Nennt positive und negative Aspekte des Tourismus für das Land Kenia. Stellt beides in einer Tabelle gegenüber.

# 3 Mittelalterliche Lebenswelten

*In der Stadt*

*Auf dem Land*

72.1 *Lebensformen im Mittelalter*

# Die Stände im Mittelalter

Den Begriff „Mittelalter" habt ihr sicher schon gehört. Viele verbinden damit etwas Rückständiges. So spricht man von Zuständen wie im „finsteren" Mittelalter. Andere denken beim Mittelalter an die Burgen und das abenteuerliche Leben der Ritter oder an das bunte Treiben in den mittelalterlichen Städten.

Das **Mittelalter** umfasst etwa die Zeit von 500 bis 1500 n. Chr. In dieser Zeit hatten einzelne Menschengruppen (z. B. Ritter, Bauern, Mönche) ihre eigene Art und Weise entwickelt, ihr Leben zu gestalten. Sie waren unterschiedlich gebildet, verbrachten ihren Tag anders und unterschieden sich in der Kleidung. Außerdem wohnten sie sehr verschieden.

## Die Menschen leben nach Ständen getrennt

Anders als heute lebten die Menschen im Mittelalter nach Ständen (fest geschlossene Gesellschaftsgruppen) getrennt. Diese Einteilung der Gesellschaft galt als „von Gott gewollt" und wurde nicht in Frage gestellt. Ein Bischof schrieb im Jahr 1016 hierüber:

*„Das Haus Gottes ist dreigeteilt: die einen beten, die anderen kämpfen, die Dritten endlich arbeiten. Diese drei Stände können nicht getrennt werden. Die Dienste des einen sind die Bedingungen für die Werke der beiden anderen."*

Zu der kleinen Oberschicht gehörten die weltlichen Herrscher (Kaiser, Könige, Adel) und die geistlichen Herrscher (Papst, Bischöfe, Äbte der Klöster). Diese bildeten die beiden oberen Stände. Sie besaßen auch das meiste Land und die Herrschaft darüber.

Der weitaus größte Teil der Bevölkerung gehörte zum dritten Stand. Die meisten davon lebten als Bauern auf dem Land. Sie schufen mit ihrer Arbeit auch die Lebensgrundlage für die beiden höheren Stände.

Ursprünglich verfügte der König über das gesamte Land. Er gab das Land zum Teil an Fürsten, Grafen und Bischöfe als **Lehen** (lehen = leihen). Diese mussten dafür Dienste leisten. Fürsten, Grafen und Bischöfe konnten ebenfalls Land als Lehen „weiterverleihen" und dafür Dienste und Abgaben verlangen. Bei der Übergabe des Lehens verpflichteten sich der Lehnsherr und der Empfänger des Lehens (Vasall) zu gegenseitiger persönlicher Treue.

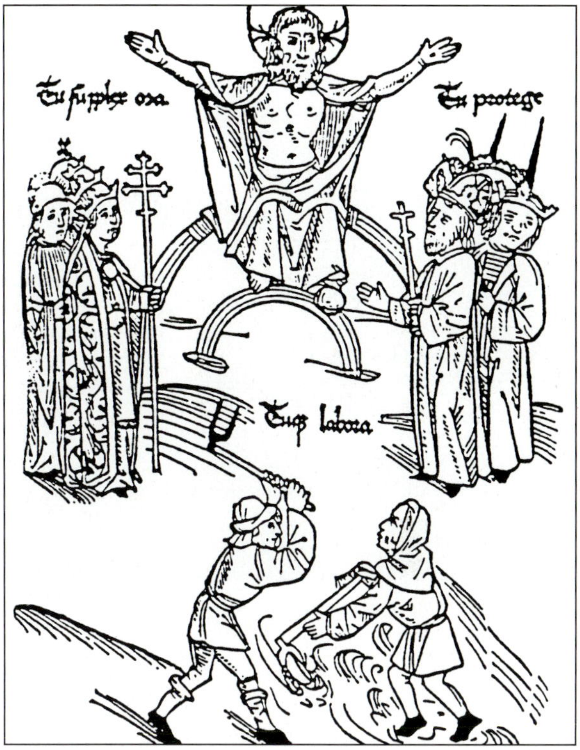


*73.1 Ständebild 1462: Tu supplex ora: Du sollst demütig beten. Tu protege: Du sollst Schutz gewähren. Tu labora: Du sollst arbeiten.*

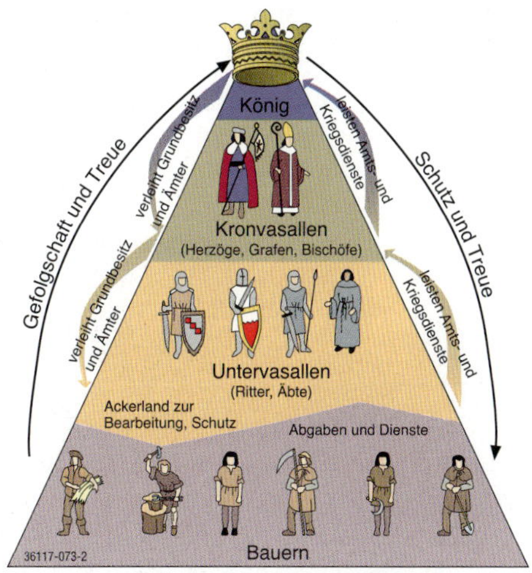


*73.2 Das Lehnswesen im Mittelalter*

## AUFGABEN >>

1. Beschreibt die Bevölkerungsgruppen und Lebensformen, die auf S. 72 dargestellt sind.
2. Vergleicht die Bildquelle (Abb. 73.1) mit der Textquelle (Aussage des Bischofs von 1016).
3. Erklärt anhand des Schaubilds (Abb.73.2) das Lehnswesen im Mittelalter.

74.1 *Klosterruine in Bad Hersfeld, hier finden heute Festspiele statt*

## Mittelalterliche Spuren bei uns

Mittelalterlichen Spuren können wir in Hessen auf Schritt und Tritt begegnen. Jeder größere und kleinere Ort und auch zahlreiche Dörfer pflegen ihre mittelalterlichen Überreste mit Liebe und Respekt. Zahlreiche hessische Orte und Städte führen das „burg" in ihrem Namen: Limburg, Rotenburg, Marburg, Dieburg, Naumburg, Weilburg, Trendelburg, Dillenburg, Eschenburg, Ginsheim-Gustavsburg, Amöneburg und viele andere Städte. Offenbar entstanden diese Ortschaften im Umkreis oder Schutz einer Burg.

Die Beziehungen zwischen diesen wehrhaften Burgen (> S. 82f.) und den umliegenden Orten war allerdings keineswegs immer friedlich, sondern bisweilen auch äußerst feindlich. Denn die Burgherren boten ihren Orten nicht nur Schutz, sondern sie ließen sich diesen auch gut bezahlen. Der Burgherr war bisweilen zugleich auch der Landesherr sowie der oberste Richter, der es verstand, seine eigenen Interessen zu vertreten. Der aufwändige Burgenbau musste von den Untertanen nicht nur bezahlt, sondern auch geleistet werden – kein Zuckerschlecken, sondern jahrzehntelange harte Arbeit.

Nicht weniger spannend als diese steinernen Dokumente sind andere Überreste der mittelalterlichen Lebenswelt. Aufschlussreich für mittelalterliche Lebensverhältnisse ist beispielsweise das Rheingauer Gebück nördlich von Eltville. Dies ist eine ganz merkwürdige Verteidigungsanlage: Hier wurde ein undurchdringlicher Schutzwall im Taunus durch dicht ineinander verwachsene Hainbuchen hergestellt. An einigen Stellen dieses „Schutzwalles" legten aber manche Bauern bisweilen „Geheimwege" an, auf denen sie direkt zu ihren Feldern auf der anderen Seite der Grenzbefestigung gelangen konnten.

Wer allerdings dabei erwischt wurde, wie er sich solche unauffälligen Durchlässe durch das „Gebück" schuf, um sich lange Umwege durch die wenigen befestigten Durchlässe zu ersparen, musste mit harten Geldstrafen oder sogar mit der Todesstrafe rechnen. Denn er konnte dadurch möglichen Feinden einen ungesicherten, unbefestigten Zugang zum Rheingau eröffnen.

74.2 *Die Mapper Schanze (1494 errichtet) – ein befestigter Durchlass durch das Rheingauer Gebück*

Von großer Bedeutung für die Veränderungen der Lebensverhältnisse im Mittelalter erwiesen sich die zahlreichen Klöster. Diese wurden bisweilen in den entstehenden (damals noch sehr kleinen) Städten errichtet, oft aber auch an ganz entlegenen Stellen, fernab von Ortschaften in unbesiedelten Gegenden.

Von diesen Klöstern gingen aber im Mittelalter nützliche Impulse auf die umliegenden Regionen aus. Die Mönche hatten nicht selten vielfältige Kontakte zu anderen europäischen Ländern und brachten ihre landwirtschaftlichen und technischen Erfahrungen mit.

So hat das Kloster Eberbach im Rheingau, das ursprünglich inmitten einer Wildnis errichtet wurde, dem Rheingau eine Fülle von Impulsen vermittelt – insbesondere was den Weinbau betrifft. Denn die gebildeten Mönche des Zisterzienser-Klosters hatten zahlreiche Kontakte zu Frankreich und anderen europäischen Ländern. Sie übermittelten diese wertvollen Kenntnisse dem Rheingau und den angrenzenden Gebieten.

Man sollte sich das Mittelalter nicht als „dumpf" oder „rückständig" vorstellen, sondern als eine Zeit, in der es durchaus vielfältige Kontakte zwischen den Gebildeten in Europa gab. Entwicklungen vollzogen sich sicherlich nicht so schnell wie heute, aber Entdeckungen und Entwicklungen in einer europäischen Region wurden vor allem durch die gebildeten Mönche auch in andere transportiert. Und die vielen Klöster hatten untereinander durchaus Kontakt.

In den Klöstern wurde nicht nur gebetet und gearbeitet, hier wurde auch Wissen gespeichert, diskutiert und hier wurden viele wichtige (technische und landwirtschaftliche) Erfahrungen und Erkenntnisse aus anderen europäischen Regionen weitergegeben (> S. 88).

*75.1 Kasematten (unterirdische Verteidigungsanlagen) von Dillenburg*

*75.2 Im Kloster Eberbach finden heute bedeutende Konzerte statt.*

## AUFGABEN >>

1. Sucht weitere Orts- und Städtenamen mit den Endungen „burg" und „rod" (von Rodung) wie bei Weilrod und versucht mithilfe von Lexika oder dem Internet das Gründungsjahr dieser Orte herauszufinden.
2. Informiert euch über das Gründungsjahr von Klöstern in eurer Umgebung. Versucht herauszufinden, in welchen Bereichen die Mönche früher besonders aktiv waren.
3. Viele weitere Bauwerke, Häuser, Mauern, Wege, manchmal sogar Brücken u.ä. entstanden bereits im Mittelalter. Wer schafft die längste Liste (mit Kurzinformationen) zu solchen Bauwerken?

*76.1 Das Frankreich zu Zeit Karls des Großen*

# Karl der Große erweitert und sichert das Frankenreich

Nach dem Untergang des Römischen Reiches (> S. 32) siedelten sich im Westen Europas sechs große germanische Stämme an: Friesen, Sachsen, Franken, Thüringer, Alemannen und Bajuwaren. Erst nach Jahrzehnten wurden aus den einzelnen Stammesgebieten dauerhafte Reiche.

Mit der Zeit übernahmen die Franken die Führungsrolle. Einer der wichtigsten Könige der Franken war Karl (747 – 814). Bereits zu Lebzeiten erhielt er den Beinamen „der Große". Als König und späterer Kaiser bestimmte er nicht nur für seine Zeit die Geschichte Europas. Er wollte die germanischen Stämme in einem christlichen Reich vereinigen.

## Karl erobert die Reiche der Langobarden, Sachsen und Bayern

Als 773/774 wieder mal Streit zwischen dem Papst und den Langobarden ausbrach, kam der Frankenkönig Karl dem Papst zu Hilfe. Er zog mit einem Heer nach Italien, eroberte die Hauptstadt der Langobarden und setzte ihren König ab. Er nannte sich nun selbst „König der Langobarden und Schirmherr der Römer".

Im Norden lebten die Sachsen. Sie fielen immer wieder ins Frankenreich ein. Außerdem wollten sie keine Christen werden. Karl führte gegen sie 32 Jahre lang Krieg. In einem Strafgericht ließ er Tausende von Sachsen töten. Widukind, ihr Anführer, ließ sich schließlich taufen und unterwarf sich Karl.

Südöstlich des Frankenreiches lag das Herzogtum Bayern. Die Bayern waren selbstständig, hatten aber Karl den Treueid geschworen, das heißt sie hatten dem Frankenkönig im Kriegsfall zu helfen. Als Karl verlangte, den Treueid zu erneuern, verweigerte dies der Bayernherzog Tassilo. Er wurde 788 zu einer Reichsversammlung nach Ingelheim geladen und dort zum Tode verurteilt. Karl milderte das Urteil ab: Tassilo wurde als Herzog abgesetzt und lebenslänglich in ein Kloster verbannt. Bayern verlor seine Selbstständigkeit und wurde Teil des Frankenreiches.

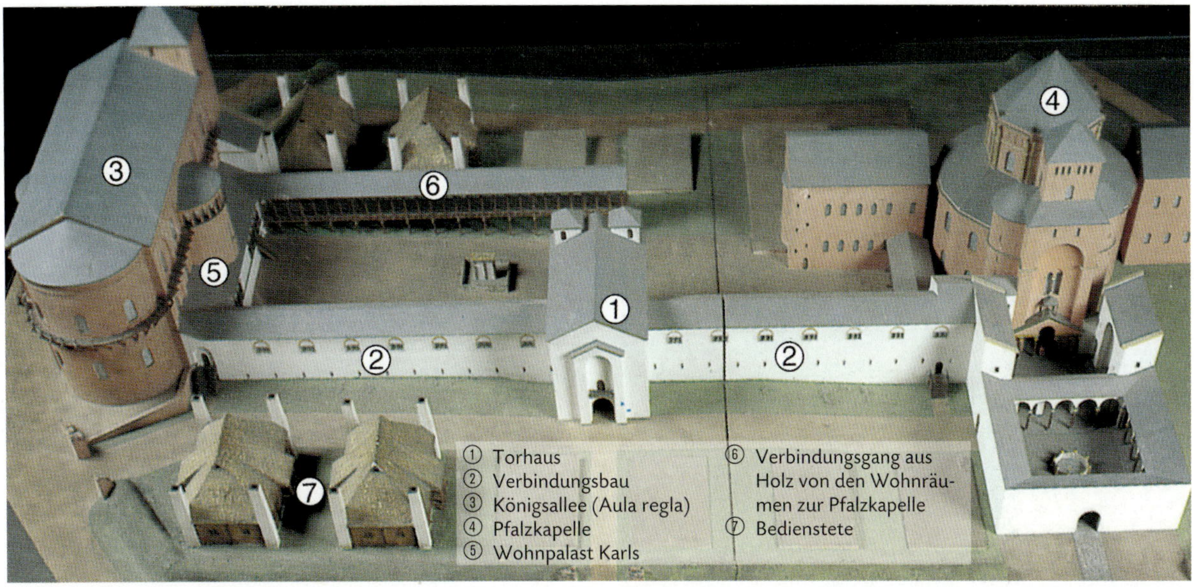


*77.1 Die Pfalz von Aachen im Modell*

## Karl sichert die Grenzen durch Marken

Es war keine leichte Aufgabe, das große Reich gegen Feinde von außen zu schützen. Die Wege waren weit, die Straßen schlecht und es gab kein feststehendes Heer. Deshalb errichtete Karl an den Grenzen Marken. Dies waren Gebiete, die von besonders tüchtigen Adeligen, den sogenannten Markgrafen verwaltet wurden. Städte und Dörfer in diesen Gebieten wurden mit Mauern und Wällen befestigt. Außerdem wurden Wehrbauern angesiedelt. Sie sollten angreifende Feinde bis zum Eintreffen des Heeres aufhalten.

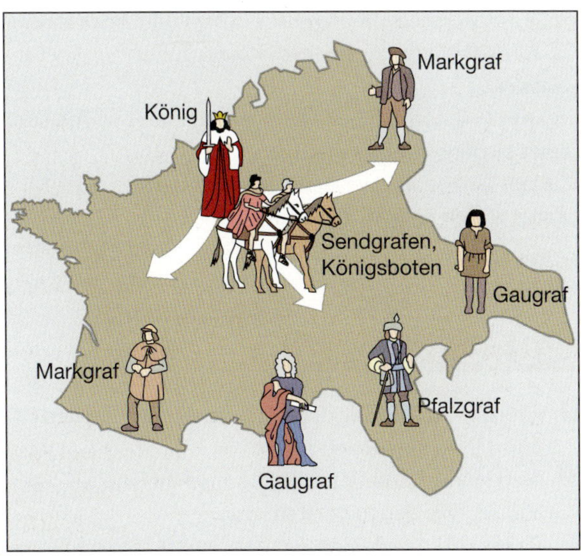


*77.2 Ordnung des Reiches durch Grafen*

## Karl regiert sein Reich von Königspfalzen aus

Das Frankenreich hatte keine feste Hauptstadt. Karl war ein „Reisekönig“: Er reiste mit seinem Gefolge von Pfalz zu Pfalz und regierte das Reich von dort aus. Die Pfalzen (von lateinisch Palatium = Herrscherpalast) waren über das ganze Reich verteilt. Zu den Pfalzen (Abb. 77.1) gehörten auch Königsgüter. Sie versorgten den König und sein Gefolge mit allem, was man zum Leben brauchte. Pfalzgrafen verwalteten die königlichen Güter. Am häufigsten hielt sich Karl in der Pfalz zu Aachen auf. Dort liegt er auch begraben.

Der König stand an der Spitze seines Reiches. Er hatte alle Macht in seiner Hand. Er gab die Gesetze, war oberster Richter, oberster Heerführer und oberster Schutzherr der Kirche. Zur besseren Verwaltung wurde das Land in Gaue eingeteilt. Gaugrafen verwalteten diese Gebiete im Namen des Königs. Eine wichtige Aufgabe hatten auch die Sendgrafen. Karl sandte sie durch das ganze Reich. Sie überbrachten die Befehle des Königs, überprüften die Verwaltung, nahmen Beschwerden und Bitten entgegen und berichteten dem König.

**AUFGABEN >>**

1 Karl schuf in 30 Jahren ein europäisches Großreich. Ermittelt mithilfe der Karte 76.1, welche heutigen Länder es umfasst.

2 Erklärt mithilfe von Abb. 77.2, wie Karl das Reich sicherte und verwaltete.

78.1 *Krönung Karls des Großen zum Kaiser*

# Karl der Große erneuert das „Römische Reich"

Karl hatte sein Reich nach allen Seiten vergrößert. Es reichte von den Pyrenäen bis nach Ungarn, von der Nord- und Ostsee bis an den Tiber. Er war der mächtigste Herrscher der damaligen Welt. So mächtig wie früher der römische Kaiser Augustus (> S. 15).
In einem Schreiben an den Papst erklärt Karl: *„Dies ist meine Aufgabe: Nach außen die heilige Kirche Christi vor dem Angriff der Heiden und Verwüstung der Ungläubigen zu schützen und nach innen die Erkenntnis des katholischen Glaubens zu befestigen."*

78.2 *Karl bei der Weihe der Aachener Pfalzkapelle*

## Karl der Große sorgt für die Ausbreitung des Christentums

Die Ausbreitung des Christentums verfolgte Karl auf verschiedene Weise. Er führte Kriege gegen die heidnischen Sachsen (> S. 76) und Awaren sowie gegen die „ungläubigen" Araber (> S. 101). In die eroberten Gebiete sandte er Missionare.
In seinem Reich ließ er zahlreiche Klöster gründen. Er schenkte diesen Klöstern Land und gab ihnen das Recht, Abgaben einzufordern. Viele Klöster wurden Mittelpunkte für die Ausbreitung des Christentums (> S. 88). Mönche schrieben Bibeln und andere christliche Texte mit der Hand ab. In den Klosterschulen konnten die Kinder der Adeligen alles über das Christentum lernen. In den Kirchen hörte das Volk oft Predigten in seiner Landessprache, weil Karl das wünschte. Immer wieder forderte er die Menschen auf, nach den zehn Geboten zu leben.

## Im Jahr 800: Der Papst krönt Karl zum Kaiser

In Rom lebte der Papst. Er galt als Stellvertreter Gottes auf Erden und war Oberhaupt der katholischen Kirche. Als Papst Leo III. wieder einmal Streit mit den Adeligen hatte, bat er Karl um Hilfe. Daraufhin reiste dieser mit einem Heer nach Rom. Zum Dank für seinen unermüdlichen Einsatz für das Christentum krönte der Papst Karl an Weihnachten 800 zum Kaiser:
Karl hatte durch die Kaiserkrone sein Ziel erreicht: die Erneuerung des Reiches der Römer. Er war der weltliche Herrscher dieses großen Reiches. Neben ihm stand der Papst als der geistliche Herrscher. Karl der Große nannte sich nun: *„Karl der Erhabene Augustus, von Gott gekrönter großer, friedliebender Kaiser, der das Römische Reich verwaltet, durch die Gnade Gottes auch König der Franken und Langobarden."*
Im Jahr 814 starb schließlich Karl. Beigesetzt wurde er in seiner Lieblingspfalz in Aachen.
Karl der Große war der erste „römische Kaiser" des Mittelalters. Viele folgten ihm später.

**AUFGABEN >>**

1 Erklärt, wie Karl für die Ausbreitung des Christentums in seinem Reich sorgte.
2 Karl gilt als „Erneuerer des Römischen Reiches". Erklärt, wie das zu verstehen ist.
3 Trägt Karl den Beinamen „der Große" zu Recht? Begründet eure Meinung.

Z

# Zusatzthema: Die Teilungen des Frankenreiches

Ludwig der Fromme war der Sohn Karls des Großen. Er erbte das Reich, konnte es aber nicht zusammenhalten. Schon zu seinen Lebzeiten brach Streit unter seinen Söhnen aus, wer das Reich künftig regieren sollte.
Nach dem Tod des Vaters schlossen die Söhne Ludwigs 843 in Verdun einen Teilungsvertrag. Weil es drei Brüder waren, zerfiel das Reich in drei Stücke (Abb. 79.1): Karl der Kahle erhielt den Westen mit hauptsächlich französisch sprechender Bevölkerung. Ludwig der Deutsche bekam das deutsch sprechende „Ostfranken". Lothar erhielt einen Streifen dazwischen, der von der Nordsee bis nach Italien reichte. Dieses Mittelstück wurde daher auch Lotharingen genannt. Mit ihm war die Kaiserwürde verbunden.

## Die Anfänge der europäischen Nationen

Die Teilung des Reiches war der Anfang von zwei europäischen Staaten: Aus dem westfränkischen Reich entwickelte sich Frankreich. Aus dem ostfränkischen Reich entstand schließlich Deutschland.
Als Lothar kinderlos starb, wurde das Mittelstück weiter aufgeteilt. Aus dem südlichen Teil entstand Italien. Vom nördlichen Lotharingen wurde ein Teil dem Westreich, ein anderer dem Ostreich zugeschlagen. So entstand ein Gebiet, um das immer wieder gestritten wurde. Viele Kriege zwischen Deutschland und Frankreich hatten in diesem strittigen Gebiet ihre Ursache.

## Die Karolinger sterben aus

Das große Reich Karls des Großen wurde durch die Teilung im Inneren geschwächt. Aber auch von außen bedrohten zahlreiche Feinde die Grenzen: Vom Norden her kamen die Normannen. Die Ostgrenze wurde von den Ungarn bedroht. Übers Mittelmeer drangen die Araber vor und setzten sich im Süden des Reiches fest. Die Nachfolger Karls konnten diesen Gefahren nicht begegnen. Mit Ludwig dem Kind starb 911 der letzte karolingische Herrscher im Ostreich.

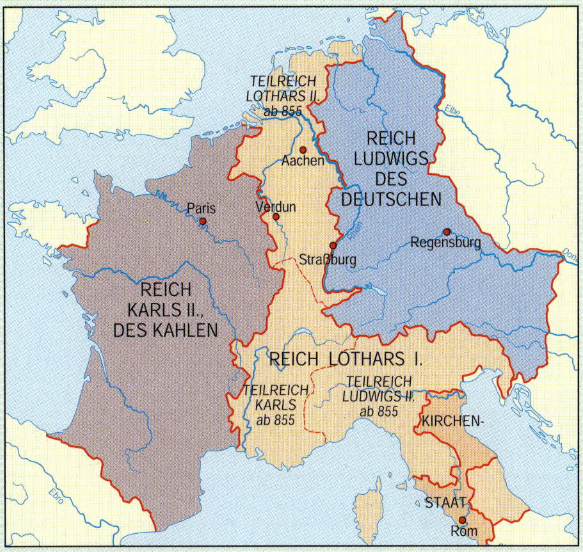


*79.1 Reichsteilung 843*

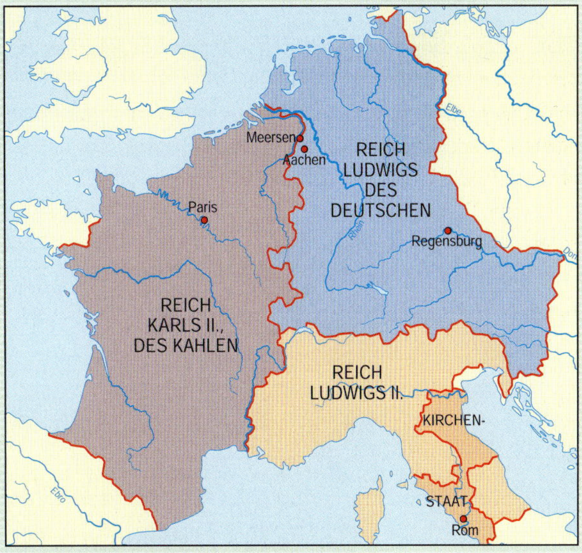


*79.2 Die Aufteilung Lotharingens 870*

**AUFGABEN >>**

1 Das Reich Karls des Großen bestand nicht lange. Nennt Gründe dafür.

2 Stellt mithilfe einer Staatenkarte von Europa und der Abb. 79.2 fest: Welche heutigen Staaten gehörten zum westfränkischen Reich Karls des Kahlen und welche Staaten zum ostfränkischen Reich Ludwigs des Deutschen?

3 Karl der Große und seine Nachfolger haben das „Fundament für das Haus der europäischen Nationen gelegt". Erklärt, wie das gemeint ist.

# Z Zusatzthema: König und Adel teilen die Macht

80.1 *König Otto III. auf dem Thron zwischen zwei geistlichen Fürsten (links) und zwei Adligen (rechts). Buchmalerei aus dem Jahr 988*

Im Mittelalter wurden die deutschen Könige gewählt. Aber nicht vom Volk, sondern seit 1356 von den sieben mächtigsten Fürsten des Reiches, den **Kurfürsten**. Das Wort „Kur" kommt von „küren" und bedeutet wählen. Sie berieten untereinander, wer als Kandidat für die Wahl in Frage kam. Es gab drei geistliche und vier weltliche Kurfürsten. Die geistlichen Kurfürsten erkennt ihr auf Abb. 80.2 an ihren Kappen.

Nach der Wahl wurde das Ergebnis verkündet. Alle Anwesenden stimmten das Lied „Großer Gott, wir loben dich" an. Daraufhin erfolgte die „Erhebung": Zwei Kurfürsten griffen dem neuen König unter die Arme und hoben ihn auf den Altar. Damit war der neu gewählte König von den anderen Fürsten hervorgehoben. Nun wurde der König feierlich gekrönt (Abb. 81.1 und 2). Der Erzbischof überreichte ihm das Schwert und sagte: „Empfange dieses Schwert, um alle Widersacher Christi auszutreiben!"

Dann legte er ihm den Mantel um und sprach: „Dieser Mantel mahne dich daran, vom Glaubenseifer zu glühen und den Frieden zu wahren!" Darauf reichte er ihm das Zepter: „Von diesem Zeichen lasse dich mahnen: Weise mit väterlicher Zucht die Untertanen zurecht und reiche vor allem den Witwen und Waisen die Hand des Erbarmens."

Anschließend wurde der König mit der goldenen Krone gekrönt und zum Thron geführt.

80.2 *Die 7 Kurfürsten von links nach rechts: Erzbischof von Köln, Erzbischof von Mainz, Erzbischof von Trier, Pfalzgraf zu Rhein, Herzog von Sachsen, Markgraf von Brandenburg, König von Böhmen*

**Symbole von Macht und Herrschaft ...**

Die Reichsinsignien auf der Abb. 81.1 waren die Herrschaftszeichen der deutschen Könige und Kaiser im Mittelalter und Symbole ihrer Macht.

- Reichskrone
- Reichszepter
- Reichsschwert
- Krönungsmantel
- Heilige Lanze
- Reichskreuz
- Reichsapfel

**... und ihre Bedeutung**

Jedes dieser Herrschaftszeichen hat eine bestimmte Bedeutung. Einige werden in dem Bericht über die Krönung auf der vorigen Seite erklärt.

- weltliche Herrschaft im Zeichen Christi
- Krönung
- Zucht, Gerechtigkeit, Erbarmen
- galt als unbesiegbare Waffe
- christliche Herrschaft
- Glaubenseifer, Bewahrung des Friedens
- Kampf für den Glauben gegen Nichtchristen

*81.1 Die Reichsinsignien: Herrschaftszeichen und Symbole der Macht (ohne Krönungsmantel und heilige Lanze)*

*81.2 Der Erzbischhof setzt dem neuen König und dessen Frau die Krone auf.*

**AUFGABEN >>**

1. Die Fürsten berieten, wer als Kandidat für die Königswahl in Frage kam. Überlegt, was ein Fürst tun konnte oder musste, um als Kandidat vorgeschlagen zu werden.
2. Welche Bedingungen musste ein Kandidat wohl im Interesse der Fürsten erfüllen?
3. Ordnet die Herrschaftszeichen (Abb. 81.1) der richtigen Bezeichnung und der richtigen Bedeutung zu, zum Beispiel: Heilige Lanze = galt als unbesiegbare Waffe
4. Gestaltet die Königswahl als Spielszene.

82.1 *Inselburg*

82.2 *Wasserburg*

① Verlies
② Bergfried
③ Herrenhaus
④ Kapelle
⑤ Turm mit Verlies
⑥ Burgmauer
⑦ Wehrgänge
⑧ Zinnen mit Schießscharten
⑨ Pechnasen
⑩ Toilettenerker
⑪ Ziehbrunnen
⑫ Viehstall
⑬ Burggarten
⑭ Gesindehaus mit Pferdestall und Waffenkammer
⑮ Waschküche
⑯ Schmiede
⑰ Burgtor mit Fallgatter
⑱ Zugbrücke

82.3 *Mittelalterliche Burganlage*

# Burgen und Ritter

## Die Burg als Festung und Wohnbau

Die vielen Kriege, die Karl der Große und seine Nachfolger führten, hatten es notwendig gemacht, Reiterheere aufzustellen. Da es noch kaum Geld gab, wurden diese berittenen Krieger für ihren Dienst mit Lehen belohnt (> S. 73). Zudem bekamen sie oft die Erlaubnis, sich eine befestigte Wohnanlage, eine Burg, zu errichten.
Vor etwa 600 Jahren gab es in Deutschland über 19 000 Burgen. Heute sind Burgen und Burgruinen beliebte Ausflugsziele. Im Mittelalter dienten sie nicht nur als Wohnbau für die Familie des Ritters, sondern auch als Zufluchtsort für die Bauern im Umland. Deshalb wurden sie als Höhen- bzw. Felsenburg (Abb. 82.3) oder als Wasser- bzw. Inselburg (Abb. 82.1 und 2) an schwer zugänglichen Stellen gebaut. Der Bergfried (Burgturm) war das sicherste Bauwerk der Burg und diente als letzte Zuflucht.
Neben dem Bergfried gehörten zu einer Burganlage: Graben, Burgtor mit Zugbrücke, Mauern mit Wehrgang und Schießscharten, Wehrtürme, Palas (Hauptgebäude mit Rittersaal und Wohnräumen der Ritterfamilie), Burgkapelle.

Die Burgbewohner waren mit verschieden Aufgaben beschäftigt. Die weiblichen Bewohner standen unter der Herrschaft der Burgfrau. Sie war neben dem Haushofmeister für die Bildung und die Erziehung der Jungen und Mädchen zuständig.

## Erziehung zum Ritter

Der Sohn eines Ritters musste mit 7 Jahren das Elternhaus verlassen. Er kam als Page auf die Burg einer befreundeten oder verwandten Ritterfamilie. Dort lernte er standesgemäß höfisches Benehmen. Ab dem 14. Lebensjahr diente er als Knappe. Nun übte er den Gebrauch der Waffen und begleitete seinen Burgherrn auf der Jagd und beim Turnier. Er lernte mit der Rüstung reiten, Bogen schießen, fechten und schwimmen. Mit 21 Jahren wurde der Knappe durch den „Ritterschlag" in den Ritterstand aufgenommen und schwor, nach ritterlichen Tugenden zu leben: tapfer, treu und mutig für den Glauben eintreten, Witwen, Waisen und Schwache schützen und Frauen höflich behandeln.

## Erziehung der Mädchen

Die Erziehung der Töchter übernahm die Mutter. Von ihr lernten sie Lesen, Schreiben, Musizieren, Dichtkunst und höfisches Benehmen. Außerdem lehrte die Burgherrin das Spinnen, Weben und Kleidernähen sowie den Haushalt zu führen. Um die Familie versorgen zu können, wurden die Mädchen auch in die Heilkunst eingewiesen.
Die Erziehung sollte die Mädchen auf ihre Rolle als zukünftige Ehefrau eines Ritters vorbereiten. Deshalb lernten auch die Mädchen das Reiten und die Falkenjagd. Sie heirateten früh. Diejenigen Mädchen, die keinen Ehemann unter den Rittern fanden, gingen häufig in ein Kloster.

## Ein Festmahl auf der Burg

Zum bevorzugten Zeitvertreib der Burgherrn und ihres Gefolges gehörte das Bankett, ein Festessen mit mehreren Gängen. Dazu wurde der Rittersaal mit Fackeln und Kerzen beleuchtet und mit Wandteppichen geschmückt. Die Vorbereitungen für das Bankett begannen schon Tage vorher. Die Burgherrin beaufsichtigte die Küche, der Küchenmeister hatte dafür zu sorgen, dass die Speisen gut gerieten. Man bewirtete die Gäste mit Wild und Geflügel aller Art sowie mit Rind- und Hammelfleisch. Manchmal wurden die verschiedenen Speisen sogar von den Musikanten mit Fanfaren oder Hörnern angekündigt. Die Tische waren u-förmig aufgestellt. So konnten alle Gäste den Darbietungen der Minnesänger oder Gaukler folgen.
Die Pagen und Knappen halfen, die Bedienung zu organisieren. Alle Gäste hatten Löffel und Messer. Gabeln als Essbesteck gab es noch nicht. Auch auf Teller wurde meist verzichtet. Fleisch wurde aus der Hand gegessen und Flüssiges holte man sich direkt mit einem Stück Fladenbrot aus der Schüssel. Trotzdem sollte man sich um ordentliche Tischmanieren bemühen. Ein Buch über höfische Tischsitten beschrieb diese Anstandsregeln:

*„Wer sich über die Schüssel legt und schnauft und schmatzt, benimmt sich wie ein Schwein.*
*Höfliche Menschen tauchen Brot, von dem sie abgebissen haben, nicht wieder in die Schüssel, wie Bauern dies tun.*
*Es gehört sich auch nicht, einen abgenagten Knochen wieder zurück in die Schüssel zu legen.*
*Es ist unhöflich, mit vollem Mund zu trinken wie ein Stück Vieh.*
*Man soll nicht mit dem Messer in den Zähnen stochern.*
*Es ist unanständig, die Speisen mit den Fingern auf den Löffel zu schieben.*
*Man darf nicht so gefräßig essen, dass man sich in Finger und Zunge beißt."*

(Aus: Guggenbühl: Quellen zur allgemeinen Geschichte, Bd.2, Zürich 1972, S. 255f., vereinfacht und gekürzt)

*83.1 Ausbildung eines Knappen*

**AUFGABEN >>**

1. Betrachtet Abb.82.3. Stellt euch vor, ihr wohnt auf der Burg. Wie findet das Leben auf der Burg statt?
2. Fertigt eine Tabelle mit drei Spalten:
   a) was ein Page und Knappe lernen musste,
   b) was ein Mädchen auf der Burg lernen musste,
   c) was Jungen und Mädchen im Vergleich zu heute nicht lernten.
3. Das Wort „höflich" leitet sich von „höfisch" ab. Was versteht man heute unter „Höflichkeit"?

*83.2 Burgherrin unterrichtet ihre Tochter*

*84.1 Bäuerliche Arbeiten. Idealisierte Darstellung von Hans Wertinger (um 1530)*

## Dörfliche Lebenswelt

Sicher habt ihr schon Ortsnamen mit Endungen wie -ried, -reuth oder -roth gelesen. Sie erinnern daran, dass hier einmal dichte Wälder waren, die gerodet wurden. An ihrer Stelle legten Bauern im Mittelalter Felder, Wiesen, Weiden und Gärten an. Mit der Zeit entstanden viele kleine Dörfer.

### Das Dorf und seine Bewohner

Den Mittelpunkt eines Dorfes bildete die Kirche mit dem Friedhof. Hinter der dicken Friedhofsmauer fanden die Menschen Schutz vor Feinden. Davor erstreckte sich oft der Anger (= Dorfplatz) mit Bäumen, dem Dorfbrunnen und der Dorfschenke. Lose gruppierten sich um den Anger die Bauernhöfe. Häuser und Ställe lagen eng beieinander. Die niedrigen Häuser waren meist aus Holz gebaut und mit Stroh gedeckt. Der Fußboden bestand aus gestampftem Lehm. Kleine Öffnungen ließen das Tageslicht herein. Glasfenster gab es noch nicht. Um das Dorf herum lagen die Felder, Weiden und Wälder.

Die Dörfer hatten selten mehr als 100 Einwohner. Die Bauern machten, was Bauern auch heute tun: Sie pflügten, eggten, säten, bewässerten, düngten, ernteten, droschen und lagerten die Früchte der Felder ein. Sie züchteten Tiere, schlachteten, verarbeiteten Fleisch und Felle. Im Unterschied zu heute gab es keine Maschinen. Die Bauern hatten nur ihre Muskelkraft, einfache Geräte (wie Pflug, Sichel und Dreschflegel) und Zugtiere wie Ochs, Esel und Pferd. Im Winter fällten sie Bäume, stellten hölzerne Haushaltsgegenstände her, reparierten, spannen Flachs zu Garn, webten Leinen. So erzeugte die bäuerliche Familie das meiste, was sie zum täglichen Leben brauchte, selbst: Lebensmittel, Kleidung, Haushaltswaren.

Manche Aufgaben übernahmen Spezialisten. So gab es in vielen Dörfern einen Schmied, der die Pferde beschlug und Arbeiten an den Wagen und Pflügen übernahm. Der Müller betrieb die Mühle und mahlte das Korn. Der Dorfhirte hütete das Vieh auf der Weide. Und der Dorfpfarrer sorgte dafür, dass die Bewohner christlich lebten.

*„[Die Landleute] wohnen abgesondert voneinander, demütig mit ihren Angehörigen und ihrem Vieh. Die Hütten bestehen aus Lehm und Holz, ragen wenig über die Erde empor, sind mit Stroh gedeckt: das sind ihre Häuser. Geringes Brot, Haferbrei und gekochtes Gemüse ist ihre Speise. Ein leinener Rock, ein paar Stiefel, ein Hut ist ihre Kleidung. In der Kirche kommen sie an Festtagen alle zusammen, nachmittags verhandeln sie unter der Linde oder an einem anderen öffentlichen Orte ihre Angelegenheiten. Die Jüngeren tanzen darauf nach der Musik des Pfeifers, die Alten gehen in die Schenke und trinken Wein."*

(Johannes Boemus (1520), aus: G. Franz, Deutsche Agrargeschichte von den Anfängen bis zur Gegenwart. Stuttgart 1973, Nr. 12).

## Viele Bauern müssen dem Grundherrn fronen

Grund und Boden gehörten den meisten Bauern nicht selbst, sondern geistlichen oder weltlichen Grundherren. Der Grundherr überließ dem Bauern ein Stück Land zur Bearbeitung. Der Bauer musste dann nicht mehr in den Krieg ziehen, aber er verlor auch seine Freiheit: Er war „grundhöriger Bauer", das heißt er musste tun, was sein Grundherr verlangte. Zu den Pflichten des Bauern gehörte es, dem Grundherrn Zinsen zu zahlen und für den Grundherrn zu arbeiten, also Frondienst zu leisten (von althochdeutsch fro = Herr).

Der Zins wurde in Form von Geld oder in Naturalien bezahlt. Ursprünglich war die Abgabe der Zehnt. Nach der Ernte ritt der Grundherr über das Feld und warf jede zehnte Garbe um: Diese gehörte ihm. Der Bauer musste als Zins nicht nur einen Teil des geernteten Getreides abgeben. Er hatte außerdem einen Teil des Obstes und Gemüses sowie an festgelegten Tagen Honig, Eier, Milch, Fleisch, Hühner und Wolle abzuliefern. Starb der Bauer oder die Bäuerin oder wollte ein Sohn oder eine Tochter heiraten, wurden oft Sonderabgaben fällig.

So heißt es in einer Klosterurkunde von 1035:

*85.1 Bauernhaus im Mittelalter (Rekonstruktion)*

*„Nach dem Tode des Mannes wird das beste Stück Vieh ... zum Abtshof (Abt = geistlicher Grundherr) entrichtet, nach dem Tode einer Frau das wertvollste Kleid. Eine Frau, die außerhalb des Dorfes heiratet, gibt selbstverständlich ihren Zins von sechs Pfennigen."*

(aus: G. Franz, Deutsche Agrargeschichte von den Anfängen bis zur Gegenwart. Stuttgart 1973, Nr. 12)

Über den Frondienst und das Verhältnis zwischen Grundherrn und Grundhörigem schrieb Johannes Boemus:

*„Den Herren müssen die Bauern oftmals im Jahre dienen: Das Feld beackern, säen, ernten und die Frucht in die Scheunen bringen, Holz fällen, Häuser bauen, Gräben ausheben. Es gibt nichts, wovon die Herren nicht behaupten, dass das geknechtete Volk es ihnen nicht schulde; die Leute können auch nicht wagen, einen Befehl nicht auszuführen, da sie dann schwer bestraft werden.*

*Nichts aber bedrückt diese Leute so, als dass der größere Teil der ... Felder nicht ihnen, sondern Herren gehört, von denen sie sich für einen bestimmten Teil ihrer Ernte ihr Land jährlich zurückkaufen müssen."*

(aus: Bühler, J.: Bauern, Bürger, Hanse. Leipzig 1929, S. 56 ff.)

*85.2 Bauern bringen Zins*

*85.3 Bauern leisten Frondienst*

86.1 *Aus dem Sachsenspiegel von 1315 – Abgaben und deren Fälligkeitstermine in Form eines Bauernkalenders: ① Weingartenzins an St. Urban (25. Mai): Der leere Arbeitskittel deutet an, dass hier die Frühjahrsarbeiten beendet sind. ② Fleischzehnt am Johannestag (24. Juni): Dies wird durch ein Rind, ein Kalb, eine Ziege und einen Hahn dargestellt. ③ Kornzehnt am Margarethentag (13. Juli): Die Heilige fesselt der Legende nach den Teufel. ④ Gänsezehnt am 15. August: Als Erinnerung daran werden Kräuter- und Getreidebündel in der Kirche geweiht. ⑤ Fällige Abgaben an St. Bartholomae (24. Aug.), z.B. Geld, Eier, Getreide: Der Hl. Bartholomäus, der durch Hautabziehen getötet wurde, trägt seine Haut an einem Stock.*

## Arbeit und Zusammenleben im Dorf sind klar geregelt

In den Dörfern war genau festgelegt, welcher Bauer welche Felder wann zu bearbeiten hatte (> Dreifelderwirtschaft, S 87). Die Allmende, das heißt das gemeinsame Weideland und der Wald der Dorfbewohner, wurden von allen genutzt.

In den Dörfern gab es auch immer wieder Probleme und Streitereien um Recht und Ordnung. So versammelte sich mindestens einmal im Jahr – meistens am Martinstag (11. November) – die ganze Dorfgemeinde am Anger. Da trug der Dorfvorsteher das Dorfrecht vor, die Dorfbewohner konnten Klagen und Beschwerden äußern, manchmal wurden auch gleich Urteile gefällt. Mit der Zeit entstanden Rechtssammlungen, die als „Weistümer" erhalten geblieben sind. Darin hieß es z. B.:

*„Wenn du einen Baum im Walde fällen willst, dann sieh zu, ob der Baum nicht noch zu dünn ist. Versuche mit dem rechten Arm um den Baum herumzugreifen. Kannst du das linke Ohr gerade noch packen, dann darfst du den Baum fällen.*
*Wenn du einen großen Stein den Berg hinunterrollen willst, dann musst du dreimal rufen: Aus dem Weg!*
*Dann musst du solange warten, bis du ein Ei gegessen hast...*
*Dann erst darfst du den Stein loslassen.*
*Wenn ein Trinker seinen Wein nicht bezahlen kann, darf der Wirt seinen Rock nehmen und in den Keller werfen, auch wenn der Trinker noch in dem Rocke steckt.*
*Wer zuerst (in die Mühle) kommt, mahlt zuerst.*

(aus: D. Starke, Herrschaft und Genossenschaft im Mittelalter. Stuttgart 1969).

Der Sachsenspiegel war das älteste Rechtsbuch des Mittelalters. Es fasste die in Sachsen geltenden Regeln des Lehnsrechts zusammen, galt aber auch in anderen Gebieten (Abb. 86.1).

In einem Dorf gab es natürlich auch schöne Tage, die das Zusammengehörigkeitsgefühl der Bewohner stärkten: An Sonn- und Feiertagen ruhte die Arbeit. Dann gab es Musik, Tanz und üppigeres Essen.

**AUFGABEN >>**

1. Beschreibt, wie ein Dorf im Mittelalter aussah. Text und Abb. 85.1 helfen euch dabei.
2. „Die Bauern mussten Zinsen zahlen und Frondienste leisten." Erklärt, was dies bedeutet. Bezieht auch Abb. 86.1 ein.
3. Spielt eine mittelalterliche Dorfbewohnerversammlung nach und entwickelt daraus eigene „Weistümer".

## Fortschritte der Landwirtschaft

Die alltägliche Arbeit der Bauern war körperlich anstrengend. Alle Arbeiten mussten mit der Hand gemacht werden (> S. 84). Die ganze Familie arbeitete mit, auch die Kinder.

Zu Beginn des Mittelalters benutzten die Bauern nur einfache Hakenpflüge, die von Ochsen gezogen wurden. Damit wurde der Boden nur oberflächlich aufgeritzt. Eine wichtige Erfindung war der Räderpflug. Mit seiner Pflugschar aus Eisen zerschnitt er den Boden. Das Streichbrett aus Holz wendete die Erdschollen um.

Vor den Pflug spannte man Pferde. Um die Zugkraft zu erhöhen, wurde ein Pferdegeschirr mit einem gepolsterten Halsring (Kummet) entwickelt: Es verteilte die Last beim Ziehen und belastete den Nacken des Pferdes nicht so stark. So konnte beim Pflügen die Zugleistung verbessert werden.

Weitere technische Fortschritte waren die Sense und der Dreschflegel. Mit der langstieligen Sense konnten die Bauern leichter und schneller mähen als zuvor mit der kurzstieligen Sichel. Der zweiteilige Dreschflegel traf das Getreide beim Dreschen mit größerer Wucht. Dadurch lösten sich leichter die Körner aus den Ähren.

*87.1 Veränderungen bei der Pflugarbeit*

## Die Dreifelderwirtschaft bringt mehr Ertrag

Im frühen Mittelalter bewirtschafteten die Bauern ihr Ackerland in zwei Teilen. Auf einem Feld wurde Getreide angebaut, das andere blieb unbebaut, das heißt „brach" liegen. Diese „Brache" diente als Viehweide und wurde so gedüngt. Im nächsten Jahr wurde gewechselt.

Schließlich entdeckten die Bauern eine andere Anbaumethode: die **Dreifelderwirtschaft**. Sie teilten ihr Ackerland in drei Teile. Das erste Feld bestellten sie im Herbst mit Wintergetreide, das zweite im Frühjahr mit Sommergetreide und das dritte ließen sie brach liegen. So konnte jedes Jahr auf zwei Drittel des Ackerlands geerntet werden.

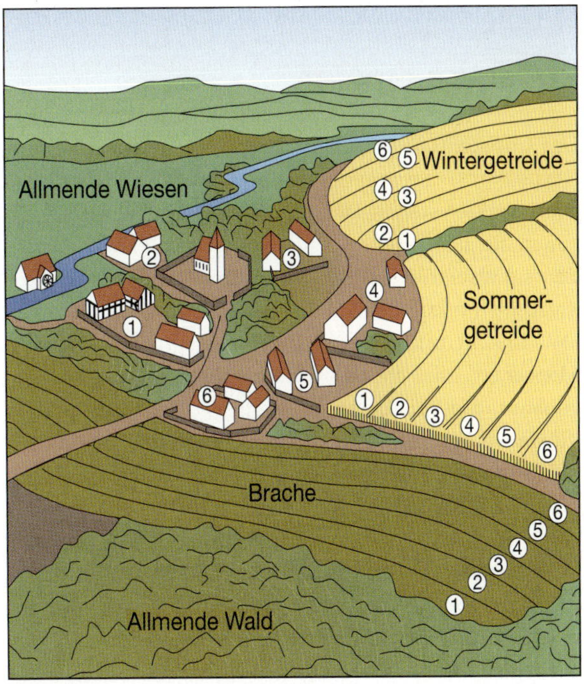


*87.2 Dorf und dazugehörende Flur*

## AUFGABEN >>

1. Beschreibt anhand von Abb.87.1 die Veränderungen und Verbesserungen bei der Pflugarbeit. Die Ziffern in der Abbildung und der Text helfen euch dabei.
2. Nennt weitere Veränderungen und Verbesserungen in der Landwirtschaft.
3. Stellt die Vorteile der Dreifelder- gegenüber der Zweifelderwirtschaft zusammen.
4. Überlegt, welche Folgen die Fortschritte in der Landwirtschaft für die Bevölkerung hatten.

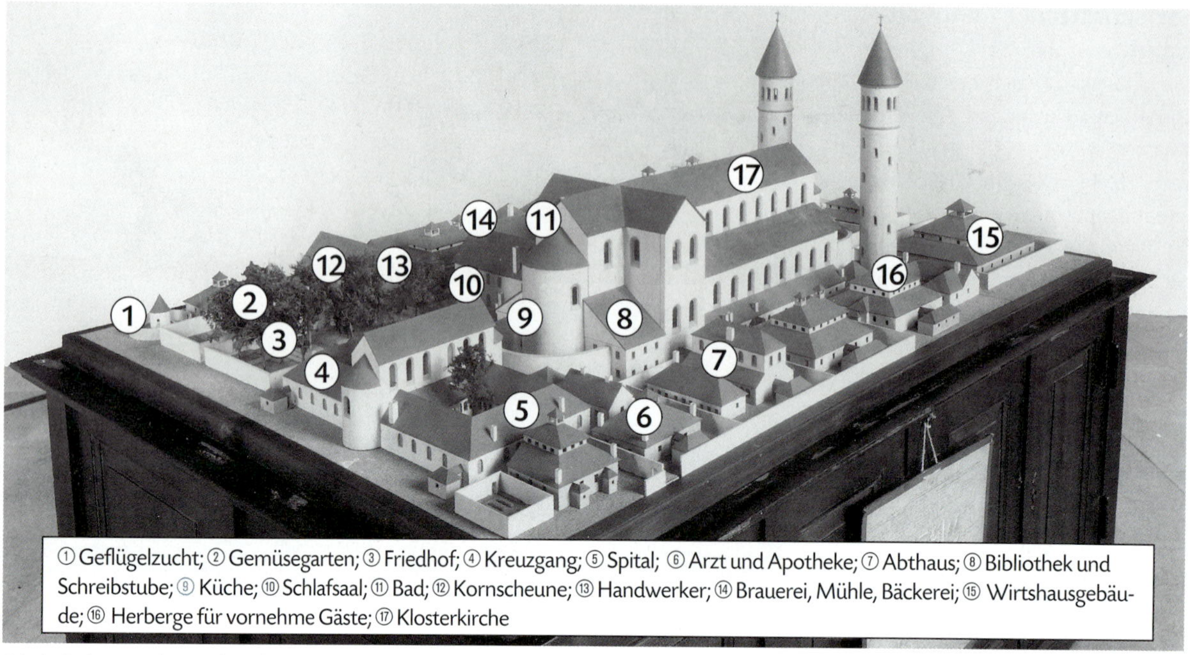


*88.1 Rekonstruktion des Klosters St. Gallen (nach Plan von 820)*

## Leben im Kloster

Das Christentum prägte das Leben vieler Menschen im Mittelalter – besonders das der Mönche und Nonnen. Diese wollten ständig im Gespräch mit Gott sein. Deshalb zogen sie sich in einen abgeschlossenen Bezirk zurück, den sie claustrum, Kloster, nannten. Das erste größere Kloster gründete der Mönch Benedikt von Nursia in Italien 529. Er schrieb auch Ordensregeln auf (> S. 89). Menschen, die danach lebten, wurden Benediktiner genannt. Sie gründeten ab dem 7. Jahrhundert viele Klöster in Europa. Meist riefen Herzöge und Grafen die Mönche und schenkten ihnen Land, auf dem sie ihr Kloster errichten konnten.

### Das Kloster und seine Bewohner

Im Mittelpunkt des Klosters stand die Kirche. An sie schlossen sich die zentralen Klostergebäude an, z. B. der Kreuzgang, durch den sie beim Gebet wandelten, die Bibliothek und die Zellen, in denen die Mönche wohnten. Die Klostergemeinschaft sollte sich selbst versorgen. Das Kloster war so angelegt, dass sich alles Notwendige, das heißt Wasser, Mühle, Garten und die Werkstätten, innerhalb der Klostermauer befand. Meist gehörten zum Kloster auch ein Spital, eine Herberge und eine Schule. Geleitet wurde ein Kloster von einem Abt oder einer Äbtissin. Ihm oder ihr mussten die Mönche und Nonnen gehorchen.

*88.2 Mönch in der Schreibstube (Buchmalerei 12. Jh.)*

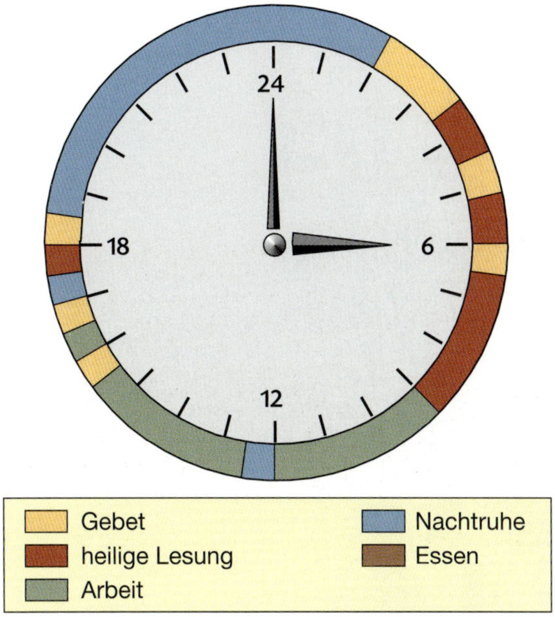


89.1 *Tagesablauf im Kloster früher*

**Tagesablauf in einem Benediktinerkloster**

| | |
|---|---|
| 4.00 Uhr: | Wecken |
| 4.20 Uhr: | Metten (Nachtgebete),anschließend Laudes (Loblied auf Jesus) |
| 6.00 Uhr: | Gemeinschaftsmesse |
| 7.00 Uhr: | Frühstück, Zelle in Ordnung bringen |
| 7.30 Uhr: | Morgengebet im Kapitelsaal, Verteilung der Arbeit durch den Abt |
| 8.00 Uhr: | Hochamt, anschließend Arbeit |
| 11.45 Uhr: | Chorgebet |
| 12.00 Uhr: | Mittagessen |
| 13.30 Uhr: | Ruhezeit |
| 14.30 Uhr: | Gebet, anschließend Arbeit |
| 18.00 Uhr: | Vesper (Gebet am Ende des Tages) |
| 18.45 Uhr: | Abendessen |
| 19.45 Uhr: | Abendgebet |
| 21.00 Uhr: | Nachtruhe |

89.2 *Tagesablauf im Kloster heute*

## Ora et labora (Bete und arbeite)

Das war der Leitsatz, der den Tagesablauf und das Leben der Benediktinermönche bestimmte. Ob sie beteten oder arbeiteten – alles machten sie zur Ehre Gottes. In den Ordensregeln des Benedikt von Nursia heißt es:

*Müßiggang ist ein Feind der Seele. Deshalb sollen sich die Brüder zu bestimmter Zeit mit Handarbeit und wiederum zu bestimmten Stunden mit heiliger Lesung beschäftigen. Erfordern es die örtlichen Verhältnisse oder die Armut, dass die Brüder die Ernte selbst einbringen, so seien sie nicht betrübt. Sie sind nämlich erst wahre Mönche, wenn sie von der Arbeit ihrer Hände leben ... (Kapitel 48)*

Die Ordensregeln des Benedikt sind bis heute gültig. Beim Eintritt ins Kloster müssen zukünftige Nonnen und Mönche drei Gelübde (Versprechen) ablegen: Sie verpflichten sich zu persönlicher Armut, zur Ehelosigkeit sowie zu strengem Gehorsam gegenüber ihren Vorgesetzten.

Die Klöster waren nicht nur eine Welt für sich, sondern sie strahlten auch auf die Umgebung aus. Sie verbreiteten den christlichen Glauben und waren Ansprechpartner für Nöte der Menschen. Als Heilkundige kümmerten sie sich um Kranke, in Apotheken hielten sie selbst hergestellte Medikamente bereit. Klöster wurden oft in unwirtlichen Gegenden gegründet. Dort halfen die Mönche, neue Ackerflächen zu erschließen. In den Klöstern wurden die ersten Schulen errichtet. Hier lernten Söhne von Adeligen lesen, schreiben und rechnen. Gelehrte Mönche beschäftigten sich auch mit Philosophie, Biologie, Medizin oder Astronomie. Schriften und Geräte zeugen heute noch davon.

89.3 *Nonne bei der Arbeit als Lehrerin heute*

**AUFGABEN >>**

1 Zeichnet die Klosteranlage (Abb. 88.1) als Grundriss ins Heft. Schreibt die Namen der Gebäude dazu und welchem Zweck die einzelnen Gebäude dienten.

2 Ermittelt mithilfe der Uhr (Abb. 89.1), wie viele Stunden ein Mönch oder eine Nonne mit welcher Tätigkeit verbrachte. Zeichnet den heutigen Tagesablauf (Text 89.2) als Uhr und vergleicht.

3 Stellt Vermutungen darüber an, weshalb sich ein Mann oder eine Frau für ein Leben im Kloster entschied oder entscheidet.

*90.1 Papst und Kaiser. Ausschnitte aus dem Sachsenspiegel*

## Wer darf Bischöfe einsetzen?

Papst und Kaiser, die beiden Oberhäupter der Christenheit, sitzen einträchtig auf dem Thron. Dieses Idealbild (Abb. 90.1) stammt aus dem Sachsenspiegel, einem alten Rechtsbuch aus dem 13. Jahrhundert (> S. 86). Es weist den beiden von Gott eingesetzten Herrschern den gleichen Rang zu. Der Papst hält als Zeichen seines geistlichen Amtes den Krummstab in der Hand, der Kaiser trägt das Schwert als Symbol der weltlichen Herrschaft.
Im 11. Jahrhundert kam es allerdings zu einem erbittert geführten Streit zwischen Papst und Kaiser.

### Worum streiten Kaiser und Papst?

Heinrich IV. (1056-1106) war bereits als 6-Jähriger König geworden. (Zum Kaiser wurde er erst 1084 gekrönt.) Er stand zunächst unter der Vormundschaft seiner Mutter und unter dem Einfluss des Erzbischofs von Köln. Der junge König hatte es daher schwer, sich gegen die mächtig gewordenen Reichsfürsten und den Klerus durchzusetzen.
Vor allem zwischen Heinrich und Papst Gregor VII. entwickelte sich ein Machtkampf. Der Papst hatte das Ziel, die Mönche und Geistlichen zu Frömmigkeit und christlichem Lebenswandel zu führen. Außerdem wollte er das Papsttum stärken. Deshalb war es für ihn wichtig, Bischöfe seiner Wahl zu ernennen. (Diese Übertragung eines Kirchenamts nennt man **Investitur**.) Reichsbischöfe, die ihm nicht gehorchten, ließ Gregor absetzen.
Heinrich IV. sah in den Ansprüchen des Papstes eine Einmischung in seine Regierungsgeschäfte. Denn Bischöfe waren nicht nur geistliche, sondern auch weltliche Herren. Der König belehnte sie mit weltlichen Besitztümern und Herrschaftsrechten, sodass sie zu wichtigen Stützen seiner königlichen Macht wurden. Für ihn war entscheidend, dass er seinen Bischöfen Verwaltung und Heerführung anvertrauen konnte. Frömmigkeit und christlicher Lebensstil waren für Heinrich hingegen zweitrangig.

### Der Streit verschärft sich

Als Heinrich weiterhin Bischöfe seiner Wahl einsetzte, drohte der Papst mit dem Ausschluss des Königs aus der Kirche. Der Streit verstärkte sich, als Heinrich im Jahr 1076 eine Reichsversammlung einberief, auf der er die Rechtmäßigkeit der Papstwahl Gregors anzweifelte und ihn aufforderte, sein Amt niederzulegen. Der Papst machte nun seine Drohung wahr und sprach den Kirchenbann über Heinrich aus. Das war die Chance für die Reichsfürsten, Heinrich unter Druck zu setzen: Sie erklärten, er müsse in einem Jahr vom Bann gelöst sein, sonst würden sie einen anderen König wählen.

### Papst Gregor VII. im Februar 1076:

*„Heiliger Petrus, ... höre mich, deinen Knecht, an ... An deiner Statt und durch deine Gnade ist mir von Gott die Macht gegeben zu binden und zu lösen im Himmel und auf Erden. Hierauf fest vertrauend, zur Ehre und zur Verteidigung deiner Kirche, untersage ich zur Verteidigung deiner Kirche im Namen des allmächtigen Gottes ... kraft deiner Macht und Gewalt, dem König Heinrich ..., der sich mit unerhörtem Stolze erhoben hat, die Herrschaft über das gesamte Reich der Deutschen und Italien, und ich löse alle Christen von dem Bann des Eides, den sie ihm geschworen haben ..., und ich verbiete, dass ihm irgendjemand wie seinem König dient ..."*

(Aus: Lautemann/Schlenke (Hrsg.): Geschichte in Quellen, Band 2, München 1978, S. 300)

### König Heinrich IV. im März 1076:

*„Wir Heinrich ... durch Gottes gerechte Anordnung König, an Hildebrand, nicht mehr den Papst, sondern den falschen Mönch. Diese Anrede hast du nämlich für die von dir angestiftete Verwirrung verdient ... So steige du denn, der du durch diesen Fluch und das Urteil all unserer Bischöfe und unser eigenes verdammt bist, herab, verlasse den päpstlichen Stuhl, den du dir angemaßt hast! Ein anderer steige auf den Thron des heiligen Petrus, der die Gewalttätigkeit nicht mit Frömmigkeit überdecken, sondern die Lehre des heiligen Petrus lehren soll. Ich, Heinrich, durch die Gnade Gottes König, sage dir mit allen meinen Bischöfen: steige herab, steige herab!"*

(Aus: Lautemann/Schlenke (Hrsg.): Geschichte in Quellen, Band 2, München 1978, S. 298)

*91.1 Heinrich IV. (kniend) bittet die Markgräfin Mathilde von Tuszien um Vermittlung bei Papst Gregor VII. Illustration aus einer Handschrift um 1115*

### Canossa – eine Niederlage für den König?

Heinrich entschied sich für einen schweren Gang. Er zog als Büßer über die Alpen zur Burg Canossa, um dort Gregor um Vergebung zu bitten. Die Burgherrin, Mathilde von Tuszien (heute Toskana), unterstützte Heinrichs Bitten (Abb. 91.1). Der Papst musste als Seelsorger dem reuigen Sünder vergeben und nahm Heinrich wieder in die Kirche auf. Damit war Heinrich wieder regierungsfähig.

Heinrich und Gregor einigten sich aber nicht über die Investitur der Bischöfe. Erst 50 Jahre später, als Heinrich und Gregor tot waren, gab es einen Kompromiss zwischen dem Sohn Heinrichs und einem neuen Papst. Dieser Vertrag zwischen Staat und Kirche wird als Wormser Konkordat bezeichnet. Demnach ließ der König die kirchliche Wahl von Bischöfen zu und verzichtete auf die Investitur mit den geistlichen Symbolen (Ring und Stab). Der Papst wiederum billigte dem König das Recht zu, die Bischöfe mit weltlichen Herrschafts- und Besitzrechten zu belehnen.

**AUFGABEN >>**

1. Nennt die jeweiligen Interessen, die König und Papst bei der Einsetzung eines Bischofs verfolgten.
2. Wertet die Textquellen über Papst Gregor VII. sowie über König Heinrich IV. aus. Auf wen berufen sich die beiden? Was befehlen sie und was drohen sie dem anderen an?
3. Fertigt ein Schaubild an, das die Verschärfung des Konflikts in Stufen verdeutlicht.
4. Fasst mit eigenen Worten zusammen, auf was sich Papst und König schließlich im Wormser Konkordat einigten. Ihr könnt auch selbst eine Übereinkunft, ein Konkordat, schreiben: „Wir vereinbaren folgende Regeln: Wenn ..."

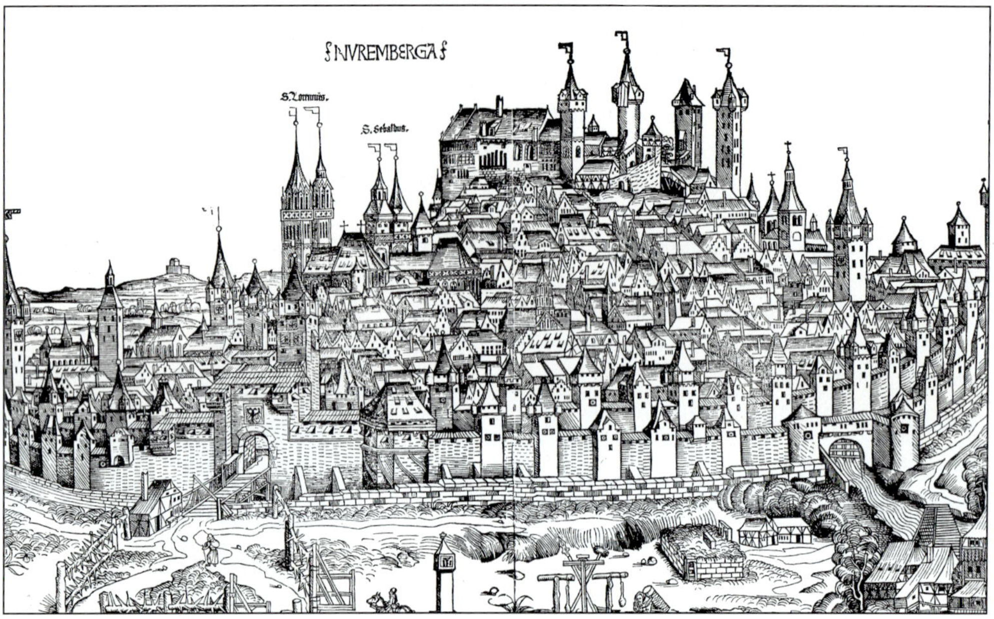


*92.1 Ansicht der Stadt Nürnberg (1493)*

## Die Städte blühen auf

Um die Reste römischer Kastelle, bei Königspfalzen, im Schutz von Burgen, in der Nähe von Bischofssitzen und Klöstern entstanden im Mittelalter kleine Siedlungen. Zur besseren Versorgung der Bevölkerung ließen dort seit dem 9. Jahrhundert Könige Märkte einrichten. An bestimmten Tagen im Jahr sollten hier Waren aller Art ausgetauscht werden. Diese Märkte bildeten die Keimzelle vieler Städte. Zur Stadt wurde ein Ort dann, wenn ihm das Stadtrecht verliehen wurde. Anfangs hatte nur ein König dieses Vorrecht, später durften auch Herzöge, Grafen, Bischöfe und Äbte das Stadtrecht verleihen.
Um 1300 gab es 4000 Städte in Deutschland. Die meisten hatten nicht mehr als 1000 Einwohner. Städte mit 10000 Einwohnern galten als Großstädte. Auch wenn sich die Städte nach Lage, Größe und wirtschaftlicher Ausrichtung unterschieden, so hatten sie doch einige gemeinsame Merkmale. Welche?

### Die Stadt ist befestigt

Die Stadt war mit Wällen, Gräben, starken Mauern und Wachtürmen umgeben. Im Zeughaus lagerten die Bürger Waffen. So konnten sie sich gegen Feinde verteidigen. Der Zugang zur Stadt war nur möglich über die Tore. Sie wurden nachts geschlossen. Am Tag überprüften Torwächter jeden Fremden, der hinein wollte. Zogen immer mehr Menschen in die Stadt, musste sie erweitert werden. Dann wurde ein weiterer Mauerring angelegt, der Schutz gab.

Über die Stadt Nürnberg heißt es dazu in einem Bericht eines Schulrektors:
*„Nürnberg ist ein sehr geeigneter Handelsplatz. An Befestigungen und Bauwerken, an Behörden und Volksmenge steht sie keiner Stadt nach, denn sie ist mit dreifacher Mauer und einem Graben ganz umschlossen. Außerdem hat sie in ihren Mauern eine Burg, die durch Lage, Stärke und Alter hervorragt. Sie ist so gefestigt, dass sie mit Recht Residenz des Kaisers ist."*

(Aus: Cochläus: Brevis Germaniae Descripto 1512. Darmstadt 1969, S. 74)

### Handel und Gewerbe prägen das Stadtbild

Als Mittelpunkt für Handel und Gewerbe war die Stadt ein Umschlagplatz für Waren aller Art. Das sah man ihr auch an: Es gab Speicher und Stadel, in denen Salz, Getreide, Wein und Eisen gelagert wurden. Es gab Lagerplätze für Holz und Steine. Es gab Märkte, auf denen Bauern der Umgebung landwirtschaftliche Erzeugnisse wie Vieh, Heu, Korn, Gemüse, Obst, Geflügel, Eier und Milch verkauften. Auf Bänken boten Metzger Fleisch an. In hölzernen Trögen stellten Fischer ihren Fang den Käufern dar.
Haus an Haus reihte sich entlang enger, winkeliger Gassen. Die oberen Stockwerke waren bewohnt, im Erdgeschoss befanden sich meist Werkstätten und Läden. In ihnen arbeiteten Handwerker und Händler. Bestimmte Gewerbe, zum Beispiel Gerber, Färber, Müller oder Schmiede, hatten oft ihre eigenen Gassen am Bach oder Fluss entlang.

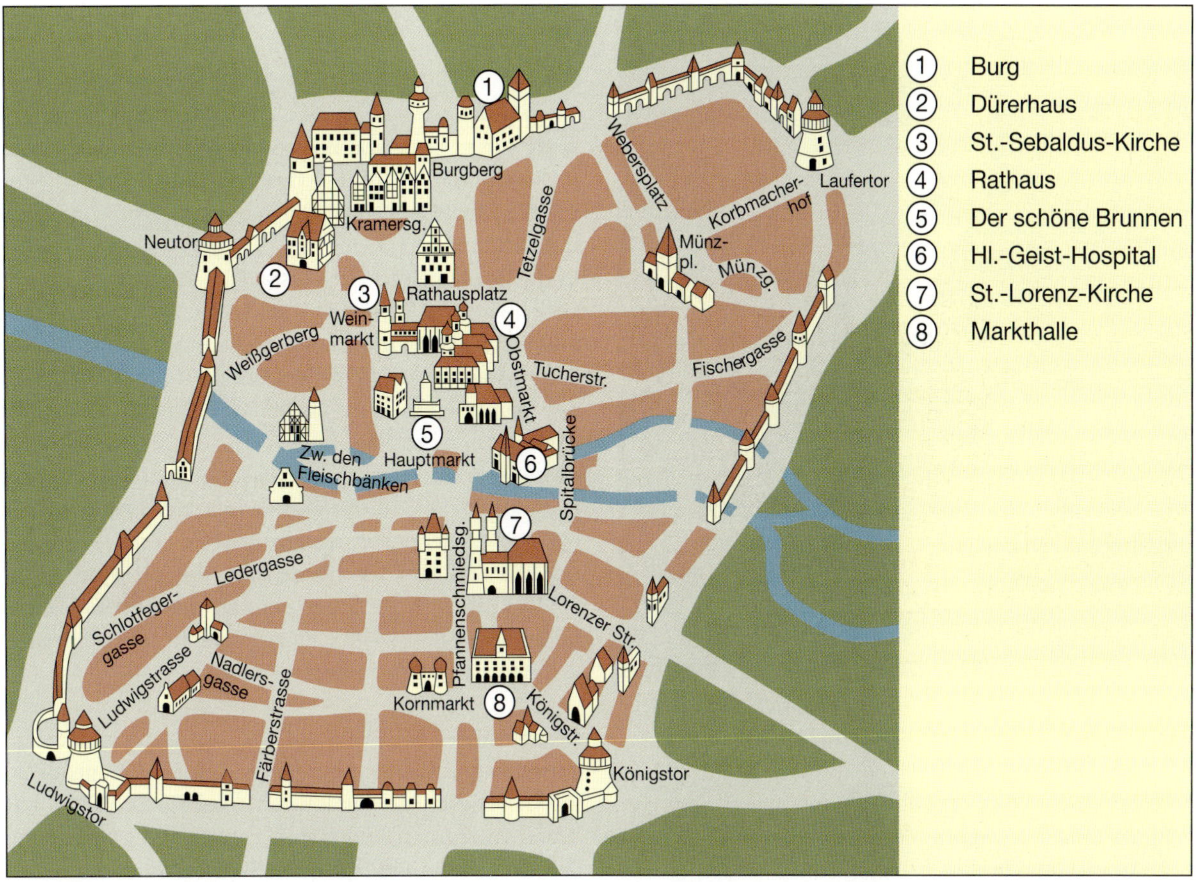


*93.1 Der Plan der Altstadt von Nürnberg*

## Die Stadt hat öffentliche Einrichtungen

Im Zentrum der Stadt stand als wichtigstes öffentliches Gebäude das Rathaus. In seinem großen Sitzungssaal tagte der Stadtrat unter Vorsitz des Bürgermeisters. In der Münzerei wurden die städtischen Münzen geprägt. Der Zöllner arbeitete in der „Waage“, wo er die Maße für Salz, Wein, Öl und Getreide eichte und Abgaben kassierte.

Von Hausbrunnen oder öffentlichen Brunnen holten sich die Menschen das Wasser. Auch Badstuben wurden eingerichtet, in denen sich die Leute reinigen konnten. Eine Kanalisation und Müllabfuhr gab es allerdings noch nicht. Die Abwasser und die Abfälle wurden einfach in die meist ungepflasterten Gassen oder Stadtbäche gekippt. Sie stellten deshalb eine ständige Gefahr für die Gesundheit der Menschen dar.

Für die Kranken wurde im Spital gesorgt. Menschen mit ansteckenden Krankheiten wurden außerhalb der Stadtmauern in Siechen-, Pest- und Leprosenhäusern untergebracht. Dort lagen auch die Friedhöfe, die Gerichtsstätten mit dem Galgen und der Schindanger, wo die verendeten Tiere eingegraben wurden.

## AUFGABEN >>

1. Erklärt, wo und wie im Mittelalter Städte entstanden sind.
2. Beschreibt das Aussehen der mittelalterlichen Stadt Nürnberg mithilfe von Abb. 92.1.
3. Welche Straßennamen im Stadtplan von Nürnberg (Abb. 93.1) weisen auf Handel und Gewerbe hin? Welche öffentlichen Einrichtungen entdeckt ihr ebenfalls in der Karte?
4. Das Leben in der Stadt hatte seine guten und seine schlechten Seiten. Stellt gegenüber.
5. Vergleicht das Aussehen einer Stadt mit dem Aussehen eines Dorfes (> S. 84 f.) und eines Klosters (> S. 88 f.) im Mittelalter. Welche Unterschiede stellt ihr fest?
6. Vergleicht das Aussehen einer mittelalterlichen mit einer modernen Stadt. Was ist gleich? Was ist unterschiedlich?
7. Unternehmt eine Exkursion in eine Stadt, die im Mittelalter gegründet worden ist. Erkundet sie unter dem Aspekt „Zeugnisse aus dem Mittelalter“.

*94.1 Kaufmann in seinem Büro. Gemälde von Hans Holbein dem Jüngeren (1532)*

*94.2 Sarwirker (Kettenhemdmacher)*

# Die Stadt und ihre Bewohner

Lieber in der Stadt oder lieber auf dem Land leben? Diese Frage haben sich bereits die Menschen im Mittelalter gestellt. Viele Söhne von hörigen Bauern entschieden sich schließlich für ein Leben in der Stadt. Sie verließen heimlich das Dorf oder sie kauften sich von ihrem Grundherrn frei. Warum?
In der Stadt herrschten persönliche Freiheit, rechtliche Gleichheit und Sicherheit. Das bedeutete: In der Stadt mussten sie keinem Grundherrn mehr zinsen und fronen. Dort waren sie nicht mehr als „Hörige" oder „Leibeigene" den Launen eines Herrn ausgeliefert. Dort war nicht ihre Herkunft entscheidend.
All das drückte sich in der Redewendung „Stadtluft macht frei" aus. In der Stadt kam es vor allem auf eines an: auf die eigene Tüchtigkeit. Sie ermöglichte Besitz, Reichtum und sozialen Aufstieg. Einfach war das allerdings nicht. Und so gab es in der Stadt trotz der rechtlichen Gleichheit eine große soziale Ungleichheit. Je reicher jemand war, desto angesehener war er auch.

## Kaufleute

Zu den wohlhabenden Bürgern in den Städten gehörten die Groß- und Fernhandelskaufleute. Sie handelten mit Waren aus fernen Städten und Ländern: Mit Pfeffer und Salz, mit Seide und Samt, mit Pelzen, Gold und Silber. Fernhandelsgeschäfte dieser Art machten eine hohe Bildung erforderlich. Solche Geschäfte waren mit großem Risiko verbunden, waren aber auch nahezu die einzige Möglichkeit, reich zu werden (> S. 273).
Ihren Reichtum zeigten diese Kaufleute auch: Sie kauften Grundstücke und Häuser und wohnten in geräumigen, zentral gelegenen Häusern, die mit Öfen, Fensterscheiben und holzvertäfelten Wänden ausgestattet waren. Sie trugen Pelze, Samt und Seide. Sie luden Gäste zu Festen ein. Sie richteten Stiftungen ein, mit denen Armen, Kranken, Witwen und Waisen geholfen werden konnte.
Neben den wenigen Fernhandelskaufleuten gab es eine große Zahl von Kleinkaufleuten. So handelten Krämer mit Haushaltswaren wie Messer, Töpfe und Geschirr, Tändler mit neuen und gut erhaltenen gebrauchten Waren aller Art. Sie konnten von ihrem Gewinn gerade den Lebensunterhalt bestreiten und wurden nur selten reich.
Vom Handel lebten auch die Juden in der Stadt. Aber sie wurden als Gruppe für sich behandelt und waren wenig angesehen (> S. 106). Sie durften kein Handwerk ausüben und keinen Grundbesitz erwerben. Nur Handel und Geldverleih gegen Zinsen, der den Christen verboten war, wurden ihnen erlaubt.

## Handwerker

Eine große Bevölkerungsgruppe in der mittelalterlichen Stadt bildeten die Handwerker. Sie verarbeiteten Rohstoffe wie Metalle, Felle und Leder, Stoffe, Steine, Holz und Nahrungsmittel. Weil sich jeder Handwerker jeweils auf einen kleinen Bereich spezialisierte, entwickelten sich zahlreiche Berufe. So waren in der Stadt Regensburg im Jahr 1436 allein im Bereich Eisenverarbeitung tätig:
21 Schmiede, 8 Drahtschmiede, 1 Nagler, 3 Nadler, 3 Schwertfeger, 3 Klingenschmiede, 8 Messerschmiede, 2 Schleifer, 10 Schlosser, 2 Sarwirker (Abb. 94.2), 4 Plattner (stellten Harnische für Ritterrüstungen her), 2 Sporer (stellten Stiefelsporen für die Ritter her).
Ihre Werkstätten waren auf das ganze Stadtgebiet verteilt und lagen oft dort, wo es entsprechende Kundschaft gab. Einige von ihnen wurden Hauseigentümer und konnten gut leben. Bei anderen reichte der Verdienst gerade dafür aus, die Miete für die Werkstatt und eine Wohnung zu bezahlen und die Familie zu ernähren. Übrigens: Es gab auch Frauen in diesen Berufen.

## Diener, Knechte, Mägde sowie Menschen ohne feste Arbeit

Viele Bewohner einer Stadt, die keinen Beruf erlernen konnten, aber arbeitsfähig waren, verdingten sich als Diener, Knechte und Mägde bei Kaufleuten oder Handwerkern. Sie bekamen für ihre Arbeit Essen, einfache Kleidung und einen Schlafplatz im Hause ihres Herrn. Da sie kein eigenes Einkommen nachweisen konnten, durften sie nicht heiraten.
Außerdem gab es noch ärmere Bevölkerungsgruppen in einer Stadt. Ein elendes Dasein fristeten Tagelöhner und Fuhrleute. Sie hatten keinen festen Arbeitgeber und lebten von der Hand in den Mund. Auch Witwen ohne Vermögen, Kranken ohne Angehörigen, Arbeitsunfähigen und Bettlern ging es sehr schlecht. Sie waren auf die Almosen der Reichen angewiesen und auf die Hilfe von Mönchen und Nonnen, die in den Klöstern im Stadtgebiet lebten.
Der Anteil der Unterschicht war in den Städten unterschiedlich hoch. Um 1420 gehörten in Frankfurt am Main rund 70 %, in Basel aber nur 25 % der Einwohner zu diesem Bevölkerungsteil.

*95.1 Verkauf von Handwerkswaren auf dem Markt in einer Stadt (um 1460)*

*95.2 Knecht beim Straßenkehren*

**AUFGABEN >>**

1. Erklärt, warum viele Söhne von hörigen Bauern sich für ein Leben in der Stadt entschieden.
2. Beschreibt die auf den Bildern abgebildeten Personen. Waren sie reich oder arm? Begründet.
3. Wie drückte sich der Reichtum bei den Stadtbewohnern im Mittelalter aus? Wie ist das heute?
4. Für viele zugezogene Bauernsöhne erfüllte sich der Traum vom Reichtum in der Stadt nicht. Überlegt, warum.

96.1 *Ratsversammlung (Patrizier und Handwerker) in Augsburg*

# Bürger regeln die städtische Ordnung

Die Stadt im Mittelalter war – ähnlich wie die Stadt heute – ein Ballungszentrum. Hier arbeiteten und lebten viele verschiedene Menschen auf engem Raum. Fremde brachten Neuigkeiten, Fernhandelskaufleute bereisten weite Teile Europas, gewannen Einblick in andere Lebens- und Wirtschaftsformen. Ständig musste in der Stadt gebaut, verändert, neu entschieden werden. Diese Dynamik und Mobilität brachte einerseits mit sich, dass sich vor allem bei den Bewohnern größerer Städte Offenheit und Freiheitsbewusstsein stärker entfalten konnten. Andererseits waren gerade dadurch Regelungen notwendig, damit die Freiheit, die Sicherheit und die Ordnung bewahrt werden konnten. Wie stellten sich die Städter dieser Herausforderung?

## Bürger übernehmen die Regierung in der Stadt

Ursprünglich war der König, ein Herzog oder ein Bischof der Herr der Stadt. Er allein verlieh das Marktrecht und das Recht zur Befestigung. Er bestimmte, was in der Stadt geschehen sollte. Mit dem Wohlstand wuchs auch das Selbstbewusstsein der Bürger. Vor allem die reichen Kaufleute wollten vom Grundherrn unabhängig sein. Um dieses Ziel zu erreichen, setzten sie verschiedene Mittel ein: Sie kauften dem Grundherrn bestimmte Ämter ab, spielten König, Bischof und Herzog gegeneinander aus, verweigerten dem Grundherrn Steuern und Gefolgschaft. Manchmal kämpften die Bürger sogar mit Gewalt gegen den Grundherrn. In vielen Städten wurden reiche Kaufleute, die Patrizier, schließlich die neuen Herren. Als gewählte Bürgermeister und Stadträte übernahmen sie häufig die Regierung in den Städten. In einer Ratsordnung von Köln heißt es 1341 dazu:

*„Die 15 Herren des engen Rats und die 2 Bürgermeister sollen schwören, der Mehrheit zu gehorchen, Gesetze und Verträge zu lesen und zu halten. Sie sollen drei Tage in der Woche Rat halten ... Ehe das Jahr um ist, sollen die 15 Herren andere 15 wählen ... Alle Punkte, die der Rat behandelt, sollen in einem Protokollbuch aufgeschrieben werden, auch wie sich die Mehrheit entschieden hat. Wer das, was im Rat behandelt wird, in der Stadt heimlich preisgibt, soll nicht mehr in den Rat kommen."*

(aus: Keutgen: Urkunden zur städtischen Verfassungsgeschichte 1899, S. 220)

*97.1 Ein Bischof erlässt als Stadtherr eine neue Zunftordnung*

## Berufsgenossenschaften werden gegründet

*„Kund und zu wissen sei, es haben Reinzo, Wilderich und Everold und die übrigen Handwerksgenossen in frommer Hoffnung auf ein ewiges Leben im Jahre 1149 eine Bruderschaft der Decklakenweber gebildet."*

Mit solchen oder ähnlichen Worten schlossen sich ab dem 12. Jahrhundert in vielen Städten Handwerker eines Berufszweiges zusammen und gründeten damit eine **Zunft**. So gab es die Zunft der Schreiner, der Schlosser, der Metzger. Jede Zunft gab sich selbst ihre Zunftordnung. In ihr wurde unter anderem festgelegt, wer in die Zunft eintreten konnte, wie viele Meister und Gesellen in der Stadt das Handwerk ausüben durften, wie die Ausbildung der Lehrlinge geregelt war. Die Zunft überwachte auch den Einkauf der Rohstoffe, die Preise und die Qualität der Erzeugnisse. Jede Zunft hatte ihr Zunftzeichen, ihre Zunftfahne, ihr Zunfthaus, ihre Zunftbräuche und ihre Zunftkleidung. „Zünftig" zu sein, brachte eine Beschränkung der persönlichen Freiheit mit sich. Andererseits konnten die Handwerker durch ihren Zusammenschluss in vielen Städten mit der Zeit erreichen, dass nicht nur die reichen Kaufleute, sondern auch sie als Bürgermeister und Stadträte die Geschicke der Stadt mitbestimmten.

In Augsburg wurde 1368 dazu festgelegt:

*„Aus allen Handwerkern der Stadt sollen sich 18 Zünfte bilden. Jede soll einen Zunftmeister haben, der dem Rat angehört. Handelt es sich um eine große und ehrbare Zunft, so soll noch ein weiteres Zunftmitglied mit in den Rat gehen ... Jedes Jahr soll der Rat alle wissen lassen, wofür die Steuergelder verwendet wurden."*

(Aus: Chroniken der deutschen Städte. Bd. 4, S. 135).

Auch die reichen Kaufleute schlossen sich zu Handelsgesellschaften und Gilden zusammen. Die bekannteste Kaufmannsgilde war die „Hanse" (> S. 99).

*97.2 Zunftwappen*

**AUFGABEN >>**

1. Erklärt, wie es dazu kam, dass die Bürger die Regierung in den Städten übernahmen.
2. Entnehmt der Kölner Ratsordnung, wozu sich die Stadträte verpflichten mussten.
3. Beschreibt Abb. 96.1. Was wäre bei einer Stadtratsitzung von heute anders, gleich oder ähnlich?
4. Erklärt, welche Aufgaben die Zünfte hatten.
5. Auf welche Berufe weisen die abgebildeten Zunftwappen (Abb. 97.2) hin? Welche Zünfte erkennt ihr an den Werkzeugen auf Abb. 97.1?

# Z Zusatzthema: Wie lebten und arbeiteten die Frauen in der Stadt?

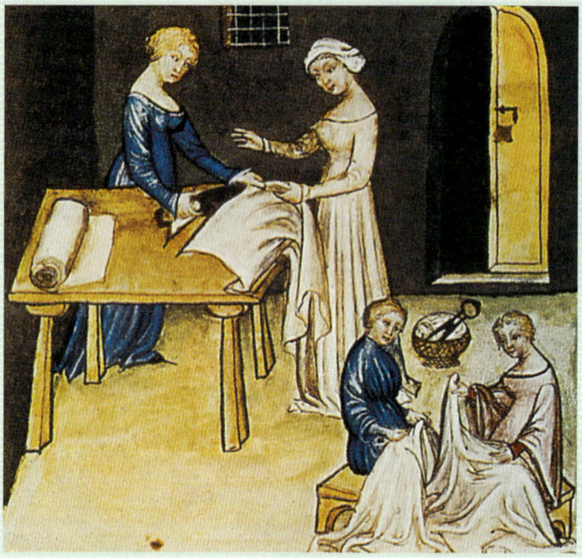

*98.1 Frauen helfen im Schneiderhandwerk mit (Buchmalerei aus dem 14. Jh)*

*98.2 Frauen stellen Leinen her. Es sind verschiedene Arbeitsgänge zu sehen: Flachs hecheln (lange Stränge herstellen), kämmen, zum Faden spinnen, den Faden zum Leintuch verweben (Buchmalerei aus dem 14. Jh.)*

Ärmere Menschen, die keine feste Arbeit hatten, sowie Knechte und Mägde (> S. 95) hatten im Mittelalter meist keine eigene Wohnung. Sie konnten deshalb keinen eigenen Hausstand oder keine eigene Familie gründen.

In der Familie war der Mann das Oberhaupt. Der Vater hatte die Pflicht, sich bis zur Heirat um seine Tochter zu kümmern. Er hatte für das körperliche und sittliche Wohlergehen seiner Tochter zu sorgen. Mit der Heirat übernahm der Bräutigam diese Pflichten. Zu diesem Zweck wurde meist ein Ehevertrag mit einer Mitgift ausgehandelt. Sie ist eine „Entschädigung" dafür, dass der Ehemann die Sorgepflichten für die Frau übernimmt.

Aber auch nicht alle Frauen aus wohlhabenden Familien heirateten oder konnten einen eigenen Haushalt errichten. Sie mussten deshalb meist selbst für ihr Auskommen sorgen. Da Frauen in der Regel kein Handwerk erlernen und Zunftmitglieder (> S. 97) werden durften, blieben ihnen nur Tätigkeiten, die keinem Zunftzwang unterlagen. Oft trieben diese Frauen Handel mit Handwerksprodukten oder verkauften auf den Märkten Lebensmittel.

Oft trug auch die Ehefrau eines Handwerkers oder Händlers mit zum Unterhalt der Familie bei. Besonders in schwierigen Zeiten rettete dieses Einkommen die Existenz der Familie. Aber immer wieder wurden Frauen vor dem Rat der Stadt und der Zunftleitung verklagt, weil sie nähten, webten oder stickten. Die Zünfte behaupteten, dies seien „zünftige" Arbeiten, die Frauen hingegen erklärten ihre Arbeit als „freies" Handwerk, das keinem Zunftzwang unterliegt.

Aus einer Beschwerde der Wappenstickerzunft:

*„Die Wappenstickerzunft hat sich über die Ehefrau des Bartholomeus Goltsmyt ... beklagt, die Perlenstickerei betreiben und der Zunft den Lebensunterhalt schmälern ... Dagegen hatten die Perlenstickerinnen erklärt, ... Perlensticken sei seit jeher ein freies, jedermann zugängliches Handwerk gewesen. Weil im Zunftbrief nur vom Wappensticken ... die Rede ist, soll das Perlensticken wie bisher als freies Handwerk gelten."*

(Aus: Ratsbeschlüsse der Stadt Köln 1320-1550, 1990, Band 1, S. 909)

**AUFGABEN >>**

1 Vergleicht den Arbeitsalltag der Frauen im Mittelalter mit dem heutigen.

2 Beschreibt die Arbeiten bei der Leinenherstellung (Abb. 98.2). Überlegt, wie der Vorgang genannt wird, wenn ein Produkt von mehreren Personen hergestellt wird.

# Zusatzthema: Die Hanse

Handwerker und Kaufleute der einzelnen Städte hatten sich auf die Herstellung und den Vertrieb bestimmter Güter spezialisiert. So kam es zwischen den Städten zu einem regen Güteraustausch. Um ihre Interessen besser schützen zu können, gründeten Kaufleute die Hanse. Ihr gehörten zeitweilig bis zu 200 Städte im Nord- und Ostseeraum an. Wichtige Hansestädte waren Lübeck, Hamburg, Bremen, Danzig und Köln. Die Hanse wurde so mächtig, dass sie sich Königen widersetzen konnte. Sie richtete in vielen Ländern Kontore ein. In diesen Niederlassungen konnten die Kaufleute ihre Waren stapeln, ohne Zoll zu zahlen. Ein weiters Ziel der Hanse war es, die Handelswege vor Seeräubern und Wegelagerern zu schützen.

*99.1 Der Seeverkehr auf der Nord- und Ostsee wurde mit Koggen abgewickelt. Dies waren Handels- und Kriegsschiffe in einem. Eine Kogge konnte etwa 200 t laden und brauchte für die Strecke Lübeck-Danzig 4 Tage. Ein Fuhrwerk transportierte 2 t und brauchte dafür 14 Tage.*
*1962 wurde im Weserschlick eine Kogge gefunden, die 1380 gekentert ist. Aufgrund dieses Fundes wurde das Schiff in Bremerhaven nachgebaut. Im Internet könnt ihr unter www.hanse-koggewerft mehr darüber erfahren.*

**AUFGABEN >>**

1 Warum wurde die Hanse gegründet?
2 Welche Güter wurden zwischen den Hansestädten im Ostseeraum gehandelt (Abb. 99.2)?
3 Welche deutschen Städte haben heute noch auf ihrem Autokennzeichen ein „H" für Hansestadt?

*99.2 Niederlassungen und Handelsrouten der Hanse*

# Lehre und Ausbreitung des Islam

Zu Beginn des Mittelalters war das Christentum die vorherrschende Religion in Europa. Im 7. Jahrhundert entstand der Islam (arabisch = Hingebung) und breitete sich von Arabien auch nach Südeuropa aus. Dort vor allem kam es zur Begegnung von Christen und Muslimen. Menschen, die an die Religion des Islam glauben, nennt man Muslime. Heute gehört der Islam zu den fünf großen Weltreligionen.

*100.1 Glaubensbekenntnis der Muslime in arabischer Schönschrift*

*100.2 Der Erzengel Gabriel erscheint Mohammed*

## Mohammed gründet den Islam

Der Beginn des Islam liegt in Mekka. Diese alte Stadt war ein Treffpunkt von Menschen der verschiedenen arabischen Stämme. Hier handelten sie mit Waren und verehrten in zahlreichen Heiligtümern ihre Götter.

In Mekka wurde auch Mohammed geboren. Er war der Stifter des Islam. Zunächst erlernte Mohammed den Beruf des Kaufmanns. Auf seinen Handelsreisen begegnete er Juden und Christen.

Um das Jahr 610 hatte Mohammed ein besonderes Erlebnis: Im Schlaf erschien ihm ein Engel, hielt ihm ein Buch vors Gesicht und befahl ihm zu lesen. Von da an predigte Mohammed den Menschen, dass es nur einen Gott gibt: Allah. Die Bewohner von Mekka lehnten diesen Glauben allerdings ab und bekämpften Mohammed. Deshalb siedelte er im Jahre 622 nach Medina über. Dort konnte er dann die Menschen von dem neuen Glauben überzeugen. Mohammed wurde Leiter der Gemeinde.

Mit der Zeit erreichte er, dass alle arabischen Stämme die neue Religion ernst nahmen. Mohammed wurde der Führer und konnte mit Hilfe des Islam aus den zerstrittenen arabischen Stämmen ein einiges Arabien schaffen. Die Stadt Mekka entwickelte sich zum Mittelpunkt des Landes und der neuen Lehre. Fortan begann die Zeitrechnung der Muslime mit dem Jahr 622.

## Die Lehre des Islam

„Es gibt keinen Gott außer Gott (Allah) und Mohammed ist der Gesandte Gottes." Wer dieses Glaubensbekenntnis aus voller Überzeugung spricht, der ist ein Muslim, das heißt ein „Gottergebener". Muslim sein bedeutet aber nicht nur, sich zu Allah zu bekennen, sondern auch sein ganzes Leben nach Gott auszurichten. Wie das geschehen soll, steht im Koran.

Der Koran (arabisch = Vortrag) ist das Heilige Buch des Islam, das in 114 Kapiteln (= Suren) die Offenbarungen Mohammeds enthält. Dort finden sich auch die folgenden Hauptregeln:

- Ein Gläubiger bekennt sich zu Allah.
- Ein gläubiger Muslim betet fünfmal am Tag (morgens, mittags, am Nachmittag, bei Sonnenuntergang und abends).
- Einen Monat lang – im Fastenmonat Ramadan – isst und trinkt der Muslim zwischen Sonnenaufgang und Sonnenuntergang nichts.
- Einen Teil seines Geldes gibt der Muslim den Armen und Bedürftigen.
- Wenn möglich, macht er einmal in seinem Leben eine Pilgerfahrt nach Mekka.

Diese fünf Grundpflichten gelten auch für Musliminnen.

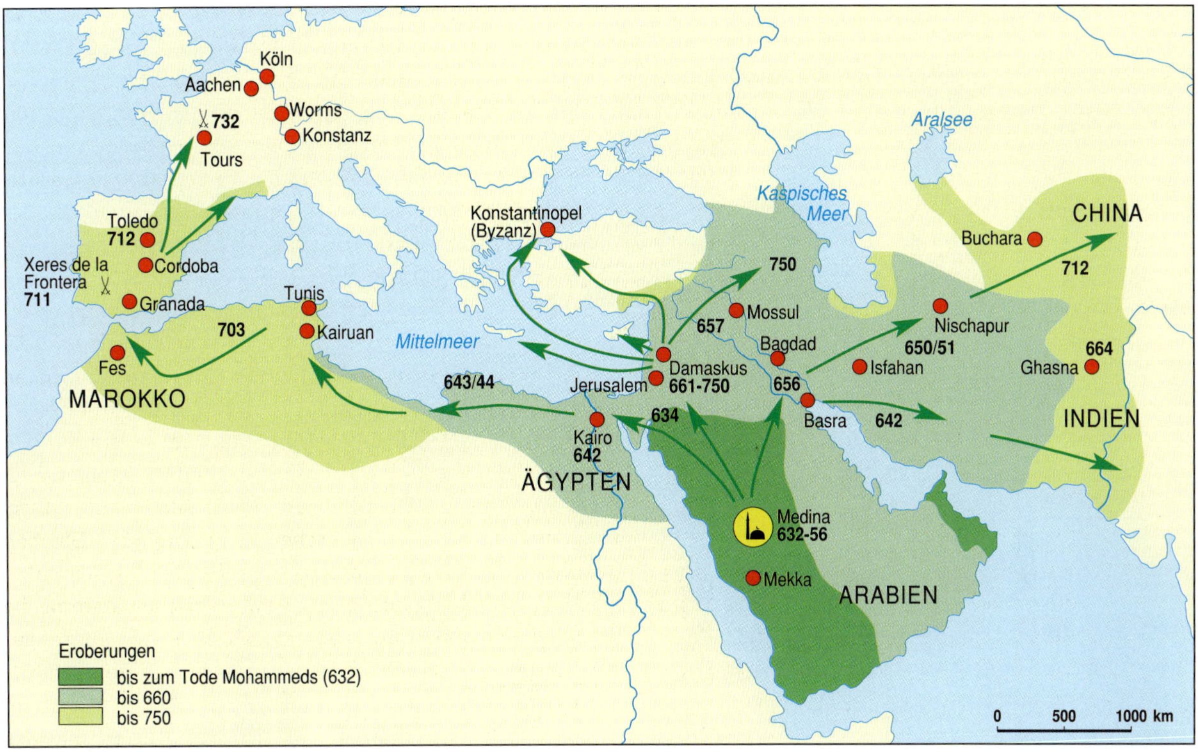


*101.1 Ausbreitung des Islam*

## Im Namen Allahs – die Ausbreitung des Islam

Im Koran steht auch, dass sich alle Muslime für die Sache Allahs und für die Ausbreitung des Islam einsetzen müssen. Dieses Bemühen heißt „Dschihad". Dazu schreibt der Prophet Mohammed:

*„Wenn einer stirbt, ohne auf Allahs Weg Dschihad geführt oder wenigstens diesen Wunsch im Herzen getragen zu haben, so stirbt er in einer Art Zwiespalt ... Wer dem Dschihad flieht, der nenne sich nicht Muslim."*

(Aus: H. Arikan: Der kurzgefasste Ilmihal. Köln 1998, S. 173)

Nach dem Tode Mohammeds riefen seine Nachfolger, die Kalifen, zum Heiligen Krieg auf. Unter der grünen Fahne des Propheten strömten die Araber zunächst in die Länder am östlichen Mittelmeer und Richtung Osten ins Reich der Perser bis nach Indien und nach China. Dann wandten sie sich dem Westen zu: Über Nordafrika und die Straße von Gibraltar stießen sie nach Spanien und ins Frankenreich (> S. 76 f.) vor.

Dem Frankenherrscher Karl Martell gelang es 732 – hundert Jahre nach dem Tod Mohammeds – mit einem christlichen Heer die weitere Ausbreitung der Araber und des islamischen Glaubens in Europa zu stoppen (Abb. 101.1). Spanien blieb aber noch viele Jahrhunderte unter arabisch-islamischer Herrschaft.

*101.2 Islamisches Heer*

**AUFGABEN >>**

1. Welchen Glauben lehrte Mohammed?
2. Nennt die fünf wichtigsten Anweisungen, denen ein gläubiger Muslim zu folgen hat. Ihr könnt auch muslimische Mitschüler befragen.
3. Abb. 100 .1 stellt in arabischer Schrift das Glaubensbekenntnis eines Muslim dar. Wie heißt das?
4. Erläutert den Begriff „Dschihad".
5. Erklärt, warum die Araber ihre neue Religion weit verbreiten wollten.

102.1 *Islamische Baukunst in Granada*

102.2 *Mit dem Astrolabium, einer Erfindung der Araber, konnte man durch Einrichten des Zeigers auf die Sonne die geografische Breite und Tageszeit ermitteln. Das Gerät war unentbehrlich für die Hochseeschifffahrt.*

# Begegnung von Christentum und Islam

## Blüte der arabisch-islamischen Kultur in Spanien

Seit etwa 700 war Spanien Teil des arabischen Reiches. Al-Andalus nannten die Araber dieses Gebiet. (Der Name der heutigen Region Andalusien erinnert daran.)

Zuerst in Cordoba, später auch in Sevilla und Granada errichteten die Araber prächtige Paläste und Moscheen. Ingenieure schufen großartige Bewässerungsanlagen. Außerdem führten die Araber verschiedene Nutzpflanzen, Bäume, Gemüse und Getreide ein: z.B. die Dattelpalme, Olive, Feige, Orange, Banane, Aprikose. Die köstlichen Früchte des Orients wuchsen gut auf dem fruchtbaren Boden im südlichen Spanien. Zudem wurden Papyrus und Baumwolle zur Papier- und Kleiderherstellung angebaut.

Die Seidenwebereien Cordobas, in denen 130 000 Menschen beschäftigt waren, lieferten feinste Seidenstoffe. Die Stadt war auch berühmt für das farbige Leder, das dort hergestellt wurde. Aus Toledo kamen die weltberühmten Schwerter und Sarazenerklingen.

Ackerbau, Handwerk und Handel blühten auf und brachten Wohlstand mit sich. Dieser Wohlstand war die Grundlage, auf der auch das geistige Leben zu hoher Blüte kam.

*103.1 Arabische Ärzte bei einer Kopfoperation*

*103.2 Ritter und Muslime beim Schach*

## Die Europäer lernen von den Arabern

Zu Zeiten, als im christlichen Europa nur ganz wenige Menschen lesen und schreiben konnten, gab es in Andalusien bereits überall kostenlose Schulen. Jeder konnte sie besuchen. Allein in der Stadt Cordoba gab es zum Beispiel 27 Schulen.

Arabische Gelehrte hatten das Gradnetz der Erde berechnet, Sternkarten gezeichnet, einen Kalender erstellt, den Kompass erfunden, neue Arzneien entwickelt, den menschlichen Körper erforscht. So wurden an den Universitäten in Cordoba und Sevilla Astronomie, Mathematik und Medizin gelehrt – alles Fächer, die im christlichen Europa nur wenig bekannt waren. Papst Silvester II. studierte zum Beispiel im islamisch geprägten Spanien Mathematik. Fürsten reisten an, um sich dort operieren zu lassen.

Auch die arabischen Ziffern, das Schachspiel (Abb. 103.2), die Spielkarten oder verschiedene Musikinstrumente verdanken wir den Arabern.

Im Jahre 850 schrieb der Bischof von Cordoba:

*„Viele Christen lesen die arabischen Dichtungen und Geschichten oder studieren die Schriften der moslemischen Theologen und Philosophen ... um zu lernen, wie man sich besser in Arabisch ausdrücken kann. Alle gebildeten jungen Christen kennen die arabische Sprache und Literatur und sammeln mit großen Kosten eine solche Bibliothek ... Es gibt unzählige, die sich aufs eleganteste in Arabisch auszudrücken vermögen und arabische Gedichte schreiben."*

(Aus: Orlandi (Hrsg.): Mohammed und seine Zeit. Wiesbaden 1974)

## Muslime und Christen leben tolerant zusammen

Eine Grundlage der kulturellen Blüte war die Toleranz der arabischen Herrscher. Sie ließen den Spaniern ihre geltenden Gesetze. Spanische Grafen und Bischöfe regelten weiterhin das Zusammenleben der Menschen. Die Christen wurden nach ihren Gesetzen von ihren eigenen Richtern gerichtet. Nur wenn es Streitigkeiten zwischen Muslimen und Christen gab, hatte der muslimische Kadi das Urteil zu sprechen. Die Christen mussten eine Kopfsteuer zahlen. Wer zum Islam übertrat, wurde davon befreit. Das hatte zur Folge, dass viele Christen Muslime wurden.

Neben Muslimen und Christen gab es auch viele Juden, die das kulturelle Leben bereicherten. Die Anhänger der drei Religionen respektierten einander. Sie beteten zwar getrennt in den Moscheen, Kirchen und Synagogen, aber ihr tägliches Leben gestalteten sie zumeist friedlich miteinander. Die Gelehrten aus den drei Religionen tauschten ihre Gedanken aus und versuchten, die Welt zu erklären.

Zu einer Begegnung zwischen Islam und Christentum kam es vor allem in Spanien und Sizilien. In anderen Teilen Europas bekam die christliche Bevölkerung allerdings nur wenig vom Islam mit.

**AUFGABEN >>**

1 Die Europäer lernten durch die Araber viel Neues kennen. Nennt dafür Beispiele.

2 Nennt Beispiele, an denen sich das tolerante Zusammenleben von Muslimen, Christen und Juden zeigte.

*104.1 Aufruf zum Kreuzzug durch Papst Urban II.*

# Die Kreuzzüge

*„Von Jerusalem und Konstantinopel kommt schlimme Nachricht zu uns. Die Seldschuken, ein fremdländisches und gottloses Volk, ist in das Land der Christen eingedrungen und hat es mit dem Schwert, durch Plünderungen und Brandstiftungen verwüstet..."*

Diese Nachricht überbrachte Papst Urban II. im Jahre 1095 in einer Rede in Clermont (Frankreich) den versammelten Menschen. Er forderte seine Hörer zur Befreiung des Heiligen Landes auf:

*„Bewaffnet euch mit dem Eifer Gottes, liebe Brüder. Wendet die Waffen, mit denen ihr in sträflicher Weise Bruderblut vergießt, gegen die Feinde des christlichen Glaubens ... Und wenn einer dort in wahrer Buße fällt, so darf er fest glauben, dass ihm Vergebung seiner Sünden und die Frucht ewigen Lebens zuteil wird."*

(Aus: Guggenbühl/Weiss: Quellen zur allgemeinen Geschichte, Bd. 2, Zürich 1946, S. 113)

*104.2 Christus als Anführer der Kreuzritter. Buchmalerei aus dem 13. Jh. Das Bild stammt aus einem Buch über die Kreuzzüge, in dem die Buchmaler die Kreuzzüge aus christlicher Sicht rechtfertigen wollten.*
*Dies zeigen verschiedene Symbole (Sinnbilder): Die rote Farbe steht für das von Christus geopferte Blut, das Kreuz symbolisiert das Leid Christi als Gekreuzigtem, das Schwert ist das Berufszeichen der Ritter und Soldaten, der Heiligenschein steht für Christus, Christus auf dem weißen Pferd bezieht sich auf eine Bibelstelle.*

### Kreuzfahrer folgen dem Aufruf des Papstes

Viele der Zuhörer wurden von der Predigt des Papstes mitgerissen. Sie gelobten, ins Heilige Land zu ziehen, um es von der Herrschaft der muslimischen Seldschuken zu befreien. Als „Soldaten Christi" hefteten sie sich Stoffkreuze an die Kleider. In den Städten und Dörfern warben Wanderprediger bei den einfachen Menschen für den Kreuzzug.

„Gott will es!" – mit diesem Schlachtruf setzten sich im ersten Kreuzzug Menschen aus ganz Europa in Bewegung: Arme Leute beschlugen die Hufe ihrer Ochsen ähnlich wie ihre Pferde, sie spannten sie vor zweirädrige Karren, luden darauf ihre Vorräte und kleinen Kinder und zogen beim Kreuzzug mit.

Neben dem Kreuzzug der Armen gab es auch drei besser ausgerüstete Heere aus französischen, niederländischen, normannischen, italienischen und deutschen Rittern. Die Kreuzfahrerheere sammelten sich in bestimmten Gebieten und brachen von dort ins Heilige Land auf.

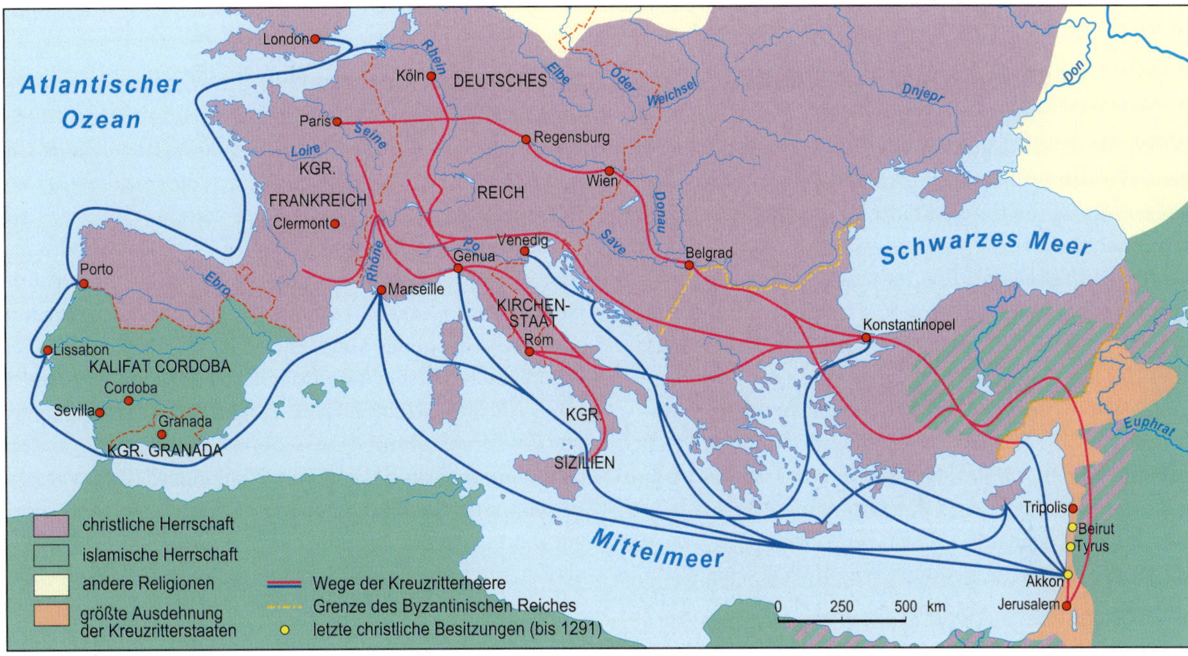


*105.1 Die Kreuzzüge*

## Kampf um das Heilige Land

Durch Wüsten, Steppen und hohe Gebirge erreichten die Heere Konstantinopel. Für den weiteren Weg nach Jerusalem brauchten sie statt der erhofften fünf Wochen fast drei Jahre. Über die Strapazen berichtet ein Priester:

*„Als sie in das Innere des Landes der Sarazenen eingedrungen waren, konnten sie von den verhassten Bewohnern dieser Gegend weder Brot bekommen noch Lebensmittel anderer Art; ... daher auch kam es, dass viele von ihnen ... grausam von Hunger gequält wurden ... Hunger, Kälte, Regengüsse, alle diese Übel und viele andere mussten wir um der Liebe zu Gott willen ertragen ... Ich habe viele unserer Leute ... zugrunde gehen sehen."*

(Aus: Pernoud, R., Die Kreuzzüge in Augenzeugenberichten, Düsseldorf 1961, S. 66 f.)

Nach fünfwöchiger Belagerung erstürmten die überlebenden Kreuzfahrer Jerusalem (Abb. 105.2). Sie besetzten in Palästina die Küstenstädte, bauten Burgen und errichteten christliche Kreuzfahrerstaaten. Die Christen brachten das Heilige Land nur vorübergehend in ihren Besitz. Im Jahr 1187 eroberte Sultan Saladin Jerusalem wieder zurück.

Im Laufe der folgenden zweihundert Jahre wurden noch weitere Kreuzzüge unternommen. Das religiöse Anliegen trat dabei allmählich in den Hintergrund. Abenteuerlust, Flucht vor Schulden und Strafen, Hoffnung auf Reichtum wurden wichtige Beweggründe für die Teilnahme an den Kreuzzügen.

*105.2 Eroberung Jerusalems durch Kreuzfahrer*

**AUFGABEN >>**

1 Wozu ruft der Papst die Gläubigen auf? Was verspricht er ihnen?

2 Beschreibt Abb. 104.2 und erklärt, was damit ausgesagt werden soll.

3 Warum erreichten viele Kreuzfahrer nicht Jerusalem?

# Jüdisches Leben im Mittelalter

## Juden und Christen leben miteinander

Die ehemals römischen Städte Köln, Mainz und Trier waren im frühen Mittelalter Zentren des jüdischen Lebens. Hier lebten Juden z.B. als Handwerker, Ärzte, Weinbauern. Sie waren für die Städte so wichtig, dass der Kaiser ihnen besondere Rechte gab. So durften sie ihre Waren zollfrei kaufen und verkaufen. Auch durften sie ihre Religion frei ausüben und Streitigkeiten unter sich selber regeln. Solche Rechte boten den Juden Schutz, aber das ließ der Kaiser sich auch bezahlen. Er verlangte Steuern von ihnen und er konnte sie ausweisen.
Juden und Christen wohnten in dieser Zeit meist friedlich nebeneinander. In Worms wurde im Jahr 1034 eine jüdische Synagoge, eine Versammlungsstätte für den Gottesdienst, gebaut – etwa zur selben Zeit wie der christliche Dom. Die Bauleute waren wahrscheinlich die Gleichen.

*106.1 Zur Vorbereitung auf das jüdische Frühlingsfest (Pessach) wird Mazza, ein ungesäuertes Brot, gebacken. Das Fest erinnert an den Auszug aus Ägypten, als die Juden sich aus der Sklaverei befreiten. Buchmalerei aus dem Jahr 1348.*

## Aus der Nachbarschaft in das Getto

Im Mittelalter war der christliche Glaube für die Menschen sehr wichtig. Die Kirche bestimmte den Lebenslauf von der Geburt bis zum Tod. Als sich die Handwerker zu Zünften zusammenschlossen, verstanden sie sich als christliche Einrichtungen, in die sie keine Juden aufnahmen. Mehr und mehr wurden die Juden aus den Handwerksberufen herausgedrängt. Da es Christen verboten war, für verliehenes Geld Zinsen zu nehmen, waren als Pfandleiher und Geldwechsler fast ausschließlich Juden tätig. Als die einzelnen Handwerker dazu übergingen, in gemeinsamen Straßen zu wohnen, wurden die Juden dazu gedrängt, in besonderen Straßen und Stadtvierteln zu wohnen, den **Gettos**. Juden wurden außerdem dazu gezwungen, in der Öffentlichkeit einen gelben Judenfleck als Erkennungszeichen zu tragen. Aus vielen Städten wurden die Juden ganz vertrieben.
Der Kölner Rat legte den Juden im Jahre 1404 folgende Kleiderordnung auf:

*Juden und Jüdinnen ... sollen solche Kleidung tragen, dass man sie als Juden erkennt. Sie sollen an ihren Röcken Ärmel tragen, die nicht weiter als eine halbe Elle sind ... Die Mäntel müssen Fransen haben und mindestens bis zu den Waden reichen. Sie sollen keine Seidenschuhe tragen, weder im Haus noch draußen. ... Ein jüdisches Mädchen darf nur ein Haarband unter 6 Gulden Wert und unter zwei Finger breit tragen. An Werktagen dürfen jüdische Frauen Ringe von höchstens drei Gulden Wert tragen, an jeder Hand nur einen.*

(Aus: Stein, W.: Akten zur Geschichte und Verfassung der Stadt Köln, Bd. II, Bonn 1895, S. S. 551 f.)

## Sündenböcke werden gesucht und gefunden

Seit dem 11. Jahrhundert verbreitete sich in Europa eine schreckliche Krankheit, die Pest. Im 14. Jahrhundert brach sie auch in vielen Städten Deutschlands aus. Dieser Seuche fiel etwa ein Drittel der Bevölkerung zum Opfer. Da die Menschen keine medizinische Erklärung für den „Schwarzen Tod" kannten, machten viele Christen die Andersgläubigen, die Juden, dafür verantwortlich. Es kam das Gerücht auf, die Juden hätten die Brunnen vergiftet (> Text 107.1).
Tausende jüdische Einwohner zum Beispiel in Bonn, Ulm, Frankfurt und Straßburg wurden von christlichen Bewohnern umgebracht. So wurden 1349 in Straßburg an einem einzigen Tag 2000 Juden erschlagen. Die Schulden bei jüdischen Geldhändlern wurden gestrichen, deren Bargeld an Handwerker verteilt. Nach dieser Mordwelle wanderten viele Juden nach Osteuropa aus.

### Schon gehört?... Ein Gerücht geht um

Am 28. Dezember 1235 brannte in Fulda eine Mühle. Die Kinder des Müllers kamen in den Flammen ums Leben. Bald verbreitete sich in der Stadt das Gerücht, Juden hätten die Kinder ermordet und Feuer gelegt, um das Verbrechen zu vertuschen. Viele Menschen waren bereit, das Gerücht zu glauben, denn die Juden waren ihnen fremd:
Sie hatten andere religiöse Sitten und der Pfarrer bezeichnete sie als „Mörder von Jesus Christus". Hatte nicht kürzlich ein Mönch erzählt, dass die Juden christliche Kinder ermordeten, um aus ihrem Blut eine geheimnisvolle Medizin herzustellen? Bald plünderten aufgebrachte Menschen die Häuser der Fuldaer Juden, über dreißig wurden verschleppt und am selben Tag nach einem erpressten „Geständnis" hingerichtet. Der Freispruch durch ein Gericht, das der Kaiser Friedrich II. einsetzte, kam zu spät.

Ein anderes Gräuelmärchen besagte, Juden würden Hostien aus Kirchen stehlen und zerstechen, um so den Körper von Jesus zu foltern. Hostien, kleine Gebäckscheiben, dienen im christlichen Gottesdienst als Symbol für den Leib von Jesus Christus. Wurden die Hostien zu lange gelagert, dann setzten sie leicht „Rotschimmel" an, was dann als „blutende Hostie" missdeutet wurde.
Viele Geistliche beteiligten sich an der Hetze gegen die Juden und erdachten immer neue Maßnahmen und Regeln, um die Juden zu verhöhnen und als Außenseiter abzustempeln.

*107.1 Judenfeindschaft und Christentum*

*107.2 Juden werden von Christen beschuldigt, Hostien blutig zu stechen. Holzschnitt von 1492*

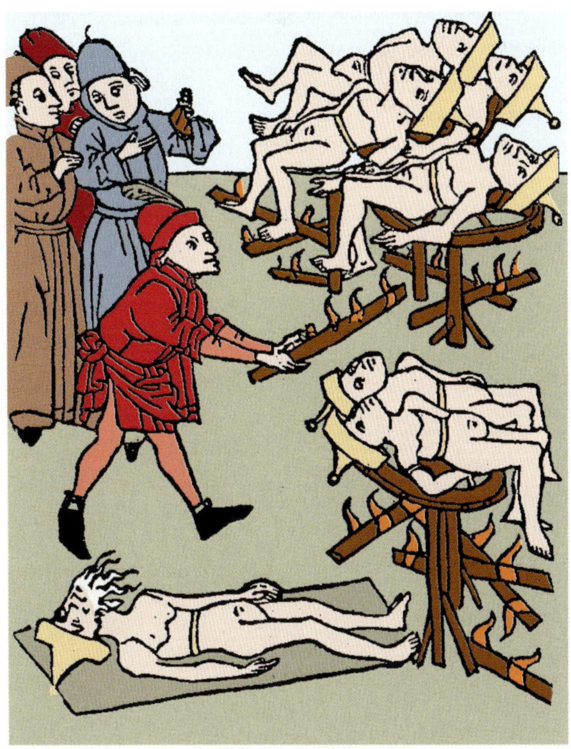

*107.3 Juden (mit spitzen Hüten dargestellt) werden von Christen gefoltert und hingerichtet. Holzschnitt von 1475*

**AUFGABEN >>**

1. Stellt die Verschlechterung der Lebenssituation der Juden in den mittelalterlichen deutschen Städten seit dem 11. Jahrhundert zusammen.
2. Erläutert die Gründe, warum sich die Lage der Juden veränderte.
3. Findet den Sinn der Kleiderordnung (Quellentext S. 106) heraus. Denkt euch dazu eine Szene aus und setzt diese in ein Rollenspiel um: Zwei vornehme Familien, eine jüdisch, eine christlich, begegnen einander (Stichworte Ansehen, Eitelkeit ...)
4. Stellt die Aussagen der Gerüchte über die Juden und die Fakten einander in einer Tabelle gegenüber (Text 107.1).

# Z Zusatzthema: Das Reich der Inka

108.1 *Ausbreitung des Inkareiches*

108.2 *Inkafestung Machu Picchu im heutigen Peru*

## Amerika vor Ankunft der Europäer

Christoph Kolumbus gilt als „Entdecker" Amerikas. Die Anführungszeichen zeigen, dass dieser Begriff eigentlich falsch ist. Denn Amerika war vor Ankunft von Kolumbus kein unbesiedelter, herrenloser Kontinent. Forscher nehmen an, dass zur Zeit des Kolumbus in Amerika bereits 90 Millionen Menschen lebten. Es gab kulturell hoch entwickelte Reiche, die straff organisiert waren. Zu den Hochkulturen gehörten die Reiche der Maya, der Azteken und der Inka.

Um 1500 war das Reich der Inka das größte Reich Lateinamerikas. Es erstreckte sich von Nord nach Süd über 4000 Kilometer und umfasste das Gebiet der heutigen Staaten Peru, Ecuador sowie Teile Chiles und Boliviens.

108.3 *Der Inka inmitten seines Volkes*

## Das Inkareich ist auf den König ausgerichtet

Der König bildete den Mittelpunkt des Staates. Seine Untertanen nannten ihn „Inka". Später wurde auch das Volk so genannt. Als „Sohn der Sonne" war er Herrscher und Gott zugleich. Sein Herrscherpalast stand in der Hauptstadt Cuzco (übersetzt bedeutet das „Nabel der Welt"). Von dort aus regierte der Inka sein Reich. Nach den vier Himmelsrichtungen war dieses in vier Teile unterteilt, die dann in weitere Provinzen untergegliedert waren. Die Provinzen wurden von Adeligen, den Gouverneuren, geleitet. Ihnen unterstanden Beamte zur Verwaltung des Reiches. Die kleinste soziale Einheit im Staat bildete die Sippe (Ayllu), die aus mehreren Familien bestand. Jede Sippe hatte ein Oberhaupt.

## Die Inka arbeiten gemeinschaftlich

Ein Großteil der Bevölkerung musste im Inka-Reich in der Landwirtschaft arbeiten, um Lebensmittel für alle zu erzeugen. Jede Sippe erhielt Grund und Boden zur Nutzung. Die Felder wurden gemeinsam bearbeitet und der Ertrag untereinander aufgeteilt.

Die Menschen hatten aber nicht nur für die Versorgung der eigenen Sippe zu arbeiten, sondern ihre Arbeitskraft auch in den Dienst der größeren Gemeinschaft, des Staates, zu stellen. Meist sah dies so aus: Die Mitglieder der Sippe bearbeiteten die Felder des Königs, der Priester und der Adeligen. Es gab aber auch andere Dienste, zum Beispiel den Bau und Erhalt des Straßennetzes oder die Anfertigung von Stoffen. Brauchte man für ein Bauvorhaben besonders viele Arbeitskräfte, wurden Gruppen aus anderen Teilen des Landes in dieses Gebiet umgesiedelt.

*109.1 Mauerwerk aus der Inkazeit (zum Größenvergleich steckt rechts ein Messer)*

*109.2 Goldschmiedearbeit der Inka (aus einem Museum in Lima)*

## Kulturelle Leistungen der Inka

Die Ausrichtung des Staates auf den König (= zentralistischer Aufbau) und die Idee, die Arbeit gemeinschaftlich (= kollektivistisch) zu erledigen, gab dem Staat Halt und Form. Auf dieser Grundlage erbrachten die Inka erstaunliche Leistungen auf verschiedenen Gebieten.

Soweit es ging, nutzten die Inka den flachen Küstenstreifen und die Täler in den Bergen zum Anbau von Mais, Bohnen, Kürbissen, Tomaten, Paprika und Koka. Aber diese Flächen reichten bei weitem nicht aus, Lebensmittel für alle zu erzeugen. Deshalb legten sie an den Berghängen Terrassen an, die sie mit Mauern abstützten. So entstanden ebene Flächen, auf denen Felder angelegt werden konnten. Über ein ausgeklügeltes Bewässerungssystem bekamen die Pflanzen genug Wasser. Um Missernten oder Notzeiten überbrücken zu können, wurden Vorratsspeicher gebaut und mit Lebensmitteln gefüllt.

Die langen Grenzen und das gebirgige Gelände machten es nicht möglich, an den Grenzen ihres Reiches überall Grenzwächter aufzustellen. Deshalb befestigten die Inka vor allem ihre Städte. So thronte beispielsweise über der Hauptstadt Cuzco eine mächtige Burg mit einer Mauer aus großen, unregelmäßig geschnittenen Steinblöcken. Ohne Mörtel wurden die Steine so dicht aneinander gefügt, dass nicht einmal eine Messerklinge dazwischen passt.

Auch ein Teil der Häuser wurde mit starken Mauern gebaut. Sie haben sogar die häufigen Erdbeben in den Anden überstanden. Als Meisterwerk der Inka-Architektur gilt Machu Picchu (Abb. 108.2). 2430 m über dem Meeresspiegel gelegen und rings herum von tiefen Abgründen umgeben, führte nur ein einziger Weg in die „Stadt in den Wolken". So konnte man die Stadt gut gegen Feinde verteidigen. Die Inka schufen zudem ein ausgedehntes Straßennetz, das insgesamt etwa 40 000 km umfasste. Gut organisierte Stafettenläufer brachten Botschaften und Nachrichten innerhalb einer Woche rund 2 000 km weit.

Der Inkastaat war kein reines Agrarland. Es gab auch geschickte Künstler und Handwerker. Sie fertigten kunstvoll gewebte Stoffe, Tongeschirr und Keramikwaren an, sie verarbeiteten Kupfer, Silber und Gold zu Gefäßen und Schmuck. Gold wurde mit der Sonne in Verbindung gebracht. Deshalb wurden die Wände des Herrscherpalastes und der Tempel mit Goldplatten belegt. Ein Großteil der kostbaren Gold- und Silberschätze ist allerdings verloren gegangen. Die spanischen Eroberer, die die Hochkultur der Inka zerstörten, ließen sie einschmelzen (> S. 112).

**AUFGABEN >>**

1 Beschreibt Lage, Ausdehnung und Landschaft des Inka-Reiches.

2 Erklärt, wie es die Inka schafften, ihr riesiges Reich zu organisieren.

3 Stellt die Leistungen zusammen, die das Reich der Inka zu einer Hochkultur machten. Welche Leistung beeindruckt euch am meisten?

4 Klärt die Begriffe „zentralistisch" und „kollektivistisch" mit eigenen Worten.

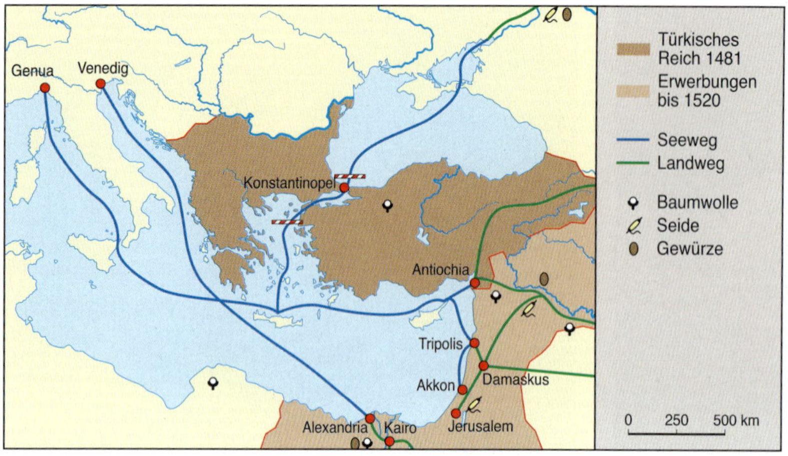


110.1 *Sperre des Fernhandels durch das Türkische Reich*

110.2 *Christoph Kolumbus*

## Die „Entdeckung" Amerikas

Die „Entdeckung" Amerikas durch Christoph Kolumbus war eigentlich ein Zufall. Denn der Anlass für die Fahrt über den Ozean war eine „Wirtschaftskrise" in Europa: Jahrhundertelang hatten europäische Kaufleute Gewürze wie Pfeffer, Zimt, Ingwer sowie Seidenstoffe und Teppiche über arabische Zwischenhändler aus Indien und anderen orientalischen Ländern bezogen. Doch im Jahr 1453 eroberten die Türken Konstantinopel und kontrollierten damit den östlichen Mittelmeerraum. Die Handelswege zu Wasser und zu Land waren seitdem in ihrer Hand. Die Türken erhoben hohe Zölle. Die Waren aus dem Osten verteuerten sich dadurch so, dass sich viele Menschen diese Waren nicht mehr leisten konnten.

So begann die Suche nach einem neuen Seeweg nach Indien. Eine Möglichkeit war, ums Kap der Guten Hoffnung zu segeln. Diese Fahrt dauerte aber lange und war gefährlich. Christoph Kolumbus (1451-1506) glaubte, den kürzesten Weg nach Indien zu kennen: Er war überzeugt, dass die Erde eine Kugelform hat. Deshalb brach er in westlicher Richtung auf.

### Fahrt ins Ungewisse

Kolumbus fuhr im Auftrag der spanischen Könige Isabella und Ferdinand. Mit ihnen hatte er einen Vertrag abgeschlossen. Sie rüsteten drei Karavellen (= dreimastige Segelschiffe) aus, die „Santa Maria", die „Pinta" und die „Niña". Am 3. August 1492 stach Kolumbus mit 90 Mann in See – darunter junge Männer aus Seefahrerfamilien, „begnadigte" Zuchthäusler, vier königliche Beamte, ein Polizist, ein Arzt.

Wie es den Seefahrern auf hoher See erging, lässt sich dem Bordbuch entnehmen:

*„6. August 1492: Es fing mit einem Unglück an. Das Steuerruder der Pinta brach, und ich würde beschwören, dass Gomez Rascon seine Hand im Spiel hatte.*

*6. September: Höllenqualen! Wir liegen bei Windstille fest. Darin sieht die Mannschaft ein böses Zeichen.*

*9. September: Gestern und in der vergangenen Nacht legten wir nur 36 Meilen zurück. Heute waren es 60. Ich trug weniger ein, damit die Mannschaft nicht den Mut verliert, falls die Fahrt länger als angenommen dauert.*

*13. September: Die Magnetnadel wies, anstatt auf den Nordpol zu zeigen, ungefähr einen halben Strich nordwestlich. Eine Erklärung? Ich weiß keine.*

*28. September: Das ist offene Meuterei! Ein Matrose von der Pinta kletterte während der Nacht auf die Santa Maria und forderte Pedro Gutierez auf, mich meines Amtes zu entheben und den Befehl zur Rückkehr zu geben.*

*6. Oktober: Ein Kanonenschuss weckte mich heute früh. Das vereinbarte Zeichen! Land! Land!*

*10. Oktober: Das Land war eine Wolke. Gleich war die Hölle los. Die Mannschaft drang auf mich ein.*

*12. Oktober: Um zwei Uhr ertönte ein Kanonenschuss. Land liegt vor uns. Wir warteten bis zum Anbruch des Tages, an welchem wir zu einer Insel gelangten, die in der Indianersprache „Guanahani" hieß. Dort erblickten wir sogleich nackte Eingeborene. Ich begab mich an Bord eines mit Waffen versehenen Bootes an Land. Ich kniete nieder, als ich festen Boden unter den Füßen hatte, und dankte Gott, indem ich die Erde küsste. Dann entfaltete ich das königliche Banner ...*

*Ich gedachte mir die Eingeborenen zu Freunden zu machen und schenkte einigen unter ihnen rote Kappen und Halsketten aus Glas. Sie brachten uns Papageien, Knäuel von Baumwolle, lan-*

111.1 *Landung von Kolumbus auf der Insel San Salvador (spanisch „heiliger Erlöser"). Kolorierter Kupferstich von 1594*

*ge Wurfspieße und viele andere Dinge noch. Sie müssen gewiss treue und kluge Diener sein, überdies glaube ich, dass sie leicht zum Christentum übertreten können.*
*13. Oktober: Ich trachtete herauszubekommen, ob in dieser Gegend Gold vorkomme. Mithilfe der Zeichensprache erfuhr ich, dass man gegen Süden fahren müsse, um zu einem König zu gelangen, der große, goldene Gefäße und viele Goldstücke besaß."*

(Gekürzt aus: Grün, R. (Hrsg.): Christoph Columbus – das Bordbuch. Tübingen/Basel 1978)

Kolumbus war davon überzeugt, Indien gefunden zu haben, und nannte die Eingeborenen „Indianer". In Wirklichkeit war er auf die lateinamerikanischen Bahama-Inseln gestoßen. Über Kuba und Haiti, wo die „Santa Maria" Schiffbruch erlitt, kehrte er nach Spanien zurück. Feierlich wurde er empfangen. Er unternahm noch drei weitere Reisen nach „Westindien". Er erfuhr nicht mehr, dass er einen neuen, bis dahin unbekannten Erdteil entdeckt hatte. Nach dem Florentiner Amerigo Vespucci wurde der neue Erdteil später „Amerika" genannt.

## AUFGABEN >>

1. Erklärt den Anlass für Kolumbus' Fahrt über den Ozean. Abb. 110.1 und der Text helfen euch.
2. Beschreibt den Verlauf, die Länge und die Dauer der Reise. Benutzt dazu eine Karte im Atlas.
3. Stellt Schwierigkeiten zusammen, mit denen Kolumbus auf hoher See fertig werden musste.
4. Beschreibt die ersten Handlungen des Kolumbus nach der Ankunft. Warum machte er das so?
5. Wertet die Abb. 111.1 aus:
   a) Beschreibt, was auf dem Bild alles zu sehen ist.
   b) Vergleicht das Bild mit dem Bordbuch des Kolumbus. Was hat der Kupferstecher übernommen? Was hat er hinzugefügt? Was hat er weggelassen?
   c) Lasst alle auf dem Bild dargestellten Personen sprechen. Achtet auf die Körperhaltung.
   d) Wie werden die Europäer, wie die Eingeborenen gezeichnet?
   e) Ist diese Darstellung der ersten Begegnung realistisch? Begründet eure Meinung.

112.1 Zeichnung von Indianern (aus dem 16. Jahrhundert)

## Eroberer folgen den Entdeckern

Nach der Entdeckung Amerikas verbreitete sich in Europa schnell die Nachricht, dass man in den neu entdeckten Ländern große Reichtümer erwerben könne. So folgten den Entdeckern bald die Eroberer.

### Pizarro erobert das Reich der Inka

Der Spanier Francisco Pizarro hatte Kaiser Karl V. von seiner ersten Erkundungsfahrt entlang Südamerikas berichtet. Der Kaiser beauftragte ihn, die Entdeckung, Eroberung und Besiedlung Perus fortzuführen. 1531 segelte Pizarro von Panama aus nach Süden. Mit nur 177 Mann und 67 Pferden gelang es ihm, das riesige Inkareich mit seinen etwa 6 Millionen Einwohnern zu erobern. Wie?

Auf den gut ausgebauten Straßen zogen die Eroberer von der Küste aus ins Hochland hinauf. Die Eingeborenen nahmen die hellhäutigen, bärtigen Männer freundlich auf. Sie versorgten sie aus ihren Vorratshäusern entlang der Straßen mit Lebensmitteln. Stafettenläufer brachten dem damaligen Inka-König Atahualpa schnell die Nachricht, dass ein weißer Fremder ihn in der Stadt Cajamarca sprechen wolle. Über den Einzug des Königs berichtet ein spanischer Chronist:

*„Und dann wurde der Inka Atahualpa sichtbar. Er saß in einer Sänfte, in der sich ein Thron aus gediegenem Gold befand. Der Thron war mit den bunten Federn tropischer Vögel geschmückt. Der Herrscher trug ein Smaragdhalsband von außerordentlicher Schönheit ... Seine Haltung war die eines Menschen, der es gewohnt ist, Befehle zu erteilen, welchen sich niemand widersetzt. Auf der Plaza hielt der Zug an. Das Gefolge, etwa 6 000 Mann, stellte sich links und rechts auf. Atahualpa verließ die Sänfte und fragte: ‚Wo sind die Fremden?' Es war nämlich nur ein einziger Spanier zu sehen."*

(Aus dem Tagebuch des Fray Celso Gargia, zit. nach Grün, F.: Die Eroberung von Peru. Tübingen 1973, S. 49/50)

Dieser einzige Spanier war ein Mönch. Er erklärte dem Inkaherrscher, dass er Christ und Untertan des spanischen Königs werden müsse. Als Atahualpa dies verweigerte, gab Pizarro das Zeichen zum Angriff. Aus allen Ecken kamen die versteckten Spanier mit ihren Feuerwaffen hervor: Überrascht und erschreckt durch das Donnern der Geschütze, dachten die Indianer nicht an Widerstand, sondern nur an Flucht. Doch sie wussten nicht, wohin sie fliehen sollten. Einer nach dem anderen fiel. Atahualpa selbst wurde von Pizarro gefangen genommen.

Für seine Freilassung bot Atahualpa ein ungeheueres Lösegeld an: Ein Raum von 7x15x2 Meter sollte mit Gold aufgefüllt werden. Aus dem ganzen Reich trugen die Inka Goldschätze zusammen, die eingeschmolzen wurden. Pizarro nahm das Lösegeld entgegen. Den Herrscher ließ er aber nicht frei, sondern ließ ihn ermorden.

Mit dem Tod des Herrschers verlor das Reich der Inka seinen Zusammenhalt. Die Inka leisteten zwar den Eroberern noch jahrelang Widerstand, mussten sich dann aber doch den spanischen Eroberern ergeben.

113.1 *Indianer beim Abbau von Silber in Potosi (um 1600)*

113.2 *Bartolomé de las Casas*

## Die Eroberer zerstören die Hochkultur der Inka

Nach der Unterwerfung der Inka fühlten sich die spanischen Eroberer als die Herren des Landes. Wie es den Inkas unter den fremden Herren ging, berichtet Bartolomé de Las Casas, ein Dominikanermönch, an Kaiser Karl V.:

„Berauscht von ihrer Macht und ohne Verantwortungsgefühl, frönen die neuen Herren des Pflanzstaates nur der Befriedigung ihrer Launen. Es ist mir zu Ohren gekommen, dass Spanier Bluthunde auf die Indianer hetzen, teils weil ihnen diese Jagd Vergnügen bereitet ...

*Die Indianer wurden von den Spaniern zu Sklaven erniedrigt. In den Metallgruben sterben Tausende. Man verscharrt ihre Leichen, und niemand kümmert sich um ihre Familien. Längst kümmert sich auch keiner mehr darum, den Indianern das Heil des Christentums zu bringen ...*

*Die Kornspeicher sind geleert, die Herden des indianischen Kamels wurden vernichtet. Tausende dieser Kamele wurden geschlachtet, um die üppigen Gelüste von Feinschmeckern zu befriedigen. Manche Spanier essen nur das Gehirn dieses Tieres ... Aber sie denken nicht daran, das Fleisch den Indianern zu überlassen, sie werfen es vielmehr den Hunden vor. In den letzten vier Jahren wurden mehr indianische Kamele geschlachtet als in den 400 vorher ... Nun ziehen die Indianer ohne Nahrung, ohne das warme Vlies, das ihnen Schutz gegen die Kälte gewährte, über die Hochebenen ... So mancher Inkaedelmann schleppt sich nun als Bettler durch das Land, in dem er einst geherrscht hat, und wenn ihn der Hunger dazu zwingt, etwas von dem Überfluss der Eroberer zu stehlen, muss er dies, wird er ertappt, damit bezahlen, dass man ihn zu Tode prügelt".*

(Aus: Grün, F.: Die Eroberung von Peru. Tübingen 1973, S. 167f.)

Die alten Götter und Herrscher hatten den Inka Zusammenhalt und Ordnung gegeben. Mit den neuen Herren zerfiel diese Ordnung. Die Indios wurden gezwungen, den christlichen Glauben anzunehmen. Die Städte und Dörfer wurden verwüstet. Die Straßen, Brücken und Bewässerungsanlagen verkamen. Die Eingeborenen wurden zu Arbeitssklaven der Eroberer. Hunderttausende starben vor Erschöpfung. Verheerend wirkten sich auch die von den Spaniern eingeschleppten Krankheiten aus: Denn Pocken, Typhus, Masern, Scharlach, Grippe und Lungenentzündungen rafften die unterernährten und überarbeiteten Indios dahin.

Wie die Kultur der Inka wurden in ganz Mittel- und Südamerika die indianischen Kulturen auf ähnliche Weise von den Europäern vernichtet. Es kam zu einer drastischen Reduzierung der Bevölkerung: Lebten 1519 noch 25 Millionen Indios in Zentralamerika, so waren es 1605 gerade noch 1 Million.

**AUFGABEN >>**

1. Nennt Gründe, warum es den zahlenmäßig unterlegenen Spanier gelingen konnte, das Inkareich zu erobern.
2. Beurteilt das Verhalten Pizarros.
3. Was berichtet Las Casas dem Kaiser in Europa? Überlegt, was er mit seinem Bericht erreichen will.
4. Beschreibt die Zerstörung der Inka-Hochkultur. Lest dazu noch mal die Seiten 108/109 nach.
5. Beschreibt Abb. 112.1. Unterscheidet zwischen den Spaniern und den Indios. Was tragen die Indios den Berg hinauf? Wie sind die Spanier dargestellt?

KLEINANZEIGEN

**Verkaufe Motorrad Honda**
125 ccm, 4 Jahre alt, wie neu, 21000 km, VHB € 1600,–
Unter wk31/322004 an diese Zeitung

**Mensch zu verkaufen**
Mensch, männlich, 23 Jahre, gesund und kräftig, spricht deutsch, zu verkaufen, VHB € 1000,–
Unter wk56/122004 an diese Zeitung

**Katze entlaufen** – Oststadt – seit 12.07. vermissen wir unsere schwarze Katze

*114.1*

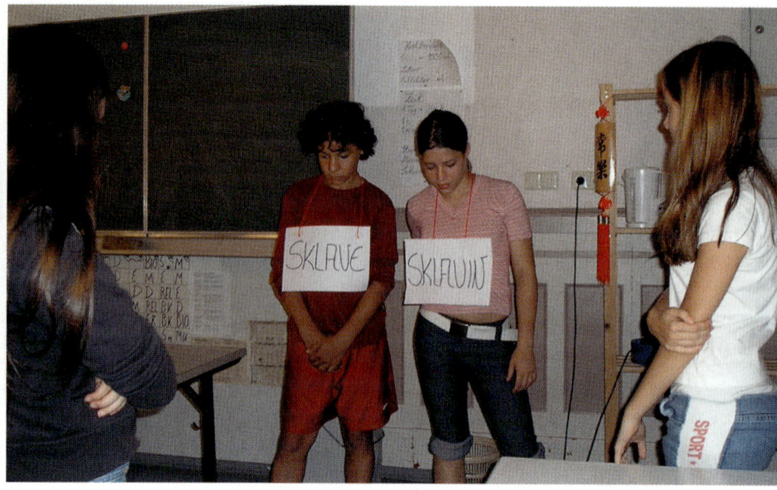


*114.2 Rollenspiel zum Thema Sklaverei*

# Menschen als Handelsware

## Sklaverei – eine unendliche Geschichte?

Eine Anzeige wie auf Abb. 114.1 bei uns in der Zeitung? – Undenkbar! Doch ihr wisst: Im alten Griechenland und in Rom gab es Sklaverei. Dort galt es als normal, Menschen als Besitz zu betrachten und auf Sklavenmärkten zu verkaufen. Diese Menschen wurden wie „Dinge" behandelt. Ihre Arbeit war erzwungen, man gestand ihnen keinen freien Willen zu, ihre Besitzer konnten mit ihnen machen, was sie wollten. Und wie sah es in späteren Zeiten aus?

Auf Seite 85 habt ihr gelernt, dass unfreie Bauern im Mittelalter für ihre Herren arbeiten mussten und als ihr Besitz galten. Sicher habt ihr auch schon von der Sklaverei in Amerika gehört. Viele Menschen glaubten damals, nur Angehörige der eigenen Rasse seien „richtige" Menschen.

Sogar heute noch leben Menschen unter sklavenähnlichen Bedingungen. Meist sind es Kinder und Frauen, die gegen ihren Willen als Handelsware missbraucht werden.

## Menschenhändler bringen Afrikaner als Sklaven nach Amerika

Seit dem 15. Jahrhundert erkundeten europäische Seefahrer die afrikanischen Küsten. Etwa zur gleichen Zeit begannen portugiesische Entdeckungsreisende auch damit, Afrikaner zu verschleppen. Zuerst wurden diese in Portugal als Diener verkauft.

Später machten die Sklavenhändler jedoch weit bessere Geschäfte mit Sklaven, die sie über den Atlantik nach Amerika verkauften. Denn dort wurden für den großflächigen Anbau und die Verarbeitung von Zuckerrohr, Kaffee und Baumwolle viele Arbeitskräfte benötigt. Da es infolge der Massenausrottung der Indianer (> S. 113) zu einem Mangel an einheimischen Arbeitskräften gekommen war, bot sich den Kolonialherren als „Ersatzlösung" der Einsatz von Sklaven an. So entwickelte sich ein reger Dreieckshandel (Abb. 115.3).

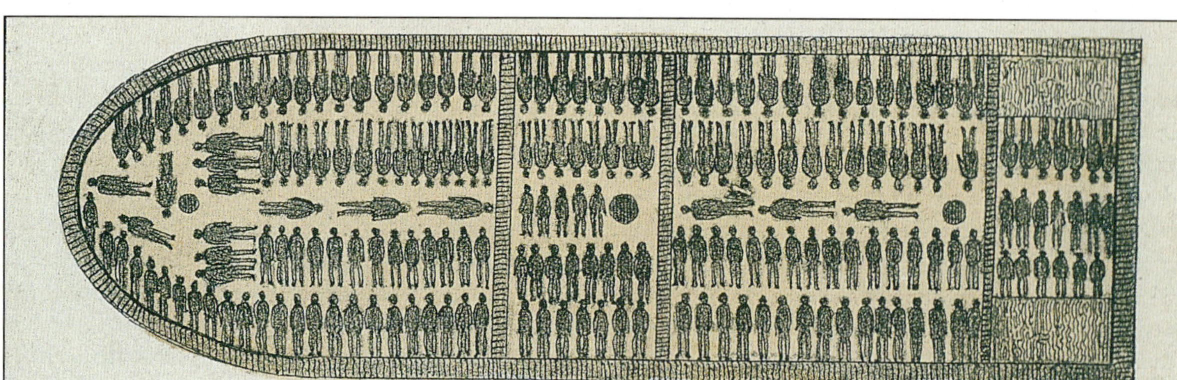

*114.3 Laderaum eines Sklavenschiffes*

115.1 *Auf dem Weg in die Sklaverei*

Der Sklavenhandel störte die Beziehungen zwischen den afrikanischen Völkern dauerhaft. Es wurden Kriege geführt, um Gefangene zu machen. Diese wurden dann in Schiffe gepfercht und nach Amerika geschafft. Die Enge und die hygienischen Verhältnisse auf den Sklavenschiffen führten dazu, dass teilweise die Hälfte der entführten Afrikaner auf der Überfahrt starb. Man schätzt, dass zwischen dem 16. und 18. Jahrhundert 25-30 Millionen Afrikaner verschleppt wurden.

**Ist das Sklaverei?**
- das Erteilen von Hausarrest
- das Einsperren von verurteilten Straftätern
- die Verheiratung von Frauen ohne ihre Zustimmung
- die Freigabe von Kindern zur Adoption
- Zwangsprostitution
- das Abarbeiten von Schulden
- das Verleihen von Kindern zur Arbeit
- die Schulpflicht

115.2

## AUFGABEN >>

1. Erläutert den Dreieckshandel. Welche Entfernung (Abb. 115.3) legte ein Schiff dabei etwa zurück?
2. Die Schüler auf Abb. 114.2 haben ein Rollenspiel zum Thema „Sklavenmarkt in Amerika" entworfen. Versucht das ebenfalls nachzuspielen.
3. Versetzt euch in die Lage eines Sklaven in Amerika und erzählt dessen Geschichte.
4. Ist das Sklaverei (Text 115.2)? Wie beurteilt ihr die genannten Fälle?

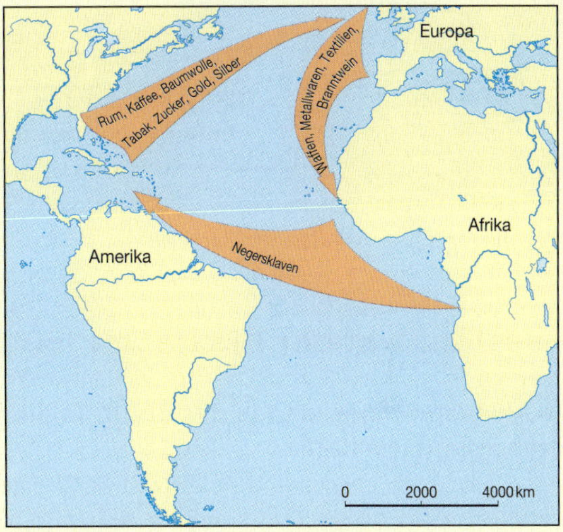



Ab 1600 entwickelte sich zwischen Europa, Afrika und Amerika ein schwunghafter **Dreieckshandel**: In Europa starteten Schiffe, beladen mit billigen Tauschmitteln, zum Beispiel Glasperlen. In Afrika tauschte man diese Waren gegen Sklaven. Diese wurden wie Vieh per Schiff nach Amerika gebracht und mit riesigen Gewinnen auf Sklavenmärkten verkauft. Von dem Geld konnten die Kapitäne ihre Schiffe mit Baumwolle, Zucker und anderen Rohstoffen neu beladen, die meist auch von Sklaven in Amerika geerntet worden waren. Zurück in Europa, brachte der Verkauf dieser Waren erneut große Gewinne.

Nur wenige störten sich damals am Sklavenhandel. Denn viele Menschen in Amerika und Europa verdienten gut daran.

115.3 *Der Dreieckshandel*

116.1 *Im Fegefeuer. Gemälde von Botticelli*

116.2 *Ablasshandel. Holzschnitt von Cranach*

# Missstände in der Kirche um 1500

### Die Ablassprediger sind in der Stadt: In einer Kirche in Deutschland um 1521

Johann Tetzel, ein Mönch und Ablassprediger: *„Leute hört her, was euch der Papst zu sagen hat. Er schreibt hier in diesem Ablassbrief, dass euch alle eure Süden erlassen sind. Ihr müsst die Sünden nur genug bereuen und bei meinen Mönchen einen Ablasszettel kaufen und schon seid ihr frei von all euren Sünden."*

Hans, ein Bauer: *„Hast du das ebenfalls gehört, was der Johann Tetzel gepredigt hat, Johann? Wir sind frei von unseren Sünden, wenn wir auch so einen Ablasszettel kaufen."*

Johann, ein anderer Bauer: *„Ja Hans, das habe ich auch schon gehört. Das bedeutet also, dass wir sofort nach unserem Tod in den Himmel kommen und nicht erst im Fegefeuer schreckliche Höllenqualen leiden müssen und somit für unsere Sünden büßen müssen."*

Tetzel: *„Nicht nur für euch selbst und eure Familien könnt ihr Ablasszettel kaufen. Nein, der Papst schreibt, dass ihr auch für eure bereits Verstorbenen den Ablass kaufen könnt. Wenn sie im Fegefeuer sind, so kommen sie nach dem Kauf des Ablasses sofort in den Himmel."*

Hans: *„Johann, ich muss nach Hause zu meiner Frau Lisbeth, denn wir müssen unser ganzes Geld zusammenkratzen, um uns und unsere Familie vor dem Fegefeuer zu schützen."*

Tetzel: *„Leute kauft, denn ihr müsst wissen: Sobald der Gülden im Becken klingt, im hui die Seele in den Himmel springt."*

### Wofür brauchte die Kirche das Geld?

Die Menschen im 15./16. Jahrhundert waren tief religiös. Sie glaubten an die Lehre der Kirche und versuchten ein gottgefälliges Leben zu führen. Hunger und Armut, Krankheiten und Seuchen wie Pest waren für sie eine Strafe Gottes. Sie suchten Trost bei Gott und der Kirche, beteten zu den Heiligen, machten Wallfahrten und kauften **Ablässe**.

Die Bischöfe und der Papst kümmerten sich wenig um die Ängste und Sorgen der Bevölkerung, sie versuchten sogar die Angst der Menschen noch zu verstärken, da sie für ihr aufwändiges Leben Geld brauchten.

Zudem beschloss der Papst in Rom, eine neue Kirche errichten zu lassen. Diese Kirche, der Petersdom, sollte größer und prunkvoller sein als jede andere Kirche und Platz für 60 000 Menschen bieten. Für diese Kirche brauchte der Papst sehr viel Geld.

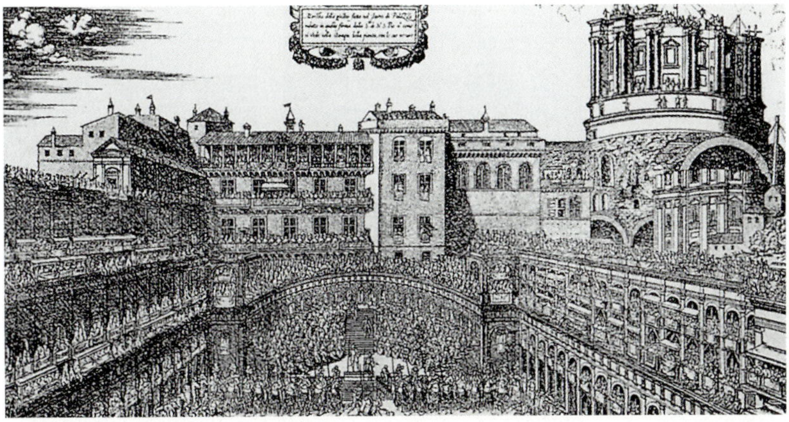

*117.1 Ein Turnier im Palast des Vatikans. Im Hintergrund (rechts) ist die im Bau befindliche Peterskirche zu erkennen. Stich um 1572*

*„Die Priester liegen Tag und Nacht in den öffentlichen Wirtshäusern, trinken mit dem Volk und werden voll und so ungeschickt und verursachen dabei Gewalttätigkeiten ... Es hat sich auch oftmals herausgestellt, dass die Priester nach solchem Trinken ... ohne zu schlafen zum Altar gehen, um die göttlichen Ämter zu vollbringen. Wenn in einer Gemeinde ein Kind, eine Frau oder ein Mann stirbt, dann belasten die Priester die Erben für Friedhöfe und Trauergottesdienste so hoch, dass es kaum in der armen Leute Vermögen steht ...*
*Es ist auch jetzt allenthalben fast bei allen Priestern in den Städten und auf dem Lande üblich geworden, dass sie ohne Scheu ihre Geliebte und ihre Kinder öffentlich bei sich haben und diese auch zu Hochzeitsfeiern, Trauerfeierlichkeiten und zum Wein in öffentliche Wirtshäuser führen."*

(Aus: Junghans, H.: Die Reformation in Augenzeugenberichten, München 1973, S. 137 f., vereinfacht)

*„Papst Leos Hofstaat bestand aus 683 Menschen, vom Erzbischof zum Elefantenwärter, vom Hoforchester zum Hofpoeten und zum Hofnarren. Der Hofstaat verschlang Unsummen. Dauernd mussten Komödien aufgeführt werden, und der Vatikan war zum ständigen Hoftheater geworden ... und im Karneval 1521 wurden überhaupt alle Regierungsgeschäfte eingestellt, weil ein Ballett wichtiger war."*

(Aus: Kühner-Wolfskehl, H.: Das Imperium der Päpste, Frankfurt, 1980, S. 235)

*117.2 Über den Lebenswandel der Priester und des Papstes um 1500*

## Martin Luther - ein Mönch wehrt sich gegen diese Kirche

Martin Luther wurde 1483 in Eisleben (Thüringen) geboren. Sein Vater war Bergmann. Luther studierte an der Universität in Erfurt Rechtswissenschaft, ging aber während seines Studiums ins Kloster und lebte dort als Mönch. 1512 wurde er in Wittenberg an der Universität Professor für Theologie.

Auch Luther fragte sich, wie er ein gottgefälliges Leben führen könnte. Er glaubte aber nicht, dass man sich das durch Ablassbriefe und Wallfahrten erkaufen könnte. In seinen Vorlesungen kritisierte er daher den Ablassverkauf seiner Kirche. Für ihn war nur das wahr, was er in der Bibel nachlesen konnte. Dort fand er aber keinen Hinweis auf Ablässe. Die Lehre der Kirche und ihrer Priester waren für ihn damit zu einer Lüge geworden. Welche Auswirkungen seine Meinung hatte, erfahrt ihr auf den Seiten 118-119.

*117.3 Martin Luther*

## AUFGABEN >>

1. „Was unternahmen die Menschen im 15./16. Jh., um ein gottgefälliges Leben zu führen?
2. Fasst zusammen, was ihr über das Leben der Priester und des Papstes erfahrt (Text 117.2).
3. Überlegt, wie dieses Leben der Priester auf die Menschen wirkte.
4. Wie reagierten wohl der Papst und die Bischöfe auf die Aussagen Luthers?

# Der Streit um den Glauben weitet sich aus

**1517**

Martin Luther verfasst 95 Thesen (Streitsätze) über den Ablasshandel. Er will damit auf die Missstände in der katholischen Kirche aufmerksam machen. Es wird vermutet, dass er diese Streitsätze an die Türe der Schlosskirche zu Wittenberg hängt.
Luthers Thesen werden von den Buchdruckern (> S. 266) als Flugschriften gedruckt. Somit verbreiten sich die Thesen schnell im gesamten Reich.

118.1 *Ablasshandel*

118.2 *Thesenanschlag*

**1518**

Der Papst sendet einen Kardinal, der Luther dazu bringen soll, seine Thesen zu widerrufen. Der Kardinal verhört Luther. Luther erklärte folgendes:
*„Zuerst bezeuge ich, dass ich die heilige römische Kirche in allen meinen Reden und Taten verehre und ihr folge. Da ich nicht gehört (kein Kirchenmann wollte seine Thesen mit ihm diskutieren) worden bin, protestiere ich heute: Ich bin mir nicht bewusst, etwas gesagt zu haben, was gegen die Heilige Schrift, die Kirchenväter oder die rechte Vernunft ist."*

(Aus: Junghans: Die Reformation in Augenzeugenberichten, München 1973 S. 59 f. vereinfacht)

**1521**

Luther soll auf dem Reichstag von Worms vor dem Kaiser Karl V., vor Kurfürsten, Grafen, Herzögen, Kardinälen und Bischöfen seine Lehre zurückziehen. Luther erklärt:
*„Wenn meine Meinung nicht durch die Bibel oder Vernunft widerlegt werden kann, so bleibe ich bei meiner Überzeugung ... Widerrufen kann und will ich nichts, weil es nicht gut ist, etwas gegen sein Gewissen zu tun. Gott helfe mir. Amen."*
Kaiser Karl V. will unbedingt vermeiden, dass sich die Kirche in Anhänger Luthers und Anhänger der römisch-katholischen Kirche spaltet. Deshalb verhängt er die Reichsacht über Luther. Dieser ist nun vogelfrei und kann von jedem straflos getötet werden. Wer ihm hilft, wird selbst vogelfrei. In der Bevölkerung wird Luther bejubelt.

118.3 *Luther in Worms*

Auf dem Rückweg von Worms nach Wittenberg lässt ihn sein Landesherr, Kurfürst Friedrich der Weise von Sachsen, zum Schein entführen. Luther wird auf die Wartburg gebracht. Dort lebt er als Junker Jörg und beginnt, das Neue Testament ins Deutsche zu übersetzen. Das Volk soll selbst lesen können, was in der Bibel steht.

## Martin Luthers Lehre breitet sich aus

Vor allem die Stadtbürger lesen nun Luthers Schriften und diskutieren sie eifrig. Viele Kirchengemeinden verjagen schließlich ihre Priester. Oft gibt es dabei Beschimpfungen oder Schlägereien. In manchen Kirchen werden Heiligenfiguren und Bilder zerstört.
Die Bibelübersetzung und die von Luther neu gedichteten deutschen Kirchenlieder machen den Glauben für alle Menschen verständlicher. Nun können auch Laien, das heißt Menschen, die nicht Theologie studiert haben, von Ort zu Ort ziehen und das Wort Gottes verkünden.

119.2 *Titelbild der Lutherbibel*

Manche Fürsten bekennen sich ebenfalls zu Luther und seiner Lehre. Der Streit um Glauben wird nun zu einer Auseinandersetzung um die Herrschaft zwischen Kaiser Karl V. und den Fürsten (> S. 122). Es kommt zu Kämpfen zwischen Truppen des Kaisers und der Landesfürsten, die für Luther sind. Der Kaiser will die Einheit der Kirche und seine Macht erhalten.
1546 stirbt Martin Luther.

119.1 *Bilderstürmer*

In vielen Städten und Gemeinden gründen sich lutherische (evangelische) Gemeinden. Sie halten sich eng an Luthers Ideen und das von ihm übersetzte Neue Testament. Was kennzeichnet diese Gemeinden?

- Sie verwalten sich selbst.
- Sie wählen ihren Pfarrer selbst.
- Der Pfarrer darf heiraten.
- Sie schaffen die Beichte und die katholische Messe ab und feiern Gottesdienst in deutscher Sprache.

Auch viele Bauern hören von Luthers Schriften und erheben sich (> S. 120).

119.3 *Luther predigt*

**AUFGABEN >>**

1 Ohne die Erfindung des Buchdrucks wäre die Reformation nicht so erfolgreich gewesen. Erklärt und begründet diese Aussage.
2 Wollte Luther die Kirche spalten? Begründet eure Aussagen.
3 Nennt Unterschiede zwischen der neuen evangelischen und der katholischen Kirche.

# Z Zusatzthema: Die Bauern lehnen sich auf

## Die Situation der Bauern um 1525

Im 16. Jahrhundert waren vier von fünf Menschen Bauern. Die allermeisten Bauern waren nicht frei. Sie waren Leibeigene und dienten ihrem Grundherrn. Trotzdem ging es ihnen eigentlich nicht so schlecht, bis die Grundherren begannen, immer mehr von den Bauern zu fordern.

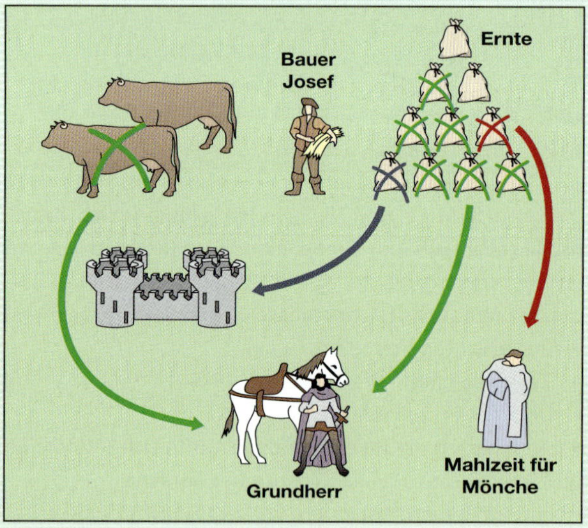


*120.1 Abgaben eines Bauern*

**Welche Lasten und Pflichten hatten damals die Bauern zu tragen?**

- Ein Zehntel der Ernte bekam die Kirche.
- Oft kamen Mönche als Gäste zum Mittag- oder Abendessen.
- Auf den Feldern und in den Wäldern der Grundherren mussten die Bauern eine gewisse Zeit im Jahr unentgeltlich arbeiten, diese Arbeit nannte man Frondienst. Meist mussten die Bauern 2–3 Wochen zur Saatzeit und 2–3 Wochen zur Erntezeit arbeiten.
- 20–30 % der Ernte oder ein entsprechender Geldbetrag standen dem Grundherrn zu.
- Starb der Bauer oder die Bäuerin, so erhielt der Grundherr das beste Stück Vieh als Erbe, schließlich verlor er einen Leibeigenen.
- Wollte ein leibeigener Bauer heiraten, so musste der Grundherr zustimmen.

*120.2 Ein abgabepflichtiger Bauer folgt einem Mönch zu dem Kloster, unter dessen Grundherrschaft er lebt.*

## Oktober 1525: Der Bauer Josef aus der Gegend von Friedberg erzählt:

*„Wie soll das weitergehen? Die Ernte war gut in diesem Jahr, trotzdem weiß ich nicht, wie ich meine Familie über den Winter bringen soll. Der Grundherr, dem meine Felder gehören, will seinen Grundzins jetzt als Geldbetrag.*

*Früher konnten wir ihm einen Teil der Ernte geben. Jetzt muss ich das Getreide in der Stadt auf dem Markt verkaufen. Da nun jeder Bauer Geld braucht und wegen der guten Ernte viel Getreide auf dem Markt ist, liegt der Preis niedrig. Ich musste eine meiner beiden Kühe verkaufen, um Geld für den Grundherrn zusammenzubekommen.*

*Zwei Drittel meiner Ernte habe ich verkauft, doch jetzt ist nicht mehr genug da, um meine Frau und meine 6 Kinder über den Winter satt zu bekommen. Der Grundherr hat uns auch noch verboten, im Gemeindewald Holz zu holen und zu jagen. Und in den Bächen fischen dürfen wir auch nicht mehr. Es ist ein Elend."*

**AUFGABEN >>**

1. Versetzt euch in Josefs Lage: Wie würdet ihr euch fühlen? Welche Forderungen würdet ihr stellen? Was würdet ihr tun?
2. Entwerft ein Flugblatt oder haltet eine Rede über eure Forderungen. (Ihr könnt die Lage der Bauern auch szenisch darstellen.)

### Die Bauern hören von Luthers Schriften und erheben sich

Durch die Lehre Martin Luthers fühlten sich die Bauern bestärkt, und so begannen sie, sich zusammenzuschließen. Martin Luther predigte, dass „ein Christenmensch ein freier Herr seiner Dinge und niemandem untertan" sei. Zudem hatte Luther bereits 1520 kritisiert, unter welch schlechten Bedingungen die Bauern leben mussten.
1525 fassen die Bauern in der schwäbischen Stadt Memmingen ihre Forderungen gegenüber den Grundherren in 12 Artikeln (Text 121.2) zusammen. Mit Hilfe des Buchdrucks konnten in kurzer Zeit 25 000 Flugblätter mit den Forderungen der Bauern überall verbreitet werden.

*121.1 Aufständische Bauern bedrohen einen Ritter*

### Der Bauernkrieg

Die Bauern schlossen sich zu Bauernheeren mit fünf- bis zehntausend Mann zusammen. So wollten sie ihre Forderungen gegenüber den Grundherren durchsetzen. Dabei plünderten die Bauern zum Teil auch Klöster, Burgen und Kirchen, außerdem wurden einige Adlige ermordet.
Die Fürsten, Grafen und Äbte schlossen sich daraufhin zusammen und kämpften mit ihren Heeren gegen die Bauern. Aufgrund ihrer schlechten Bewaffnung und ihrer mangelnden Zusammenarbeit wurden die Bauern vernichtend geschlagen. Viele wurden hingerichtet oder grausam bestraft. Man schätzt, dass im Bauernkrieg etwa 100 000 Bauern getötet wurden. Die Überlebenden mussten in jahrelanger Fronarbeit die zerstörten Adelsgüter wieder aufbauen.
Auch von Martin Luther erhielten die Bauern keine Hilfe. Anfangs unterstütze er noch ihre Forderungen, als sie jedoch zu kämpfen begannen, stellte Luther sich auf die Seite der Herren.

**Aus den 12 Artikeln:**

1. *Die ganze Gemeinde soll ihren Pfarrer selbst wählen dürfen.*
2. *Die Bauern wollen freiwillig ein Zehntel ihrer Ernte abgeben. Davon soll der Pfarrer ernährt werden.*
3. *Aus der Heiligen Schrift ergibt sich, dass wir frei sind. Also sind wir keine Leibeigenen mehr. Die Bibel verlangt aber auch, dass wir demütig sind. Also wollen wir das auch gegen unsere, von Gott ausgesuchten, Herren sein.*
4. *Die Jagd und das Fischen auf dem Besitz der Gemeinde sollen allen Bewohnern der Gemeinde möglich sein.*
5. *Der Wald soll der Gemeinde gehören, jeder soll daraus umsonst sein Holz holen können.*
6. *Die Bauern wollen keine Erhöhung der Frondienste akzeptieren.*

*121.2*

**AUFGABEN >>**

1. Nennt Forderungen der Bauern aus den 12 Artikeln. Warum forderten sie das?
2. Im Bauernkrieg lautete ein Schlachtruf der Bauern: „Als Adam grub und Eva spann, wo war denn da der Edelmann (Adlige)?" Überlegt, was damit gemeint ist. (Adam und Eva sind die ersten Menschen in der Bibel..)
3. Wie endete der Krieg für die Bauern?
4. Betrachtet die Bilder 120.2 sowie 121.1 und spielt mit einem Partner ein Streitgespräch zwischen einem Bauern und einem Mönch/Grundherren nach.

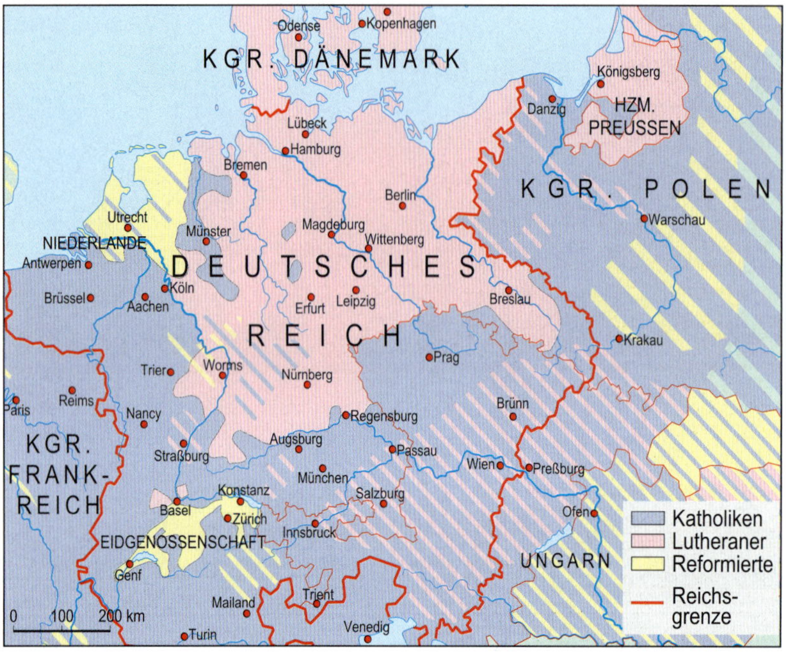


122.1 *Konfessionen im Reich (um 1555)*

**Vertragspunkte des Augsburger Religionsfriedens (1555):**

- Die Anhänger beider Konfessionen geloben, sich nicht mehr wegen Glaubensfragen zu verklagen oder anzugreifen.
- Die evangelischen Landesherren dürfen zuvor eingezogene Kirchengüter behalten.
- Die Untertanen müssen die Religion ihres Landesherren annehmen. Wer dies nicht will, hat das Recht auszuwandern.
- In konfessionell gemischten Reichsstädten dürfen Angehörige beider Konfessionen weiterhin nebeneinander leben.

*122.2*

# Macht und Religion

### Die Landesherren unterstützen die Reformation

Die Reformation konnte sich in Mittel- und in Nordeuropa innerhalb weniger Jahre ausbreiten. Dies hatte aber nicht nur religiöse Hintergründe. Denn viele Landesherren im Deutschen Reich „nutzten" Martin Luthers Reformation, um ihre Stellung gegenüber der Kirche und dem Kaiser zu stärken.
Bislang hatten die Adeligen auf kirchliche Gebiete in ihrem Territorium keinen Einfluss nehmen können. Ein Glaubenswechsel bot ihnen nun Vorteile: Schließlich lehnte Martin Luther den Papst als Oberhaupt der Kirche ab und wollte, dass die Fürsten als „Notbischöfe" die Leitung der Kirche in ihren jeweiligen Territorien übernehmen. Daraus entwickelten sich nach und nach die evangelischen Landeskirchen.
Die evangelischen Fürsten übernahmen auch den Besitz der alten katholischen Kirche. Die neue Kirche wurde nun streng kontrolliert: durch Besuche der Pastoren in den Schulen, durch Kirchenordnungen und Überwachung der Schriften. Die Predigt des Pastors rückte in den Mittelpunkt des Gottesdienstes, die Verkündung des Wort Gottes stützte sich nur auf die Bibel (> S. 119).
Für die Untertanen bedeutete die Landeskirchenordnung aber auch, dass sie den Glauben ihres Fürsten annehmen oder auswandern mussten. Somit bestimmten die Fürsten in ihrem Territorium nicht nur politisch, sondern auch religiös (auf lateinisch heißt dieses Prinzip: cuius regio, eius religio = wessen Gebiet, dessen Religion).

### Der Augsburger Religionsfriede

Traditionell war der Kaiser eng mit dem Papst verbunden – auch Kaiser Karl V. während der Reformation. Der Kaiser stützte seine Macht im Reich auf seine Verbindungen zur Kirche und auf die Außenpolitik, die er wesentlich mitbestimmte. Durch die Schwächung der katholischen Kirche hatte nun der Kaiser ein wichtiges Einflussmittel im Reich verloren. Daher nutzten die Fürsten die Religionsstreitigkeiten für mehr Freiheiten im Reich.
Nach langen, teils kriegerischen Auseinandersetzungen, kam es in Augsburg 1555 zur Einigung zwischen dem Kaiser und den evangelischen Fürsten (Text 122.2). Die wichtigsten Punkte waren die Gleichstellung der beiden Konfessionen und die Regel, dass der Landesherr die Konfession seiner Untertanen festlegte. Der Vertrag spaltete die Kirche endgültig. Außerdem unterstrich er mit der kirchlichen Unabhängigkeit die zunehmende Eigenständigkeit der Fürsten im Reich.

**AUFGABEN >>**

1 Betrachtet Abb. 122.1. Welche Gebiete im Deutschen Reich wurden lutherisch?

2 Was veranlasste die Fürsten zur Übernahme der Kirchenleitung? Welche Vorteile hatte diese Übernahme für die Fürsten?

3 Fasst die Bestimmungen des Augsburger Religionsfriedens stichpunktartig zusammen (Text 122.2).

**Wichtige Beschlüsse des Konzils von Trient:**
- Die katholische Kirche allein besitzt das Recht, die Bibel auszulegen. Alle abweichenden Lehren sind Irrglaube.
- Der Papst ist berufen, die Kirche zu leiten.
- Glaube und gute Werke führen zur Vergebung der Sünden.
- Ablässe können nicht mit Geld erkauft werden.
- Bischöfe sorgen für eine bessere Ausbildung junger Priester.

*123.1 Auf dem Konzil von Trient: Äbte, Bischöfe und Kardinäle sitzen in einem Halbrund um den gekreuzigten Heiland. Unter dem Kreuz der Vertreter des Kaisers und der geistliche Protokollführer. Auf dem Podest hinten hören Vertreter des Papstes zu.*

## Die katholische Kirche will ihren Einfluss zurückgewinnen

Es dauerte fast 20 Jahre, bis die katholische Kirche auf die Veränderungen in Europa reagierte. Die katholische Kirche versuchte nun, ihren Einfluss wieder zu stärken. Ein Bischof, der zum evangelischen Glauben übertreten wollte, konnte daran zwar nicht gehindert werden. Aber der Papst ordnete an, dass er dann auf sein Amt verzichten musste. So wurden die Geistlichen vor die Wahl gestellt, entweder evangelisch zu werden und auf ihren Besitz zu verzichten oder bei der katholischen Kirche zu bleiben. Teilweise griff die Kirche aber auch zu härteren Methoden: Manche Gebiete wurden militärisch wieder zum katholischen Glauben gezwungen.

Die Kirche sah aber ein, dass Luthers Kritik teilweise berechtigt war. Um die inneren Unsicherheiten zu klären, berief der Papst 1545 das Konzil von Trient ein. Es dauerte insgesamt 18 Jahre. Die versammelten Kirchenmänner und katholischen Fürsten diskutierten Luthers Thesen und nahmen dazu Stellung. Die Beschlüsse des Konzils leiteten eine innere Reform der katholischen Kirche ein. Der Papst wurde als Oberhaupt der Kirche bestätigt.

Auf der Basis dieser Beschlüsse unternahm die Kirche vielfältige Anstrengungen, Gläubige zurückzugewinnen. Diese Zeit von 1550–1600 wird daher als Epoche der **Gegenreformation** bezeichnet.

## Die Jesuiten unterstützen den Papst

Während der Gegenreformation hatte der Papst in den Jesuiten die größte Stütze. Gründer des Ordens war Ignatius von Loyola (1491–1556), ein spanischer Offizier. Nach einer Kriegsverletzung stellte er sich in den Dienst des Papstes: „Wir haben beschlossen, uns durch unser Gelübde zu verpflichten, dass wir, was der jetzige und die späteren römischen Bischöfe (= Papst) befehlen, ohne Zögern absolut gehorsam befolgen werden."

Die wichtigsten Aufgaben des Ordens lagen in der Seelsorge, der Predigt, der Priestererziehung und im Unterricht an Schulen und Universitäten. Bevor ein Jesuit unterrichtete, hatte er zehn Jahre zu studieren. Ihre Schulen waren streng, häufige Prüfungen waren die Regel. Dank der Qualität der Lehrer und des kostenlosen Unterrichts wurden überall Jesuiten angefordert. Um 1600 war die katholische Kirche dank der Jesuiten und des Konzils von Trient wieder gestärkt.

**AUFGABEN >>**

1 Beschreibt Maßnahmen, wie die katholische Kirche versuchte, ihren Einfluss zurückzugewinnen.

2 Betrachtet Abb.123.1. Was drückt dieses Bild über die Haltung der katholischen Kirche aus?

3 Beschreibt Ziele und Aufgaben der Jesuiten.

# W Wissen: Mittelalterliche Lebenswelten

Städte entstehen +++ Untergang des Römischen Reichs +++ „Entdeckung Amerikas" +++ Frankenreich +++ Klosterkultur +++ bedeutende Rolle der Ritter +++ Reichsteilung +++ Reformation/Kirchenspaltung +++ Kreuzzüge +++ Bauernkriege

*124.1*

## AUFGABEN >>

1 Bei den Begriffen in Abb. 124.1 ist etwas durcheinander geraten. Bringt die Begriffe bzw. historischen Prozesse in die richtige Reihenfolge. Verfasst zu jedem dieser Stichwörter (eventuell auch arbeitsteilig) einen kurzen zusammenfassenden Lexikonartikel (5-10 Zeilen).

2 Das Mittelalter gilt manchen Menschen als „dunkle Zeit" – geprägt von Aberglaube, sozialer Not, Unterdrückung der Menschen, fehlender Kultur usw. Stellt demgegenüber mithilfe des Buches zusammen, welche wichtigen Veränderungen es im Mittelalter gab. Folgende Fragen können euch dabei helfen:
- Welche Fortschritte gab es im Bereich der landwirtschaftlichen Produktion?
- Welche Impulse vermittelten die Klöster den Menschen?
- Waren Ritter und deren Frauen und Kinder einfach nur harte Krieger?
- Was hat sich in den Städten neu entwickelt?
- Wurden im Mittelalter bekannte Bauwerke geschaffen (> S. 125)?

3 Nehmt dann abschließend Stellung zu der Behauptung: „Im Mittelalter lebten die unwissenden und unzivilisierten Menschen zumeist in Angst und Schrecken."

## Finsteres Mittelalter? Das Beispiel Dombau

Die Architekten, Handwerker, Statiker, Maurer, die im Mittelalter den Limburger Dom, den Frankfurter Dom oder ein ähnliches gewaltiges Bauwerk errichteten, mussten über ein beachtliches technisches und mathematisches Wissen verfügen – sonst wären ihnen diese eindrucksvollen Bauwerke nicht gelungen. Wir wissen heute immer noch nicht, wie die damaligen Künstler und Techniker sich dieses technische Wissen und ihre beträchtlichen Erfahrungen erworben und wie sie dies weitergegeben haben. Historiker vermuten, dass diese hochspezialisierten Künstler und Techniker des Mittelalters viel in Europa herumgereist sind und ihre Erfahrungen etwa aus Italien oder Frankreich nach Mittel- und Osteuropa weitervermittelt haben. Wir wissen, dass bei baufälligen oder gefährdeten Großbauwerken Experten aus verschiedenen europäischen Ländern hinzugezogen wurden. Es fand wahrscheinlich ein Wissensaustausch unter europäischen Spezialisten statt, die sich ihre Erfahrungen mit komplizierten wie gefährlichen Großbaustellen gegenseitig mitteilten. Diese Experten bildeten wohl ein noch nicht genau erforschtes Netz, durch das sie sich gegenseitig informierten und ihre Erfahrungen und Erkenntnisse weitergaben.

*125.1 Limburger Dom*

So „finster" war das Mittelalter also keineswegs, wahrscheinlich gab es eine sehr dichte, ja geradezu modern erscheinende Kommunikation zwischen unterschiedlichen technischen Experten.

*125.2 und 3 Dombau (aus: David Macaulay, Sie bauten eine Kathedrale, 1977)*

# 4 Jugend und Recht

Vor dem Jugendgericht

# Menschen am Rand der Gesellschaft – Jugendliche engagieren sich

**Aus dem Grundgesetz Artikel 3, Absatz 3:**
„Niemand darf wegen seines Geschlechts, seiner Abstammung, seiner Rasse, seiner Sprache, seiner Heimat und Herkunft, seines Glaubens, seiner religiösen oder politischen Anschauung benachteiligt der bevorzugt werden. Niemand darf wegen seiner Behinderung benachteiligt werden."

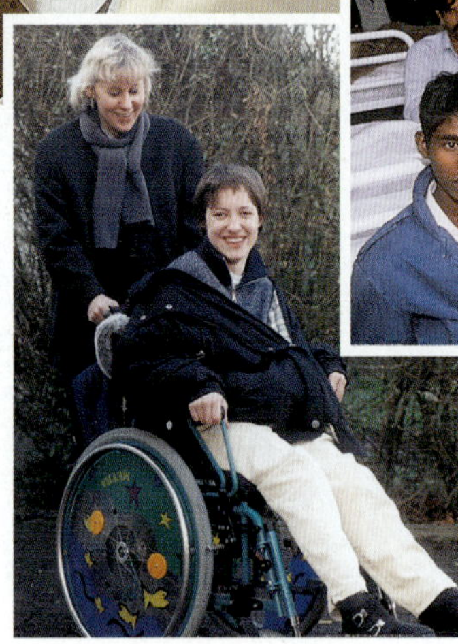

*128.1–6 Menschen mit besonderen Problemen*

**AUFGABEN >>**

1 Welche besonderen Probleme haben die Menschen auf Abb. 128.1-6? Sammelt weitere Probleme.

2 Diskutiert über den Grundgesetzartikel 3 (3). Überlegt Gründe, warum bei uns trotzdem Menschen am Rande der Gesellschaft leben.

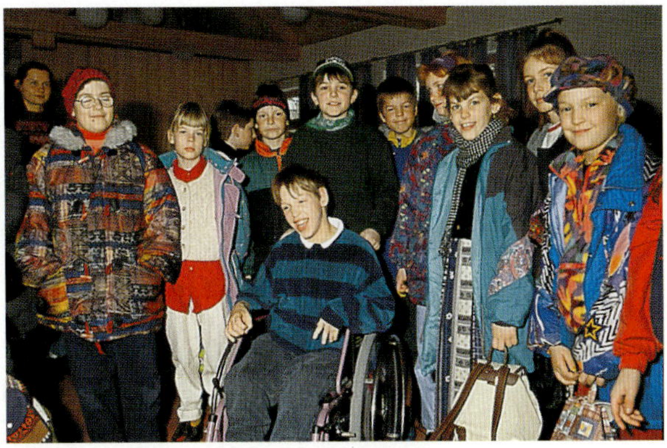

*129.1 und 2 Engagement für spastisch Behinderte und Körperbehinderte*

## Am Rande der Gesellschaft

In Artikel 3, Absatz 3 unseres Grundgesetzes wird der Gleichberechtigungsgrundsatz genannt: Jeder Mensch soll danach gleich behandelt werden. Keiner darf durch Gesetze oder durch staatliches Handeln bevorzugt oder benachteiligt werden.

Trotzdem gibt es bei uns Ungleichheiten. Auch der Staat kann sie nicht immer beseitigen. Menschen, die aufgrund von Behinderungen, Krankheiten, ihrer Herkunft oder Lebensweise für die Mehrheit der Bevölkerung „ungewohnt und anders" sind, werden oft mit Vorurteilen abgelehnt. Sie geraten schnell an den Rand der Gesellschaft und werden so zu gesellschaftlichen Randgruppen.

## Menschen engagieren sich

Viele Menschen engagieren sich in ihrer Freizeit im sozialen Bereich. Dies kann man auf verschiedene Arten, z.B. durch die Arbeit mit Behinderten, die Arbeit mit körperlich und psychisch Kranken, Obdachlosen, die Arbeit mit alten sowie ausländischen Mitbürgern oder Asylbewerbern. Dazu kann auch die unentgeltliche Arbeit bei Rettungsdiensten und anderen Hilfsorganisationen zählen.

In vielen Schulen gehört es inzwischen zum Schulprogramm, dass die Schülerinnen und Schüler aus Abschlussklassen für ein bis zwei Wochen ein Praktikum in einer sozialen Einrichtung machen.

**Interview mit einer Schülerin**

***Frage:*** Wie fandest du die Idee, ein Praktikum in einer sozialen Einrichtung zu leisten?

***Pia:*** *Zuerst war ich nicht begeistert. Ich will später was mit Computern machen. Deshalb wollte ich zuerst eigentlich ein Praktikum in einem Büro ableisten. Außerdem dachte ich, dass ich mit kleinen Kindern nicht soviel anfangen kann.*

***Frage:*** Was denkst du nach den zwei Wochen in einem Kindergarten für geistig behinderte Kinder darüber?

***Pia:*** *Die Arbeit mit den Kindern hat mir viel Spaß gemacht. Allerdings brauchen die Kinder fast rund um die Uhr Pflege. Als Beruf könnte ich das nicht, denn es war wahnsinnig anstrengend. Ich bewundere allerdings Menschen, die hier oder in ähnlichen Einrichtungen täglich arbeiten.*

***Frage:*** Was nimmst du aus dem Praktikum mit?

***Pia:*** *Das Praktikum war für mich sehr spannend. Die Kinder haben sich jeden Tag darüber gefreut, wenn ich mit ihnen gespielt habe. Ich will auf jeden Fall immer wieder für einen Nachmittag vorbeischauen und kann mir so etwas auch als ehernamtliche Tätigkeit vorstellen.*

*129.3*

**AUFGABEN >>**

1. Welche Einrichtungen für Menschen am Rande der Gesellschaft gibt es in eurer Umgebung? Erstellt dazu eine Liste.
2. Mit welcher Einrichtung könnt ihr euch eine Begegnung vorstellen? Diskutiert in der Klasse darüber und entwickelt dann einen Vorbereitungsplan. Klärt folgende Fragen:
   - Was wollt ihr erfahren?
   - Wer stellt den Kontakt her?
   - Wie könnt ihr eure Ergebnisse dokumentieren und präsentieren?

*130.1 Die richtige Marke?*

*Für mich kommt nur Markenkleidung in Frage. Dafür jobbe ich so oft wie möglich. Da muss die Schule halt mal zurückstehen!*

*Coole Klamotten sind nicht das Wichtigste. Was heute viel kostet, ist morgen wieder out. Trotzdem fallen Jugendliche oft auf Werbesprüche herein.*

## Freizeit und Konsum

Es gibt Jugendliche, die jede Woche eine neue Jeans, neue Schuhe oder ein neues T-Shirt haben. Oft handelt es sich dabei um Kleidung von teuren Markenherstellern. Viele Jugendlichen verdienen sich durch Nebenjobs ein paar Euro dazu, damit sie dem Markendruck innerhalb der Schule standhalten können. Für die meisten Jugendlichen ist nach wie vor das Taschengeld die wichtigste Einnahmequelle. Hinzu kommen Geldgeschenke bei besonderen Anlässen wie Geburtstag und Weihnachten.

Welche Marken „in" sind, bestimmen letztendlich die Jugendlichen selbst. Noch vor Jahren galt zum Beispiel die Marke Adidas als „out". Heute sind Bekleidung und Turnschuhe dieser Marke „in". Morgen kann dies schon wieder anders sein. Die Vorlieben der Jugendlichen ändern sich rasch und ein neuer Trend ist schnell geboren. Dies ist ein Grund, warum sich viele Eltern sträuben, den Markenwünschen ihrer Kinder nachzugeben. Ein anderer ist, dass in vielen Familien das Geld nicht reicht, um die meist teuren Produkte zu kaufen.

Leider ist es heute oft so: In der Clique und bei Klassenkameraden werden viele nur dann akzeptiert, wenn sie bestimmte Kleidung tragen. Die „falsche" Jeans, schon wird man belächelt, oder das T-Shirt ohne Aufdruck XY, schon wird man ausgegrenzt.

Die Trends werden bisweilen von den beliebtesten Mädchen und Jungen der Schule gesetzt. Auf jeden Fall aber orientieren sich die Jugendlichen an Idolen und Stars. Sie wollen aussehen und gekleidet sein wie diese. In Zeitschriften und Illustrierten ist zu sehen und zu lesen, was „angesagt" ist. Die Werbung tut ein Übriges. Ansehen genießen, anerkannt werden, dazugehören – wer will dies nicht? Schnell wird so aus Markenfieber ein erheblicher Markendruck

**AUFGABEN >>**

1 „Welche Marken sind zurzeit bei Jugendlichen „in"?
2 Warum können bestimmte Marken heute „in" und morgen „out" sein? Nennt Erklärungen.
3 Was meint ihr zu den Aussagen der beiden Jugendlichen?
4 Kann man sich gegen Markendruck wehren? Diskutiert darüber in der Klasse.

# Methode: Auswerten von Karikaturen

Eine Karikatur ist eine Zeichnung, in der Personen oder Sachverhalte übertrieben, oft auch verzerrt dargestellt werden. Meist enthält eine Karikatur eine Bildunterschrift oder einen kurzen Text.

Zunächst sieht eine Karikatur durch die übertriebene Darstellung lustig aus. Dem Zeichner geht es jedoch nicht darum, einen Witz zu machen. Es geht ihm darum, den Betrachter auf ein Problem aufmerksam zu machen und ihn zum Nachdenken anzuregen. Das Mittel dazu ist die Übertreibung in der Zeichnung bzw. der Widerspruch zwischen Text und Zeichnung.

Eine Karikatur enthält also stets eine versteckte Botschaft, welche die Meinung des Zeichners zu einem Problem wiedergibt. Der Karikaturist will erreichen, dass wir über seine gezeichnete Meinungsäußerung nachdenken und uns so selbst eine Meinung bilden.

131.1

**Tipps zur Auswertung von Karikaturen**

Um eine Karikatur zu verstehen, geht ihr am besten in drei Schritten vor. Dies zeigt das Beispiel Abb. 131.1:

1. ***Genau hinsehen:*** *Was ist gezeichnet? Wer oder was wird angesprochen? Was fällt euch in der Darstellung besonders auf?*
   *Gezeichnet sind zwei Jugendliche, die erst zu Hause Musik hören und dann in der Disco. Angesprochen wird das Freizeitverhalten von Jugendlichen. Auffallend in der Darstellung ist die Wiederholung der gelangweilten Sitzhaltung („Rumhängen").*
2. ***Problem erkennen:*** *Um welchen Sachverhalt, geht es? Gibt dazu der Text Hinweise?*
   *Es geht um das Problem der Langeweile in der Freizeit. Dazu gibt der Text einen Hinweis. („Mein Gott, ist das Rumhängen langweilig.")*
3. ***Meinung deuten:*** *Welche Absicht verfolgt der Zeichner? Welche Meinung bringt er zum Ausdruck? Seid ihr der gleichen Meinung?*
   *Der Zeichner kritisiert passives Freizeitverhalten. Er bringt die Meinung zum Ausdruck, dass man seine Freizeit aktiv gestalten kann.*

131.2

**AUFGABEN >>**

1 Wertet nun die Karikatur 131.2 zunächst in Einzelarbeit aus. Geht dabei nach den beschriebenen Schritten vor.
2 Vergleicht dann eure Auswertungsergebnisse: Wo gibt es Übereinstimmung, wo Unterschiede in der Deutung?
3 Gestaltet in Gruppenarbeit selbst Karikaturen zum Thema „Freizeit".

# Methode: Erkundung – Wir besuchen eine Gerichtsverhandlung

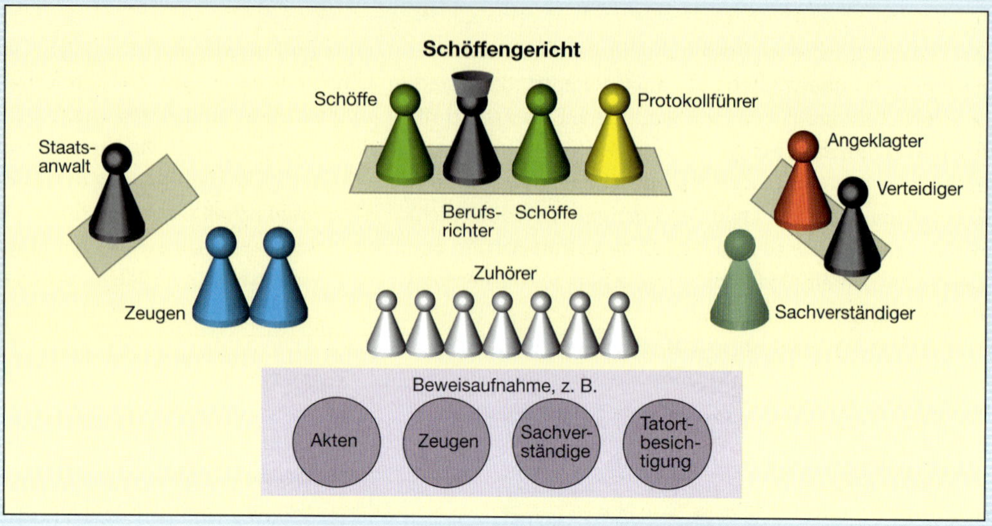


*132.1 Beteiligte bei der Hauptverhandlung*

**Vorbereitung:** Verhandlungen gegen Jugendliche sind in der Regel nicht öffentlich. Eine Verhandlung gegen Erwachsene eignet sich jedoch genauso für einen Besuch. Ein Prozess kann sehr lange dauern. Es empfiehlt sich, eine Verhandlung zu verfolgen, für die zunächst nur ein Tag vorgesehen ist. Beim zuständigen Gericht könnt ihr dazu genauere Informationen erfragen.
Bereits vor dem Besuch der Verhandlung solltet ihr euch darüber klar sein, was ihr erfahren wollt. Wollt ihr etwas über den äußeren Ablauf einer Gerichtsverhandlung oder etwas zum verhandelten Fall wissen? (Text 132.2 gibt euch Hinweise zu entsprechenden Fragen.)

**Durchführung:** Mit Hilfe des Erkundungsbogens könnt ihr alle Sachverhalte gezielt beobachten. Haltet eure Beobachtungen schriftlich fest. Zeichnet auf einer Skizze (Abb. 132.1) ein, wie ein Sitzungssaal eingerichtet ist. Auf dieser lassen sich dann Dinge namentlich einordnen und Sachverhalte stichwortartig notieren.

**Auswertung:** Eure Notizen bilden die Grundlage, um den Besuch einer Gerichtsverhandlung in der Schule auszuwerten. Die Ergebnisse – in welcher Form ihr sie auch präsentiert – sollten Auskunft geben
- über das Anliegen einer Gerichtsverhandlung, deren Ablauf sowie den Sinn und Zweck einzelner Phasen,
- über die bei einer Gerichtsverhandlung beteiligten Personen, über deren Rolle und deren Aufgaben,
- über Kriterien, von denen das Strafmaß abhängig ist und die bei der Urteilsfindung eine Rolle spielen.

**Fragen zum äußeren Ablauf:**
1. Vor welchem Gericht findet die Verhandlung statt?
2. Wie läuft das Verfahren ab? In welche Abschnitte ist es gegliedert?
3. Welche Strafsache wird verhandelt?
4. Welche Personen sind an der Verhandlung beteiligt? Wo sitzen sie? Welche Aufgabe haben sie?
5. Welche Zeugen treten auf? Werden sie vereidigt?
6. Werden Sachverständige gebraucht und gehört?
7. Wie viele Leute schauen bei der Verhandlung zu? Aus welchen Gründen sind sie da?
8. Weitere Beobachtungen: Welche Kleidung tragen die einzelnen Personen? Wie treten sie auf?

**Fragen zum verhandelten Fall:**
1. Was wird dem Angeklagten vom Staatsanwalt vorgeworfen?
2. Über welche Rechte wird der Angeklagte vom Richter belehrt?
3. Wie äußert sich der Angeklagte zur Tat? Welche Einstellung hat er dem Opfer gegenüber?
4. Welche Beweismittel werden vorgebracht?
5. Wie schaut es mit den Akteneinträgen des Angeklagten aus? Ist er früher schon einmal straffällig geworden?
6. Welche Meinung äußert der Staatsanwalt in seinem Plädoyer? Welchen Antrag stellt er?
7. Welche Meinung bringt der Verteidiger in seiner Schlussrede vor? Welchen Antrag stellt er?
8. Äußert sich der Angeklagte im „letzten Wort"? Wie?
9. Wie lautet das Urteil? Wie wird das Urteil begründet?

*132.2*

# Zusatzthema: Ich bin in Not, wer kann mir helfen?

Z

Bei Problemen sollte man sich zunächst an seine Eltern wenden. Es gibt aber auch an jeder Schule einen Vertrauenslehrer, der jederzeit bereit ist, Schülern zuzuhören. An manchen Schulen arbeiten Sozialarbeiter, die sich mit vielen Problemen der Jugendlichen gut auskennen. Ausländische Schüler können sich bei bestimmten Fragen auch an den Ausländerbeirat wenden. Am wichtigsten ist es, Vertrauen zu seiner Kontaktperson aufzubauen.
Darüber hinaus hat jede größere Stadt eine Rechtsberatung für Kinder und Jugendliche. Die Kinderrechtsberatung erklärt Jugendlichen, welche Regeln und Gesetze sie beachten müssen und welche Rechte sie besitzen. Diese Beratung ist kostenlos. Es ist aber nur eine Beratung, die Möglichkeiten aufzeigt, welcher Weg sinnvoll sein kann, um zu einer Problemlösung zu kommen. In der Rechtsberatungsstelle informieren Rechtsanwältinnen oder Rechtsanwälte über die eigenen Rechte, beispielsweise

- bei Schwierigkeiten in der Familie,
- bei Problemen in der Schule oder in der Berufsausbildung,
- bei Konflikten mit der Justiz,
- bei Haftpflichtfragen (wenn man einen Schaden verursacht oder zugefügt bekommen hat),
- bei einer Schuldnerberatung für Jugendliche.

133.1

## AUFGABEN >>

1 Wer ist der Vertrauenslehrer oder die Vertrauenslehrerin an eurer Schule? Ladet ihn oder sie zu einem Gespräch über seine Aufgaben ein.

2 Sucht im Internet Seiten zur kostenlosen Rechtsberatung in eurer Nähe.

3 Mit welchen Problemen würdet ihr euch an eure Eltern, mit welchen an eure Lehrer wenden? Wann würdet ihr ein Kinderbüro aufsuchen? (Kinderbüro heißt es, da man juristisch bis zum 16. Lebensjahr als Kind zählt.)

4 Besprecht in der Klasse, an wen sich die sechs Schüler wenden könnten.

*Mehmet ist hier geboren, seine Eltern wollen zurück in die Türkei, hat er das Recht, in Deutschland zu bleiben?*

*Ich habe mir immer wieder Lieder von der Tauschbörse im Internet runtergeladen. Jetzt fordert ein Anwalt 5 000 Euro Strafe von uns.*

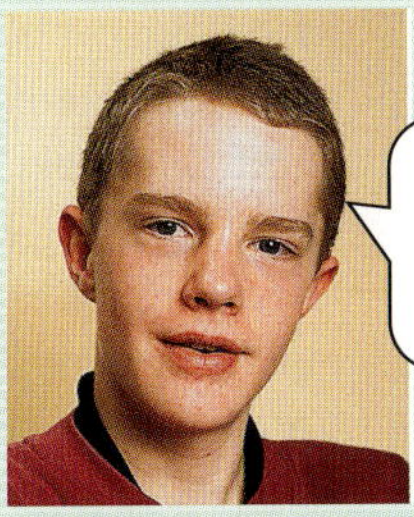

*Ich bin beim Klauen erwischt worden. Jetzt habe ich in dem Laden Hausverbot bekommen.*

*Meine Eltern sind geschieden und ich möchte jetzt lieber bei meinem Vater leben. Wer entscheidet das?*

*Ich habe einen meiner Mitschüler verprügelt, jetzt will er mich anzeigen. Mit welchen Konsequenzen muss ich rechnen?*

*Meine Familie wird von der Familienhilfe betreut. Ich komme mit der zuständigen Mitarbeiterin nicht klar. Welche Möglichkeiten habe ich?*

134. 1–4

# Das Recht begegnet uns auf Schritt und Tritt

„Wozu muss ich überhaupt etwas über das Thema Recht wissen? Das ist doch nur für diejenigen wichtig, die gerne streiten! Mich betrifft das eigentlich überhaupt nicht." Dieser Meinung sind viele Menschen. Insbesondere Jugendliche denken, dass sie das Recht nichts angeht. Dabei kommen auch sie täglich in vielfältiger Weise mit dem Recht in Berührung.

## Ein Fallbeispiel: Thomas hat Ärger mit dem Kauf seiner Inliner

Thomas' Kauf (Abb. 134.1-4) wirft einige Fragen auf. Was meint ihr dazu?

a) Darf Thomas so teure Waren alleine kaufen oder müssen seine Eltern in den Kauf einwilligen?
b) Hat Thomas die Anweisung seiner Mutter zu befolgen?
c) Muss der Verkäufer die Inliner zurücknehmen?
d) Muss der Verkäufer das Geld zurückgeben?

## Kauf und Tausch sind rechtliche Handlungen

Dass wir etwas kaufen, ist eine ganz alltägliche Angelegenheit. Normalerweise wird uns nicht bewusst, dass wir dabei ein Rechtsgeschäft eingehen. Wir gehen in die Metzgerei, wählen ein Wurstbrötchen und eine Limo, die Verkäuferin packt beides ein, wir bezahlen, nehmen die Tüte mit der Wurstsemmel und – ein Kaufvertrag wurde abgeschlossen.

Genauso läuft es, wenn wir eine Zeitschrift, eine CD, ein Paar Turnschuhe oder nur Süßigkeiten erstehen. Mit jeder Kaufhandlung kommt ein gegenseitiger Vertrag zwischen dem Verkäufer und dem Käufer zustande. Ein Kaufvertrag kann mündlich, schriftlich oder auch online abgeschlossen werden.

Ein Kaufvertrag richtet sich nach Regelungen, die im Bürgerlichen Gesetzbuch (BGB) festgelegt sind. Im Alltag kommt es allerdings vor, dass ein Kaufvorgang nicht so problemlos abläuft. Nehmen wir Thomas als Beispiel (> Bildergeschichte 134.1-4). Für solche Fälle sind deshalb weitere rechtliche Regelungen niedergeschrieben. In § 110 BGB (Abb. 135.2) ist beispielsweise festgelegt, welche Kaufhandlungen Jugendliche tätigen dürfen.

## Wie schaut es nun im Streitfall „Thomas" aus?

a) Mit dem Kauf seiner Inliner schloss Thomas einen Kaufvertrag ab. Das Geld hat er von seinem Taschengeld zusammengespart. Er kann somit frei darüber verfügen. Also braucht Thomas für den Kauf nicht das Einverständnis seiner Mutter. Damit ist der Kaufvertrag gültig.
b) Rechtlich muss Thomas also die Inliner nicht zurücktragen. Wenn er es trotzdem tut, dann nur seiner Mutter zuliebe.
c) Der Kaufvertrag ist gültig. Demnach ist der Verkäufer nicht verpflichtet, die Inliner zurückzunehmen oder Thomas das Geld zurückzugeben.

Nur im Falle, dass die Inliner nicht richtig funktionieren, also Mängel aufweisen, kann der Käufer die Rücknahme der Ware verlangen. Die von Thomas gekauften Inliner waren jedoch fehlerfrei.

Nehmen Geschäftsleute dennoch eine einwandfreie Ware zurück, dann machen sie das freiwillig. Sie wollen zufriedene Kunden, die wiederkommen. Um Ärger zu vermeiden, könntet ihr euch beim Kauf erkundigen: „Dürfte ich die Ware eventuell umtauschen?" Sagt der Verkäufer zu, solltet ihr euch dieses Recht auf dem Kassenbon bestätigen lassen.

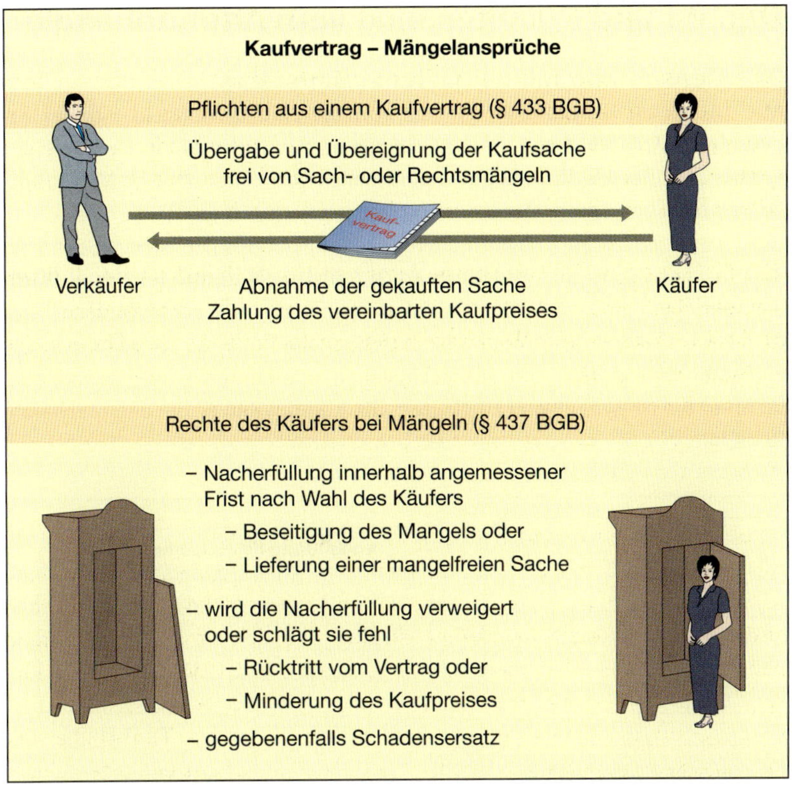


*135.1 Der Kaufvertrag*

*„Ein von einem Minderjährigen ohne Zustimmung des gesetzlichen Vertreters geschlossener Vertrag gilt von Anfang an als wirksam, wenn der Minderjährige die vertragsmäßige Leistung mit Mitteln bewirkt, die ihm zu diesem Zweck oder zu freier Verfügung von dem Vertreter oder mit dessen Zustimmung von einem Dritten überlassen worden sind."*

*135.2 Der „Taschengeldparagraf" (§ 110 BGB)*

Das **öffentliche Recht** regelt die Rechtsbeziehungen zwischen Bürger und Staat. Es umfasst z.B. das Schulrecht, Verkehrsrecht, Steuerrecht oder Strafrecht.
Ein Beispiel: Herr Kraus missachtet mit seinem Auto ein Stoppschild. Ein anderes Auto kann nicht mehr rechtzeitig ausweichen. Es kommt zum Zusammenstoß. Beide Fahrer sind nur leicht verletzt, die Autos haben aber Totalschaden. Durch seine Unachtsamkeit gefährdet Herr Kraus Mitmenschen. Er begeht eine fahrlässige Körperverletzung nach dem Strafrecht und eine Straftat im Sinne des Straßenverkehrsgesetzes (StVG).
Das **Privatrecht** (Zivilrecht) regelt die Rechtsbeziehungen der einzelnen Bürger zueinander. Diese Rechtsbeziehungen betreffen also nicht die Öffentlichkeit.
Das Bürgerliche Gesetzbuch (BGB) ist das wichtigste Gesetz des deutschen Privatrechts. Im BGB können die gesetzlichen Bestimmungen nachgelesen werden, die z.B. bei der Geburt oder beim Tod eines Bürgers gelten. Außerdem finden sich im BGB z.B. die Rechtsvorschriften über Eheschließung, Vormundschaft und Eigentum sowie die Rechte und Pflichten, die sich aus einem Kaufvertrag ergeben.

*135.3 Öffentliches und privates Recht*

## AUFGABEN >>

1. Schildert den Kauf von Thomas. Stellt dabei die Probleme heraus, die der Kauf mit sich bringt.
2. Welche „spontane" Meinung habt ihr zu den Fragen, die der Kauf von Thomas aufwirft?
3. Wie lassen sich solche Interessenskonflikte verhindern bzw. lösen? Arbeitet in Gruppen Lösungsvorschläge aus und besprecht gemeinsam eure Regelungen.
4. Welche rechtlichen Regelungen gelten bei einem Kauf allgemein und wenn ein Jugendlicher einen Kauf tätigt?
5. Vergleicht eure Lösungen mit den tatsächlichen Regelungen. Worin sind sie sich ähnlich, worin unterscheiden sie sich?
6. Eine Kaufsache hat Mängel. Erarbeitet mithilfe der Abb. 135.1 die Möglichkeiten, die ein Käufer hat, um zu seinem Recht zu kommen.
7. Drückt mit eigenen Worten aus, was durch den § 110 BGB (Taschengeldparagraf) ausgesagt wird.
8. Erläutert, warum es wichtig ist, dass es für Kaufhandlungen rechtliche Regelungen gibt.
9. Überlegt euch weitere Beispiele, wo die Öffentlichkeit und nicht nur Privatpersonen von einem Gesetz betroffen sind (Text 135.3).

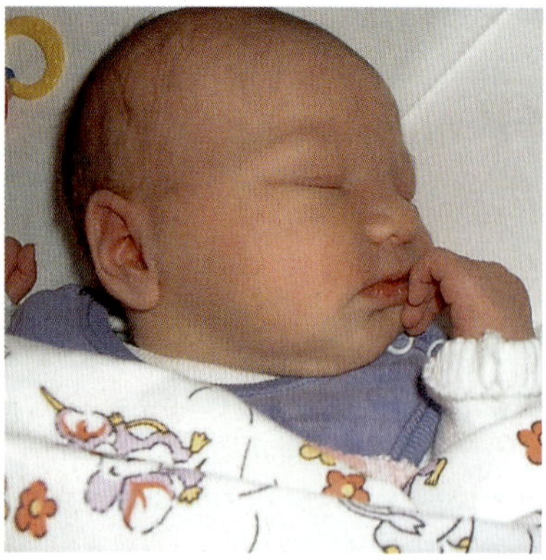

136.1 *Schon rechtsfähig?*

# Rechte und Pflichten sind vom Alter abhängig

## Der Mensch wird mit der Geburt rechtsfähig

Mit 14 Jahren könnte sich Thomas von seinem Taschengeld z. B. ein gebrauchtes Mofa kaufen. Fahren allerdings darf er nicht damit. Denn welche Rechte eine Person hat, hängt ganz erheblich vom Alter ab. Der Mensch erlangt stufenweise mehr Rechte, er wächst sozusagen in das Recht hinein.

Bereits mit der Geburt beginnt die Rechtsfähigkeit des Menschen. Schon ein Säugling hat also Rechte und Pflichten. So kann er ein Vermögen erben. Darüber verfügen kann er allerdings nicht, weil er noch nicht rechtswirksam handeln kann. Das tun die Eltern bzw. der gesetzliche Vertreter für das Kind.

Eigenständig handeln und am Rechtsleben teilnehmen kann jemand erst, wenn er die notwendigen Fähigkeiten, das heißt, wenn er die entsprechende Reife hat.

**Geburt**

**6. Lebensjahr**

**7. Lebensjahr**
beschränkt geschäftsfähig und deliktfähig

**12. Lebensjahr**

**14. Lebensjahr**
strafmündig als Jugendlicher

**15. Lebensjahr**

**16. Lebensjahr**

**18. Lebensjahr**
strafmündig als Erwachsener

**21. Lebensjahr**

**Geburt**
*Gleich mit der Geburt wird man rechtsfähig. Träger von Rechten und Pflichten bleibt man sein ganzes Leben. Bereits der Säugling kann – etwa durch Schenkung – Eigentümer eines Grundstücks werden und auch zur Zahlung von Grundsteuer verpflichtet sein.*

**Vollendung des 6. Lebensjahres**
*Die erste Altersgrenze im Recht erreicht das Kind mit 6 Jahren, wenn es schulpflichtig wird. Ab jetzt dürfen Kinder auch ohne Begleitung eines Erziehungberechtigten ins Kino, wenn der Film für ihr Alter freigegeben ist und die Vorstellung nicht länger als bis 20 Uhr dauert.*

**Vollendung des 7. Lebensjahres**
*Mit 7 Jahren ist man beschränkt geschäfts- und bedingt deliktfähig. Man kann jetzt z. B. ohne Mitwirkung der Eltern Willenserklärungen abgeben, etwa ein Geschenk annehmen. Das Kind ist nun für einen schuldhaft angerichteten Schaden verantwortlich, soweit es aufgrund seiner Entwicklung seine Verantwortlichkeit erkennen kann.*

**Vollendung des 12. Lebensjahres**
*Ab dem 12. Lebensjahr können die Eltern das religiöse Bekenntnis des Kindes nicht gegen dessen Willen ändern. Im Auto darf man nun vorne sitzen, auch wenn noch ein hinterer Sitz frei ist.*

**Vollendung des 14. Lebensjahres**
*Mit 14 Jahren kann der Jugendliche seine Religion frei wählen. Wird die Ehe der Eltern geschieden, kann das Kind dem Gericht einen Vorschlag machen, welchem Elternteil die elterliche Fürsorge zustehen soll. Eine Adoption gegen seinen Willen ist ab jetzt ausgeschlossen. Außerdem beginnt seine strafrechtliche Verantwortlichkeit.*

**Vollendung des 15. Lebensjahres**
*Mit 15 Jahren fällt das grundsätzliche Beschäftigungsverbot für Kinder bzw. Jugendliche weg. Man kann den Mofa-Führerschein erwerben.*

**Vollendung des 16. Lebensjahres**
*Ab 16 Jahren muss man einen Personalausweis oder Reisepass besitzen. Man darf ohne Begleitung von Erziehungsberechtigten Gaststätten und öffentliche Tanzveranstaltungen bis 24 Uhr besuchen. Man kann den Führerschein der Klassen 1b, 4 und 5 machen. Man kann heiraten, wenn der künftige Ehepartner volljährig ist und das Vormundschaftsgericht sowie die Eltern zustimmen. Vor Gericht darf man vereidigt werden. Und man kann vor einem Notar selbstständig sein Testament machen.*

**Vollendung des 18. Lebensjahres**
*Mit 18 Jahren ist man volljährig. Man kann selbst Verträge abschließen, einen Prozess führen und ist für angerichtete Schäden voll verantwortlich. Für den Besuch von Gaststätten, Tanzveranstaltungen oder Kinos gibt es keine Beschränkungen mehr. Man ist voll ehemündig. Man darf den Führerschein für die Klassen 1a und 3 machen. Bei Bundestagswahlen kann man wählen und gewählt werden. Für Männer beginnt die Wehrpflicht. Im Strafverfahren kann der Richter Erwachsenenstrafrecht anwenden.*

136.2 *Wichtige Altersgrenzen*

## Was meint „Geschäftsfähigkeit“?

Der sechsjährige Martin nimmt sich einen Zehneuroschein, der auf dem Küchentisch liegt. Damit kauft er sich ein Bilderbuch für 6 Euro und ein Eis für 1,50 Euro. Ins Buch malt er gleich hinein, das Eis isst er. Martins Mutter ist außer sich.

Wütend eilt sie in das Geschäft und verlangt vom Geschäftsführer das Geld zurück – und zwar die gesamten 7,50 Euro.

Die Mutter kann das Geld zurückverlangen, denn Martin ist nicht geschäftsfähig. Deshalb kamen keine Kaufverträge zustande. Das Bilderbuch muss zurückgegeben werden, für das verzehrte Eis bekommt das Geschäft nichts. Auch wenn diese Regelung ungerecht erscheinen mag: Damit werden Personen vor Nachteilen bewahrt, die nicht fähig sind, ihre Angelegenheiten verständig und verantwortlich zu erledigen.

## Was meint „beschränkte Deliktfähigkeit“?

Der 11-jährige Kevin beschießt seinen Schulkameraden Jens mit einem Blasrohr und verletzt ihn dadurch am Auge schwer. Jens muss nun längere Zeit ärztlich betreut werden.

Hat Kevin für den Schaden aufzukommen? Mit seinen elf Jahren müsste Kevin eigentlich wissen, dass es nicht richtig ist, auf jemanden mit dem Blasrohr zu schießen und ihn dabei zu verletzen. Er muss deshalb seine Tat verantworten: Er schuldet Schadensersatz.

Ob jemand vom 7. bis zum 18. Lebensjahr für einen Schaden aufkommen muss, hängt von den besonderen Umständen des einzelnen Falles ab, insbesondere von der geistigen Entwicklung des Minderjährigen. Seiner Deliktfähigkeit sind sozusagen Schranken gesetzt.

## Was meint „Strafmündigkeit“?

Michael wird im nächsten Monat 15 Jahre alt. Gestern wurde er von der Polizei auf frischer Tat ertappt. Er und sein 13-jähriger Freund Stephan waren gerade damit beschäftigt, einen Zigarettenautomaten aufzubrechen. Was wird mit ihnen passieren?

Beide haben eine Verfehlung begangen, die mit Strafe bedroht ist. Ein 13-Jähriger ist nach § 19 des Strafgesetzbuches (StGB) schuldunfähig und kann demnach noch nicht verpflichtet werden, sich für ein begangenes Unrecht verantworten zu müssen. Stephan ist strafunmündig und wird deshalb nicht bestraft. Der 14-jährige Michael ist allerdings strafmündig als Jugendlicher. Er wird demzufolge nach dem Jugendgerichtsgesetz (§ 2 JGG) strafrechtlich verfolgt.

*137.1 Ein Sechsjähriger kauft sich ein Buch*

*137.2 Elfjähriger schießt mit einer Gummischleuder*

## AUFGABEN >>

1. Betrachtet die Abb. 136.2 und klärt an Beispielen die Begriffe „rechtsfähig“ und „handlungsfähig“.
2. Die Vollendung des 7. und des 14. Lebensjahres sind Altersstufen, die rechtlich bedeutsam sind. Erklärt.
3. Vom 7.–18. Lebensjahr sind Minderjährige „beschränkt geschäftsfähig“. Erarbeitet die „Schranken“, die ihr Handeln begrenzen (> S. 136).
4. Besprecht die Rechte der Kinder und Jugendlichen unter dem Gesichtspunkt: Schränken sie eher ein oder enthalten sie mehr Entfaltungsmöglichkeiten?
5. Michael schuldet Schadenersatz. Für den Fall, dass er selber nichts hat, kann nicht auf das Vermögen der Eltern zurückgegriffen werden. Diskutiert diese Regelung. Erkundigt euch, wann die Regelung „Eltern haften für ihre Kinder“ greift.

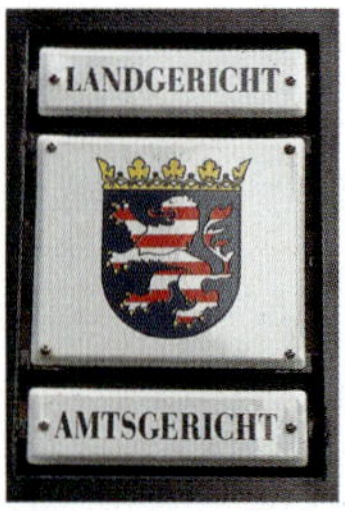

138.1 *Vor dem Jugendgericht*

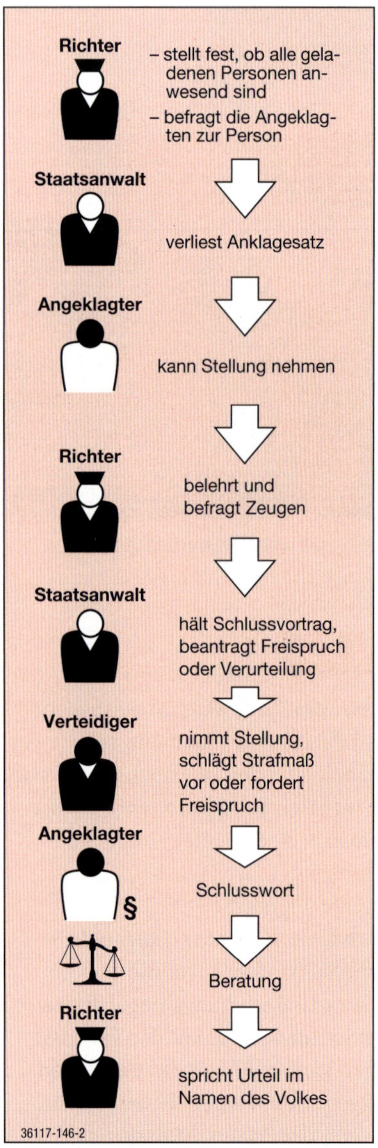


138.2 *Ablauf einer Verhandlung*

# Jörg K. – ein jugendlicher Straftäter

## Jörg K. wird zu Freiheitsarrest verurteilt

***Richter:*** Vor dem Jugendgericht wird heute die Strafanzeige verhandelt gegen Jörg K., Michael M. und Manfred S.

***Staatsanwalt:*** Den Angeklagten wird zur Last gelegt: 1. gemeinsamer Diebstahl eines Motorrades nach § 242 StGB, 2. unbefugter Gebrauch eines Fahrzeugs nach § 248 b StGB und 3. Sachbeschädigung nach § 303 StGB.

***Angeklagter Jörg K.:*** Am 5. April 2008 trafen sich Michael, Manfred und ich, um was gemeinsam zu unternehmen. Wir gingen zum Freizeitparadies. Dort entdeckten wir ein Motorrad, das nur mit einer Kette absperrt war. Die haben wir mit einem Bolzenschneider durchtrennt. Jeder von uns ist dann mal gefahren. Ich wollte dann schauen, wie schnell die Maschine geht. Dabei hat es mich geschmissen. Das kaputte Motorrad habe ich in einen Weiher geschoben. Zu Fuß bin ich dann heim.

***Zeuge:*** Alle drei Angeklagten standen um das Motorrad herum. Wer die Sicherungsvorrichtung durchtrennte, konnte ich nicht erkennen.

***Angeklagter Manfred S.:*** Die Idee hatte der Jörg. Er hatte auch den Bolzenschneider dabei. Ich und Michael mussten die Kette knacken.

***Richter:*** In der Akte des Angeklagten Jörg K. ist bereits ein Kaufhausdiebstahl im Mai 2007 und ein versuchter Einbruch im September 2007 vermerkt.

***Staatsanwalt:*** ... nicht gewirkt haben, beantrage ich, Jörg K. mit einem Arrest von drei Wochen und 50 Arbeitsstunden zu bestrafen ...

***Jörg K.:*** Ich sehe ein, dass es nicht in Ordnung war, was ich getan habe.

***Richter:*** Im Namen des Volkes ergeht folgendes Urteil:

**In der Strafsache gegen Jörg K., Michael M., Manfred S. ergeht folgendes Urteil:**
Der Angeklagte Jörg K. ist schuldig des schweren Diebstahls in zwei Fällen nach § 242, des Fahrens ohne Führerschein und der vorsätzlichen Sachbeschädigung. Der Angeklagte Michael M. ist schuldig ...

**Es werden verurteilt:**
Der Angeklagte Jörg K. zu einer Woche Jugendarrest. Zusätzlich erhält er die Weisung, während seiner Freizeit eine gemeinnützige Arbeit im Umfang von 40 Stunden zu erbringen. Die Arbeitsanweisungen sind mit 10 Stunden pro Woche nach Zuweisung der Einsatzstelle durch das Jugendamt abzuleisten. Der Angeklagte Michael M. zu einer ...

## Herr Müller erhebt Klage gegen Jörg

Die Verurteilung zu einer Woche Jugendarrest wegen Diebstahls hatte Jörg äußerst nachdenklich gemacht. Außerdem war Jörg überzeugt, dass er nach der Abbüßung seiner Strafe so bald nichts mehr mit einem Gericht zu tun haben werde.
Deshalb war er sehr verwundert, als er bereits wenige Tage nach seiner Verhandlung im Postkasten einen Brief von Herrn Müller, dem Besitzer des gestohlenen Motorrades, an das Amtsgericht Frankfurt vorfand.

*139.1 Herrn Müllers Motorrad bei der Reparatur*

Walter Müller
Waldstraße 12
Frankfurt

12.07.2008

An das
Amtsgericht Frankfurt

Hiermit reiche ich Klage ein gegen Herrn Jörg K. zur Wiedergutmachung eines Schadens.
Ich stelle den Antrag, den Beklagten zu verurteilen, an mich 850 Euro plus 7 % Zinsen hieraus seit 05.04.2008 zu zahlen.
**Begründung:** Am 05.04.2008 benutzte Jörg K. unbefugt mein Motorrad. Dabei stürzte er. Anschließend versenkte er das Motorrad in einem Weiher. Durch Nutzungsausfall und Reparatur entstanden mir die folgenden Kosten.
**Beweis:** Verhandlung des Jugendgerichts Frankfurt vom 02.07.2008
**Anlagen:** Rechnung des Motorrad-Centers für die Reparatur
Kostenaufstellung für Nutzungsausfall

Hochachtungsvoll
Walter Müller

*139.2*

Wie im Fall Jörg wird jede strafbare Handlung vom Staat verfolgt. Denn es liegt im „öffentlichen Interesse", Verfehlungen strafrechtlich zu verfolgen. Diese erfolgt durch den Staat mittels Strafrecht und ist im Strafgesetzbuch (StGB) ausgeführt (öffentliches Recht > Text 135.3).
Aber auch einzelne Personen tun sich gegenseitig häufig „Unrecht" an. Es liegt im Interesse des Einzelnen, private Ansprüche durchzusetzen. Dieser Bereich wird im Zivilrecht (Privatrecht) und vor allem im Bürgerlichen Gesetzbuch (BGB) geregelt (> Text 135.3).
Durch die Straftat von Jörg entstand Herrn Müller ein Schaden: Dessen Motorrad war defekt und er musste es zur Reparatur geben. Deshalb konnte er es zehn Tage lang nicht benutzen. So hatte für Jörg die Straftat also auch „zivilrechtliche" Folgen.
Jörg hat einen Schaden angerichtet und ist für die Folgen verantwortlich. Er muss also die 850 Euro bezahlen. Doch woher soll Jörg das Geld nehmen? Um seinen Anspruch durchsetzen zu können, erhob Herr Müller Klage gegen Jörg. Das Zivilgericht entschied: Jörg schuldet Herrn Müller 850 Euro zuzüglich fünf Prozent Zinsen. Die Abzahlung hat zu erfolgen, sobald Jörg eigenes Geld verdient. Der Anspruch hat 30 Jahre lang Bestand.

**AUFGABEN >>**

1. Begründet, warum Herr Müller vor dem Amtsgericht gegen Jörg Klage erhebt.
2. Beschreibt, was Herr Müller unternimmt, um seinen Anspruch durchzusetzen.
3. Was meint ihr zum Urteil des Zivilgerichtes? Tauscht eure Meinungen darüber aus und diskutiert sie.
4. Sammelt Zeitungsnotizen von Straftaten. Überlegt, welche zivilrechtlichen Folgen sich daraus ergeben.

140.1 *Stehlen als Mutprobe*

140.2 *Erziehungsberatungsstelle*

# Jörg K. – ein jugendlicher Straftäter

## So fing alles an ...

***Jörg erzählt:***

*„In der 5. und in der 6. Klasse ging ich mit meinen Kumpeln nach der Schule nur selten gleich nach Hause. Was sollten wir da auch anfangen, unsere Eltern waren ja sowieso den ganzen Tag arbeiten. So streiften wir fast den ganzen Nachmittag durch die Stadt.*

*Es begann eigentlich alles als ein blöder Spaß. Wir trödelten eines Tages wieder mal ziellos durch das Kaufhaus. Auf einmal haben wir gewettet, wer sich zu klauen traut. Wir vereinbarten, alles wieder zurückzubringen. „Stehlen", das wollten wir gar nicht. Wir wollten nur schauen, wer von uns am meisten Mut hat.*

*In der 7. Klasse haben mein Banknachbar Ingo und ich dann allerdings angefangen, richtig zu klauen. Wir wollten vor unseren Klassenkameraden angeben mit teuren Klamotten oder mit den neuesten Computerspielen.*

*Doch eines Tages wurden wir beim Klauen vom Kaufhausdetektiv erwischt. Er verständigte dann die Polizei. Die durchsuchte uns und fand bei mir die gestohlenen Sachen: Zwei CDs sowie einen Füller. Einer der Beamten nahm daraufhin unsere Personalien auf.*

*Anschließend lieferten uns die Polizisten zu Hause ab. Sie berichteten meiner Mutter, was vorgefallen war. Meine Mutter ist aus allen Wolken gefallen, als sie das hörte. Zum Schluss ersuchten dann die Polizisten meine Mutter, sie möge dafür sorgen, dass so etwas nicht wieder vorkommt."*

## Jörgs Mutter wendet sich an das Jugendamt

*„Die Polizei hat mir empfohlen, bei Ihnen vorzusprechen. Es geht um meinen Sohn. Die Polizisten meinten, sie würden mich beraten und könnten mithelfen, dass Jörg nicht auf die schiefe Bahn gerät."*

Der Sozialhelfer des Jugendamtes erkundigte sich zunächst nach Namen und Adresse. Dann bat er, ihm über das bisherige Leben von Jörg zu erzählen, damit er sich ein Bild zur Person machen könne. Jörgs Mutter berichtete: *„Wissen Sie, als Jörg fünf Jahre alt war, lernte mein Mann eine andere Frau kennen. Kurz danach verließ er uns. Die teure Mietwohnung konnte ich allein nicht mehr bezahlen. Ich suchte mir Arbeit und wurde Lagerarbeiterin. Zwei Jahre wohnten wir bei meiner Mutter in einem kleinen Zimmer. Als sie starb, war Jörg sieben Jahre. Jörg hing an seiner Oma, genauso wie an seinem Vater, der sich aber nach unserer Scheidung wenig um uns gekümmert hat. Da ich den ganzen Tag arbeitete, schickte ich Jörg nach der Schule in den Hort. Dort fühlte er sich nie wohl. Mit zehn Jahren ging er nicht mehr hin. Nun war Jörg nachmittags ohne Aufsicht. Wenn ich abends heimkam, war er selten da. Jörg hatte immer schlechtere Noten, wurde in der Schule immer lustloser ..."*

Nach dem Gespräch beim Jugendamt besuchten Jörg und seine Mutter regelmäßig eine Erziehungsberatungsstelle. Auch mit dem Mann vom Sozialamt traf sich Jörg einige Male, um sich mit ihm zu unterhalten. Jörg mied den Umgang mit den alten „Freunden". In der Schule wurde er wieder besser, erreichte das Klassenziel. Alles schien gut zu gehen ...

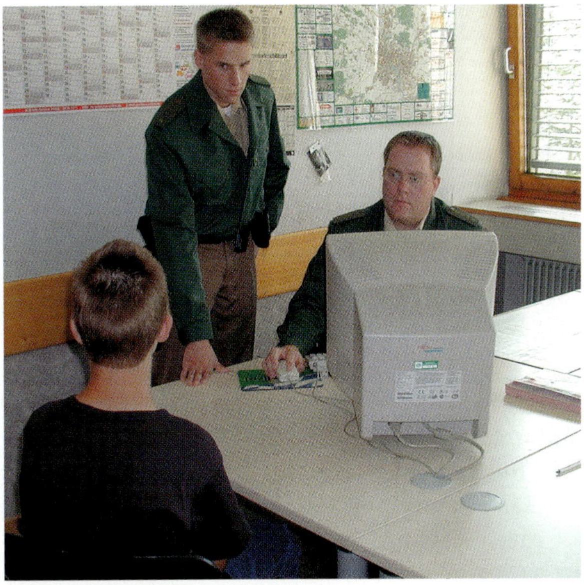

141.1 *Vernehmung bei der Polizei*

Staatsanwaltschaft Frankfurt 26.05.2008

Amtsgericht
Jugendschöffengericht

**Anklageschrift**

Jörg K., wohnhaft in Frankfurt,
Michael M., wohnhaft in Hofheim,
Manfred S., wohnhaft in Frankfurt,

werden angeklagt, in Frankfurt in der Zeit vom 5.4. bis zum 7.4.2008 fremde bewegliche Sachen anderen in der Absicht weggenommen zu haben, dieselben sich rechtswidrig anzueignen, wobei sie Sachen stahlen, die durch eine Schutzvorrichtung gegen Wegnahme besonders gesichert waren.

141.2 *Anklageschrift*

## Und so ging es weiter...

Als dann Jörg in der 9. Klasse war, kam es erstmals wieder zu heftigeren Auseinandersetzungen mit seiner Mutter. Immer wieder bat Frau K. ihren Sohn, am Abend früher heimzukommen und sich nicht so lange draußen herumzutreiben. Außerdem monierte sie, dass Jörg nach Rauch und manchmal nach Alkohol roch. „Ich bin doch kein kleines Kind mehr. Oder willst du, dass mich meine Freunde aus der Clique werfen?" Das war der einzige Kommentar von Jörg.

Und dann klingelte es eines Tages an der Haustüre. Zwei Polizisten baten darum, hereingelassen zu werden. Wo denn Jörg sei, wollten sie von Frau K. wissen. Sie teilten ihr mit, dass sie im Falle eines Motorraddiebstahls ermitteln. Ihre bisherigen Nachforschungen hätten ergeben, dass ihr Sohn bei diesem Diebstahl dabei gewesen sei. Deshalb werde jetzt gegen ihn ermittelt.

In diesem Augenblick wurde die Haustüre aufgesperrt und Jörg kam in die Wohnung. Er wurde ziemlich kleinlaut, als ihm die Polizisten seine Beteiligung auf den Kopf zusagten. „Ja, ich gebe zu, dass ich bei der Sache dabei war", stotterte er.

Zwei Tage später wurde Jörg auf der Polizeiwache vernommen. Wer außer ihm noch bei der Sache am 5. April 2008 beteiligt war, wer die Idee zum Diebstahl hatte, wer das Sicherheitsschloss aufsägte, wer mit dem Motorrad fuhr und wohin. Bis ins kleinste Detail musste Jörg die Fragen der Polizeibeamten beantworten. Und dann fragten die Polizisten auch noch nach, wie das denn mit dem Einbruch ins Sportheim war ...

## Der Staatsanwalt erhebt Anklage gegen Jörg

Jörg war ernsthaft mit dem Gesetz in Konflikt gekommen, denn im Strafgesetzbuch (StGB) ist vermerkt:

*§ 242 Diebstahl*

*(1) Wer eine fremde bewegliche Sache einem anderen in der Absicht wegnimmt, die Sache sich oder einem Dritten rechtswidrig zuzueignen, wird mit Freiheitsstrafe bis zu fünf Jahren oder mit Geldstrafe belegt.*

*(2) Der Versuch ist strafbar.*

*§ 243. Besonders schwerer Fall des Diebstahls*

*(1) In besonders schweren Fällen wird der Diebstahl mit Freiheitsstrafe von drei Monaten bis zu zehn Jahren bestraft. Ein besonders schwerer Fall liegt in der Regel vor, wenn der Täter zur Ausführung der Tat in ein Gebäude, einen Dienst- oder Geschäftsraum oder in einen anderen umschlossenen Raum einbricht, einsteigt ...*

Nach zwei Wochen erhielt Jörg die Benachrichtigung, dass die Staatsanwaltschaft gegen ihn Anklage erhoben hat. In dem Schreiben wurde ihm weiterhin mitgeteilt: „Die Verhandlung vor dem Jugendgericht findet am 02.07.2008 im Sitzungssaal am Amtsgericht Frankfurt statt. Beginn 8:30 Uhr.

**AUFGABEN >>**

1 Beschreibt, wie Jörg zum Straftäter wurde. Arbeitet Gründe und Motive für sein Handeln heraus.

2 Zeigt auf, welche Ereignisse die Entwicklung Jörgs belasteten und mit welchen Schwierigkeiten Jörg in seinem bisherigen Leben fertig werden musste.

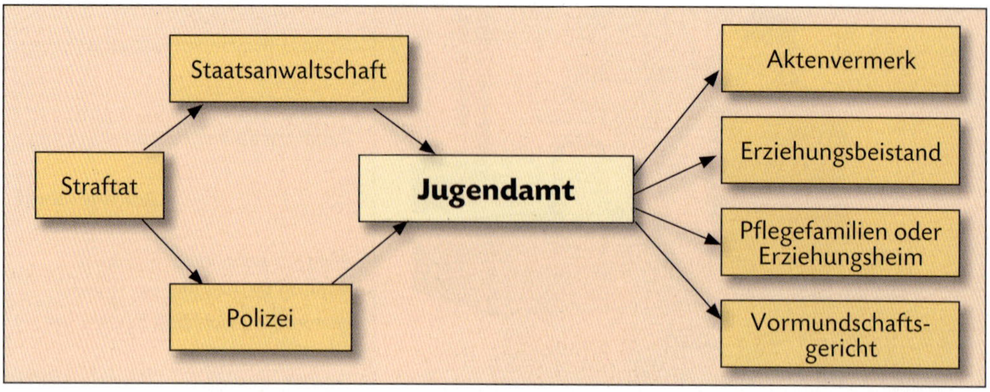


*142.1 Mögliche Maßnahmen bei Straftätern unter 14 Jahren*

# Das Jugendstrafrecht – Sinn und Maßregeln

### Warum gibt es ein eigenes Jugendgericht?

Jugendlichen Straftätern wie Jörg (> S. 138-141) begegnet der Staat mit einer gewissen Nachsicht. Nicht die Bestrafung, sondern die Wiedereingliederung in die Gemeinschaft wird als vorrangiges Ziel gesehen. Aufgabe ist es demnach, weitere Straftaten zu verhindern. Für Minderjährige (14- bis 18-Jährige) sowie für Heranwachsende (18- bis 21-Jährige) gibt es deshalb das Jugendstrafrecht. Die grundlegenden Regeln des Strafgesetzbuches gelten natürlich auch hier. Das Strafverfahren jedoch ist besonders gestaltet:

Bei Verhandlungen berücksichtigen die Richter, dass die Straftaten junger Menschen meist entwicklungsbedingt (> S. 140) sind. Nach einer Anzeige führt deshalb ein im Umgang mit Jugendlichen besonders geschulter Staatsanwalt die Ermittlungen durch: der Jugendstaatsanwalt. In seinem Auftrag untersucht die Polizei die Umstände der Tat oder vernimmt den Beschuldigten.

Auch eine Jugendgerichtshilfe wird eingeschaltet. In der Jugendarbeit erfahrene Personen berichten der Staatsanwaltschaft und später dem Gericht über die Persönlichkeit des Jugendlichen, seine Entwicklung und seine Lebensumstände. Auch vor Gericht begleitet die Jugendgerichtshilfe den Jugendlichen.

### Maßnahmen, wenn der Täter noch nicht strafmündig ist

„Mir kann nichts passieren", meint Ralf, als ihn die Polizei bei einem Automatenbruch erwischt, „ich bin nämlich noch keine 14". Hat Ralf Recht?

Stellt die Polizei bei ihren Ermittlungen fest, dass jemand eine strafbare Handlung begangen hat, meldet sie den Fall der Staatsanwaltschaft, unabhängig vom Alter des Täters. Bei Kindern unter 14 kann keine Anklage erhoben werden. Damit kommt es auch zu keiner Gerichtsverhandlung.

Halten sie es für nötig, verständigen die Polizei oder der Staatsanwalt das Jugendamt. Dieses kümmert sich um den Fall und macht einen Aktenvermerk: Die Personalien des Täters und die Straftat werden notiert. Fällt das Kind in Zukunft nicht mehr auf, bleibt es bei dem Aktenvermerk. Genauere Nachforschungen erfolgen, wenn sich ein Kind weiterhin rechtswidrig verhält. Das Jugendamt informiert sich dann über die Familie, die Schulsituation und den Freundeskreis. Es wird geprüft, ob die Eltern eventuell mit der Erziehung überfordert sind.

Dem Kind und den Eltern kann ein Erziehungsbeistand zugesprochen werden. Das ist eine Person, die das Kind und die Eltern unterstützt. Möglich ist auch, das Kind in einer Pflegefamilie oder in einem Erziehungsheim unterzubringen. In schwierigen Fällen kann dies gegen den Willen der Eltern angeordnet werden. Dazu muss das Vormundschaftsgericht eingeschaltet werden (Fürsorgeerziehung).

**AUFGABEN >>**

1. Beschreibt Ziel und Aufgabe des Jugendstrafrechts. Begründet, warum es eigene Jugendgerichte gibt.
2. Erläutert mithilfe von Abb. 142.1 und des Textes, wie mit strafunmündigen Kindern verfahren werden kann. Was soll mit den einzelnen Maßnahmen erreicht werden?
3. Versetzt euch in die Lage eines Mitarbeiters der Jugendgerichtshilfe. Berichtet dem Staatsanwalt über die Persönlichkeit von Jörg K. (> S. 138-141), über seine Entwicklung und über seine Lebensumstände

**Tageseinteilung an Werktagen**
*6:30 Uhr* Wecken
(samstags und sonntags 8:00 Uhr)
*7:30 – 11:55 Uhr*
Arbeitszeit (freitags bis 12:40 Uhr)
*11:55 – 12:25* Mittagspause
*12:25 – 16:30 Uhr*
Arbeitszeit (montags bis donnerstags)
*ab 17:00* Abendessen
anschließend Freizeit
*21:00 Uhr* Einschluss
(dienstags *20:00 Uhr*)
Freistunde: Aufenthalt im Freien
(täglich eine Stunde)

143.1 *In einer Jugendstrafanstalt*

## Mögliche Maßnahmen bei Straftaten von Jugendlichen

Jugendliche können im Vergleich zu Kindern schon besser übersehen, ob und wann sie etwas Unrechtes getan haben. Deshalb werden sie auch bereits zur Rechenschaft gezogen und müssen sich für das begangene Unrecht verantworten.
Auch die Maßnahmen gegen Jugendliche sollen in erster Linie der Erziehung dienen. Sie verfolgen den Zweck, ihnen das Unrecht ihrer Tat deutlich vor Augen zu führen. Alle Maßnahmen sollen erreichen, dass die Jugendlichen keine weiteren Straftaten mehr begehen. Vom Jugendgericht können dazu verschiedene Maßnahmen gegen Jugendliche verhängt werden (Tab. 143.2).

**AUFGABEN >>**

1 Das Jugendstrafrecht kennt drei Arten von Maßregeln. Zählt sie auf.
2 Ordnet den drei Arten einzelne Maßnahmen zu.
3 Begründet den Unterschied der drei Arten und erläutert Sinn und Zweck einzelner Maßnahmen.
4 Schildert mithilfe der Abb. 143.1 das Leben in einer Jugendstrafanstalt. Tauscht eure Meinungen über den „Erfolg" von solchen Inhaftierungen aus.
5 Um die Kriminalität von Minderjährigen einzudämmen, wird in der Öffentlichkeit überlegt, die Strafmündigkeit auf 12 Jahre zu senken. Was meint ihr dazu? Besprecht in der Klasse das Für und Wider.

| Erziehungsmaßregeln | Zuchtmittel | Jugendstrafe |
|---|---|---|
| *Weisungen für die Lebensführung:*<br>Der Jugendliche wird z. B. angehalten, eine bestimmte Ausbildungs- oder Arbeitsstelle anzunehmen, oder ihm wird vorgeschrieben, bestimmte Gaststätten, Lokale oder Orte nicht zu besuchen, oder ihm wird nahegelegt, den Kontakt zu bestimmten Personen oder Personengruppen abzubrechen. | *Verwarnung:*<br>Dem Jugendlichen wird eindringlich das Verwerfliche seines Handelns vor Augen geführt.<br>*Auflagen:*<br>Der Jugendliche muss ganz bestimmte Handlungen ausführen; z. B. sich beim Geschädigten entschuldigen, den angerichteten Schaden wiedergutmachen, einen Betrag an eine gemeinnützige Einrichtung zahlen.<br>*Jugendarrest:*<br>Der Jugendliche muss seine Freizeit in einer Arrestzelle verbringen; z. B. Kurzarrest bis zu 6 Tagen, Dauerarrest bis zu vier Wochen. | *Freiheitsentzug*<br>Der Jugendliche kommt in eine Jugendstrafanstalt.<br>z. B. bei schwerwiegenden Straftaten oder bei Wiederholungstätern werden Jugendliche für die Dauer von mindestens 6 Monaten bis höchstens 5 Jahren inhaftiert (in Ausnahmefällen, d. h. in besonders schweren Fällen ist eine Haftdauer bis zu 10 Jahren möglich). |

143.2

## Streitfall: Jugendkriminalität und Resozialisierung

### Ein Jugendrichter nimmt die Gesellschaft in die Pflicht

„Regelverstöße“, sagt ein Frankfurter Jugendrichter, der täglich mit solchen beschäftigt ist, „muss man hinter sich haben, um zu lernen, was Gewissen ist.“
Aber was, wenn die Straffälligkeit immer härter wird, wie der Jurist sagt? Wie soll man mit einer Gruppe umgehen, die „hochproblematisch“ ist? Der Richter hat auch keine Lösungen, nur Erfahrungen aus der täglichen Praxis, die Verallgemeinerungen erlauben.
Es gibt zu viele Schlüsselkinder, eine Entwicklung, die nicht umkehrbar ist. „Die Familie als schützenden Raum gibt's oft nicht mehr. Kinder und Jugendliche“, so die Beobachtung des Jugendrichters, „sind sich oft selbst überlassen. Sie probieren die Freiheit aus, ohne dass jemand die Grenzen dieser Freiheit aufzeigt.“
Es gibt keine Vorbilder, keine Anleitung, der Erfolg von Erfolg zu unterscheiden hilft. „Erfolg ist erst mal wertfrei, und wenn es der erfolgreiche Bruch ist. Wenn ein Industrieland Zwänge schafft, muss es auch die Folgen tragen“, meint der Jurist. Er fordert Ganztagsschulen, mehr Betreuungsangebote und meint: „Dies ist kein Familienersatz, kein Ersatz für elterliche Fürsorge, aber die Mindestforderung an eine Gesellschaft, die Kinder bei der Aneignung von „Lebenswirklichkeit“ nicht allein lässt.“

*144.1 Aus einem Zeitungsbericht*

*„Wenn ich so was lese, habe ich den Eindruck, als solle die Jugendkriminalität entschuldigt werden.“*

*„Wieso entschuldigt? Der Richter nennt aus seiner Erfahrung Ursachen, z.B. dass bei jugendlichen Tätern oft die Familie versagt hat. Das hören Eltern natürlich nicht gerne, weil es sie an ihre Erziehungsverantwortung erinnert!“*

*„Kann schon sein, dass ein Jugendlicher, der geklaut hat, ein Schlüsselkind war. Aber entschuldigt das die Tat? Warum sagt der Jugendliche nicht: Ich darf das nicht – egal, ob ich viel allein war oder nicht.“*

*„Das ist es ja: Weil die Erziehung versagt hat, stellt sich der Jugendliche diese Frage nicht! Die Eltern haben ihrem Kind keine Wertmaßstäbe vermittelt, die es Recht von Unrecht unterscheiden lassen.“*

*„Also müsste man eigentlich die Eltern für das Klauen bestrafen! Oder die Gesellschaft, weil sie dem jugendlichen Täter nicht den Besuch einer Ganztagsschule mit Betreuungsangebot finanziert hat!“*

*„Na, das ist aber übertrieben! Natürlich wird nicht jedes Schlüsselkind kriminell. Da kommt es immer auf die individuellen Umstände an.“*

*„Das meine ich doch! Ob man kriminell wird oder nicht, hängt letztlich vom eigenen Willen, von der eigenen Entscheidung ab. Das hat nichts mit der Gesellschaft zu tun!“*

*„Falsch! Die individuelle Entwicklung ist immer eingebettet in ...“*

**AUFGABEN >>**

1 Was ist hier die Streitfrage? Nennt die beiden unterschiedlichen Positionen. Wie ist eure Meinung?
2 Gebt die wichtigsten Aussagen von Text 144.1 wieder. Legt eure eigene Position dar.

## Der Täter-Opfer-Ausgleich – eine Maßnahme zur Resozialisierung

Bei der Bestrafung von Jugendlichen steht der Gedanke der **Resozialisierung** im Vordergrund. Jugendliche Rechtsbrecher sollen durch erzieherische Maßnahmen wieder auf den rechten Weg gebracht werden.

Das Jugendgerichtsgesetz sieht daher vor der Verhängung von Freiheitsstrafen eine breite Palette anderer Maßnahmen vor, z. B. die Verpflichtung zu gemeinnütziger Arbeit oder die Teilnahme an einem sozialen Trainingskurs. Eine weitere Maßnahme ist der **Täter-Opfer-Ausgleich**.

**Der Täter-Opfer-Ausgleich bietet ...**

... die Möglichkeit, den durch die Straftat entstandenen Konflikt zwischen Täter und Opfer durch persönlichen Einsatz des Täters schnell und ohne Belastung der Gerichte zu bereinigen. Diese zuerst im Jugendstrafrecht erfolgreich erprobte Möglichkeit gibt es seit 1994 auch im Erwachsenenstrafrecht.

**Eingeleitet wird ...**

... der Täter-Opfer-Ausgleich durch die Staatsanwaltschaft oder das Gericht. Kommt ein Staatsanwalt oder Richter zum Ergebnis, dass ein Täter-Opfer-Ausgleich infrage kommt, beauftragt er einen Träger der Jugendhilfe mit der Durchführung. Dieser verfügt über Ausgleichsstellen, in denen z. B. Sozialarbeiter oder Psychologen als Konfliktberater tätig sind.

**Die Konfliktberater ...**

... führen in der Regel zuerst ein getrenntes Gespräch mit dem Opfer und dem Beschuldigten, um die subjektiven Erwartungen und Empfindungen der Beteiligten kennen zu lernen und die Regeln eines Ausgleichsgesprächs zu erklären. Als nächster Schritt schließt sich das gemeinsame Ausgleichsgespräch an. Dabei wird eine außergerichtliche Versöhnung einschließlich einer Verabredung zur Schadenswiedergutmachung angestrebt.

Die Vorteile eines Täter-Opfer-Ausgleichs sind ...

... für das Opfer: Es kann den Beschuldigten mithilfe eines neutralen Vermittlers unmittelbar mit den psychischen und physischen Folgen der Straftat konfrontieren. Die materiellen Folgen können durch eine Schadenswiedergutmachung begrenzt werden.

... für den Täter: Er kann dazu beitragen, den entstandenen Schaden zu begrenzen und wiedergutzumachen, und er hat die Gelegenheit, sich glaubhaft zu entschuldigen. Abhängig vom Einzelfall kann das Verfahren durch Staatsanwaltschaft oder Gericht eingestellt oder die Strafe abgemildert werden.

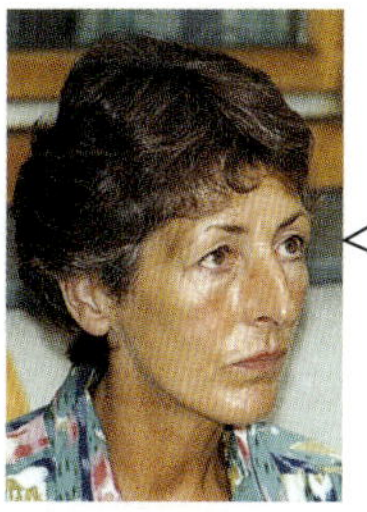

*„Das ist ja das Letzte! Da wird einem was gestohlen – und dann soll alles durch einen Händedruck erledigt sein? Wer mir etwas antut, der soll hart bestraft werden – mit dem will ich keine freundlichen Worte wechseln!"*

*„Seinem Opfer in die Augen schauen, sich entschuldigen – das ist doch für Jugendliche oft eine härtere Strafe als zwei Tage Jugendarrest. Und wenn man z.B. der Oma, die beklaut wurde, im Haushalt oder bei der Gartenarbeit helfen muss und sie persönlich kennen lernt, schämt man sich wirklich für seine Untat."*

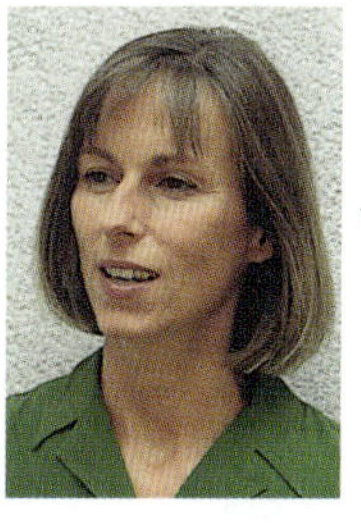

*„Ich habe Zweifel, ob Rechtsbrecher durch ein Ausgleichsgespräch mit dem Opfer gebessert werden können. Beim Gespräch gibt sich der Täter nach außen zerknirscht, innerlich grinst er aber über die lasche Gesellschaft. Und fünf Tage später ist der nächste Diebstahl fällig."*

*„Oft beginnen kriminelle Karrieren mit einer kleinen Tat. Dann ist man vorbestraft, findet sich später nicht mehr zurecht, begeht die nächste Tat. Durch den Täter-Opfer-Ausgleich kann so ein Kreislauf verhindert werden."*

**AUFGABEN >>**

1 Was soll durch den Täter-Opfer-Ausgleich erreicht werden?

2 Welche Meinungsäußerung entspricht am ehesten eurer Einstellung? Was würdet ihr den anderen Meinungen entgegenhalten?

## Zusatzthema: Rechte und Strafen – früher und heute

**1** Die Folter darf angewendet werden, wenn bei einem Prozess der Angeklagte hartnäckig die ihm vorgeworfene Straftat leugnet, das Gericht jedoch Zweifel an seiner Unschuld hat.

**2** Der Betriebsrat überwacht als Interessenvertretung der Arbeitnehmer die Einhaltung der Gesetze und hat Mitbestimmungsrechte.

**3** Keine Regelung

**4** Die Kleiderordnungen schreiben vor, dass sich jeder gemäß seines Standes zu kleiden hat. So ist in einer Stadt den Handwerksgesellen verboten, gefärbte Schuhe mit Spitzen und Schnäbeln zu tragen.

**5** Der Angeklagte hat beim Prozess das Recht, die Aussage zu verweigern.

**6** Der Fabrikbesitzer legt die Arbeitsbedingungen seiner Arbeiter – z.B. Arbeitszeit, Kündigung, Urlaub – nach eigenem Gutdünken fest.

**7** Unehelichkeit ist ein Makel für das ganze Leben. So kann ein unehelich Geborener weder die Bürgerrechte erlangen noch in eine Zunft aufgenommen werden.

**8** An Kreuzungen gilt der Grundsatz „rechts vor links", außer die Vorfahrt ist durch Verkehrzeichen, Lichtsignale oder Polizeibeamte anders geregelt.

**9** Niemand darf wegen seiner Abstammung benachteiligt oder bevorzugt werden.

**10** Zur Regelung der Vorfahrt auf Straßen gilt, dass der leere Wagen den beladenen, der leicht beladene den schwer beladenen, der Reiter den Wagen und der Fußgänger den Reiter vorbeilassen muss.

**11** Jeder hat das Recht auf freie Entfaltung seiner Persönlichkeit. Daher gibt es keine Vorschriften zur Kleidung.

**12** Die Verwendung von Pflanzenschutzmitteln in oder unmittelbar an Gewässern ist verboten.

*146.1 Bei der Ermittlung von Straftaten: Folter im Mittelalter und Polizeivernehmung heute*

Über den Wandel im Recht lässt sich viel erfahren, wenn ihr ältere Menschen befragt. Sie erinnern sich oft noch daran, wo es zu Veränderungen kam.
Wenn ihr dazu eine Befragung in der Klasse durchführen wollt, so könnt ihr eure Ergebnisse auf einem Wandplakat zusammenstellen. Ihr könnt auch gemeinsam überlegen, worin wohl die Gründe für diese Veränderungen liegen.

**Aus Ninas Befragung ihres Großvaters:**
*„Kannst du dich an rechtliche Veränderungen erinnern?" „Klar, Nina. 1944 musste ich zum Militär, da gab es noch nicht das Recht auf Kriegsdienstverweigerung. Und als ich 1951 deine Großmutter geheiratet habe, war gesetzlich vorgeschrieben, dass sie meinen Namen bekommt. Heute kann jeder Verheiratete seinen Namen behalten. Und die Öffnungszeiten der Geschäfte waren auch anders geregelt."*

**AUFGABEN >>**

1 Bei den 12 Aussagen geht es um sechs verschiedene Sachverhalte. Eine Aussage ist von früher und eine von heute. Welche Zahlenpaare gehören zusammen?
2 Führt eine Befragung Älterer zum Thema „Recht früher und heute" durch.

# Zusatzthema: Jugendschutzgesetz

**Stefanie** (15 Jahre) möchte am Abend in die Disco zum Tanzen gehen. Damit ihre Eltern nicht dagegen sind, hat sie versprochen, um 22 Uhr zu Haus zu sein.

**Alex** (13 Jahre) findet nach der Schule einen Zettel auf dem Küchentisch. Darauf steht, dass seine Eltern überraschend einen Krankenhausbesuch machen mussten. Er solle zum Abendessen in die Gaststätte gehen.

**Ulrike** und **Burcu** (beide 14 Jahre) wollen auf die Disco-Party des Stadtjugendrings, die am Freitagabend im Jugendclub stattfindet. Sie wollen bis 22 Uhr bleiben.

**Carsten** (16 Jahre) will mit seinen Freunden in einem Billard-Café feiern. Er will bis 23 Uhr bleiben. Carsten hat auch versprochen, eine Runde Whisky auszugeben.

**§ 4 Gaststätten**

(1) Der Aufenthalt in Gaststätten darf Kindern und Jugendlichen unter 16 Jahren nur gestattet werden, wenn eine personenberechtigte oder erziehungsbeauftragte Person sie begleitet oder wenn sie in der Zeit zwischen 5 Uhr und 23 Uhr eine Mahlzeit oder ein Getränk einnehmen. Jugendlichen unter 16 Jahren darf der Aufenthalt in Gaststätten ohne Begleitung ... in der Zeit von 24 Uhr und 5 Uhr nicht gestattet werden.

(2) Absatz 1 gilt nicht, wenn Kinder oder Jugendliche an einer Veranstaltung eines anerkannten Trägers der Jugendhilfe teilnehmen oder sich auf Reisen befinden.

**§ 5 Tanzveranstaltungen**

(1) Die Anwesenheit bei öffentlichen Tanzveranstaltungen ohne Begleitung einer personenberechtigten oder erziehungsberechtigten Person darf Kindern und Jugendlichen unter 16 Jahren nicht und Jugendlichen ab 16 Jahren längstens bis 24 Uhr gestattet werden.

(2) Abweichend von Absatz 1 darf die Anwesenheit von Kindern bis 22 Uhr und Jugendlichen unter 16 Jahren bis 24 Uhr gestattet werden, wenn die Tanzveranstaltung von einem anerkannten Träger der Jugendhilfe durchgeführt wird oder der künstlerischen Betätigung oder der Brauchtumspflege dient.

**§ 9 Alkoholische Getränke**

(1) In Gaststätten, Verkaufsstellen oder in der Öffentlichkeit dürfen

1. Branntwein, branntweinhaltige Getränke oder Lebensmittel, die Branntwein in nicht nur geringfügiger Menge enthalten, an Kinder und Jugendliche,

2. andere alkoholische Getränke an Jugendliche unter 16 Jahren weder abgegeben noch darf ihnen der Verzehr gestattet werden.

*147.1 Aus dem Jugendschutzgesetz*

*147.2 Aus einem Computerspiel*

## Neue Bestimmungen im Jugendschutz

Seit 2003 gilt ein neues Jugendschutzgesetz. Neue Bestimmungen sollen Jugendlichen den Zugang zu Gewalt verherrlichenden Spielen und Videos, erschweren.

- Wie schon für Filme und Videos, wird auch für Computerspiele eine Altersfreigabe eingeführt: freigegeben ab 6, 12, 16 oder 18 Jahren. Die Videospiele dürfen nur an Jugendliche abgegeben werden, die das erlaubte Alter haben. Verstößt ein Händler gegen diese Bestimmung, wird er mit einem Bußgeld bestraft. Die Alterskennzeichnung der Spiele muss auf der Hülle und direkt auf dem Datenträger ersichtlich sein.
- Schon bisher konnte die Bundesprüfstelle jugendgefährdende Medien auf den „Index" setzen. Was auf dieser Liste steht, darf nicht an Jugendliche verkauft oder verliehen werden. Die Bundesprüfstelle kann von sich aus und ohne Antrag prüfen.
- Bücher, Videos, CDs und DVDs, die den Krieg verherrlichen oder Gewaltdarstellungen zeigen, sind für Kinder und Jugendliche grundsätzlich verboten, also auch ohne Indizierung durch die Bundesprüfstelle.

**AUFGABEN >>**

1 Untersucht die vier Fälle: Was bestimmt jeweils das Jugendschutzgesetz?

2 Bei Verstößen gegen das Jugendschutzgesetz werden nicht die Jugendlichen bestraft, sondern die Erwachsenen, z. B. Wirte, Veranstalter. Wie ist das zu erklären?

3 Notiert stichwortartig, wie durch das neue Jugendschutzgesetz versucht wird, Jugendliche vor Gewaltdarstellungen zu schützen.

4 Der 15-jährige Sven wird von einem Klassenkameraden zu einem Computerspiel eingeladen. Sven merkt rasch, dass es sich um ein Gewalt verherrlichendes Spiel handelt. Wie sollte sich Sven verhalten?

## Was erwarten andere von mir?

### Aus Lenas Tagebuch

Lena ist 14 Jahre alt und geht in die 8. Klasse der Gesamtschule. Jeden Tag schreibt sie in ihr Tagebuch, was sie bewegt.

*148.1 Lena*

**Montag 3.3.**
Mama hat mir verboten, mit Susi und Anja ins Kino zu gehen. Sie sagte was von „schlechter Umgang" und so, dabei kennt sie die beiden gar nicht richtig! Unsere Nachbarin, Frau Bauer, hat Susi neulich beim Rauchen im Park gesehen. Wahrscheinlich denkt Mama jetzt, dass ich dann auch rauche.

**Dienstag 4.3.**
Erst der verpatzte Tag gestern und dann hab ich heute eine Fünf in Mathe rausbekommen. Das kann nur mir passieren! Bloß nicht Mama sagen, die flippt dann nur völlig aus. Am Abend fortgehen kann ich mir dann wohl für einige Zeit abschminken.

**Donnerstag 6.3.**
Tja, das war's dann für heute. Mein Mathelehrer hat angerufen und gefragt, warum die Fünf nicht unterschrieben sei. Jetzt ist hier die Hölle los! Die Schule nervt total! Dieses dauernde „wir wollen ja nur dein Bestes" kann ich auch nimmer hören. Woher wollen alle wissen, was mein Bestes ist? Das Beste war ein Leben ohne Stress!

**Donnerstag 13.3.**
Eine Woche Hausarrest ist endlich vorbei! Währenddessen scheint „draußen" viel passiert zu sein. Martin, Susis Bruder, gehört jetzt zu der Clique aus der 9b. Die rauchen und kiffen heimlich im Park. Da ist meistens auch der süße Paul mit dabei!

**Freitag 14.3.**
War heute mit Susi im Park und habe dort Martin und Paul getroffen. Der ist ja sooo niedlich! Als er mich gefragt hat, was ich für Musik höre, habe ich nur gestottert und ein peinliches „natürlich Tokio Hotel" herausgebracht. Bestimmt hält mich Paul jetzt für kindisch.

**Montag 17.3.**
Nachdem ich mich am Freitag so blamiert habe, hat mich heute Paul im Pausenhof nicht mal angesehen. Alles vorbei! Ich bin völlig verzweifelt. Susi drängt mich, dass ich zu ihm gehe. Mache ich aber nicht! – Mama will auch ständig was von mir, dass ich Mathe lernen soll, dass ich ihr in der Küche helfe und so weiter. Und Papa will ohnehin, dass ich in der Schule besser werde. Und dann soll ich auch noch zu den Nachbarn freundlicher sein, besonders zu Frau Bauer. Die kann ich aber überhaupt nicht leiden! Nur was ich will, das fragt keiner. Ich fühle mich wie eine Marionette ...

**AUFGABEN >>**

1 Arbeitet die Probleme heraus, die Lena mit den verschiedenen Personen hat.

2 Überlegt, worauf diese Probleme zurückzuführen sind.

3 Erklärt, warum sich Lena wie eine Marionette fühlt.

***Lena:***
*„Ich denke, dass ich ein fröhlicher und ehrlicher Mensch bin. Meist komme ich mit den anderen aus. Eigentlich geh ich gern in die Schule – nur Klassenarbeiten mag ich nicht so. Jungs gegenüber bin ich eher schüchtern. Am wichtigsten sind mir meine Freunde, besonders Susi. Ihr kann ich alles anvertrauen. Mit meinen Eltern hab ich zurzeit viel Stress. Nie nehmen sie mich und meine Probleme ernst."*

***Susi:***
*„Lena ist meistens lustig, doch wenn sie schlechte Laune hat, ist sie unerträglich. Wir können aber immer über alles quatschen."*

***Lenas Mutter:***
*„Lena war früher viel ehrlicher zu uns, in letzter Zeit verheimlicht sie uns viel. Irgendwie haben wir den Kontakt zu ihr verloren."*

***Lenas Vater:***
*„Lena war früher immer so fröhlich, heute ist sie oft patzig und unhöflich. Ich weiß auch nicht, was in ihr vorgeht. Außerdem sollte sie mehr für die Schule tun. Sie begreift nicht, wie wichtig das Lernen ist. Ich glaube, sie geht nicht mehr gern in die Schule."*

***Paul:***
*„Lena ist eigentlich sehr sympathisch, ich werde aber nicht schlau aus ihr. Mal ist sie kindisch, dann wieder nett. An einem Tag spricht sie mit mir und am nächsten Tag benimmt sie sich sonderbar."*

**Was denkt ihr über euch?**
Hier folgt eine Liste von Adjektiven, die vielleicht auch auf euch zutreffen. Notiert die Eigenschaften, die eurer Meinung nach auf euch zutreffen. Ihr könnt außerdem Eigenschaften notieren, die nicht auf der Liste stehen.
Bittet dann einen Freund oder eine Freundin, ihre Meinung über euch aufzuschreiben. Vergleicht eure Einschätzungen und sprecht darüber.
sportlich – liebevoll – selbstständig – stolz – nett – mitteilungsfreudig – mitmenschlich – einfühlsam – friedlich – modebewusst – politisch interessiert – pünktlich– ordentlich – zuverlässig – verrückt – anpassungsfähig – rebellisch – rücksichtsvoll – verständnisvoll – tolerant – kritisch – glücklich – zickig – sparsam – gepflegt – sensibel – kreativ – verschwiegen – flippig – demokratisch – lustig – religiös – gut informiert – selbstbewusst – konsequent – clever –fröhlich–freundlich–gut gelaunt–großzügig – egoistisch – kleinlich – intelligent – tollpatschig – geschwätzig –nachtragend – vermittelnd – witzig

**AUFGABEN >>**

1. Wie sieht sich Lena, wie sehen sie die anderen Personen?
2. Wo gibt es Gemeinsamkeiten in der Einschätzung von Lena, wo Unterschiede?

# Jugendliche in ihrer Peer Group

*„Die Jugend von heute liebt den Luxus, sie hat schlechte Manieren und verachtet die Autorität. Sie widersprechen ihren Eltern, sie legen die Beine übereinander und tyrannisieren ihre Lehrer."*

*150.1 Der Philosoph Sokrates*

Den nebenstehenden Satz des griechischen Philosophen Sokrates (470-399 v. Chr.) haben wahrscheinlich schon Tausende von Jugendlichen in unterschiedlicher Form und zu unterschiedlichsten Zeiten gehört. Der Vorwurf gegenüber den Jugendlichen ist uralt, doch seine Aussage beschreibt immer wieder die aktuelle Situation von Generation zu Generation.
Heute spricht man meistens nicht mehr pauschal von der Jugend, sondern von Jugendgruppen. Wissenschaftler schätzen, dass es allein in Deutschland weit über 300 verschiedene Jugendkulturen gibt.
Was verstehen Gesellschaftswissenschaftler unter einer Gruppe? Zunächst besteht eine Gruppe aus drei oder mehr Personen. Die Erwartungen an die Mitglieder einer Gruppe sind sehr unterschiedlich. Denn nicht jeder Mensch, mit dem man zu tun hat, ist auch ein Freund. Oft sind in der Gruppe nur flüchtige Bekannte, nicht immer gibt es enge und gefühlsmäßige Bindungen. In einer Gruppe sind bestimmte Einstellungen und Verhaltensweisen erwünscht, andere nicht. Vom Einzelnen wird erwartet, dass er sich entsprechend verhält. Gruppen haben also ein „Wir-Gefühl".
Das Bewusstsein für eine bestimmte Gruppe verändert sich mit der Zeit: Denn jeder Mensch gehört im Verlauf seines Lebens verschiedenen Gruppen an. Es beginnt mit der Kleingruppe Familie, später gehört der Einzelne zu Gruppen im Kindergarten, in der Schulklasse, in der Clique.

- sozial Benachteiligten helfen
- Teamfähigkeit zeigen
- seine Bedürfnisse durchsetzen
- Fantasie entwickeln
- Zuhören bei Problemen
- finanzielle Unterstützung
- faires Verhalten
- Schutz und Geborgenheit bieten
- Hilfsbereitschaft und Solidarität erfahren
- Ermutigung bekommen
- Trost und Verständnis finden
- Austausch von Informationen
- andere Meinungen tolerieren
- das Leben voll genießen
- fleißig und ehrgeizig sein
- Regeln respektieren
- Nähe und Zärtlichkeit finden ...

*150.2 Welche Werte und Normen könnten in einer Gruppe erwartet werden? (Beispiele)*

**Peer Group? – Clique? – Gang?**

Der Begriff Peer Group stammt aus dem Englischen und bezeichnet eine Gruppe von gleichaltrigen Jugendlichen, die vornehmlich ihre eigenen Gruppeninteressen verfolgt. Beim Übergang von der familienorientierten Kindheit zum Erwachsenendasein orientieren sich Jugendliche meist an einer Peer Group.
Manchmal werden solche Gruppen auch als Cliquen bezeichnet. Dieses Wort stammt aus dem Französischen und bedeutet übersetzt so viel wie „Klüngel" oder „Bande". Der Begriff wird dort also eher abschätzig verwendet. Meistens verstehen heute Jugendliche unter Clique ganz einfach ihren Freundes- und Bekanntenkreis.
Der Begriff Gang wird in der Regel negativ verwendet: Denn man versteht darunter eine organisierte Gruppe von Menschen, die sich kriminell oder gewalttätig verhält.

*150.3 Peer Group, Clique, Gang – sind das gleichbedeutende Begriffe?*

*151.1–4 Wozu gehöre ich?*

## Die Peer Group

Die Mitglieder einer Peer Group verfolgen – im Gegensatz zur kindlichen Freundschaft – ein gemeinsames Ziel. Sie halten zusammen, übernehmen gruppenspezifische Normen und Regeln und schotten sich manchmal gegen andere ab. Die Gruppe trifft sich regelmäßig, wobei gleiches Verhalten, gleiche Vorlieben oder Abneigungen ihre Freizeit bestimmen. Darüber hinaus vermittelt die Peer Group den Mitgliedern eine gewisse Geborgenheit, sie dient auch dem gegenseitigen Austausch (z. B. über Probleme) und teilt manchmal gemeinsame Geheimnisse.

Die meisten Jugendlichen orientieren sich an ihren Eltern und an ihrer Peer Group. Dies gilt hauptsächlich für außerschulische Aktivitäten und die Freizeitgestaltung. Einige Soziologen (Gesellschaftsforscher) schätzen den Einfluss der Gruppe von Gleichaltrigen für Jugendliche sogar größer ein als die Beeinflussung durch die Eltern. Die Peer Group ist ein wichtiges Bindeglied zwischen Familie und Gesellschaft.

Für junge Menschen sind materielle Dinge und Fragen wie „Wer geht mit wem?" oder „Gehöre ich dazu?" sehr wichtig. Um zu einem bestimmten Freundeskreis zu gehören und dort anerkannt zu werden, geben junge Menschen manchmal sogar ihre eigenen Werte auf.

Der Gruppendruck innerhalb einer Peer Group gibt im Allgemeinen Trends (z. B. Mode, Musik, Umgang mit Drogen) wieder und kann sich auf den Einzelnen entweder positiv oder negativ auswirken.

**AUFGABEN >>**

1 Die Abb. 151.1-4 zeigen verschiedene Gruppen. Welche erkennt ihr? Worin unterscheiden sich die Gruppen? Welche kann man als Peer Group bezeichnen?

2 Beschreibt, welche Erwartungen wohl jeweils an das einzelne Gruppenmitglied gestellt werden (Tabelle 150.2 gibt euch Hilfen).

3 Unterscheidet die Begriffe Clique und Peer Group. Sucht dazu im Internet noch weitere Informationen.

4 Findet eigene Beispiele für eure Gruppenzugehörigkeit. Überlegt, welche Normen in eurer Peer Group gelten und welche euch wichtig sind (> S. 283).

152.1 Clique

## Konflikte in der Clique

*„Mit der Pubertät treten die Jugendlichen allmählich aus der Familie heraus, ohne freilich gleich „am anderen Ufer" anzukommen. Die Jugendzeit ist dadurch gekennzeichnet, dass einerseits die engen Bindungen und Kontrollen der Kindheit gelockert werden, andererseits aber der Erwachsenenstatus ... noch nicht erreicht ist.*

*... In dieser Übergangszeit ohne eindeutigen sozialen Charakter bilden sich verstärkt Altersgruppen Gleichaltriger ... Es entstehen jugendliche Cliquen als eine äußerst intime kleine Gruppe von Individuen, die gemeinsame Geheimnisse (z. B sexueller Art), gemeinsame Wünsche, gemeinsame Probleme und gemeinsame Interessen haben, die z. B. auf familiärer Herkunft, Schulunternehmungen und dergleichen beruhen können."*

(Aus: Baacke, D., Die 13-18-Jährigen, Einführung in Probleme des Jugendalters, Weinheim 1994, S. 242)

**Beispiele für Konflikte**

**Malte:** „Ich bin der einzige in der Clique, der sich kein Handy mit der neuesten Digitalkamera leisten kann. Jetzt lachen mich alle aus."

**Sascha:** „Seit ich mit Anna zusammen bin, reden meine Freunde nicht mehr mit mir. Sie finden, Anna sei zu kindisch."

**Mehmet:** „Alle in der Clique rauchen heimlich, aber mir schmecken Zigaretten nicht. Rauchen ist auch teuer. Und was soll daran „cool" sein?"

**Mike:** „Immer kommen alle aus der Clique zu mir, wenn sie was für ihren Computer brauchen. Ins Schwimmbad wollen sie mich aber nicht mitnehmen. Die sollen mich in Zukunft in Ruhe lassen."

**Burcu:** „In unsere Clique kommt kein Fremder rein. Das find ich doof, denn Andy würde gern bei uns dabei sein. Die anderen wollen ihn aber nicht."

**Meike:** „Ich hab in der Drogerie einen tollen Nagellack entdeckt, aber die 20 Euro dafür hab ich nicht. Ich bin die einzige in der Clique, die das nicht zahlen kann. Tanja meint, ich soll ihn klauen, das würde eh keiner merken. Ich trau mich aber nicht. Wobei – gefallen würde er mir ..."

**AUFGABEN >>**

1 Lest den Quellentext „Mit der Pubertät ..." und formuliert mit eigenen Worten, was eine Clique ausmacht.

2 Jeder der Jugendlichen steht vor einem bestimmten Konflikt. Benennt diesen jeweils.

# Methode: Rollenspiele

Konflikte lassen sich gut durch Rollenspiele veranschaulichen. Dazu versetzen sich die Rollenspieler in das Denken, Fühlen und Handeln anderer und übernehmen deren Rolle. Ein Rollenspiel vollzieht sich in folgenden Phasen:

**1. Besprechung und Klärung der Situation:** Überlegt vor dem Spiel Motive, Interessen und Gründe der einzelnen Personen. Setzt euch mit dem Konflikt auseinander, den die Beteiligten miteinander haben.

**2. Vorbereitung des Rollenspiels:** Entscheidet zunächst, wer welche Rolle übernimmt. Dann liest jeder den Text durch und überlegt, wie die Person, die er darzustellen hat, in der Situation handeln könnte. Dabei sollte jeder für sich klären, welche Aussagen er besonders betonen muss.

**3. Darstellung:** Probiert unterschiedliche Varianten aus und spielt mehrmals. Wer keine Rolle übernommen hat, beobachtet die Spieler. Hinterher können die Beobachter und Spieler über den Verlauf diskutieren. Manchmal ist es sinnvoll, die Rollen zu tauschen. So lässt sich das Verhalten auch aus dem Blickwinkel eines anderen betrachten.

**4. Mögliche Fragen zur Auswertung:** Wie haben die Spieler ihre Rollen dargestellt? Sind sie aufeinander eingegangen? Welche Erfahrungen sind aus dem Spiel zu gewinnen? Welche Unterschiede bestehen zwischen Spiel und Wirklichkeit? Wie kann der Konflikt gelöst werden?

Führt nun zu den drei Fällen Rollenspiele durch!

*153.1 Bei einem Rollenspiel*

**Fall 1:** Mustafa (M), Hendrik (H) und Sabine (S) überlegen, was sie zusammen unternehmen könnten.
H: Wir könnten doch ins Kaufhaus gehen.
M: Was soll ich denn da? Ich hab kein Geld.
H: Na und? Du kommst auch ohne Geld an der Kasse vorbei.
S: Das versteh ich nicht.
H: Stell dich nicht blöd. Wenn sie uns erwischen, haben wir halt aus Versehen was eingesteckt.
M: Moment mal – sollen wir vielleicht klauen gehen?
H: Reg dich ab! Der Gabriel klaut auch ab und zu, den haben sie noch nie erwischt. Und außerdem zahlt den Schaden die Versicherung.
S: Eine schicke Sonnenbrille hätte ich schon gerne.
H: Na, dann lass sie eben mitgehen!
M: Aber das ist doch Diebstahl!
H: Ach, du bist doch nur zu feige!
M: Diebstahl hat doch nichts mit Mut zu tun! Und jetzt will ich dir mal was sagen ...

**Fall 2:** Die 13-jährige Lara ist vor einem halben Jahr mit ihren Eltern nach Kassel umgezogen. Es war für sie nicht leicht, neue Freunde zu finden, da sie auf viele eingeschworene Cliquen traf. Seit drei Monaten gehört sie selbst zu einer, die sich regelmäßig trifft, um sich über Mode, Popstars und Kinofilme auszutauschen. Oft unternehmen sie auch was zusammen. Seit ein paar Wochen rauchen Eva und Jenny, zwei Mädchen aus der Clique. Sie bieten auch Lara Zigaretten an, die aber immer wieder ablehnt. Als Eva erneut einen Versuch macht und Lara ablehnt, meint Jenny: „Mensch, hab dich nicht so. Du bist doch kein Kind mehr!"

**Fall 3:** Jens geht in die 7. Klasse der Gesamtschule. Seit einiger Zeit ist er mit Tommy aus der 10. Klasse befreundet. Tommy ist der „Boss" einer Gruppe Gleichaltriger, die öfter etwas zusammen unternehmen. Letzte Woche durfte Jens mit ins Schwimmbad gehen. Darauf ist er stolz. Ihm macht es nichts aus, dass ihn einige nur den „Kleinen" nennen. – Jens trifft Tommy und seine Kumpels an der Bushaltestelle. Tommy schlägt vor, zusammen in die Stadt, ins Kino, zu fahren. Jens denkt an seine Klassenarbeit, die morgen ansteht. Eigentlich müsste er dafür dringend lernen. Deshalb war er auch für 16 Uhr mit seiner Klassenkameradin Claudia zum Lernen verabredet.

# Freizeit und Alkohol bei Jugendlichen

Eine Klasse hat einen Experten in den Unterricht eingeladen. Hier ein Auszug aus der Gesprächsrunde:

*① Welche Erfahrungen habt ihr mit Alkohol gemacht?*

*② Meine Freundin trinkt immer, weil sie total gehemmt ist und sich nicht zutraut, auf die Jungs zuzugehen.*

*③ Ich kenne auch welche, die einfach Angst haben, in der Schule zu versagen. Dann dröhnen sie sich einfach zu.*

*④ Bei manchen Cliquen musst du mitsaufen. Sonst bist du unten durch. Du bist bei denen nur anerkannt, wenn du einen heben kannst.*

*⑤ Genau: Wenn du saufen kannst, dann bist du voll anerkannt.*

*⑥ Blödsinn! Du bist doch nicht interessant, wenn du lallst und kotzt.*

*⑦ Es ist ja auch gar nicht schwer, an Alkohol heranzukommen.*

*⑧ Ein Problem ist auch: Bei den Alcopops, den Mixgetränken, denkst du gar nicht daran, dass du Alkohol trinkst. Das schmeckt wie Fruchtsaft. Deshalb fallen auch so viele Mädchen darauf herein.*

*⑨ Ich habe euch interessiert zugehört und mir fällt auf: Ihr habt jetzt nur immer von anderen erzählt. Wie ist es denn bei euch selbst?*

## AUFGABEN >>

**1** Welche Rolle spielt Alkohol in eurer Umgebung? Berücksichtigt auch die Äußerungen in den Sprechblasen.

**2** Sammelt Werbeanzeigen für alkoholische Getränke und untersucht diese nach folgenden Fragen: Welche Situationen werden dargestellt? Welche Personen sind zu sehen und in welcher Stimmung werden sie gezeigt? Welche Botschaft vermittelt die Werbung?

**3** Stellt euch vor, ihr seid zu einer „Saufparty" eingeladen. Notiert typische Sätze, mit denen ihr aufgefordert werdet, mitzutrinken. Notiert sinnvolle Antworten. In Rollenspielen könnt ihr ausprobieren, wie ihr euch gegen den Gruppendruck wehren könnt.

**4** Überlegt Möglichkeiten, wie man Jugendliche vor übermäßigem Alkoholkonsum schützen kann.

**5** Erkundigt euch im Biologieunterricht, in Lexika, im Internet über die Wirkungen von Alkohol auf Gehirn, Nerven, Herz, Kreislauf usw. Welche Schäden kann Alkohol hervorrufen?

## Generation Alkohol?

Alkohol gehört bei vielen Jugendlichen zu jeder Party. Er wird in verschiedensten Formen angeboten: vom Äppler süß oder sauer, Bier, Pfläumchen, Erdbeerlimes, Tequila bis zu Alkopops. Oft wird nach einem gewonnenen Spiel bereits bei Jugendmannschaften anstatt einer gesunden, durstlöschenden Apfelschorle ein mit Bier gefüllter „Stiefel" herumgereicht. In Berlin starb ein Jugendlicher an Alkoholvergiftung, weil er 50 Tequila getrunken haben soll. Als dies bekannt wurde, ging ein Aufschrei durch die Medien. Man fragte sich: Warum trinken sich junge Menschen ins Koma? Was ist spannend am Wettsaufen?

Die Gründe dafür sind vielseitig. So versuchen manche Jugendliche, durch Wetttrinken ihre Grenzen zu erproben. Sie möchten erwachsen sein und zur Welt der Erwachsenen gehören, die auf sie frei, überlegen und cool wirkt. Das Einstiegsalter für Alkoholkonsum liegt häufig bei 13 Jahren. Jeder fünfte 14-Jährige trinkt bereits wöchentlich Alkohol. Im Jahr 2007 wurden 19 400 Minderjährige wegen akuter Alkoholvergiftung stationär behandelt.

Viele Politiker fordern ein Verbot der gefürchteten Flatratepartys. Doch kann man das Problem mit Verboten lösen? Oder gibt es eine Möglichkeit, einen verantwortungsvollen Umgang mit Alkohol zu lernen?

An einer europäischen Studie zum Thema Alkohol- und Drogenkonsum bei Jugendlichen (Jahrgangstufe 9 und 10) nahmen aus der Bundesrepublik Deutschland 12 500 Schülerinnen und Schüler teil. Das Ergebnis der Studie: 67 % der Befragten gaben an, dass sie regelmäßig Bier trinken, 57 % gaben zu, dass sie Spirituosen konsumieren, 19 % der Schülerinnen und Schüler konnten in den letzten 30 Tagen vor der Befragung ungehindert Hochprozentiges kaufen.

## Kommt ein Werbeverbot?

Seit dem Jahr 1974 ist es im Rundfunk und im Fernsehen verboten, für Tabakerzeugnisse zu werben. Dies ist seitdem nur noch im Kino, auf Plakaten und in Zeitschriften erlaubt. Außerdem muss bei der Werbung auf die gesundheitsgefährdende Wirkung der Zigaretten hingewiesen werden. Jugendliche sollten durch die Werbung nicht zum Rauchen verleitet werden.

Im Gegensatz dazu darf jedoch nach wie vor – auch im Fernsehen – für alkoholische Getränke geworben werden. Oft werden große Veranstaltungen, zum Beispiel Fußballturniere, sogar von Firmen gesponsert, die Alkoholika anbieten. Außerdem spricht die Alkoholwerbung häufig jugendliche Lebenswelten und Images an. Die Europäische Union plant, für die Alkoholwerbung ähnliche Einschränkungen wie für die Zigarettenwerbung durchzusetzen.

*155.1 Alkopops*

*155.2 Plakat gegen Alkoholmissbrauch*

## Abhängigkeit – Stationen von Sucht

Wenn man von einem **Suchtmittel** physisch abhängig ist, verlangt der Körper ständig danach. Wird das Suchtmittel dem Körper nicht zugeführt, reagiert der Süchtige mit Entzugserscheinungen: Der Süchtige schwitzt, bekommt feuchte Hände, beginnt zu zittern. Diese Erscheinungen (= Symptome) halten so lange an, bis der Süchtige das Suchtmittel wieder nimmt.
Wenn man psychisch, also seelisch, von einem Stoff abhängig ist, dann tut man alles dafür, um an den Stoff zu kommen. Abhängige vernachlässigen oft ihre Familie und ihre Freunde, da sich ihre Gedanken nur noch um das Suchtmittel und um dessen Beschaffung drehen.
Warum werden manche Menschen süchtig, andere jedoch nicht? Diese Frage lässt sich nicht so einfach beantworten. Typische Erkennungsmerkmale für Menschen, die in die Suchtfalle geraten, gibt es nicht. Viele kleine Faktoren können dazu führen, dass jemand süchtig wird. So können schwierige Lebenssituationen wie Arbeitslosigkeit, Einsamkeit oder Trauer den Weg in die Sucht begünstigen. Andere Betroffene haben in ihrer Kindheit schlimme Erfahrungen gemacht und versuchen sie nun zu verdrängen. Aber auch die Suche nach einem „Kick" und Erlebnishunger können in die Sucht führen.
Durch den Griff zur Flasche oder zu Drogen fühlen sich viele zu Beginn gut. Vielleicht erleben sie sogar Stimmungen und Gefühle, die sie noch nie hatten. Sie merken sich diesen Effekt und greifen dann in ähnlichen Situationen erneut zum Suchtmittel. So entsteht Abhängigkeit.

**Stationen eines Suchtprozesses**

Konsumsituation für den Erstkonsum
▼
Gefallen an dem Suchtmittel
▼
Erneuter Konsum mit einer Dosiserhöhung
▼
Gewohnheit/„Normalität"
▼
Abhängigkeit/Sucht

*156.1 Stationen eines Suchtprozesses*

**Co-Abhängigkeit**
In der Regel sind auch die Angehörigen von Süchtigen von deren Sucht betroffen. Man spricht hier von Co-Abhängigkeit. Manchmal beschaffen sogar Familienangehörige um des lieben Friedens willen den „Stoff". Die Angehörigen konsumieren den Stoff zwar nicht, sie unterstützen und fördern aber letztlich die Abhängigkeit des Süchtigen.
Hierzu ein Beispiel:

***Frau Noll:*** *„Seit mein Mann alkoholsüchtig ist, dreht sich unser ganzes Leben nur um ihn. Er wird gereizt und aggressiv, wenn nicht jeden Tag seine Flasche Schnaps im Kühlschrank steht. Oft brüllt er dann mich oder die Kinder an. Manchmal rutscht ihm sogar die Hand aus. Ich kaufe darum lieber eine Flasche auf Vorrat – was soll ich denn sonst machen? Wenn mein Mann seinen Stoff nicht kriegt, ist er unerträglich. Außerdem: Was sollen denn die Nachbarn denken?"*

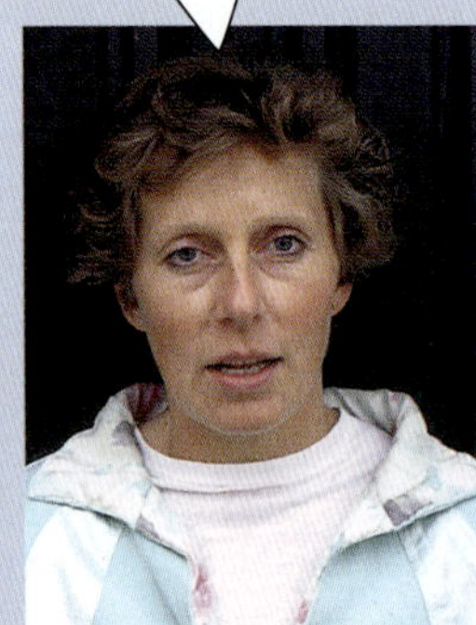

***Nicola Noll:*** *„Wenn mein Vater nicht sein Bier und seinen Schnaps bekommt, wird er laut und brüllt uns alle an. Am Wochenende fängt er meist schon morgens mit dem Trinken an. Oft schickt er mich zum Kiosk, um Alkohol zu holen. Meist bekomme ich aber keinen Alkohol verkauft, weil ich erst 14 bin. Wenn ich nix mitbringe, dreht er durch. Nachträglich tut ihm sein Verhalten zwar immer leid. Gott sei Dank kauft Mama jetzt genug Alkohol ein, so ist die Situation zu Hause erträglicher geworden. Ich wünsche mir, alles wäre wie früher, als mein Vater noch nicht so viel getrunken hat."*

**Martin – ein Leben verändert sich …**

Martin ist 15 Jahre alt. Er ist schlank und sportlich. Martin besucht die 8. Klasse einer Gesamtschule. Er ist ein guter Schüler. Im kommenden Jahr möchte er seinen Abschluss machen und danach eine Ausbildung zum Steinmetz beginnen. Diesen Beruf hat er während seines Praktikums kennen gelernt und sein Chef stellte ihm einen Ausbildungsplatz in Aussicht, weil er mit Martins Arbeit sehr zufrieden war.

In seiner Freizeit spielt Martin gerne Gitarre, er trifft sich mit Freunden oder spielt gemeinsam mit seinem Freund Alex Fußball in einem Verein. Beide Jungs sind bei ihren Sportfreunden anerkannt. Alex hat allerdings nicht viel für die Schule übrig und fällt dort durch häufiges Schwänzen auf. Mit seinem Charme kommt er allerdings gut bei den Mädchen an.

An einem Samstagabend, nach einem gewonnenen Spiel, überredet Alex Martin, mit in den Club in die Stadt zu kommen. Martin zögert zunächst, denn Alkohol schmeckt ihm eigentlich nicht und im Grunde ist er recht schüchtern. Er schaut schon mal nach Mädchen, aber er traut sich nicht, eines so richtig anzusprechen. Er ist hin- und hergerissen, aber am Ende schließt er sich der Clique von Alex an.

Im Club angekommen, stürzen sich alle auf die Tanzfläche. Alex wird von einigen Mädchen umringt. Martin fällt die ausgesprochen gute Laune und Innigkeit innerhalb der Gruppe auf. Es wird unaufhörlich ausgelassen getanzt und weniger Alkohol getrunken als üblich.

Jenny lacht Martin fröhlich an: „Hey! Was bist du so steif? Mach dich doch mal locker! Hier, ich hab was für dich!" Jenny reicht Martin eine kleine, bunte Pille. Als Martin sie schluckt, fühlt er sich plötzlich locker, hemmungslos, freudig, losgelöst und möchte am liebsten die ganze Welt umarmen. Obwohl er nach dem Fußballspiel ausgepowert und müde war, verspürt er jetzt eine Leichtigkeit, mit der er bis in die frühen Morgenstunden mit den anderen abfeiert.

*157.1 In der Disco*

**6 Monate später:**

Martin ist seit einiger Zeit mit Jenny zusammen. Seine schulischen Leistungen sind schlecht geworden und ob er einen Abschluss schafft, ist fraglich. Zum Fußballtraining geht er nicht mehr, denn er ist wegen mangelhafter Leistungen aus der Mannschaft geflogen. Seine Zukunft ist ihm egal, denn er will jetzt leben und feiern. Martin nimmt regelmäßig Ecstasy, um sich so in eine Leichtigkeit zu versetzen. Er nimmt mehrere Pillen am Abend, da die Wirkung schnell nachlässt – und das nicht nur am Wochenende, sondern auch unter der Woche. Mittlerweile hat er auch angefangen, Gras zu rauchen – um zwischendurch ein wenig runterzukommen und um einfach wieder mal richtig schlafen zu können. Sein gesamtes Taschengeld geht für Drogen drauf.

Martins Eltern sind verzweifelt. Sie kommen an ihren Sohn nicht mehr heran. Zunächst begrüßten sie seine neue Kontaktfreudigkeit. Erst als sich die Schulnoten dramatisch verschlechterten und der Trainer den Vater beiseitenahm und von Martins Versetzung auf die Ersatzbank erzählte, wurden sie stutzig. Doch von einem Drogenproblem wollen sie nichts wissen...

## AUFGABEN >>

1 Im Fall Martin lassen sich die fünf Stationen eines Suchtprozesses (Abb. 156.1) wiederfinden. Notiert für jede Station, wie dies bei Martin war.

2 Überlegt: Wer könnte Martin helfen, aus diesem Teufelskreis herauszukommen?

3 Informiert euch, an wen man sich wenden kann, wenn man Hilfe bei Suchtproblemen sucht.

4 Erläutert den Begriff Co-Abhängigkeit. Greift bei eurer Erklärung auf das Beispiel der Familie Noll zurück.

# Interview mit der Drogenbeauftragten der Schule

Doro und Nils recherchieren zum Thema „Sucht". Dazu befragen sie auch Frau Stein, die Drogenbeauftragte der Schule.

*Nils:* „Frau Stein, für unsere Projektprüfungsarbeit zum Thema Sucht suchen wir Antworten auf unsere Fragen. Können Sie bitte kurz darstellen, was eigentlich Sucht ist?"

*Stein:* „Sucht wird definiert als eine Form der körperlichen und geistigen Abhängigkeit – je nach Art des Stoffes. Also steht der Begriff Sucht für das Verlangen nach bestimmten Stoffen oder Verhaltensformen, durch die ein kurzfristig befriedigender Erlebniszustand erreicht wird. Sucht beeinträchtigt die freie Entfaltung einer Persönlichkeit und zerstört häufig die sozialen Bindungen."

*Nils:* „Heißt das, dass man nichts dagegen machen kann?"

*Stein:* „Genau so ist es. Man kann sich gegen den Gebrauch von **Suchtmitteln** nicht bewusst wehren. Man hat keine eigene Entscheidung mehr und wird abhängig."

*Doro:* „Sie sagten vorhin je nach Art des Stoffes, heißt das, dass es verschiedene Suchtformen gibt?"

*Stein:* „Ja, man unterscheidet stoffgebundene und stoffungebundene Sucht. Bei stoffgebundener Sucht ist man von einem Stoff abhängig, z. B. von Alkohol, Zigaretten oder Heroin. Stoffungebundene Sucht ist z. B. die Spielsucht oder die Magersucht. Es gibt unterschiedlichste Suchtarten! Wenn ihr weiter nachforscht, werdet ihr euch wundern, wie viel ihr da herausfinden könnt!"

*Nils:* „Mir fällt da spontan das Chatten ein. Zuerst findet man es ganz spannend, man sitzt immer öfter am PC und dann denkt man an nichts anderes mehr."

*Stein:* „Richtig, zuerst findet man an etwas Gefallen, dann wird es zur Gewohnheit. Das nächste Stadium nennt man den Missbrauch und das letzte Stadium dann Sucht. Auch das Chatten ist eine Form von stoffungebundener Sucht."

*Doro:* „Aber dann ist ja diese Art Sucht etwas ganz Harmloses! Chatten ist doch cool und ich kann jederzeit aufhören und zum Beispiel schwimmen gehen."

*Stein:* „Aber nach dem Schwimmen setzt sich der Süchtige an den PC und chattet bis 3 Uhr nachts mit Freunden. Du bist noch in dem harmlosen Stadium der Gewohnheit. Doch es gibt Leute, die Tag und Nacht vorm PC sitzen. Das ist schon Missbrauch und das kann gefährlich werden, weil die sozialen Kontakte nicht mehr funktionieren."

*Nils:* „Ich denke, wir sollten auch die harten Drogen durchleuchten. Vor denen werden wir immer gewarnt, z. B. in dem Lied „Mehr davon" von den Toten Hosen!"

*Stein:* „Ihr seht, wie umfangreich das Thema Sucht ist! Auch da gibt es wieder Unterschiede, nämlich die sogenannten legalen und die illegalen Drogen."

*Doro:* „Legal bedeutet erlaubt, illegal verboten. Das hatten wir schon im Zusammenhang mit Runterladen von neuen Filmen und Musik aus dem Internet. Legale Drogen sind also Alkohol und Zigaretten."

*Stein:* „Genau, diese Drogen sind erlaubt und man kann sie in Geschäften oder an Automaten kaufen."

*Nils:* „Na, so ohne Weiteres auch nicht! Letzte Woche wollte ich zu Andys Fete eine Flasche Wodka mitbringen. Die Verkäuferin weigerte sich, sie mir zu verkaufen. Dabei darf man bei uns Alkohol legal kaufen."

*158.1 Das Klassenzimmer wird für die Befragung hergerichtet*

*158.2 Während des Interviews*

*Stein:* „Legal ist das schon! Aber wie alt bist du denn?"
*Nils:* „Bald 15!"
*Stein:* „Das Jugendschutzgesetz regelt, ab wann Jugendliche öffentlich rauchen oder Alkohol kaufen und konsumieren dürfen. Demnach ist der Kauf von Zigaretten und Alkohol erst ab 18 möglich."
*Doro:* Und ab wann darf man illegale Drogen kaufen?"
*Stein:* „Illegal bedeutet, man darf solche Drogen weder verkaufen noch besitzen. Harte Drogen gibt's nur auf dem Schwarzmarkt. Sie dort zu kaufen, ist aber auch illegal!"
*Doro:* „Was zählt denn zu den harten Drogen?"
*Stein:* „Zu den harten Drogen gehören Heroin, Ecstasy, Crack, LSD. Diese Drogen machen extrem schnell abhängig, manchmal schon nach der ersten Einnahme – und zwar nicht nur körperlich, sondern auch psychisch. Die Verkäufer von illegalen Drogen nennt man Dealer. Sie verkaufen den Stoff z. B. auf der Straße, im Park oder in Clubs. Meist haben sie einen festen Kundenstamm. Neue Kunden bekommen sie durch Mundpropaganda. Weil der Drogenhandel den Herstellern viel Geld bringt, kommen immer neue Drogen auf den Markt."
*Nils:* „Und was passiert, wenn jemand erwischt wird?"
*Stein:* „Das hängt vom Vergehen ab. Eine Strafe ist in jedem Fall sicher, oft werden lange Haftstrafen verhängt."
*Doro:* „Von welcher Droge sind eigentlich die meisten Menschen abhängig?"
*Stein:* „Ihr werdet's nicht glauben, aber in Deutschland sind 7 Millionen Menschen von Nikotin abhängig. Da sind Menschen, die täglich mehr als 20 Zigaretten rauchen. Die Zahl der Raucher wird auf 16 Millionen geschätzt."
*Nils:* „Und wie hoch ist die Zahl der Abhängigen von illegalen Drogen?"
*Stein:* „Die Zahl dieser Drogenabhängigen liegt bei etwa 250 000 in Deutschland. Das sind allerdings die besonders schweren Fälle."
Doro: „Frau Stein, vielen Dank für die Informationen und dass Sie sich so viel Zeit genommen haben. Ich denke, wir müssen unser Material erst einmal verarbeiten."

**Mehr davon**

Ich habe nur probiert, um mal zu sehen.
Es war nur sehr wenig, doch es war schön.
Ich wollte mehr davon, nur ein bisschen mehr.

Gib mir mehr. Gib mir mehr.

Beim nächsten Mal nahm ich genug
und es hat ganz schön reingekracht.
Ich fühlte mich so gut und so selten stark.
Irgendwann ließ die Wirkung aber
immer schneller nach.
Ich war plötzlich allein, so leer und ausgebrannt.

Ich brauchte mehr. Gib mir mehr. Ich will mehr ...

Tag und Nacht denk ich nur an dich,
seitdem ich weiß, dass es dich gibt.
Tag und Nacht denk ich nur an dich,
weil meine Welt sich nur noch um dich dreht.
Nur noch um dich dreht.

Ohne dich gibt mein Leben einfach keinen Sinn.
Ich flehe dich an: „Du darfst nie von mir gehn!"
Ich bezahle dich gut,
ich geb dir alles, was ich noch hab.
Meinen Charakter, meinen Selbstrespekt,
jedes letzte Gefühl von Moral.

Ich will mehr ...

Tag und Nacht denk ich nur an dich,
seitdem ich weiß, dass es dich gibt.
Tag und Nacht denk ich nur an dich,
weil meine Welt sich nur noch um dich dreht.
Nur noch um dich dreht.

Gib mir mehr ...

Mehr Sex! Mehr Geld! Mehr Speed!
Mehr Hass! Mehr Ruhm! Mehr Macht!

*159.1 Liedtext der Toten Hosen*

**AUFGABEN >>**

1 Schreibt die wichtigsten Themenfelder heraus, die in dem Interview angesprochen werden.
2 Mit welchen Fragen lässt sich dieses Thema interessant gliedern und gestalten? Formuliert mindestens fünf Fragen.
3 Was wollen die Toten Hosen mit ihrem Lied „Mehr davon" verdeutlichen? Bezieht bei der Beantwortung der Frage Informationen aus dem Interview mit der Drogenbeauftragten mit ein.

**Nichtrauchergesetz in Kraft getreten**

Das „Gesetz zum Schutz vor den Gefahren des Passivrauchens" ist am 1. September 2007 in Kraft getreten. Die Beschäftigten in Bundesbehörden und die Fahrgäste im öffentlichen Personenverkehr haben damit einen gesetzlichen Anspruch auf den Schutz vor Passivrauchen. Zugleich wird die Altersgrenze für die Abgabe von Tabakwaren an Jugendliche von 16 auf 18 Jahre erhöht.

*159.2 Aus der Zeitung*

# Projekt: Wer verdient am Drogenhandel?

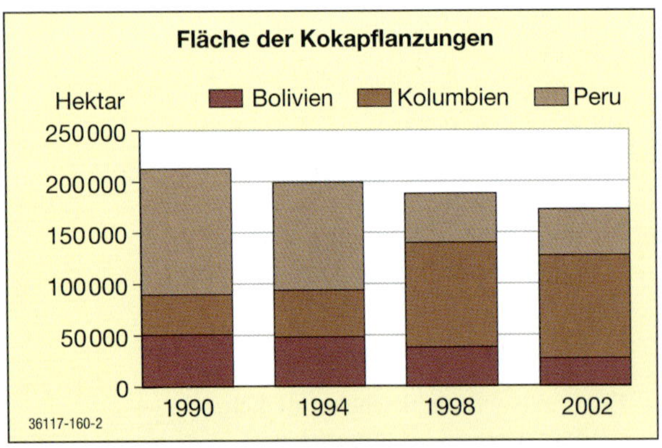


*160.1 und 2 Materialien zum Thema Drogenhandel aus dem Internet*

*„Die Vereinten Nationen schätzen den Umsatz des illegalen Drogenhandels jährlich auf 300 bis 500 Milliarden US-$. Das bedeutet 4,6-7,6 % des Welthandels."*

(www.kmdd.de)

Diese Meldung entdecken Obayd und Natalie beim Surfen im Internet. Im Unterricht behandeln sie gerade das Thema „Sucht". Die beiden sind völlig verblüfft, was für gewaltige Summen im Drogenhandel umgesetzt werden. Denn sie erfahren bei ihren weiteren Recherchen, dass diese Umsätze höher sind als zum Beispiel die gesamte jährliche Wirtschaftsleistung in Polen. Interessiert suchen sie daraufhin nach weiteren Informationen zum Thema Drogen. Und Natalie fragt sich: „Wer verdient denn eigentlich am Drogenhandel?"

Bei ihrer Suche entdecken sie unter Anderem auch folgende Meldung:

*„Seit 1992 ist Peru der zweitgrößte Produzent von Koka-Blättern hinter Kolumbien. Die Anbaufläche von Koka stieg im Jahr 2006 auf 37 000 ha. Mit geschätzten 245 t purem Kokain im Jahr 2006 ist Peru auch der zweitgrößte Hersteller von Kokain. Fertiges Kokain wird von den pazifischen Häfen auf den internationalen Drogenmarkt geliefert."*

*Am nächsten Tag schlagen Obayd und Natalie in der Klasse vor, dass man doch zusammen eine Ausstellung zu dem umfangreichen Thema „Drogenhandel" gestalten könnte. Auch die anderen Schülerinnen und Schüler stimmen dem Vorschlag zu. Sie einigen sich auf das Fallbeispiel Peru.*

*160.3 und 4 Während der Projektarbeit*

## Phasen eines Projektes

### A Vorbereitung

Ein Projekt wird in der Klasse gemeinsam geplant und durchgeführt. Zunächst legen die Schülerinnen und Schüler das gemeinsame Ziel fest. Anschließend sammeln sie Stichwörter und Vorschläge zum Thema und gliedern diese in Form einer Mindmap . Mit deren Hilfe lässt sich das Thema des Projekts besser eingrenzen:

- Welches Thema soll dargestellt werden?
- An welche Zielgruppe ist unsere Ausstellung gerichtet?
- Welche Bereiche des Themas sollen bearbeitet werden?

Vor der Durchführung werden verschiedene Arbeitsgruppen gebildet.

### B Durchführung:

Jede Gruppe erstellt zunächst einen Arbeitsplan und legt fest, in welchen Arbeitsschritten sie vorgehen will (Was? – Wie? – Wo? – Wer? – Wann?).

Hier einige Fragen, die beim Verteilen der Aufgaben zu berücksichtigen sind:

- Wer sucht nach Informationen?
- Welche Arbeitstechniken helfen beim Zusammentragen der Informationen (z.B. Internetrecherche, Interview)?
- Wer macht Fotos?
- Wer bearbeitet Bilder, Tabellen, Diagramme und Grafiken?
- Welche Materialien sind für die Ausstellung zu beschaffen?
- Wann müssen die Informationen vorliegen?

Damit das angestrebte Ziel erreicht wird, muss sich jede Arbeitsgruppe an den vorgesehenen Zeitrahmen halten und bei Schwierigkeiten die anderen Gruppen rechtzeitig informieren.

### C Präsentation

Den Abschluss eines Projektes bildet eine Präsentation. Hier ist es eine Ausstellung zur Information anderer. Am Ende sollte die Klasse über ihre gemeinsame Arbeit reflektieren. Mögliche Fragen zum Erfahrungsaustausch und zur Bewertung ihrer Projektarbeit sind:

- Sind wir mit unserem Ergebnis zufrieden?
- War die Arbeitsatmosphäre gut?
- Was haben wir Neues gelernt?
- Haben wir etwas übersehen?
- Wie kam unser Projekt bei anderen an?
- Was hätten wir anders machen sollen?

*161.1 und 2 Während der Projektarbeit in der Klasse*

# W Wissen: Suchtgefährdung – Wisst ihr Bescheid?

**A** Wenn man nur Bier trinkt, kann einem nichts passieren.

**B** In der Clique zu trinken, bringt mehr Spaß.

**C** Wenn man in einer Gruppe trinkt, verliert man schnell den Überblick, wie viel man getrunken hat.

**D** Es können eh nur die mitreden, die schon mal richtig dicht waren.

**E** Regelmäßiger Alkoholkonsum kann schnell zur Sucht führen.

**F** Wer viel Alkohol verträgt, ist in der Clique anerkannt.

**G** Meine Eltern trinken auch oft Wein oder Sekt – so schädlich kann es also nicht sein.

**H** Auch wenig Alkohol ist gesundheitsschädlich.

**I** Ich trinke auf Partys mal mehr, mal weniger – und wenn ich einen weiten Heimweg habe, auch häufiger nichts.

**J** Ich denke, jeder muss selbst wissen, wie viel er trinkt.

**K** Wenn man Stress hat, sollte man keinen Alkohol trinken.

**L** Ich weiß genau, wie viel ich abkann.

**M** Wenn alle trinken, ist es doof, wenn einer nüchtern bleibt.

**N** Alkohol ist nichts für mich, die Nachwirkungen sind echt zu heftig.

**O** Wenn alle viel trinken und ich nüchtern bleibe, finde ich eine Party ziemlich blöd. Dann gehe ich lieber.

*162.1*

Begriffe für das Kreuzworträtsel 162.2:

1 Die Abhängigkeit von einem Stoff oder einer Verhaltensweise bezeichnet man als ... .
2 Man unterscheidet stoffgebundene und ... Sucht, z.B. Spielsucht.
3 Ein oft in Diskotheken konsumiertes Suchtmittel ist ... .
4 Der ... ist eine durch übermäßigen Alkoholkonsum verursachte Suchtkrankheit.
5 Meinungsverschiedenheiten können zu ... führen.
6 Durch den Konsum von Drogen verlieren viele Süchtige alle ... .
7 Gesetzlich verbotene Drogen bezeichnet man als ... Drogen.
8 Das am weitesten verbreitete Suchtmittel ist ... .
9 Heroin, Crack und LSD sind so genannte ... Drogen.
10 Personen, die mit illegalen Drogen handeln, nennt man auch ... .
11 Jugendliche finden sich oft in einer Gruppe oder in einer ... zusammen.

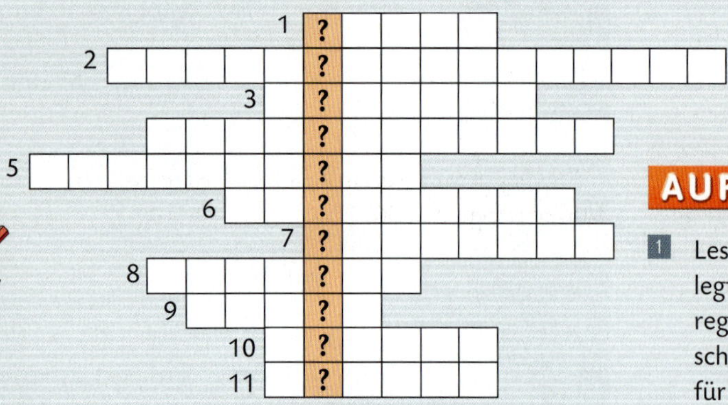

*162.2*

## AUFGABEN >>

1. Lest die Aussagen A bis O (Text 162.1) und überlegt: Welche Aussagen lassen auf gelegentliches, regelmäßiges oder gefährliches Trinkverhalten schließen? Welche Aussagen enthalten Argumente für ein kontrolliertes Trinkverhalten?
2. Löst den Rätselkasten 162.2 auf. Die Texte auf den Seiten 148-161 helfen euch dabei. Das Lösungswort in der gelb unterlegten Spalte bezeichnet etwas, das für einen Süchtigen sehr wichtig ist.

## Wissen: Jugend und Recht

**A:** Rechtsbedeutsame Altersstufe für Kinder und Jugendliche zwischen dem 7. und 18. Lebensjahr (Minderjährige)

**B:** Eintrag im Polizeicomputer. Werden offizielle Ermittlungen eingeleitet, ergeht auch ein Eintrag im Verfahrensregister der Staatsanwaltschaft. Dieser Eintrag ist nur für Strafverfolgungsbehörden einsehbar.

**C:** Begeht ein Jugendlicher oder Heranwachsender eine Straftat, ist dieses Gericht zuständig. Solche Straftaten werden bei Amtsgerichten vor Jugendrichtern und Jugendschöffengerichten, bei Landgerichten vor Jugendkammern verhandelt.

**D:** Dieses Gesetz regelt u. a. den Aufenthalt an öffentlichen Orten (z. B. Gaststätten, Spielhallen oder Tanzveranstaltungen), den Verzehr und die Abgabe von alkoholischen Getränken und Tabakwaren, den Verkauf / das Zugänglichmachen von Filmen und Computer-/Videospielen in der Öffentlichkeit.
Bei Verstößen werden die verantwortlichen Erwachsenen bestraft, z. B. Verkäufer, Wirte, Veranstalter.

**E:** Verfahren, in dem versucht wird, eine außergerichtliche Konfliktlösung herbeizuführen. Beide Seiten sollen zu einer akzeptierten Wiedergutmachung angeregt werden.

**F:** Mindestalter (14 Jahre) für die strafrechtliche Verantwortlichkeit

**Informationen zur Jugendkriminalität**
Nach dem Jugendgerichtsgesetz und nach dem Kinder- und Jugendhilfegesetz wird zwischen Kindern (unter 14 Jahren), Jugendlichen (14 bis 18 Jahre) und Heranwachsenden (18 bis 21 Jahre) unterschieden.
Fast jeder vierte ermittelte Tatverdächtige ist unter 21 Jahren alt. Den größten Anteil an der Jugendkriminalität haben Diebstahlsdelikte (z. B. Laden-, Fahrrad- und Kraftraddiebstähle). Die zweithäufigste Straftat ist die Sachbeschädigung (z. B. durch Graffiti). Danach folgen Körperverletzung, Verstöße gegen das Betäubungsmittelgesetz (z. B. Drogendelikte), Raub und Urheberrechtsverletzungen (z. B. Raubkopien von Musik).

| Tatverdächtige | 2000 | 2003 | 2006 |
|---|---|---|---|
| Kinder (unter 14 Jahren) | 145,8 | 126,4 | 100,5 |
| Jugendliche 14-18 Jahre) | 294,5 | 293,9 | 278,4 |
| Heranwachsende (18-21 Jahre) | 247,6 | 247,5 | 241,8 |

*163.1 Jugendkriminalität in Deutschland (ermittelte Tatverdächtige in 1000)*

**AUFGABEN >>**

1 Ordnet den Informationen A-F folgende Begriffe zu: Aktenvermerk – beschränkte Geschäftsfähigkeit – Jugendschutzgesetz – Jugendgericht – Strafmündigkeit – Täter-Opfer-Ausgleich.

2 Wählt einen dieser Rechtsbegriffe aus und informiert darüber eure Mitschüler ausführlicher in einem Kurzreferat.

3 Informiert euch im Internet über die neueste Entwicklung der Jugendkriminalität.

Eisabbruch im Nordpolarmeer

# 5 Menschen verändern die Umwelt

Die Wüste dringt vor (Sahelzone)

*Windbruch nach einem Orkan (Taunus)*

*Hochwasser an der Mosel*

## Die Erde – unser Lebensraum

Entscheidend dafür, wie Menschen auf den verschiedenen Kontinenten leben, ist das dortige Klima. Dieses wird stark von der Lage des Kontinents bestimmt. Aber auch die Art der Landschaft beeinflusst die Lebensweise der Menschen: Leben die Menschen im Gebirge oder im Flachland, in einem riesigen Wald, im Inneren eines Kontinents oder in der Nähe der Küste?

**AUFGABE >>>**

Die sieben Bilder zeigen nicht alle Besonderheiten eines Kontinents auf einmal. Sucht in Illustrierten oder Prospekten nach Bildern, die andere typische Merkmale dieses Kontinents hervorheben, und schneidet sie aus. Zusammen mit dem vom Buch abgeschriebenen Bilduntertiteln und weiteren Bildern könnt ihr in eurem Heft eine illustrierte Doppelseite zu den Kontinenten anlegen.

**Europa** ist unser Heimatkontinent. Eine Vielzahl kleinerer, aber meist bevölkerungsreicher Industrieländer drängt sich auf dem zweitkleinsten Kontinent.

**Asien** ist der größte und bevölkerungsreichste Kontinent. Hier liegen das höchste Gebirge der Welt (Himalaja) sowie die bevölkerungsreichsten Staaten China und Indien.

**Afrika** wird auch der Schwarze Kontinent genannt. Dies liegt nicht allein an der Hautfarbe der Ureinwohner. Der Begriff erklärt sich auch aus der Tatsache, dass dieser Erdteil nur langsam erforscht wurde und seine Geheimnisse lange im Dunkeln lagen.

**Australien**, der kleinste Kontinent, liegt vollständig auf der Südhalbkugel. Er wurde erst spät entdeckt und besiedelt. Die Ureinwohner leben zum Teil noch heute nach ihren Stammesregeln.

**Nord- und Südamerika** sind durch eine schmale Landbrücke verbunden. In beiden Teilen gibt es beeindruckende Naturlandschaften (Regenwälder, Gebirge, Grasländer). Das Leben der Menschen in Südamerika ist von großen Problemen geprägt (Überbevölkerung, Armut), während es den meisten Menschen in Nordamerika wirtschaftlich gut geht.

Zwischen den Erdteilen erstrecken sich die drei Ozeane: der Pazifische, der Atlantische und der Indische Ozean. Im Pazifik, dem größten Ozean, könnten alle Kontinente der Erde Platz finden.

Die **Antarktis**, ein fast völlig unbewohntes Festland, ist zum großen Teil von mächtigen Gletschern bedeckt.

## AUFGABEN >>

1. Erstellt Steckbriefe zu den Kontinenten (Fläche, Einwohner, Bevölkerungsdichte, Flüsse, Berge, Besonderheiten).
2. Manche von euch besitzen vielleicht selbst Gegenstände oder Souvenirs aus diesen Erdteilen. Bringt sie in den Unterricht mit. Besprecht mit eurem Lehrer, wo ihr sie sicher und beschriftet ausstellen könnt. Zusätzlich könnt ihr eure Ausstellung mit landestypischer Musik von einer CD untermalen.

# Z Zusatzthema: Das Gradnetz der Erde

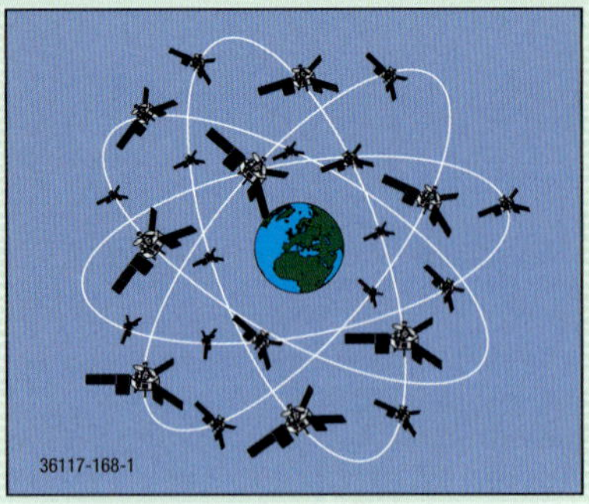

*168.1 Umlauf der Satelliten*

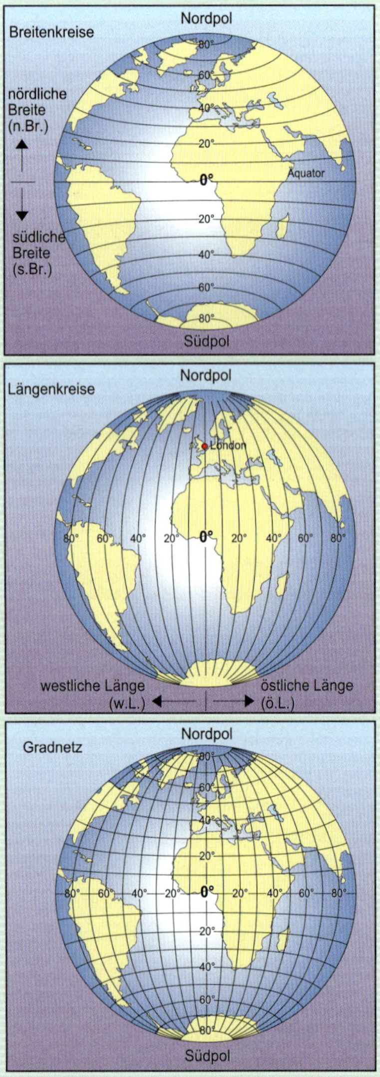


*168.2–4 Gradnetz der Erde*

Seit die Menschen auf der Erde Reisen unternehmen, ist es wichtig, dass sie ihre genaue Position kennen. Bei gutem Wetter wurden früher Sterne und Planeten beobachtet. Später setzten Seeleute Hilfsmittel wie den Sextanten ein, mit dessen Hilfe sie dann ihre Position genauer bestimmen konnten. Zur Orientierung wird heute das **Gradnetz** der Erde genutzt. Ihr habt darüber bereits im Band 1 Näheres erfahren.
Demnach wird die Lagebestimmung durch die Einteilung der Erde in die gedachten Linien der Breitenkreise (90 je Halbkugel, die mit einem Abstand von 111 km parallel zum Äquator liegen) und der Längenkreise oder Meridiane (180 nach Westen und 180 nach Osten) möglich (Abb. 168.2-4).
Heute ist es durch den Einsatz von Satelliten möglich, eine Positionsbestimmung unabhängig vom Wetter durchzuführen. Das Zauberwort heißt GPS, „Global Positioning System". Dabei handelt es sich um ein 1973 vom amerikanischen Verteidigungsministerium entwickeltes und bis heute von dort kontrolliertes System. Mithilfe von GPS kann man die Lage eines Objektes im Gradnetz der Erde exakt bestimmen. Auch europäische Staaten bauen ein Satellitennavigationssystem auf. Es soll im Jahr 2013 betriebsbereit sein.
Und so funktioniert GPS: Satelliten (Abb. 168.1) umkreisen die Erde innerhalb von 12 Stunden auf regelmäßigen Bahnen. Der Empfänger (das GPS-Gerät, also eigentlich ein Sender) schickt ein Signal zu den Satelliten. Nun wird abgelesen, wie lange das Signal zu den Satelliten braucht. Somit lässt sich der Standort des GPS-Geräts relativ genau ausrechnen.
Die Einsatzmöglichkeiten für GPS sind vielfältig. So kann GPS Autofahrer und Flieger sicher an ein gewünschtes Ziel bringen, können Speditionsunternehmer die Routen ihrer Lastwagen verfolgen oder Meteorologen die Bahnen ihrer Wetterballone. Sogar die Bewegung von Kontinenten ist messbar.

**So gebt ihr die Lage eines Ortes im Gradnetz (Abb. 168.2–4) an:**

1. Sucht den Ort im Atlas.
2. Stellt die grobe Lageangabe fest. Der Ort liegt z.B. auf der Nordhalbkugel und östlich vom Nullmeridian.
3. Lest an den dünnen blauen Linien den Längen- und Breitenkreis ab.
4. Die Gradangabe für Hamburg z.B. ist: 8° ö. Br. / 54° n. L.

## AUFGABEN >>

1 Beschreibt weitere Nutzungsmöglichkeiten von GPS.
2 Erklärt, wie GPS funktioniert.
3 Durch welche Kontinente und Ozeane laufen diese Längen- und Breitenkreise: 60° n.Br., 60° s.Br., 20° s.Br., 140° ö.L., 40° ö.L.
4 Gebt die Lage folgender Ort an: Berlin, Kassel, Madrid, Denver, La Paz, Melbourne, Acapulco, London.
5 Welche Stadt hat diese Gradnetzangabe: 48° n.Br. / 8° ö.L. (Deutschland); 30° s.Br. / 31 ö.L. (Afrika); 18° s.Br. / 70° w. L. (Südamerika).

169.1 GPS-Satellit

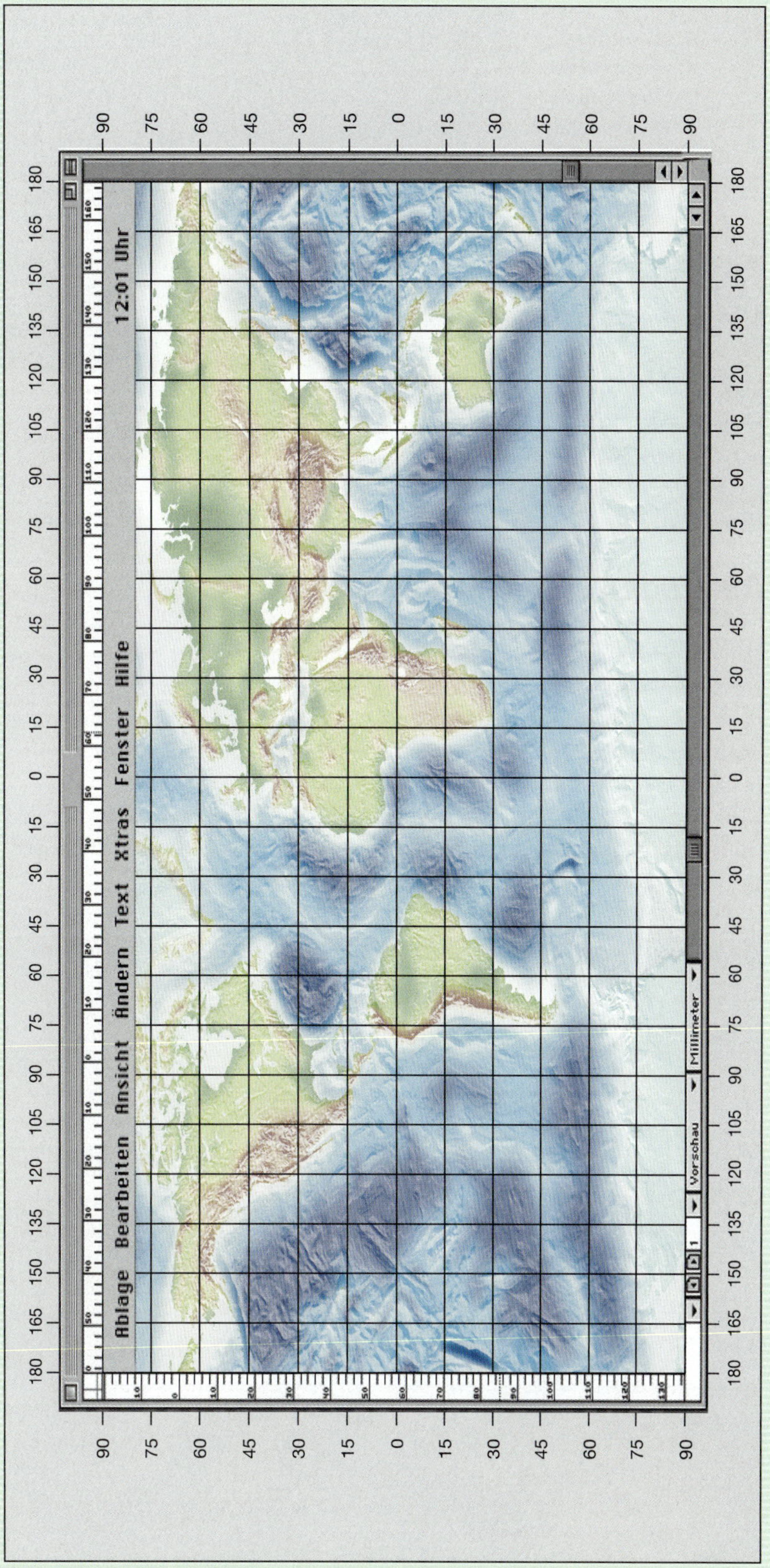


169.2 Koordinatensystem

## Ein Suchspiel für zwei

Einer der GPS-Satelliten ist abgestürzt und soll geborgen werden. Eure Aufgabe ist es, den Satelliten zu bergen. Doch Vorsicht, die Konkurrenz schläft nicht.

Platziert den Satelliten auf der Karte. Notiert euch auf einem verdeckten Kärtchen seine exakte Lage.

Versucht nun abwechselnd den Satelliten des Mitspielers zu finden, indem ihr zum Beispiel folgende Frage stellt: „Ist der Satellit 30 Grad südlicher Breite, 35 Grad östlicher Länge abgestürzt?" „Ist der Satellit ...?"

Die Antwort sollte die Suche durch Angabe einer Himmelsrichtung unterstützen, beispielsweise: „Nein, er liegt ..."

Notiert eure jeweiligen Versuche, um den Überblick zu behalten.

Sieger ist, wer den Satelliten mit möglichst wenigen Versuchen und vier richtigen Angaben bergen kann.

*170.1-3 Wie wird das Wetter?*

## Alle reden vom Wetter

Ganz gleich, ob ihr einen Klassenausflug oder ein Sportfest plant – oder ob die Sommerferien vor der Tür stehen. Schönes Wetter ohne Regen steht dann auf eurem Wunschzettel. „Dieses Jahr ist es zu trocken", klagt dagegen der Bauer. „Es wird Zeit, dass es endlich mal kräftig regnet." Sein Wunschwetter sieht also anders aus.
Über das Wetter lässt sich also streiten. Denn jeder hat was anderes vor und wünscht sich dazu das passende Wetter. Natürlich wollen wir auch wissen, wie das Wetter wird und ob die Wettervorhersage stimmt.

*170.4 Satellitenbild*

**Wetterbericht und Wettervorhersage**

Doch wie können Meteorologen das Wetter vorhersehen? Zunächst wird das Wetter in Tausenden von Wetterstationen auf der ganzen Welt von den Meteorologen beobachtet, gemessen und aufgezeichnet. Diese Daten werden dann weltweit an die Wetterdienste übermittelt.
Unterstützt werden die Meteorologen durch Wettersatelliten im Weltall. Diese fotografieren ständig das Wettergeschehen in der **Atmosphäre** und senden ihre Bilder zu den Empfangsstationen der Wetterdienste. Dort werden die Bilder mithilfe von Computern verarbeitet. Aus den gesammelten Informationen entstehen dann die Satellitenbilder (Abb. 170.4), die Aufschluss über das aktuelle Wetter geben.
Aus Satellitenbildern, Wettermessungen am Boden und langjähriger Erfahrung können die Meteorologen dann die Wettervorhersagen erstellen. Wettervorhersagen werden mithilfe von Wetterkarten zum Beispiel in Tageszeitungen (Abb. 171.1) oder in Nachrichtensendungen des Fernsehens dargestellt. Die Wetterbeobachtungen sind dort in Form von Symbolen eingezeichnet.

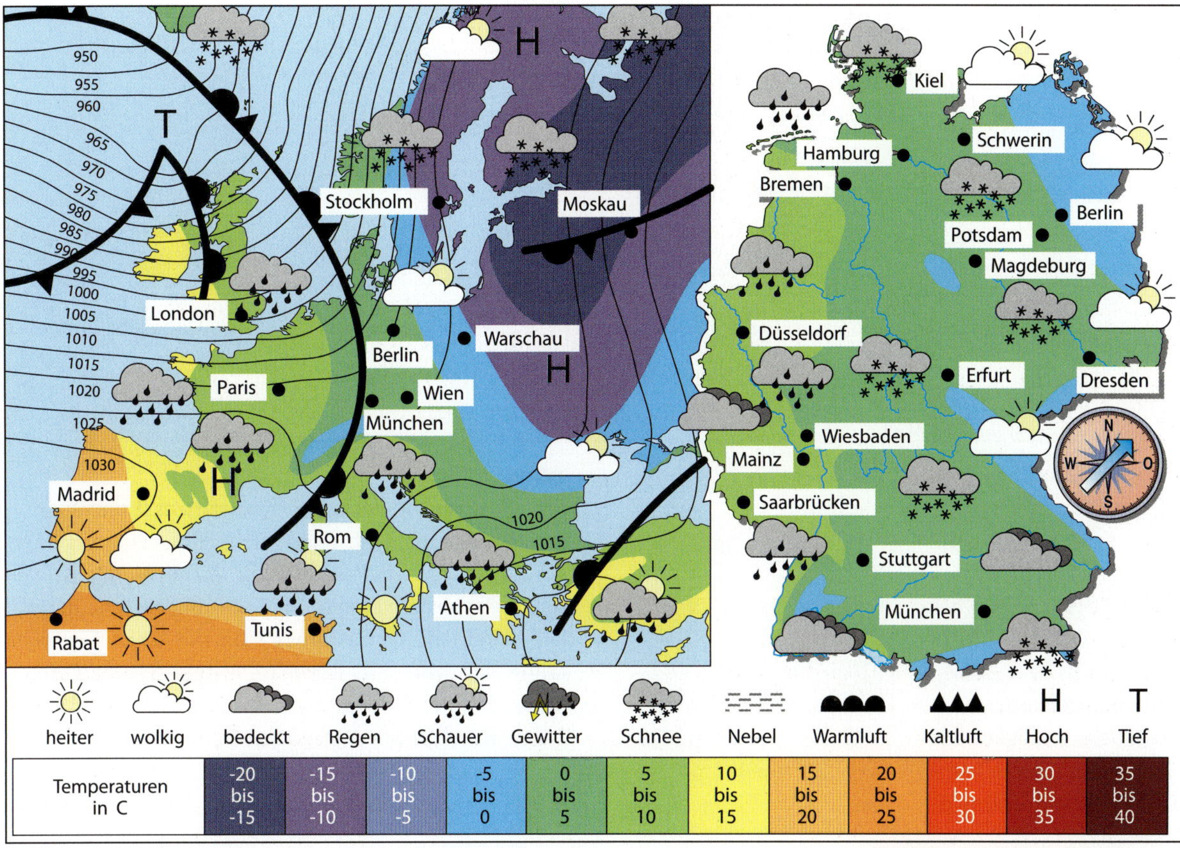


*171.1 Vereinfachte Wetterkarte aus einer Tageszeitung*

Die Wetterkarte verdeutlicht auch, was alles zum Wetter gehört: Denn das Wetter besteht aus verschiedenen Erscheinungen und Vorgängen, die in der Atmosphäre an einem bestimmten Ort zu einem bestimmten Zeitpunkt zusammenwirken.

Die einzelnen Wetterelemente bezeichnet man auch als „Bausteine des Wetters". Aus ihnen setzt sich das „Wetterhaus" zusammen (Abb. 171.2).

**Internet-Tipp**

www.dwd.de

www.mtholyoke.de/acad/germ/atlanta/klima.html

*171.2*

## AUFGABEN >>

1. Überlegt euch das „Wunschwetter" für folgende Personen: Bauarbeiter, Gärtner, Freibadbesucher, Radfahrer, Kinogänger, Taxifahrer, Skifahrer. Wie sieht euer Wunschwetter für morgen aus?
2. Wertet die Wetterkarte (Abb. 171.1) aus. Benennt Gebiete, für die z.B. Regen, Schnee oder Sonne vorhergesagt werden.
3. Schreibt einen eigenen Wetterbericht für den heutigen Tag. Vergleicht ihn dann mit der Vorhersage aus dem Fernsehen, dem Radio oder der Tageszeitung. Bringt Wettervorhersagen aus der Tageszeitung mit in den Unterricht.
4. Beschreibt, wie die Meteorologen zu ihren Daten für die Wettervorhersage kommen.
5. Besucht eine Wetterstation in eurer Nähe.

# Wir bauen eine eigene Wetterstation

In einer selbst gebauten Wetterstation könnt ihr die fünf Wetterelemente beobachten und messen. Einige der Messgeräte könnt ihr selber bauen.

**Bewölkung**

Schätzt, wie stark der Himmel mit Wolken bedeckt ist.
Folgende Stufen könnt ihr mit entsprechenden Zeichen festhalten:
O wolkenlos, ◑ wolkig, ● bedeckt

**Luftdruck**

Wir unterscheiden hohen und tiefen Luftdruck. Der „normale" Luftdruck liegt bei etwa 1013 Hektopascal (hPa). Die Messung mit dem Barometer erfolgt einmal täglich zur gleichen Zeit. Die Werte werden in hPa angegeben.

**Niederschlag**

Die Höhe der Niederschläge wird mit einem Regenmesser ermittelt.
Bauanleitung: Besorgt eine Plastikflasche. Spannt sie in einen Schraubstock und sägt den oberen Teil vorsichtig ab. Dieses Teil dient später als Trichter. Gebt eine Hand voll Steine in die Flasche, damit sie stabil steht. Fertigt mit einem Lineal auf einem Klebebandstreifen eine Millimeterskala an und klebt sie auf den Regenmesser.
Kennzeichnet die Linie bei Null mit einem Klebestreifen. Bis zu dieser Marke müsst ihr den Regenmesser mit Wasser befüllen. Die Messung erfolgt einmal täglich zur gleichen Zeit. Die Werte werden in Millimetern (mm) angegeben. Leert den Regenmesser nach jeder Ablesung bis zur Nulllinie. Gebt auch die Niederschlagsart an, z.B. Schnee, Hagel, Regen oder Tau.

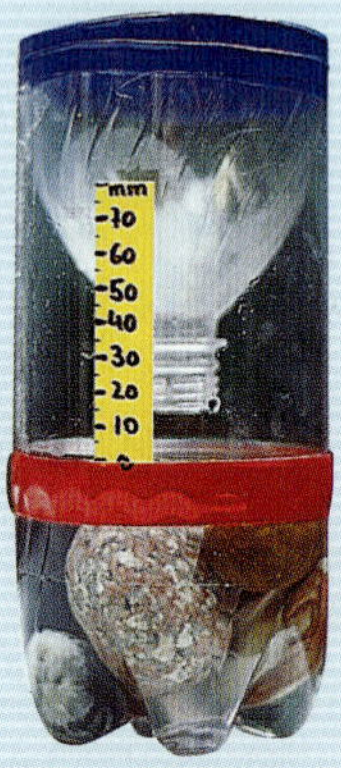


**Wind**

Für die Messung des Windes ist zunächst die Windstärke wesentlich. Die Windgeschwindigkeit müsst ihr schätzen, z. B. windstill, windig, stark windig, stürmisch. Außerdem ist die Windrichtung entscheidend. Die Windrichtung bestimmt man mit einer Wetterfahne, die mit dem Kompass ausgerichtet werden muss.
Skizze zum Bau eines Windmessers:

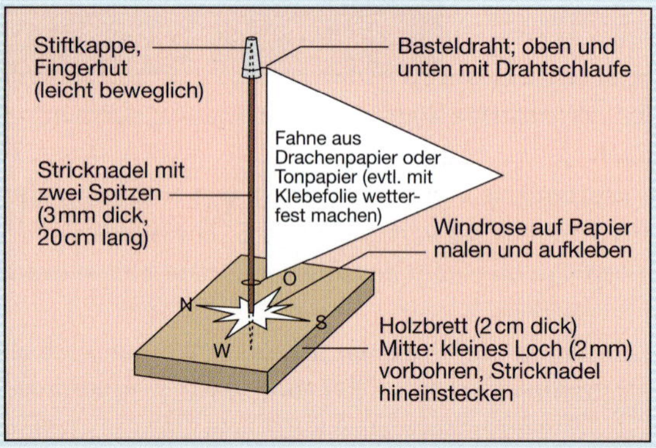


**Temperatur**

Die Temperatur gibt Auskunft darüber, wie warm oder kalt es ist.
Als Messgerät dient das Thermometer. Es muss an einem geschützten, schattigen Platz im Freien angebracht werden. Gebt die Werte in Grad Celsius (°C) an.
Gemessen wird um 7, 14 und 21 Uhr. Der Abendwert wird zweifach gewertet. Zählt die vier Werte zusammen, teilt durch vier und ihr erhaltet die Tagesdurchschnittstemperatur.

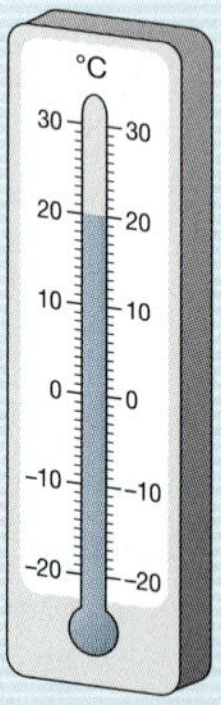

# Die Wetterbausteine

*173.1 Warme Luft steigt auf*

## Wetterbaustein Luftdruck

Die Lufthülle der Erde, die Atmosphäre, besteht aus einem Gemisch von verschiedenen unsichtbaren Gasen. Der Versuch (Abb. 173.2) zeigt, dass Luft ein Gewicht besitzt. Die Luft drückt auf die Erdoberfläche. Dieser Druck kann mit dem Barometer genau gemessen werden. Es gibt hohen Luftdruck (H) und tiefen Luftdruck (T). Je nach Wetter ändert sich der Luftdruck. Wird die Luft von der Sonne erwärmt, dann steigt sie nach oben. Kühle Luft fließt nach. Diese Strömung können wir als Wind spüren.

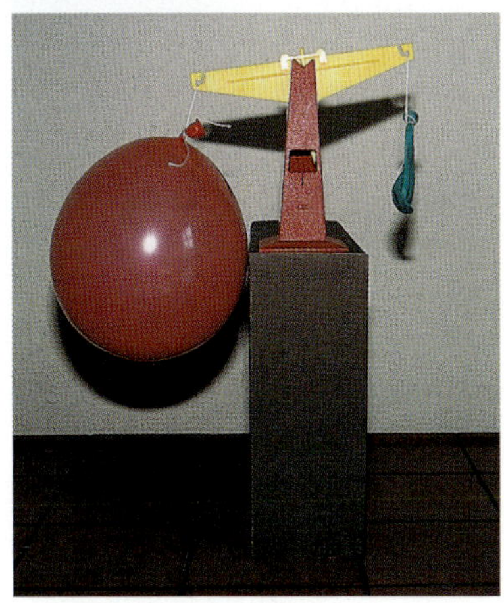

*173.2 Luft hat Gewicht*

**AUFGABEN >>**

1 Stellt den Versuch (Abb. 173.2) nach. Blast einen Luftballon auf und lasst die Luft entweichen. Was spürt ihr?

2 Tragt eure Beobachtungen täglich in ein Wettertagebuch ein. Was ihr dabei beachten müsst, erfahrt ihr auf den folgenden Seiten.

| Name: Theresa Sonnenschein, Klasse: | | *Wert wird doppelt gezählt | |
|---|---|---|---|
| Monat: Juli | 1. Juli | 2. Juli | 3. Juli |
| Temperatur um 7 Uhr (°C) | 10 | 9 | 9 |
| Temperatur um 14 Uhr (°C) | 28 | 25 | 25 |
| Temperatur um 21 Uhr (°C) | 19* | 17* | 15* |
| Durchschnittstemperatur (°C) | 19 | 17 | 16 |
| Niederschlag (mm) | – | 5 | – |
| Niederschlagsart | – | Regen | – |
| Luftdruck (hPa) | 1020 | 1005 | 1010 |
| Windrichtung | W | W | W |
| Windstärke | windstill | windig | starkwindig |
| Bewölkung | ○ | ● | ◑ |

*173.3 Beobachtungsbogen (Muster) für dein Wettertagebuch*

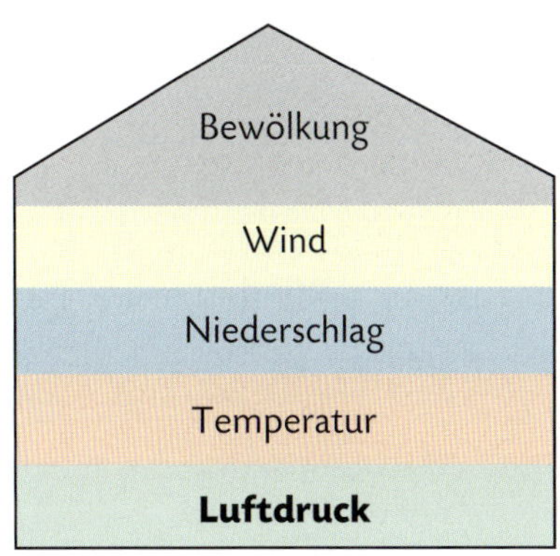

## Wetterbaustein Wind

*174.1 Windkraftanlage*

**Hauptwindrichtung:** In Deutschland kommt der Wind meist aus Westen vom Atlantik (Hauptwindrichtung). Der Westwind bringt häufig Regen. Bei Ostwind ist das Wetter im Sommer trocken und heiß, im Winter kalt. Nordwind bringt kalte, Südwind warme Luft zu uns.

*174.2 Windsurfer*

**Windrichtung:** Der Wind erhält seinen Namen nach der Richtung, aus der er kommt. Liegt die Windrichtung zwischen den Himmelsrichtungen, wird der Wind danach benannt (z.B. Südwestwind).

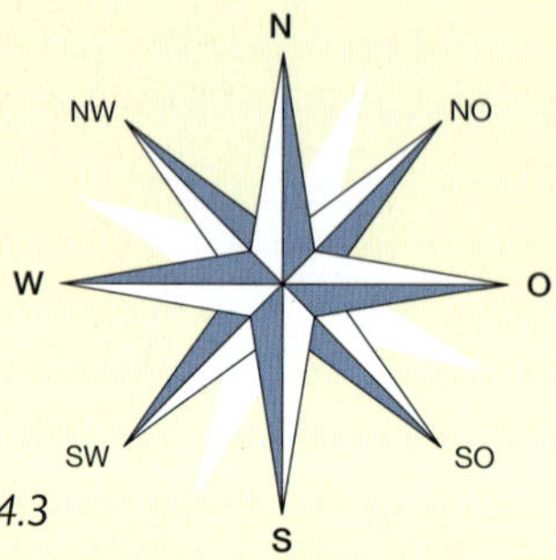


*174.3*

**Windstärke:** Wird auf einer Skala in 12 Stärken eingeteilt. Beispiele:

| Windstärke | Windgeschwindigkeit |
|---|---|
| 0 | 0–1 km/h |
| 2 | 6–11 km/h |
| 4 | 20–28 km/h |
| 8 | 62–74 km/h |
| 10 | 89–102 km/h |
| 12 | über 117 km/h (Orkan) |

*174.4 Nach einem Sturm*

**Orkan, Sturm:** Treffen Gebiete mit großen Luftdruckunterschieden aufeinander, so können sich Stürme und Orkane bilden. Es entsteht ein riesiger Wirbel, der anhält, bis sich die warmen und kalten Luftmassen vermischt haben. Stürme kommen häufig aus dem Norden.

*174.5 Windstille*

**AUFGABE >>>**

Im Sommer heizt sich an der Küste das Land tagsüber schneller auf als das Meer. Daher weht ein Wind vom Meer Richtung Land (Land-See-Wind). Erklärt dies mithilfe des Versuchs.

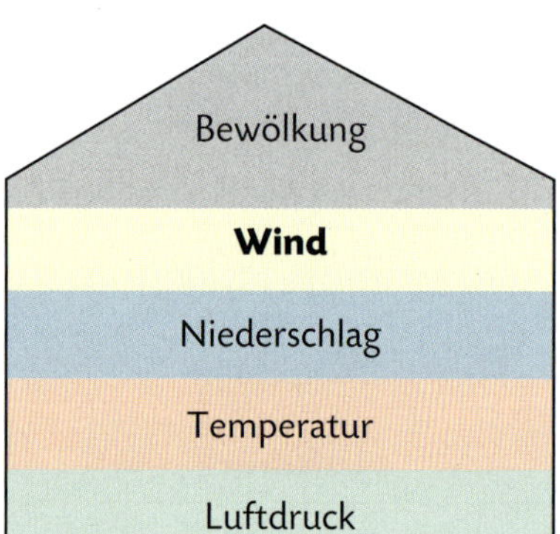

### Versuch zu Luftströmungen

*Versuchsziel:* Der Versuch soll die Ausgleichsströmung (Wind) zwischen kalter (schwerer) und warmer (leichter) Luft beweisen.

*Durchführung:* Eine brennende Kerze wird vor der Klassenzimmertür auf den Boden gestellt (Bild links). Anschließend wird die Kerze in zwei Metern Höhe unter den Türrahmen gehalten. Die Flamme zeigt in Richtung des kälteren Flurs (Bild rechts). Der Versuch gelingt am besten in der Heizperiode.

*Beobachtungsergebnis:* Die Flamme wird in Richtung Klassenraum gelenkt. Dieser ist wärmer und die kalte Luft strömt vom Flur ins Zimmer. Die schwerere, kalte Luft im Flur strömt in Bodennähe in das Klassenzimmer hinein. Die warme, leichtere Raumluft fließt als Ausgleich in den kälteren Flur.

## Wetterbaustein Bewölkung

### Wolken als Wetterboten

**A** An warmen Sommertagen bilden sich um die Mittagszeit oft Haufenwolken (lat. Cumulus). Sie entstehen in geringen Höhen (ca. 1000-1500 m) und treiben langsam am Himmel. Haufenwolken sind Schönwetterwolken. Wenn solche Wolken allerdings bereits am Morgen zu sehen sind, können sie sich zu Schauerwolken entwickeln.

**B** Die feinen Federwolken (lat. Cirrus) bilden sich in etwa 7–10 000 m Höhe. Sie bestehen aus winzigen Eiskristallen. (Auch die Kondensstreifen der Flugzeuge bestehen aus solchen Eiskristallen.) Einzelne Federn sind ein Zeichen für stabiles, gutes Wetter. Nehmen sie aber rasch zu, sind sie oft ein Vorbote für schlechtes Wetter.

**C** Ist es im Sommer heiß und schwül, entwickeln sich Haufenwolken, oft Gewitterwolken (lat. Cumulonimbus). Aufwinde lassen diese Wolken höher und höher (bis zu 15 000 m) zu riesigen blumenkohlartigen Gebilden anwachsen. Oben breiten sie sich bisweilen ambossförmig aus. Nun ist mit Blitz, Hagel oder Wolkenbruch zu rechnen.

**D** Bedecken diese Wolken den Himmel, sieht es nicht gut aus! Die dunklen, grauen bis schwarzgrauen Regenwolken (lat. Nimbostratus) haben keine bestimmte Gestalt. Sie bedecken in geringer Höhe (1 000 m) den Himmel und bestehen aus Wassertröpfchen sowie Eiskristallen. Diese Wolken bringen anhaltenden Regen, bei Kälte Schnee.

**AUFGABEN >>**

1 Ordnet die Wolkenbilder 1-4 den Texten A-D richtig zu.

2 Erstellt eine Übersicht zu den verschiedenen Wolkentypen. Legt dazu folgende Tabelle an:

| *deutscher Name* | *Lateinischer Name* | *zu erwartendes Wetter* |
|---|---|---|
| Haufenwolken | Cumulus | ... |

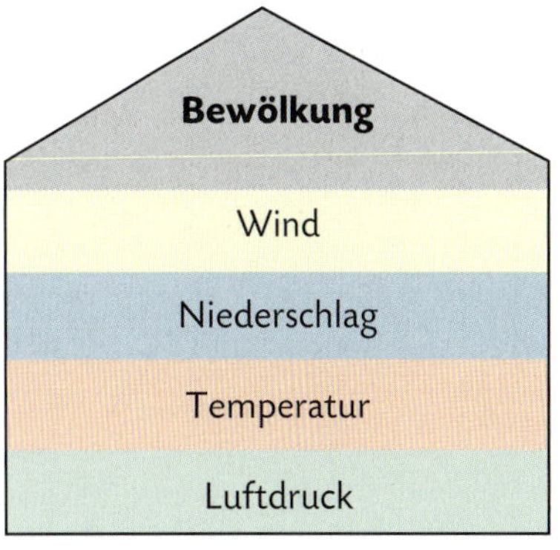

*176.1–4 Niederschlagsarten*

## Wetterbaustein Niederschlag

Im Winter sehnen wir ihn herbei, damit wir Schlitten fahren können. Dann verdirbt er uns den Badeurlaub. Der Landwirt braucht ihn, damit seine Pflanzen wachsen. Gemeint ist der Niederschlag, der in verschiedenen Formen, zum Beispiel als Regen, Schnee, Hagel, Reif (Abb. 176.1-4) oder als Tau zur Erde gelangt.

Niederschläge sind unterschiedlich ergiebig. Ein heftiger Gewitterregen kann die Niederschlagsmenge eines Monats innerhalb von Minuten abladen. Tau hinterlässt nur einen Hauch von Niederschlag am Boden.

Wir können Niederschläge mit einem Regenmesser (> S. 172) auffangen, Tag für Tag messen und dann die Werte niederschreiben. Dazu messen wir – immer zur gleichen Zeit – den Niederschlag, der innerhalb von 24 Stunden gefallen ist.

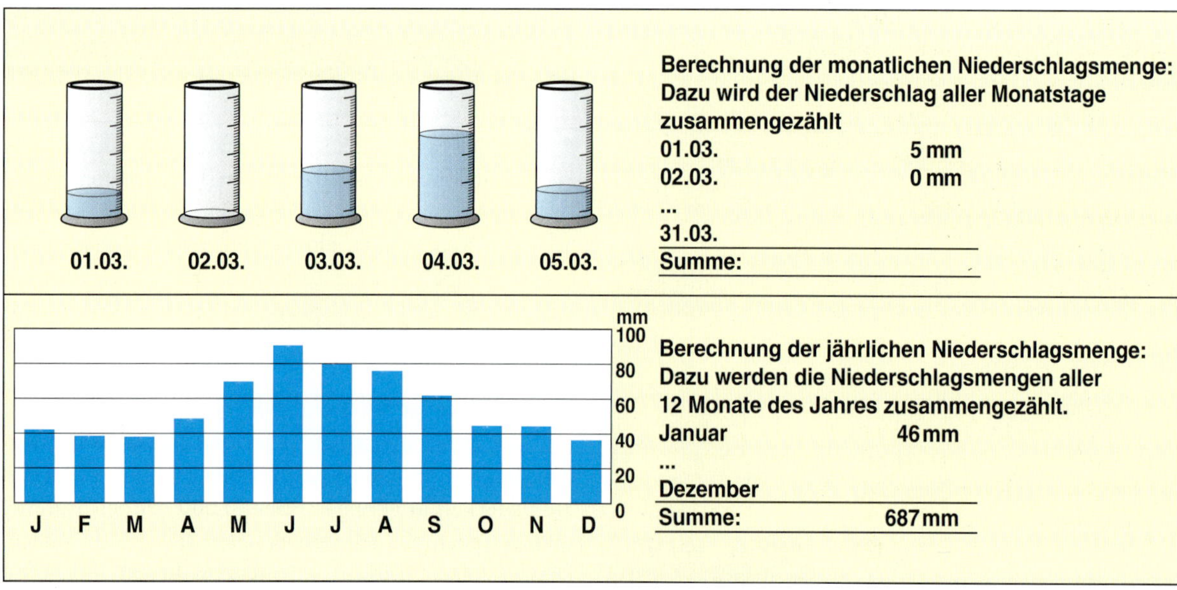


*176.5 Niederschlagsmengen*

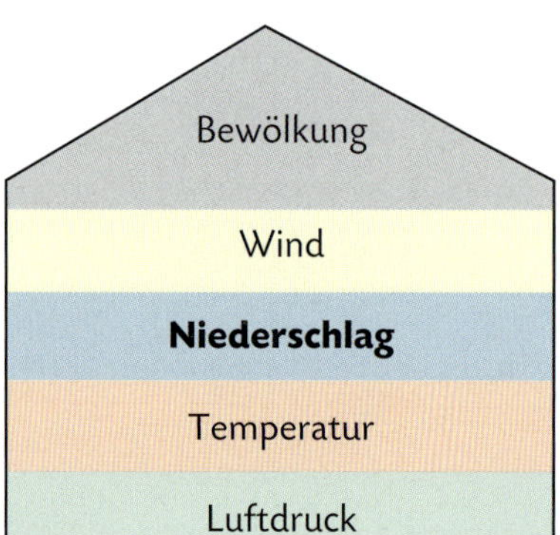


## AUFGABEN >>

1 Baut einen Regenmesser (> S. 172) und führt eine Langzeitbeobachtung durch. Notiert täglich Art und ungefähre Dauer des Niederschlags. Nutzt dazu den Wetterbeobachtungsbogen (Tab. 173.3).

2 Sucht auf dem Schulhof einen Standpunkt für den Regenmesser. Was müsst ihr dabei beachten?

3 Begründet, warum es wichtig sein kann, die genaue Niederschlagsmenge eines Tages, eines Monats oder eines Jahres zu wissen.

4 Untersucht das Niederschlagsdiagramm (Abb. 176.5). In welchem Monat fällt der wenigste, in welcher Jahreszeit der meiste Niederschlag?

5 Im Text sind verschiedene Niederschlagsarten genannt. Informiert euch über die jeweilige Entstehung (Internet, Fachbücher).

## Wetterbaustein Temperatur

Die Schüler der 8. Klasse sind kräftig am Schwitzen. Sie fragen im Sekretariat nach, ob es hitzefrei gibt Der Schulleiter gibt ihnen ein Thermometer und fordert sie auf, die Temperatur zu ermitteln. Doch die Schüler kommen auf völlig verschiedene Werte. Wie kommt das? Der Schulleiter hilft: „Es hängt davon ab, wie und wo ihr die Temperatur messt. Ihr dürft zum Beispiel nicht in der Sonne messen!"
Damit alle Werte vergleichbar sind, haben sich auch die Meteorologen geeinigt: Sie messen die Temperatur im Schatten zwei Meter über dem Boden. Dazu befindet sich das Thermometer in einem Wetterhäuschen. Wie ihr die Tagesdurchschnittstemperatur für euer Wettertagebuch ermittelt, habt ihr auf S. 172 erfahren.

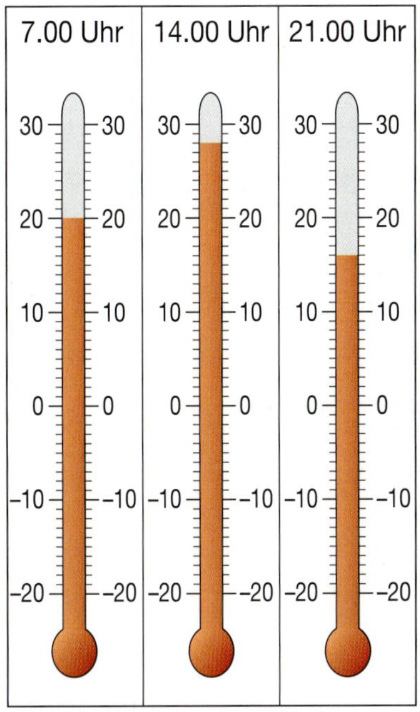


177.1

177.2 *Wetterhäuschen*

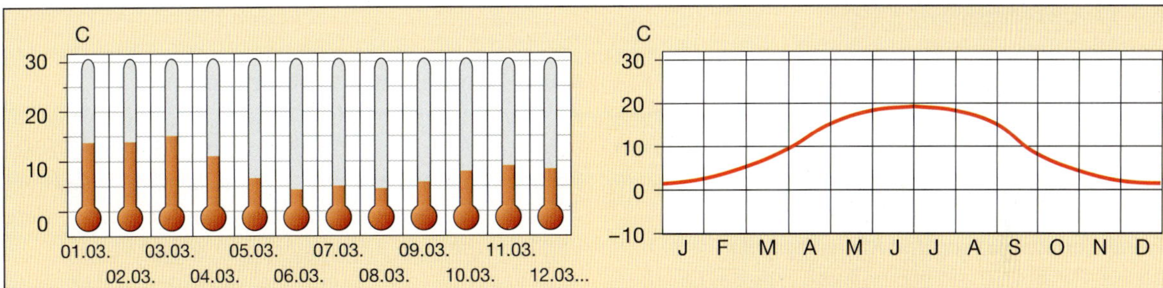


**Monatsdurchschnittstemperatur**
Die Tagesmittel eines Monats werden zusammengezählt und durch die Anzahl der Tage des Monats geteilt.

**Jahresdurchschnittstemperatur**
Die Monatsmittel werden zusammengezählt und durch die Anzahl der Monate (12) geteilt.

177.3 *Ermittlung der Monats- und Jahresdurchschnittstemperatur*

**AUFGABEN >>**

1 Messt mit einem Thermometer die Temperatur an verschiedenen Stellen im Klassenzimmer, in der Schule und im Freien. Was müsst ihr beachten, um möglichst genaue Messergebnisse zu erhalten?

2 Stellt je eine Schüssel mit kaltem, lauwarmem und warmem Wasser auf. Taucht eine Hand in die Schüssel mit dem kalten und anschließend mit dem lauwarmen Wasser. Wiederholt den Versuch mit dem warmen und lauwarmen Wasser. Was stellt ihr fest? Messt die Temperaturen mit dem Thermometer nach.

3 Untersucht die Kurve der Jahresdurchschnittstemperatur (Abb. 177.3). Wie viele Monate haben eine Durchschnittstemperatur von über 10 °C? Wie warm ist es im jetzigen Monat?

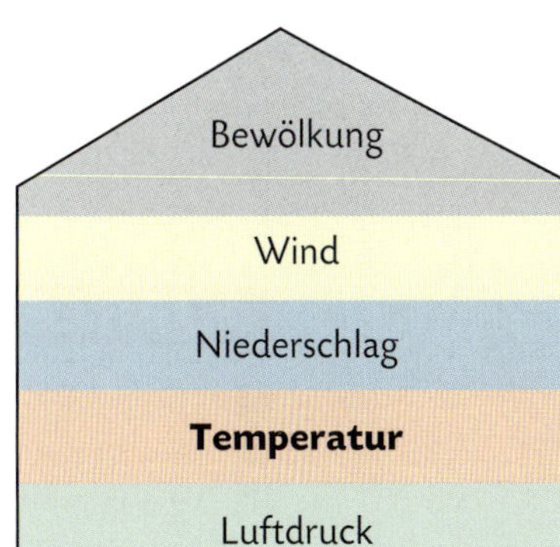

# Methode: Wir lesen ein Klimadiagramm und werten es aus

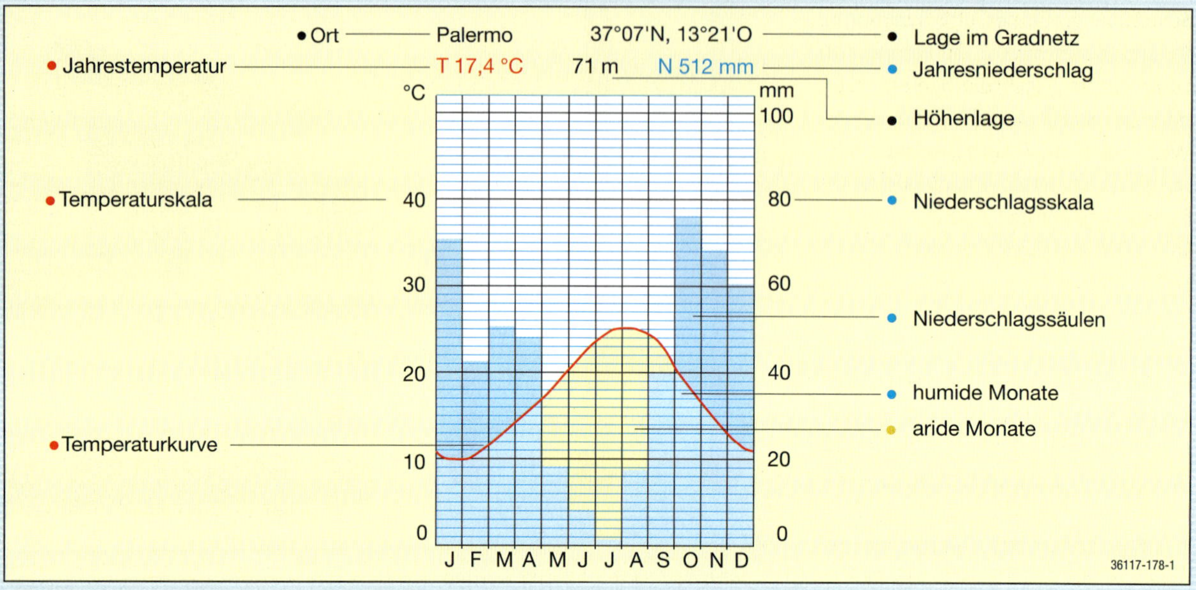


*178.1 Klimadiagramm*

## Wir lesen ein Klimadiagramm

Klimadiagramme stellen Merkmale des Klimas an einem bestimmten Ort dar. Zunächst können wir Informationen über Temperaturen und Niederschläge in den einzelnen Monaten ablesen und erste Vergleiche anstellen.

***1. Einzelinformationen aus dem Klimadiagramm***

- Name, Höhenlage und geografische Lage des Ortes;
- Jahrestemperatur im Durchschnitt
- Jahresniederschlag
- Temperaturwerte und Niederschlagsmengen einzelner Monate
- aride und humide Monate
- Wachstumszeit

***2. Weitere genauere Informationen durch Vergleiche***

- wärmster und kältester Monat
- Jahrestemperaturverlauf
- regenreichster und regenärmster Monat
- gleichmäßige Regenmengen in den verschieden Monaten oder sehr unterschiedliche Regenmengen

## Wir werten ein Klimadiagramm aus

Aus den vielen Einzelinformationen zum Klima eines bestimmten Ortes lassen sich auch wichtige Schlüsse ziehen. Denn aus den Klimadiagrammen erfahrt ihr etwas über die dortigen Lebensbedingungen für Menschen, Tiere und Pflanzen.

- Liegt der Ort auf der Nordhalbkugel oder auf der Südhalbkugel?
- In welcher Klimazone liegt der Ort (> S. 184)?
- Wie wirken sich die Klimamerkmale auf die Vegetation und auf die Pflanzen aus (> S. 184/185)? Vergleicht mit der Wachstumszeit!
- Für welche Tiere herrschen jeweils günstige oder ungünstige Lebensbedingungen?
- Welche Auswirkungen hat das Klima dieses Ortes auf die Lebensbedingungen des Menschen, zum Beispiel auf die Kleidung, auf die Bauweise der Häuser, auf die Landwirtschaft, auf den Tourismus?

**AUFGABEN >>**

1 Lest das Klimadiagramm 178.1.

2 Wertet das Klimadiagramm aus.

3 Was könnt ihr feststellen, wenn ihr die Klimadiagramme auf den Seiten 186/187 miteinander vergleicht?

# Methode: Wir zeichnen ein Klimadiagramm

Ihr habt auf den vorangegangenen Seiten erfahren, dass es lange dauert, bis Meteorologen die Klimadaten eines Ortes ermittelt haben. Um diese Daten anschaulicher darstellen und vergleichen zu können, werden Klimadiagramme erstellt. Auch ihr könnt ein Klimadiagramm zeichnen.

Zunächst braucht ihr dazu ein DIN-A4-Millimeterpapier oder ein kariertes Blatt. Geht dann nach folgenden Arbeitsschritten vor:

1. Zeichnet auf das Blatt eine 12 cm lange Grundlinie und teilt sie in zwölf Monate (1 Monat = 1 cm). Schreibt die Anfangsbuchstaben der Monate unter diese Grundlinie (Abb. 179.1)
2. Zeichnet etwa 2 cm über der Grundlinie nochmals eine waagrechte Linie ein. Diese Achse markiert die Nullwerte der Temperaturen und Niederschlagsmengen. Tragt von dort aus auf der linken Hochachse die Temperaturskala ab (1cm = 10 °C), auf der rechten Hochachse die Skala für die Niederschlagsmengen ab (1cm = 20 mm). Schreibt jeweils die Maßeinheit °C bzw. mm dazu.
3. Markiert durch ein rotes Kreuzchen für jeden Monat die in der Klimatabelle angegebenen durchschnittlichen Temperaturwerte. Verbindet die Kreuzchen durch eine rote Linie zu einer Kurve.
4. Markiert nun auch über jeden Monat die angegebene Niederschlagsmenge mit einem kleinen waagrechten Strich. Malt dann jeweils die Säule unter den zwölf Strichen zu blauen Niederschlagssäulen aus.
5. Ergänzt abschließend über dem Klimadiagramm (Kopfzeile) den Namen des Ortes, die Höhenlage, die Lage im Gradnetz sowie die Jahresdurchschnittstemperatur und den gesamten Jahresniederschlag.

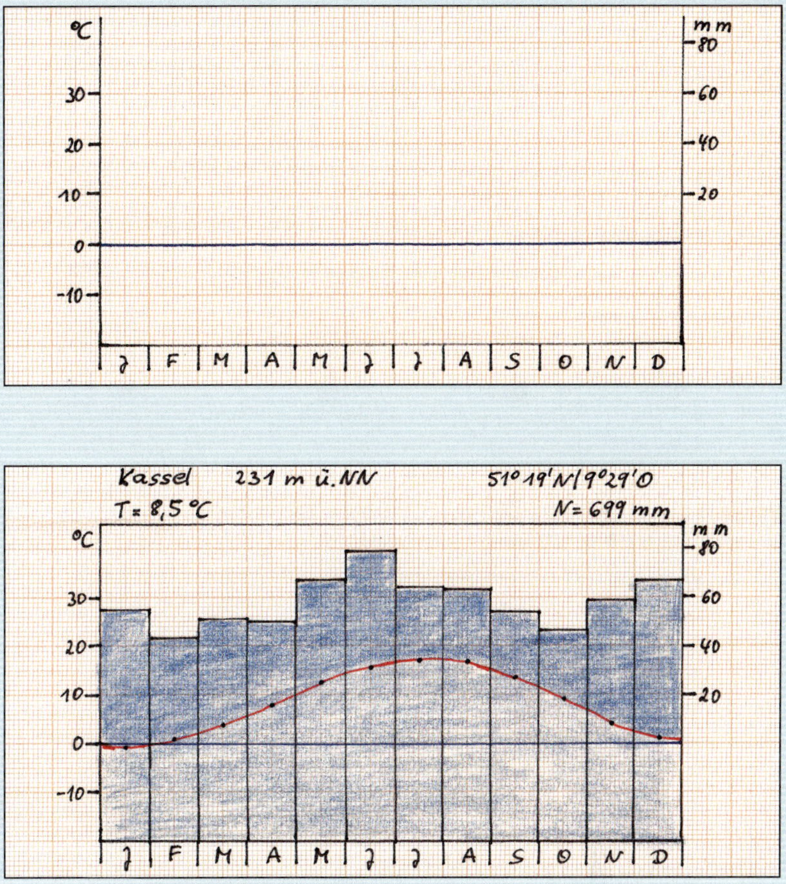


*179.1 und 2 Entstehung eines Klimadiagramms*

Berlin-Dahlem Lage 52°28'N/ 13°18'E Höhe ü. NN 51 m

**Mitteltemperatur der Station**

| Jan | Feb | März | April | Mai | Juni | Juli | Aug | Sep | Okt | Nov | Dez | Jahr |
|---|---|---|---|---|---|---|---|---|---|---|---|---|
| -0,6 | -0,3 | 3,6 | 8,7 | 13,8 | 17,0 | 18,5 | 17,7 | 13,9 | 8,9 | 4,5 | 1,1 | 8,9 |

**mittlere Niederschläge der Station**

| Jan | Feb | März | April | Mai | Juni | Juli | Aug | Sep | Okt | Nov | Dez | Jahr |
|---|---|---|---|---|---|---|---|---|---|---|---|---|
| 43 | 40 | 31 | 41 | 46 | 62 | 70 | 68 | 46 | 47 | 46 | 41 | 581 |

*179.3 Klimatabelle von Berlin*

**AUFGABEN>>**

1. Übertragt zur Übung das Klimadiagramm von Ksyl-Orda (Seite 187 oben rechts) in euer Heft.
2. Setzt – nach der Beschreibung von oben – die Klimatabelle von Berlin (Abb. 179.3) in ein Klimadiagramm um.
3. Zeichnet ein Klimadiagramm eures Heimatortes. Klimawerte der nächsten Wetterstation bekommt ihr sicher bei einem Wetteramt.

Z

# Zusatzthema: Steigungsregen

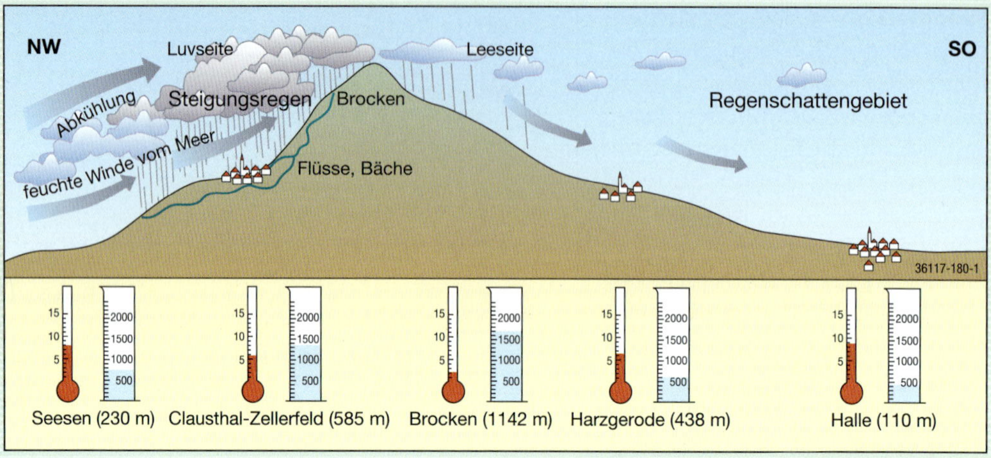


*180.1 Steigungsregen und Regenschatten im Harz*

In der Natur verhält sich feuchte Luft ähnlich wie in dem Versuch (Abb. 180.2): Wehen Luftmassen auf ein Gebirge zu, so müssen sie vor diesem Hindernis aufsteigen (Abb. 180.1). Da es im Tiefland oder in den Tälern eines Gebirges wärmer ist als zur gleichen Zeit auf den Gipfeln, kühlt sich die aufsteigende Luft ab.

Der erst unsichtbare Wasserdampf der Luft kondensiert zu kleinen Tröpfchen, die zunächst noch in der Luft schweben. Wir sehen dann Wolken, die sich an den Berghängen stauen. Bei weiterem Anstieg und zunehmender Abkühlung werden die Wassertröpfchen schwerer und die Luft kann sie nicht mehr halten: Es regnet. Diesen Regen nennen wir Steigungs- oder Stauregen. Er ist an der windzugewandten Seite (Luvseite) der Gebirge zu beobachten. Die Gebiete im Wind- bzw. Regenschatten (Leeseite) sind dagegen regenärmer. Denn hier hat die Luft bereits das Gebirge überquert, sie sinkt ab und erwärmt sich wieder. Dabei lösen sich die Wolken auf und die Wassertröpfchen verdunsten wieder zu unsichtbarem Wasser. Dieses Phänomen kann man z.B. am Harz beobachten (Abb. 180.1). Auch im Alpenvorland kennt man die Stauniederschläge bei NW-Winden.

**AUFGABEN >>**

Erläutert den Begriff Steigungsregen (Abb. 180.1). Vergleicht Durchschnittstemperatur, Jahresniederschlag und Höhenlage der vier Orte.

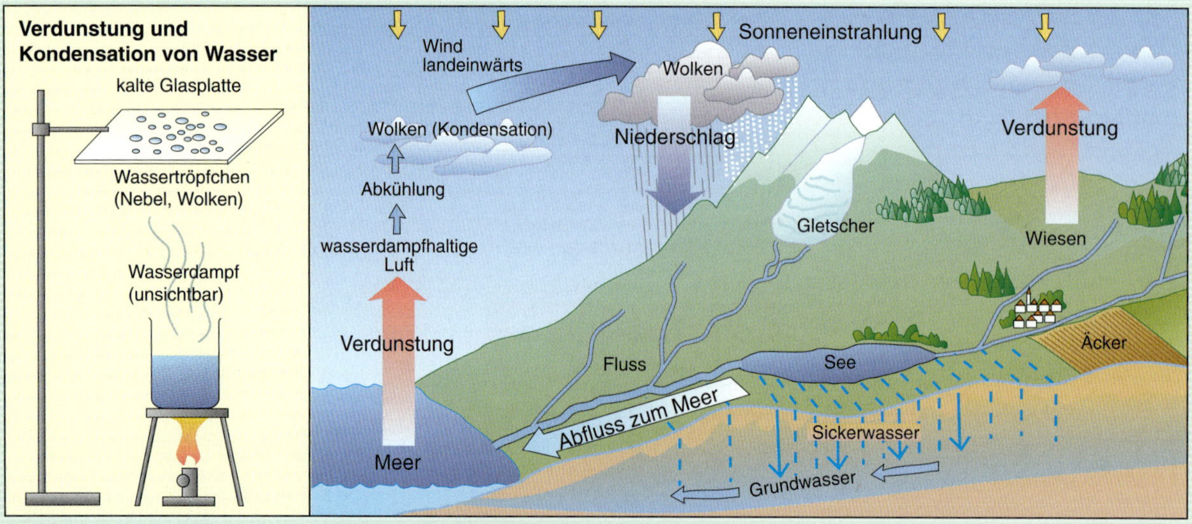


*180.2 Wasser ist immer in Bewegung (Kreislauf des Wassers)*

# Zusatzthema: Großwetterlagen in Deutschland

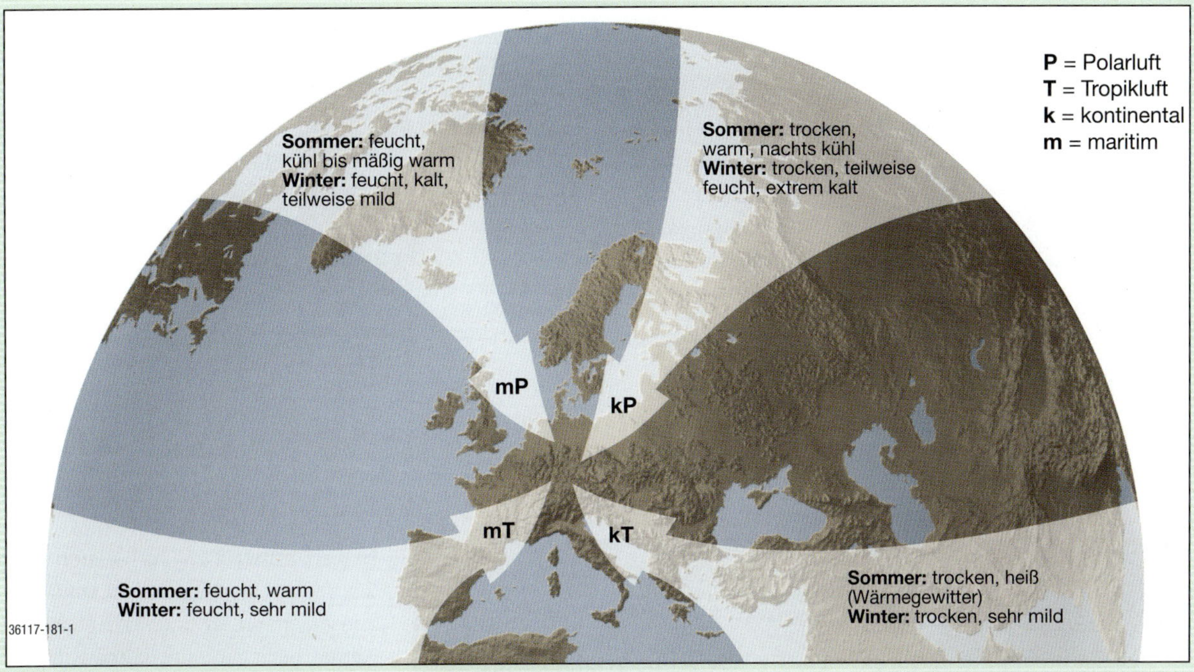


*181.1 Großwetterlagen in Deutschland*

| Bezeichnung | Zeitraum | Wettererscheinungen | Ursachen |
|---|---|---|---|
| „Aprilwetter" | Ende März April | Wechsel von Regen- und Schneeschauern | Tiefdruckgebiet aus Nordwesten |
| „Eisheilige" | um 11. bis 13. Mai | Kaltluft mit Nachtfrösten | Luftmassen aus Nordwesten |
| „Schafskälte" | Anfang Juni | Kaltlufteinbruch, sehr kühl, stark bewölkt | Polarluft aus Nordwesten trifft auf erwärmte Festlandsluft |
| „Hundstage" | Ende Juli bis Ende August | Hitzewelle, schön warm, oft sehr schwül | kontinentale und atlantische Luftmassen (Hochdrucklage) |
| „Altweibersommer" | Ende September bis Ende Oktober | sonnig, trocken, große Temperaturunterschiede zwischen Tag und Nacht | Einströmen kontinentaler Tropikluft, Hochdrucklage |
| „Weihnachtstauwetter" | ab Mitte Dezember | regnerisch, mild bis kühl, Tauwetter | Zufuhr von atlantischen Luftmassen aus Südwesten |
| winterliches Kältehoch | Ende Januar/Anfang Februar | Kaltlufteinbrüche, Frostwetter, wolkenlos | kontinentale Polarluft, Hochdrucklage |

*181.2 Regelfälle der Witterung*

# Z Zusatzthema: Warum ist es auf der Erde unterschiedlich warm?

182.1

**20. Dezember:** „Heute hat es stundenlang geschneit. Als ich um 17 Uhr vom Eislaufen kam, war es schon dunkel." *(Nina aus Gießen)*

182.2

**20. Dezember**: „Beim Surfen habe ich heute einen Sonnenbrand bekommen. Abends waren die Wellen am höchsten!" *(Kevin aus Sydney)*

## Wie kommt es zu den Jahreszeiten?

Wie ist es möglich, dass Nina und Kevin an demselben Tag die Natur so unterschiedlich erleben? Weil die beiden Brieffreunde sind, wissen sie Bescheid!

*182.3 Experiment*

**Experiment:** Um zu verstehen, warum auf der Erde nicht überall zur gleichen Zeit auch das gleiche Klima herrscht, muss man Folgendes wissen:

- Die Erde ist schief: Ihre Achse ist um 23,5° geneigt!
- Die Erde dreht sich innerhalb eines Jahres einmal um die Sonne.

Mit einem Globus und Tageslichtprojektor als „Sonne" kann man die Folgen untersuchen.

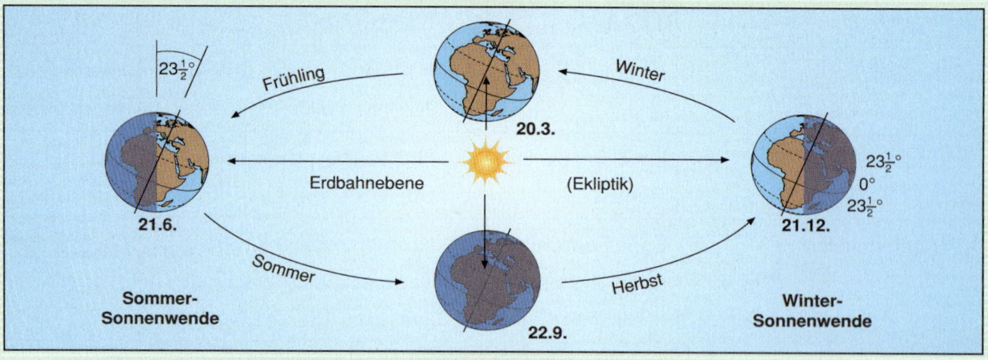


*182.4 Jährlicher Umlauf der Erde um die Sonne*

Am 21.6. steht die Erde so, dass die Nordhalbkugel zur Sonne geneigt ist. Dann ist bei uns Sommer. Weil die Sonnenstrahlen steil auf die Erde fallen, können sie die Erde besser erwärmen. Außerdem ist es länger hell, weil die Nordhalbkugel länger von der Sonne beschienen wird. Gleichzeitig ist auf der Südhalbkugel Winter, weil diese Halbkugel von der Sonne abgewandt ist. Am 21.12. ist es genau umgekehrt.

Am 21.3. und am 21.9. wird keine der Halbkugeln von der Sonne „bevorzugt". Dann ist es Frühling bzw. Herbst.

## Unterschiedliche Temperaturzonen

Alljährlich verbringen viele Menschen ihren Weihnachtsurlaub in Thailand oder auf den Kanarischen Inseln. Sie „flüchten" vor unserem Winter und können in der Sonne liegen. Diese Urlaubsorte liegen näher am Äquator als Deutschland. Dort ist die Sonneneinstrahlung am stärksten und somit die Erwärmung auch am höchsten. Wie lässt sich das erklären? Ein Experiment mit einer Lampe zeigt die Lösung (Abb. 183.1). Richtet dazu die Lampe aus kurzer Entfernung auf den Globus. Bewegt den Globus nun so, dass der Lichtkegel der Lampe vom Äquator zum Pol wandert. Überprüft, wo der Globus durch das Licht wärmer wird. Wo bescheint die Lampe eine größere Fläche?

Selbst im Sommer fallen die Sonnenstrahlen in den Polarzonen so flach ein, dass sie diese Regionen nur wenig erwärmen können. Die Folge ist, dass die Temperaturen dort das ganze Jahr über recht niedrig sind. In Äquatornähe ist es dagegen das ganze Jahr über sehr warm. Zwischen Äquator und den Polen sind die Temperaturen gemäßigt und angenehmer. Hier gibt es auch Jahreszeiten, denn je nachdem, ob die Halbkugel gerade zur Sonne geneigt ist oder von ihr abgeneigt ist, ist Sommer oder Winter (Abb. 182.3).

So ergeben sich auf der Erde unterschiedliche **Temperaturzonen**, die sich alle mit dem Einfallswinkel der Sonnenstrahlen erklären lassen.

*183.1 Experiment*

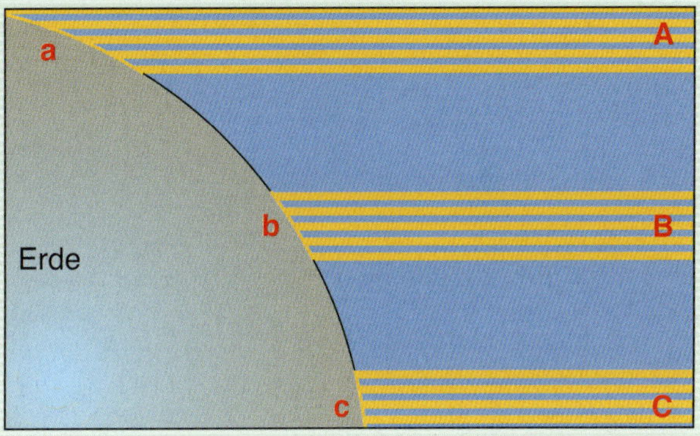


*183.2 Bestrahlung der Erde*

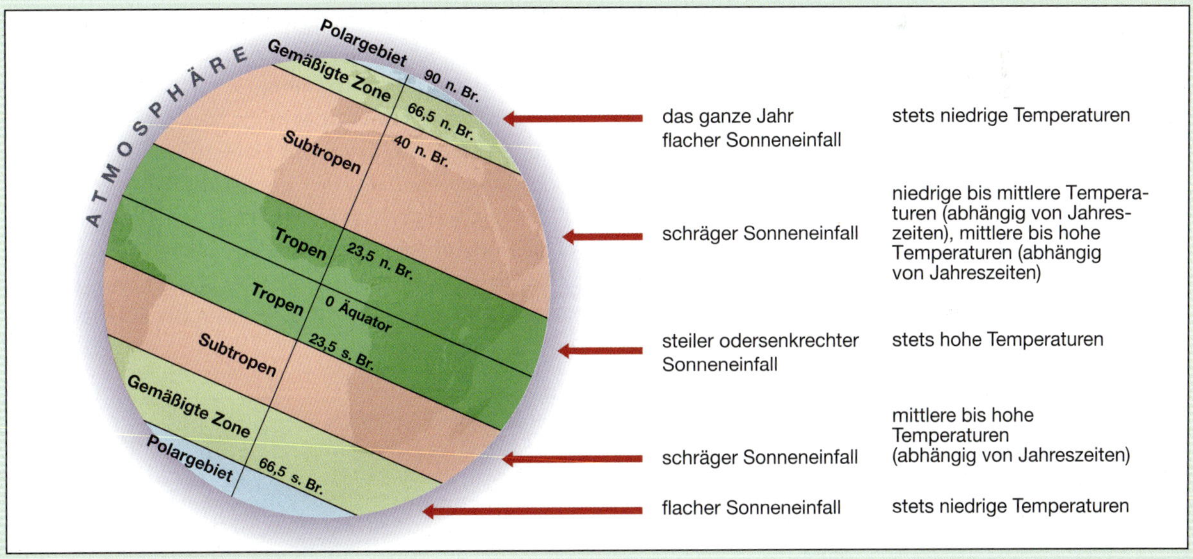


*183.3 Beleuchtungszonen*

## AUFGABEN >>

1. Erklärt die Ursachen für die Entstehung der Jahreszeiten.
2. Stellt euch vor, die Erdachse wäre nicht geneigt, sondern senkrecht. Welche Folgen hätte das?
3. Erklärt, wie es zu den unterschiedlichen Temperaturzonen kommt.

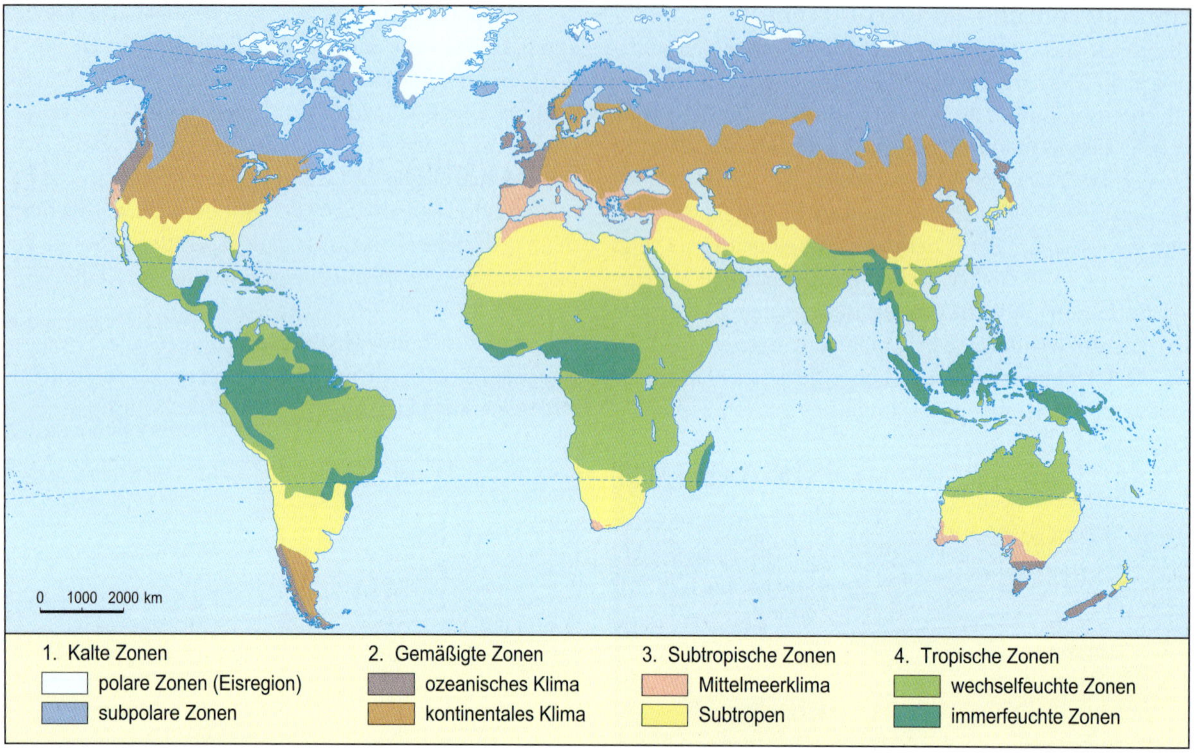


*184.1 Klimazonen der Erde*

## Klima- und Vegetationszonen

Die unterschiedliche Erwärmung der Erde ist eine wesentliche Ursache dafür, dass auch das Klima auf der Erde sehr verschieden ist. So wie sich die Temperaturzonen von den Polen zum Äquator hin verändern, verlaufen auch die **Klimazonen** nahezu parallel zu den Breitenkreisen (Abb. 184.1). Es sind aber auch Abweichungen festzustellen: Besonders bei hohen Gebirgen oder im Innern großer Landmassen zeigen die Grenzen der Klimazonen einen anderen Verlauf.

Das zeigt, dass das Klima nicht nur von der geografischen Breite abhängt, sondern noch von anderen Faktoren beeinflusst wird, z.B. von der Entfernung zum Meer, der Lage zu einem Gebirge, der Höhenlage, der Windrichtung oder der Meeresströmung.

In jeder Klimazone weist das Klima Merkmale auf, die für alle in dieser Zone liegenden Gebiete annähernd gleich sind. Klimamerkmale, nach denen die Klimazonen charakterisiert werden, sind der Temperatur- und Niederschlagsverlauf, die Niederschlagsmenge und Niederschlagsverteilung, das Verhältnis von Verdunstung und Niederschlag sowie die Auswirkungen des Klimas auf die Pflanzenwelt.

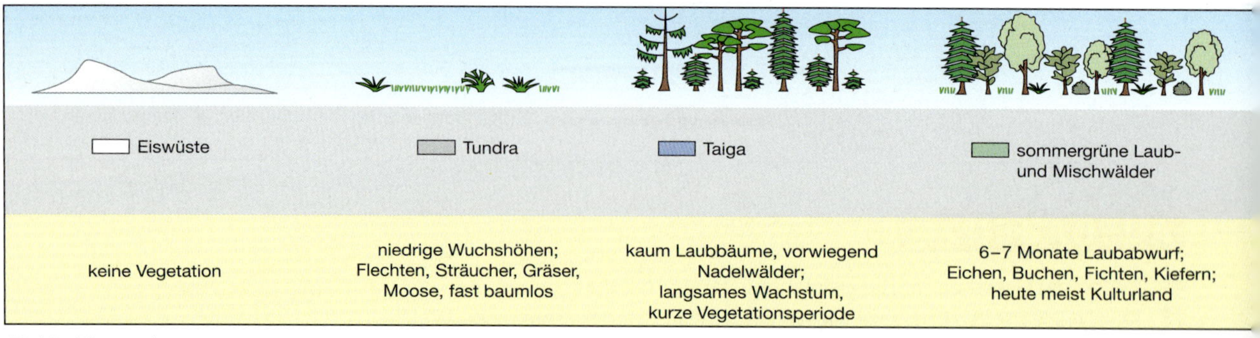


*184.2 Vegetationszonen*

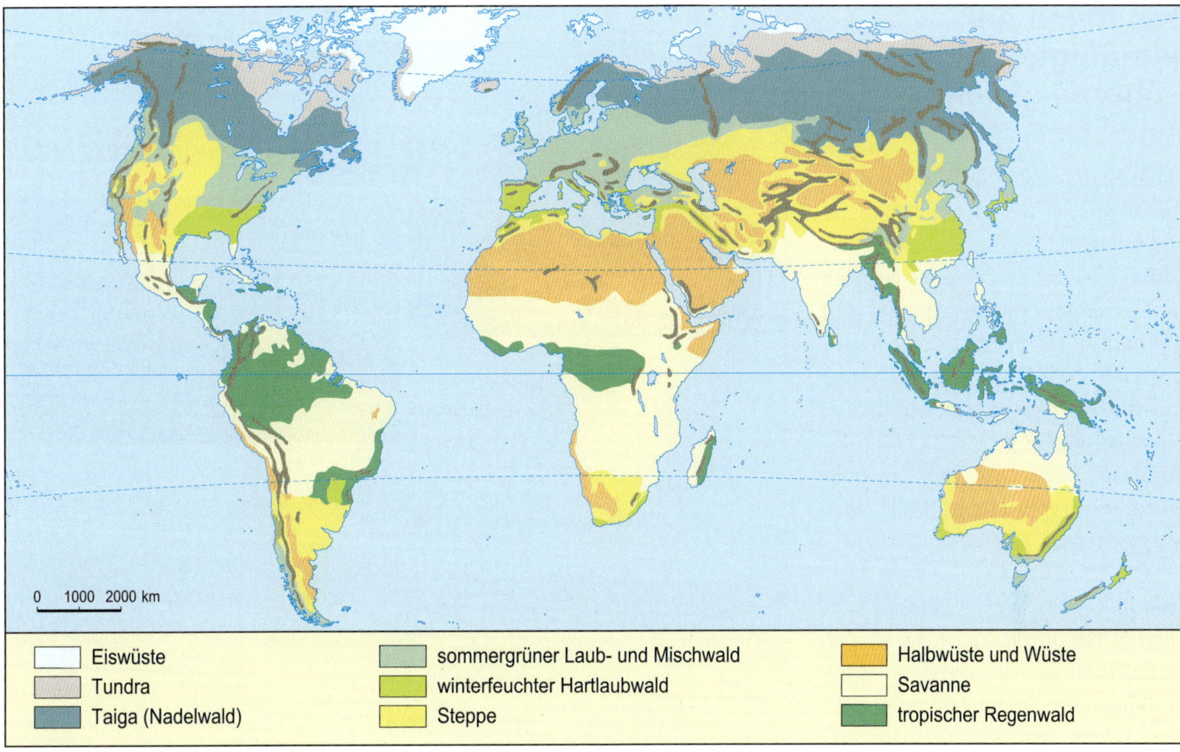


*185.1 Vegetationszonen der Erde*

Die zonale Gliederung der Erde spiegelt sich auch in der Pflanzenwelt (Vegetation) wider. So finden wir auf der Nordhalbkugel eine nur durch die Ozeane unterbrochene riesige Nadelwaldzone. In Äquatornähe wachsen Regenwälder der Tropen und im Bereich der Wendekreise breiten sich die Halbwüsten und Wüsten aus, allerdings nicht durchgängig. Vergleicht man die Verbreitung der Klima- und **Vegetationszonen** (Abb. 184.1 und 185.1), so sind Zusammenhänge zwischen Klima und Vegetation zu erkennen. Da die Vegetation von der Temperatur sowie der Niederschlagsverteilung und -menge abhängt, ergeben sich in den Vegetationszonen unterschiedliche Lebens- und Wachstumsbedingungen.

## AUFGABEN>>

1. Nennt die Kontinente, die an allen Klimazonen Anteil haben.
2. Erklärt, warum die Klimazonen nicht genau parallel zueinander verlaufen.
3. Zeigt anhand der Karten 184.1 und 185.1 den Zusammenhang zwischen Klimazonen und Vegetationszonen auf.
4. Übertragt Tabelle 184.2 in euer Heft. Tragt anstelle der Zeichnungen die dazugehörigen Klimazonen ein.
5. Nennt zu allen Vegetationszonen der Erde je drei dazugehörige Länder.

| winterfeuchte Hartlaubwälder | Steppen | Halbwüsten und Wüsten | Savannen | Tropischer Regenwald |
|---|---|---|---|---|
| Ölbäume, Zypressen, Pinien, Kiefern; Nadeln und lederartige Blätter als Verdunstungsschutz | baumarme Graslandschaften, Kräuter, Büsche; heute v. a. Ackerland | vereinzelte Büsche und Dornsträucher; nach Regen kurzzeitige niedere Pflanzendecke | durch Trockenzeiten Laubabwurf; Graslandschaften mit Baumgruppen, Einzelbäumen und Büschen | großer Artenreichtum, immergrün, schnelles Wachstum |

# Das Klima der gemäßigten Zone – überall gleich?

Ist das Klima in der gemäßigten Zone überall gleich? Wahrscheinlich nicht. Wir wollen auf diesen Seiten überprüfen, ob es Unterschiede zwischen den einzelnen Klimastationen gibt und worin sie bestehen. Vielleicht gibt es ja sogar Regeln für die unterschiedlichen Temperatur- und Niederschlagswerte.

Übertragt dazu Tab. 186.2 in euer Heft und vervollständigt diese. Dazu gibt es ein paar Tipps:

*Zeile 1:*
Anhand der Karte 186.1 lassen sich die Entfernungen der einzelnen Messstationen zur Atlantikküste errechnen. (Tipp: Gemessene Entfernung [cm] x 20 000 000 [Maßstabszahl]). Nun habt ihr die Strecke in cm. Streicht von eurem Ergebnis fünf Nullen und ihr bekommt die Entfernung in km. Ihr könnt aber auch die Maßstabsleiste zur Berechnung nutzen.

*Zeilen 2, 3 und 4:*
Diese Daten könnt ihr alle aus den Klimadiagrammen ablesen.

*Zeile 5:*
Der Temperaturunterschied wird in °C angegeben. Er ergibt sich aus den Werten der Zeilen 3 und 4. (Achtung bei negativen Zahlen!)

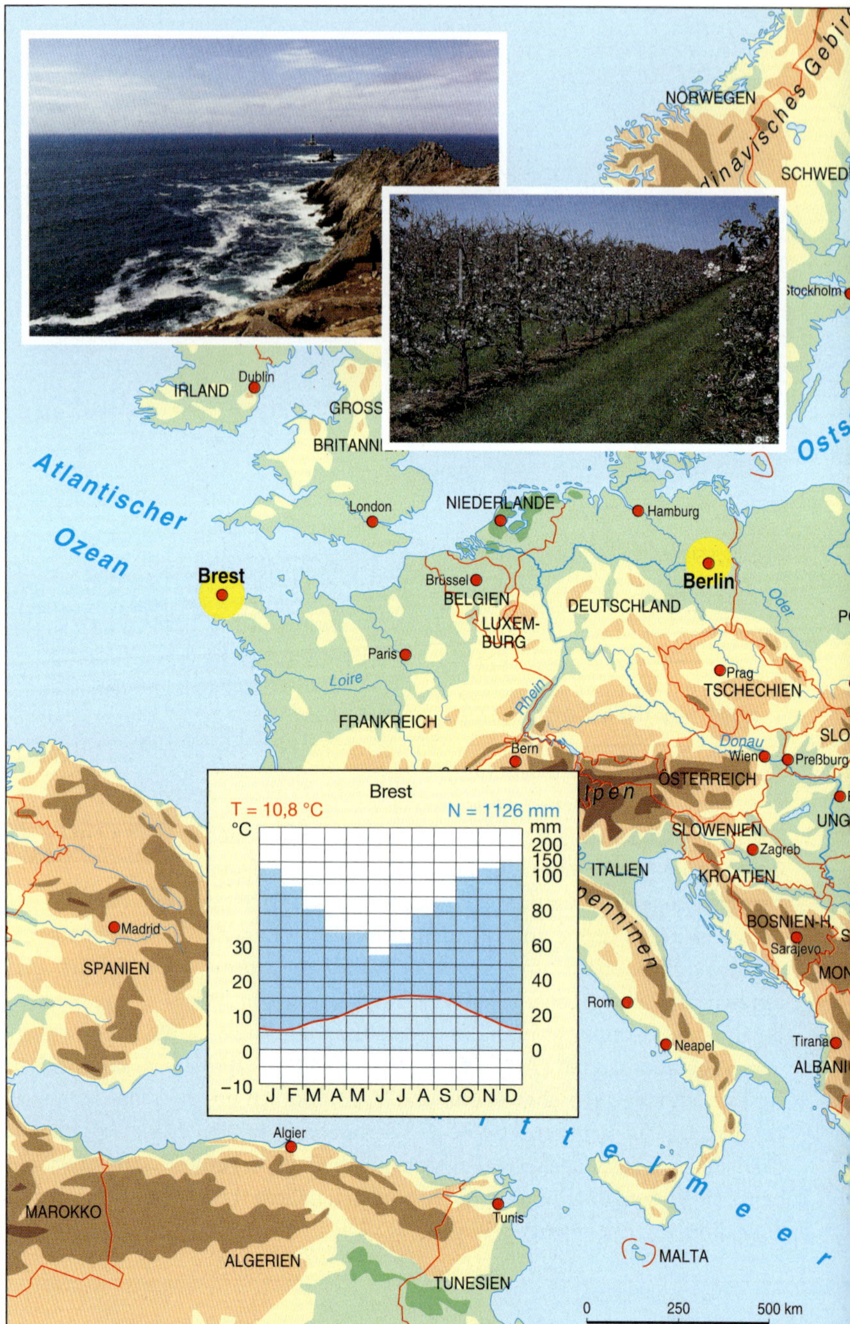


186.2

186.1

| Nr. | | Brest/F | Berlin/D | Charkow/ Ukraine | Ksyl-Orda/ Kasachstan |
|---|---|---|---|---|---|
| 1 | Entfernung vom Atlantik | | | | |
| 2 | Jahresniederschlag | | | | |
| 3 | Januar-Temperatur | | | | |
| 4 | Juli-Temperatur | | | | |
| 5 | Temperaturunterschied (Juli/Januar) | | | | |

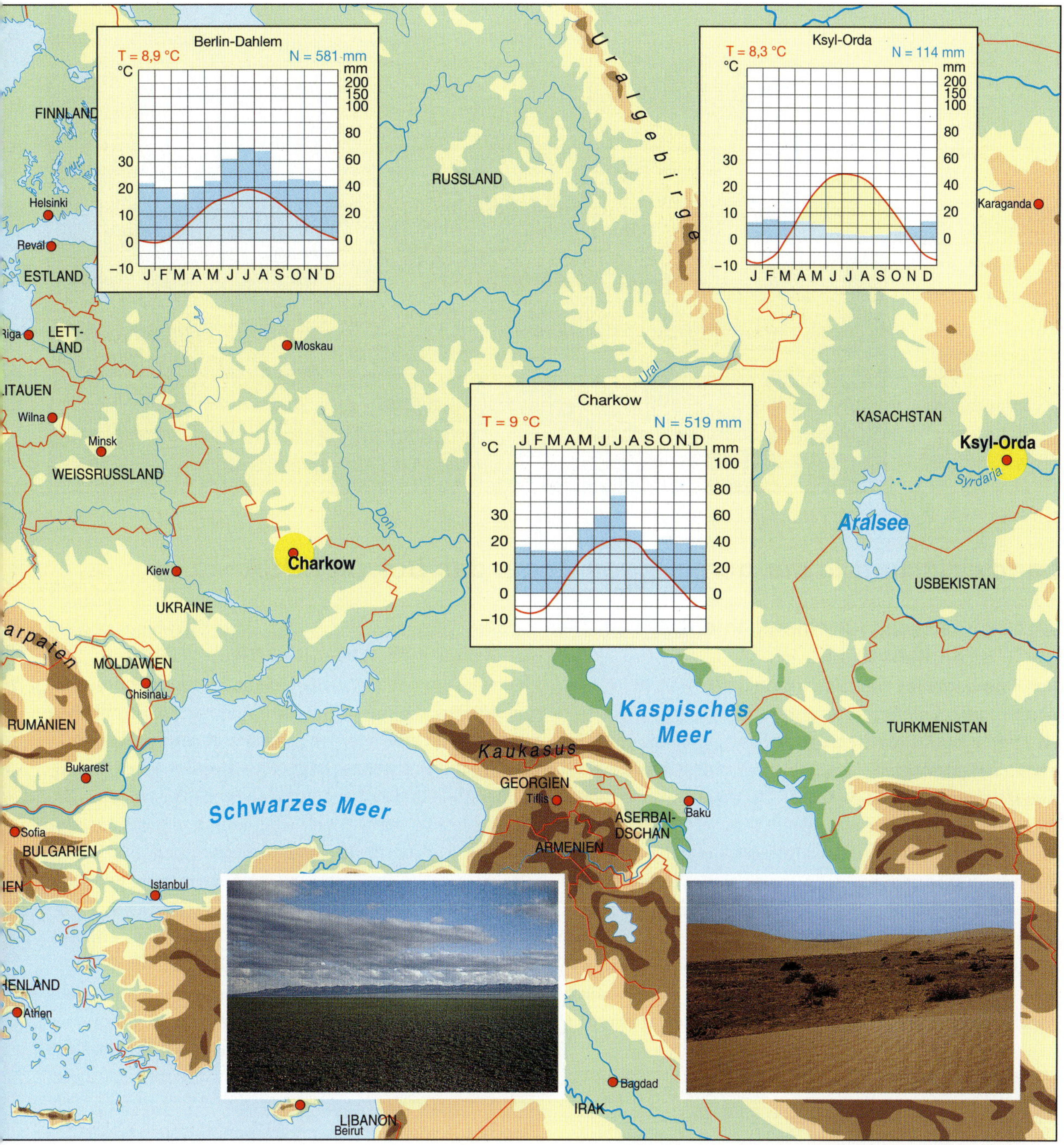


## AUFGABEN >>

1. Ermittelt die ungefähre Entfernung der vier Orte zum Atlantik.
2. Formuliert anhand von Zeile 2 eine Aussage zur Entwicklung des Niederschlags. Beachtet dabei auch Zeile 1 der Tabelle 186.2.
3. Formuliert anhand der Zeilen 3, 4 und 5 eine ähnliche Aussage zur Entwicklung der Temperatur.
4. Beantwortet die Frage der Überschrift.

Ihr habt nun ermittelt, worin die Unterschiede zwischen der „kontinentalen" und der „ozeanischen" Ausprägung des Klimas in der gemäßigten Zone bestehen. Habt ihr eine Idee, wie es zu diesen Unterschieden kommt? Eine Erklärung könnt ihr mithilfe von Klimakarten im Atlas finden.

188.1 Feedlot in Colorado

# Landwirtschaft in der gemäßigten Zone: das Beispiel USA

## Was braucht man für einen „American Burger"? – Rindfleisch

Jim Park berichtet von seiner Familienfarm in der Nähe von Greeley/Colorado:

*„Es reicht zum Überleben, aber große Sprünge können wir nicht machen. Wir betreiben Rindermast in Verbindung mit* ***Bewässerungsfeldbau****. Das günstige Klima – die trocken-warmen Sommer und die trockenen kalten Winter – eignet sich gut für die Rinderhaltung in großen Freilandgehegen (feedlots). Mit 654 Stellplätzen gehören wir zu den Kleinbetrieben. Die Kälber kaufen wir in Colorado, Wyoming, Utah und Texas. Bei einer Mastdauer von 150 Tagen liefern wir jährlich rund 1100 Tiere in die örtliche Schlachterei. Von unseren 104 ha Land bewässern wir 64 ha mithilfe einer Karussellanlage (Abb. 188.2). Wir bauen Mais, Luzerne und Hafer an. Trotzdem müssen wir Futtermittel, vor allem Körnermais hinzukaufen. Unser Einkommen ist durch die Farm zwar gesichert, aber es wird immer schwieriger."*

188.2 Karussellbewässerung

Heute bestimmen nicht mehr kleine Farmbetriebe wie der von Jim Park die amerikanische Rinderhaltung. Inzwischen produzieren Unternehmen „Rindfleisch am Fließband". In den Great Plains werden in gigantischen Betrieben teilweise über 100 000 Mastrinder in den **Feedlots** gezüchtet. Die für die Mast vorgesehenen Kälber kommen per Bahn oder Lkw von weit entfernten Aufzuchtbetrieben. Die Rinder werden mithilfe modernster Computertechnik gehalten. An den Tieren befestigte Sender übermitteln Daten: Alter, Gewicht, Futterzusammensetzung. Die Tiere erhalten dann an vollautomatischen Futterplätzen die für sie abgestimmte Futtermenge. Das Futter aus Körnermais enthält auch Zusätze zur Wachstumsförderung und Medikamente gegen Krankheiten. Unternehmen dieser Art organisieren und steuern die einzelnen Produktionsschritte zentral von der Futtermittelerzeugung bis zur Vermarktung des Fleisches. Zu dem Firmenverband gehören auch Schlachtereien. Von dort geht das Fleisch abgepackt an Supermarkt- und Restaurantbetriebe.

Mit diesen Veränderungen wandelt sich die amerikanische Landwirtschaft zum Agrobusiness. Dort ist die Erzeugung von landwirtschaftlichen Produkten maschinell durchorganisiert und kostengünstig. Kleine Farmen wie die von Jim Park werden in Zukunft kaum mehr mithalten können. Viele sind hoch verschuldet oder mussten schon aufgeben.

189.1 Getreideernte in den Great Plains (Oklahoma)

## Was braucht man für einen „American Burger"? - Getreide

Die Gebrüder Lewis besitzen zusammen eine Farm ganz im Westen des Staates Oklahoma. Henry Lewis stellt seine Farm vor:

*„Ich bewirtschafte die Farm zusammen mit meinen drei Brüdern, meinem Schwiegersohn und mit zwei landwirtschaftlichen Arbeitern. Mit 6550 ha gehört unsere Farm zu den großen in der Region. 4850 ha nutzen wir als Ackerland zum Anbau von Weizen und Mais. 1700 Hektar sind Weideland.*

*So große Flächen lassen sich nur mit modernster Technik bewirtschaften. Allein unser Maschinenpark hat einen Wert von drei Millionen Dollar. Dafür mussten wir uns hoch verschulden. Jährlich verkaufen wir Agrarprodukte im Wert von fünf Millionen Dollar. Der Weizen geht an Handelsunternehmen, den Mais verkaufen wir als Futtermittel an große Rindermastbetriebe in dieser Region.*

*Da bei uns im Jahr nur etwa 450 mm Niederschläge fallen, bewässern wir den größten Teil des Ackerlandes. Dazu haben wir 13 Anlagen zur Karussellbewässerung (Abb. 188.2). Sie versorgen jeweils eine Fläche von 64 ha. Das Wasser gewinnen wir aus eigenen Tiefbrunnen, die das Grundwasser bis aus 120 m Tiefe absaugen. Um genug Wasser zu fördern, mussten wir in den letzten Jahren immer tiefer bohren. Dies wird allerdings jedes Jahr schwieriger und teurer. Da der Mais besonders viel Wasser braucht, müssen wir wohl demnächst den Maisanbau aufgeben. Zur Bewässerung des Weizens reicht das Wasser derzeit noch, aber ich fürchte, auch damit wird es bald vorbei sein. Denn durch die intensive Bewässerung ist der Grundwasserspiegel schon bis zu 30 m abgesunken. Trotz neuer Wasser sparender Bewässerungssysteme bleibt uns wohl bald nichts anderes übrig, als wieder Rinder-Weidewirtschaft zu betreiben. Da man aber in den trockenen Prärien nur wenige Rinder pro Hektar halten kann, braucht man dazu riesige Flächen. So werden wohl immer mehr Farmer aufgeben müssen."*

**AUFGABEN >>**

1 Ermittelt im Atlas, wo die Betriebe von Jim Park und der Gebrüder Lewis liegen.

2 Beschreibt, wie Jim Park seinen Kleinbetrieb bewirtschaftet. Vergleicht seinen Kleinbetrieb mit dem Agrobusiness-Betrieb.

3 Erklärt die Aussage: „Rindfleisch wird am Fließband produziert."

4 Wie sind die Zukunftsaussichten des Kleinbetriebes von Jim Park? Begründet.

5 Die Agrobusiness-Betriebe arbeiten offensichtlich wirtschaftlicher. Welche Nachteile entdeckt ihr in der Bewirtschaftung dieser Großbetriebe?

6 Beschreibt, wie die Gebrüder Lewis ihre Farm bewirtschaften. Mit welchen Problemen haben sie zu kämpfen? Wie beurteilen die Brüder ihre Zukunft als Farmer?

190.1 Bantu-Siedlung

190.2 Brandrodung

190.3 Hackbauern

## Landwirtschaft in den Tropen

### Hackbauern in Gabun

Im Regenwald von Gabun lebt der Volksstamm der Bantu in kleinen Dörfern aus einzelnen Lehmhütten (Abb. 190.1). Alles, was sie zum Leben brauchen, erwirtschaften sie selbst. Sie sind **Selbstversorger**. Auf Feldern, die rund um das Dorf liegen, bauen die Bantu Bananen, Mais und Knollenfrüchte (z.B. Maniok) an. Die Felder werden mit primitiven Hacken und Grabstöcken bearbeitet. Diese Form des Ackerbaus bezeichnet man daher als **Hackbau**.

Zum Anbau wird zunächst im Wald durch Brandrodung eine freie Fläche geschaffen. Erst werden Büsche und kleinere Bäume abgeschlagen. Bei großen Bäumen wird die Rinde entfernt, so dass diese nach einiger Zeit absterben. Wenn das Holz größtenteils verdorrt ist, wird es zusammen mit dem geschlagenen Unterholz angezündet.

Die Asche wird danach gleichmäßig über das ganze Feld verteilt. Sie dient als wertvoller Dünger für den Boden. Erst jetzt kann das Feld bestellt werden. Die Nährstoffe werden von den angebauten Pflanzen schnell aufgebraucht. Bereits im zweiten Jahr sinken deshalb die Erträge deutlich. Wirft das Feld nur noch einen geringen Ertrag ab, wird es aufgegeben. Alle zwei bis drei Jahre werden daher neue Felder angelegt.

**AUFGABEN >>**

1 Welche Pflanzen werden von den Bantu angebaut?
2 Erklärt die Vorgehensweise bei der Brandrodung.
3 Warum müssen die Bantu ihre Felder nach zwei bis drei Jahren wieder aufgeben?

Als die Europäer in die Regenwälder Amazoniens vorstießen, sahen sie Kinder, die mit Kugeln spielten, die vom Boden in die Höhe sprangen. Die Indios stellten auch andere Gegenstände aus diesem biegsamen Material her. Die Europäer entdeckten, dass es aus dem milchig-weißen Saft von Bäumen gewonnen wurde. Die Einheimischen nannten den Baum „cahuchu", d.h. „tränender Baum". So erhielt der Stoff den Namen Kautschuk. Heute wird Kautschuk vor allem in Südostasien gewonnen.

*191.1 Kautschukplantage*

## Auf einer Kautschukplantage in Malaysia

Kilometerlange Baumreihen prägen das Bild der Kautschukplantagen in Malaysia (Abb. 191.1). Sie erstrecken sich über Flächen von mehreren tausend Hektar und gehören meist reichen Einheimischen, Ausländern oder großen Konzernen. Zu vielen **Plantagen** gehören Läden, Werkstätten und Fabriken. Oftmals befinden sich auch Schulen, Krankenhäuser, eigene Straßennetze, Eisenbahnlinien und sogar Landeplätze für Flugzeuge auf dem Gebiet.

Der Manager Peruk Intan erklärt:

*„Unsere Plantage ist 3 200 ha groß. Momentan haben wir 700 Beschäftigte. In* ***Monokultur*** *bauen wir die neuesten Kautschuksorten an, sie bringen mehr Ertrag als die alten. Sie müssen regelmäßig gegen Schädlinge und Pflanzenkrankheiten behandelt werden. Die Kautschukverarbeitung erfolgt nach modernsten Verfahren. Der gewonnene Kautschuk wird zum größten Teil nach Europa und Japan exportiert. Trotz der Konkurrenz des synthetischen Kautschuks steigt in den letzten Jahren der Absatz unseres Naturkautschuks wieder. Aufgrund des Überangebots auf dem Weltmarkt sind die Preise allerdings spürbar gesunken."*

Der Kautschukzapfer Kensiu Jahai erzählt:

*„Die Arbeit beginnt um vier Uhr morgens. Ein Vorarbeiter weist mir einen bestimmten Plantagenabschnitt zu. Dort muss ich zunächst die Rinde der Kautschukbäume vorsichtig mit einem Messer anritzen. Jetzt kann der „Wundsaft", der Latex, die Rinnen entlang in den am Stamm hängenden Becher tropfen. Bei meinem zweiten Rundgang fülle ich dann den Latex in Eimer um und bringe diese zu Sammelstellen. Damit die „Gummimilch" nicht eintrocknet, muss sie vor der Tageshitze eingesammelt werden."*

*191.2 Kautschukzapfer Kensiu*

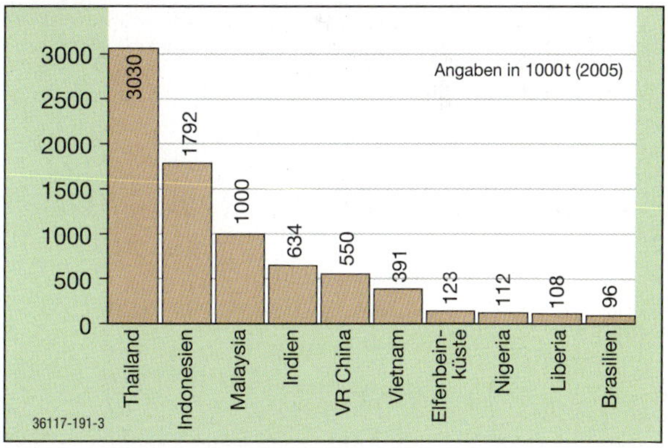


*191.3 Weltproduktion von Kautschuk*

**AUFGABEN >>**

1. Nennt Merkmale einer Plantage.
2. Beschreibt die Nachteile von Monokulturen.
3. Auf welchen Kontinenten liegen die Naturkautschuk produzierenden Länder (Abb. 191.3)?
4. Informiert euch über weitere Nutzpflanzen, die auf Plantagen angebaut werden. In welchen Ländern werden diese Nutzpflanzen vor allem angebaut?

# Höhenstufen am Kilimandscharo

*„Der östliche Gipfel ist von spitzer Form, während der westliche, höhere, eine prächtige Kuppe darstellt, die auch in der heißen Jahreszeit ... von Schnee bedeckt ist."*

Diese erste Beschreibung des „Kilima Njaro" („Weißer Berg", „Schneeberg") aus dem Jahre 1848 schlug in der geografischen Fachwelt wie eine Bombe ein. Schnee und Eis im tropischen Afrika, in der Nähe des Äquators, das klang damals einfach zu fantastisch.

Fantastisch ist heute natürlich der schneebedeckte Gipfel des höchsten Berges Afrikas, eines der begehrtesten Postkartenmotive Tansanias – hundertfach fotografiert aus allen Höhenlagen.

Wir wissen, dass es (außer den Veränderungen der Vegetation polwärts > S. 184) auch eine Veränderung der Temperatur mit zunehmender Höhe gibt. Aber auch andere Klimamerkmale, besonders die Niederschläge, verändern sich mit zunehmender Höhe. Dadurch entstehen **Höhenstufen** der Vegetation, die in allen Klimazonen zu beobachten sind.

Die Zahl der Höhenstufen nimmt äquatorwärts zu. Während in den Alpen vier Höhenstufen erkennbar sind, folgen im tropischen Gebirge fünf aufeinander (Abb. 192.3). Klimaveränderungen (> S. 200) könnten aber die Höhenstufen langfristig verändern.

192.1 *In 3 000 m Höhe*

192.2 *In 4 200 m Höhe*

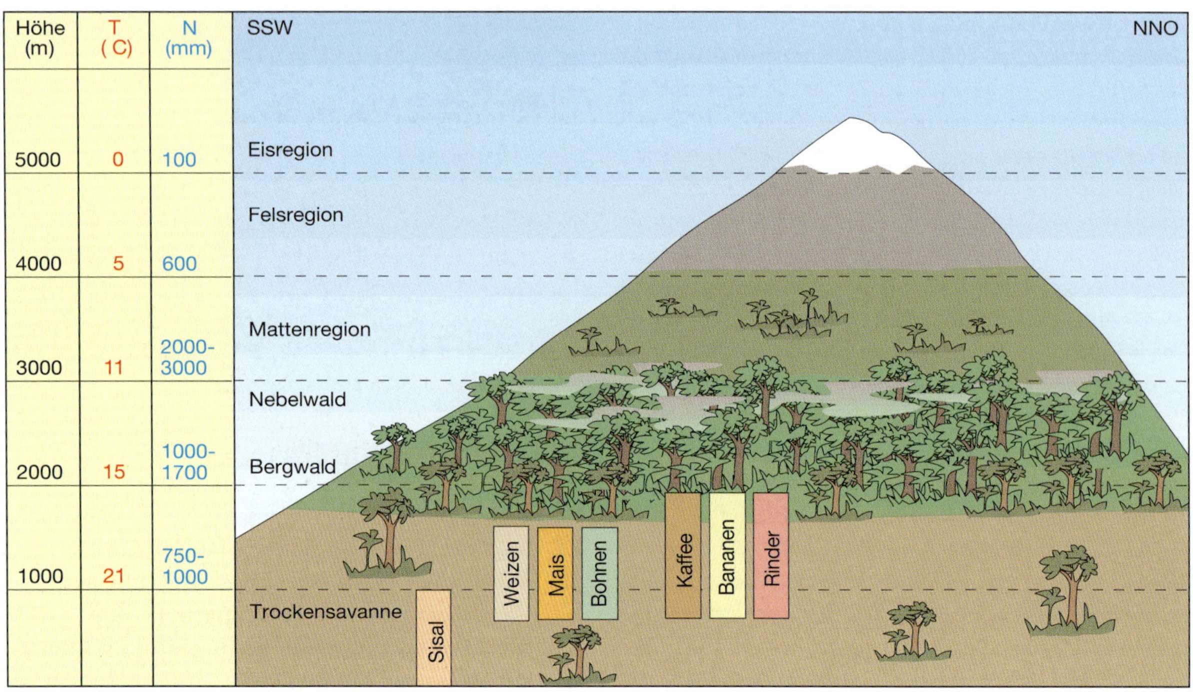


192.3 *Höhenstufen am Kilimandscharo*

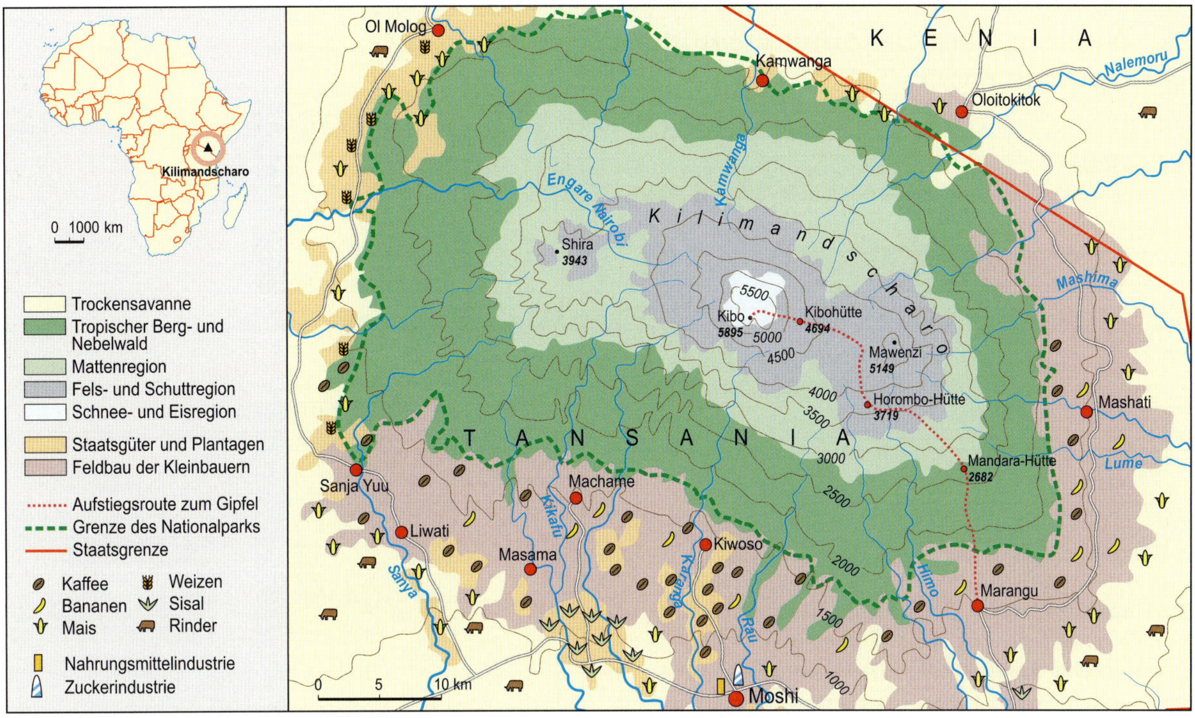


193.1 *Landnutzung am Kilimandscharo*

## Eine Bergtour zum höchsten Gipfel Afrikas

Aus einem Reiseprospekt: „Der Kilimandscharo (5895 m ü. NN) kann auch von ungeübten, gesunden Bergwanderern bestiegen werden. Jährlich erklimmen Tausende die Gipfelregion." Auch Frau Dirks aus Marburg wollte in ihrem Tansania-Urlaub dieses Abenteuer nicht versäumen. Folgen wir der Route und hören ihren Bericht:

*„Am Morgen beginnt der Aufstieg. Wir sind zehn Teilnehmer, die von einem ortsansässigen Bergführer geleitet werden. Zunächst geht es durch die Savannen, die landwirtschaftlich genutzt werden. Je höher wir steigen, desto dichter wird die Vegetation. Wir gelangen in die Region des Bergwaldes, der schließlich immer feuchter wird und in üppigen Nebelwald übergeht. Das Geschrei von exotischen Tieren macht einige von uns ängstlich. Doch der Bergführer erklärt uns, dass Raubtiere schon längst von den vielen Bergwanderern verscheucht worden sind.*

*Bald haben wir keinen trockenen Faden mehr am Leib. Das leichte Nieseln aus den ständig am Berg liegenden Wolken geht in einen Wolkenbruch über. Wir schwitzen in der stickig-schwülen Treibhausluft. Noch bevor wir die erste Hütte erreicht haben, bricht rasch die Nacht herein.*

*Am zweiten Tag öffnet sich plötzlich der Wald: die Baumgrenze ist erreicht. Unter blauem Himmel liegt die Mattenregion vor uns mit hohem Gras, Farnen, Heidekraut und Lobelien. Wir machen jetzt häufiger Pausen. Ein herrlicher Sonnenaufgang weckt uns am dritten Tag. Hinter der Hütte erkennen wir zum ersten Mal unser Ziel, den schneebedeckten Kraterrand des Kibo. Vorher aber müssen wir noch die „Mondlandschaft" zwischen Mawenzi (der „Dunkle") und Kibo (der „Helle") überwinden. Die dünne Luft macht uns zu schaffen. Jeder Schritt ist mühsam. Die letzte Hütte liegt fast so hoch wie der Montblanc.*

*Als wir am vierten Tag bereits um ein Uhr nachts aufbrechen, ist die Temperatur auf -15 °C gesunken. Im Zickzack geht es im Geröll steil bergauf. Jeder Schritt erfordert jetzt Willenskraft. Um sieben Uhr erreichen wir den östlichen Kraterrand am Gillman's Point (5 680 m). Für die nur 215 m Höhendifferenz zum höchsten Punkt Afrikas, dem Uhuru Peak („Freiheitsspitze", 5 895 m), benötigen wir noch eineinhalb Stunden! Alle 10 bis 20 Schritte müssen wir eine Ruhepause einlegen. Die Luft enthält nur noch halb so viel Sauerstoff wie auf Meereshöhe. Für den Rückweg brauchen wir insgesamt nur eineinhalb Tage. Ich war nach der Bergtour völlig fertig, aber glücklich."*

**AUFGABEN >>**

1. Schnee im tropischen Afrika? Erklärt, warum dies möglich ist.
2. Beschreibt die Höhenstufen, die Frau Dirks durchwandert. Welchen Klimazonen vom Äquator zu den Polen entsprechen sie in etwa?

# W Wissen: Vegetationszonen im Überblick

**Eiswüste**
Monatsmitteltemperatur um oder unter 0 °C, geringe Niederschläge;
*Landnutzung:* keine landwirtschaftliche Nutzung

**Tundra**
Jahresmitteltemperatur unter 0 °C, alle Monatsmittel um oder unter +10 °C, Niederschläge zu allen Jahreszeiten; sehr kalte Winter (Polarnacht); geringe Niederschläge;
*Landnutzung:* kein Ackerbau, nomadische Weidewirtschaft (Rentiere)

**Borealer Nadelwald**
Jahresmitteltemperatur über 0 °C, wärmster Monat im Mittel über +10 °C, Niederschläge zu allen Jahreszeiten;
*Landnutzung:* Waldwirtschaft, z. T. Ackerbau mit schnell reifenden Kulturpflanzen (Roggen, Gerste, Kartoffeln)

**Laub- und Mischwald**
ozeanisch: kältester Monat über +2 °C, kühle Winter, milde Sommer, Niederschläge zu allen Jahreszeiten;
kontinental: kältester Monat im Mittel unter +2 °C, kalte Winter und heiße Sommer;
*Landnutzung:* Forstwirtschaft; intensive Landwirtschaft, v. a. Ackerbau, auch Sonderkulturen, Viehwirtschaft

**Hartlaubgewächse**
Jahresmitteltemperatur +15 °C bis +20 °C, kältester Monat im Mittel: +2 bis +13 °C; heiße trockene Sommer, milde feuchte Winter (Winterregen);
Landnutzung: Ackerbau mit Wärme liebenden und an Trockenheit angepassten Kulturpflanzen, zum Teil Bewässerungslandwirtschaft, mehrere Ernten im Jahr möglich; extensive Weidewirtschaft

## AUFGABEN >>

1 Nennt die Veränderungen der Temperaturwerte und Niederschlagsmengen von Nordeuropa bis Afrika (Abb. 194.1 und 195.1).
2 Beschreibt für drei Vegetationszonen die natürliche Vegetation und erläutert die wirtschaftliche Nutzung.
3 Ordnet die Nutzpflanzen Weizen, Kakao, Wein, Ölbaum, Kartoffel, Hirse, Kaffee und Dattelpalme den entsprechenden Klimazonen zu. Beschreibt die Bedeutung dieser Kulturpflanzen für die dortige Bevölkerung.

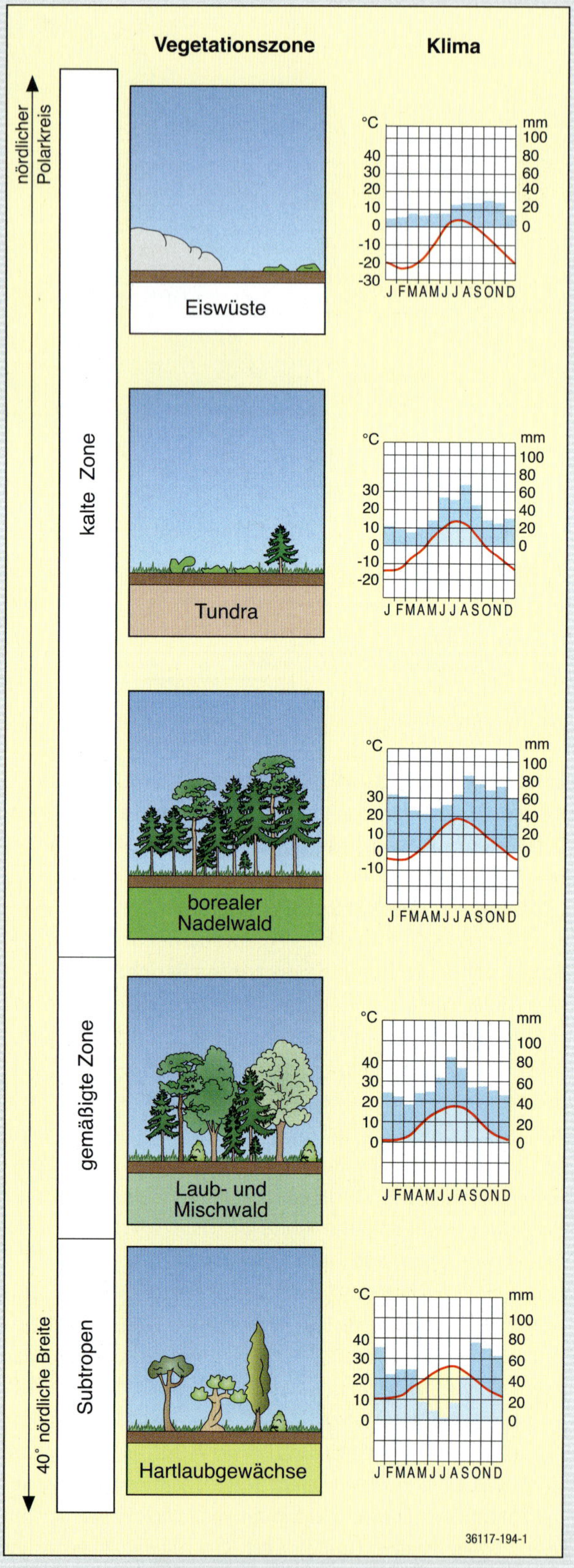


*194.1 Schematische Darstellung der Vegetationszonen...*

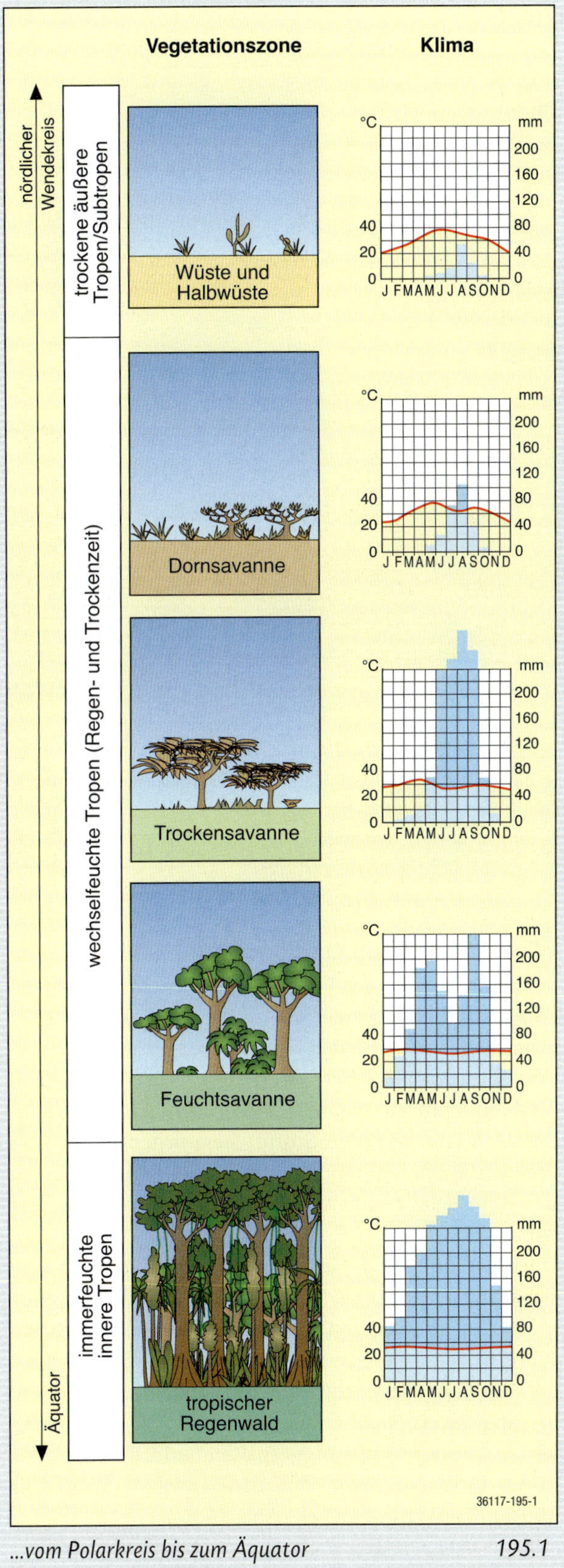


*...vom Polarkreis bis zum Äquator* *195.1*

**Wüste und Halbwüste**
Jahresmitteltemperatur um +20 °C, große Tagesschwankungen; 0-2 humide Monate; weniger als 250 mm Niederschlag (sehr unregelmäßig bis selten);
*Landnutzung:* in Oasen Ackerbau (künstliche Bewässerung)

**Dornsavanne**
Jahresmitteltemperatur über +20 °C, niedrigste Monatsmitteltemperatur über +18 °C; 2-5 humide Monate; 250-500 mm Niederschlag, wechselfeucht;
*Landnutzung:* Ackerbau bei künstlicher Bewässerung, nomadische Viehwirtschaft (Kamele, Ziegen, Rinder)

**Trockensavanne**
Jahresmitteltemperatur über +20 °C, niedrigste Monatsmitteltemperatur über +18 °C; 5-7 humide Monate; 500-1000 mm Niederschlag, wechselfeucht;
*Landnutzung:* Ackerbau (Regenfeldbau) mit an Trockenheit angepassten Pflanzen, eine Ernte im Jahr, hohes Ernterisiko, häufig Wanderfeldbau

**Feuchtsavanne**
Jahresmitteltemperatur über +20 °C, niedrigste Monatsmitteltemperatur über +18 °C; 7-10 humide Monate; 1 000-1 500 mm Niederschlag, wechselfeucht;
*Landnutzung:* Ackerbau (Regenfeldbau) zur Selbstversorgung und marktorientierter Anbau, oft Wanderfeldbau (1-2 Ernten im Jahr); Plantagenwirtschaft; Viehwirtschaft

**Tropischer Regenwald**
Jahresmitteltemperatur um +25 °C, niedrigste Monatsmitteltemperatur über +18 °C; 10-12 humide Monate; mehr als 1500 mm Niederschlag, immerfeucht;
*Landnutzung:* Waldwirtschaft; Wildbeuterwirtschaft durch Jäger und Sammler, Ackerbau (Wanderfeldbau), Plantagenwirtschaft; in geringem Umfang Viehwirtschaft

## AUFGABEN >>

1 Erklärt, warum man von der Kältegrenze und der Trockengrenze des Ackerbaus spricht.

2 Pflanzen brauchen zum Wachsen bestimmte Bedingungen (Feuchtigkeit, Wärme). Sie lassen sich daher bestimmten Zonen zuordnen. Der Mensch hat Möglichkeiten geschaffen, um diese Zonen zu erweitern. So kann durch künstliche Bewässerung Gemüse dort wachsen, wo es eigentlich zu trocken ist. Nennt weitere Maßnahmen und Pflanzen, bei denen das der Fall ist.

# Was kann man gegen das Ozonloch tun?

## Was ist Ozon?

Die Lufthülle, die unsere Erde umgibt, wird in verschiedene Schichten unterteilt. In der oberen Atmosphäre (ca. 15–50 km) gibt es die Ozonschicht. Natürlich befindet sich darin nicht ausschließlich Ozon. Sie enthält aber besonders viel davon.

Ozon, ein farbloses Gas, besteht im Gegensatz zu „normalem" Sauerstoff ($O_2$) aus drei Sauerstoffatomen ($O_3$). Die Ozonschicht (Abb. 196.2 und 3) schützt Menschen, Tiere und Pflanzen vor der gefährlichen ultravioletten Strahlung (UV-Strahlung).

Seit Ende der 1970er-Jahre beobachten Wissenschaftler, dass diese Ozonschicht immer dünner und somit für UV-Strahlung durchlässiger wird. Das als Ozonloch bekannte Phänomen tritt besonders zwischen September und November über der Südhalbkugel auf (Abb. 196.1). In den letzten Jahren wurde auch über dem Nordpolargebiet eine Abnahme der Ozonschicht beobachtet.

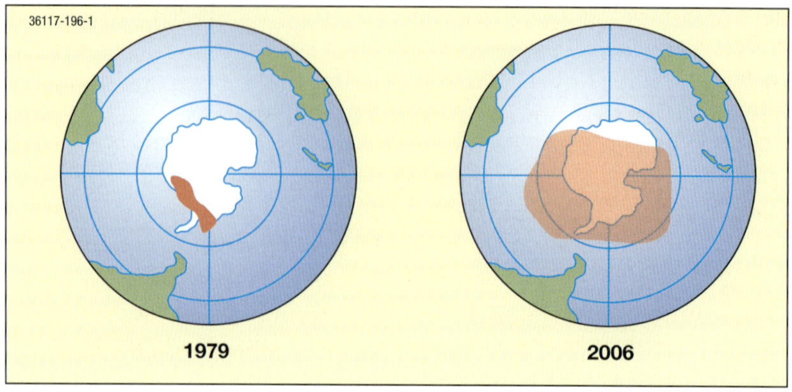


*196.1 Entwicklung des Ozonlochs über der Antarktis*

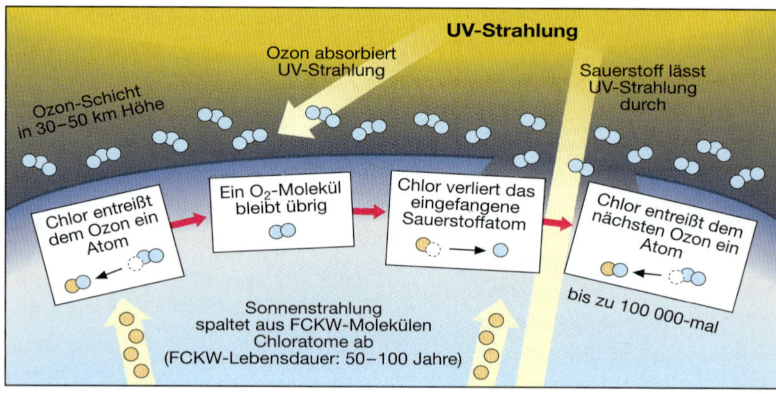


*196.2 Kettenreaktion*

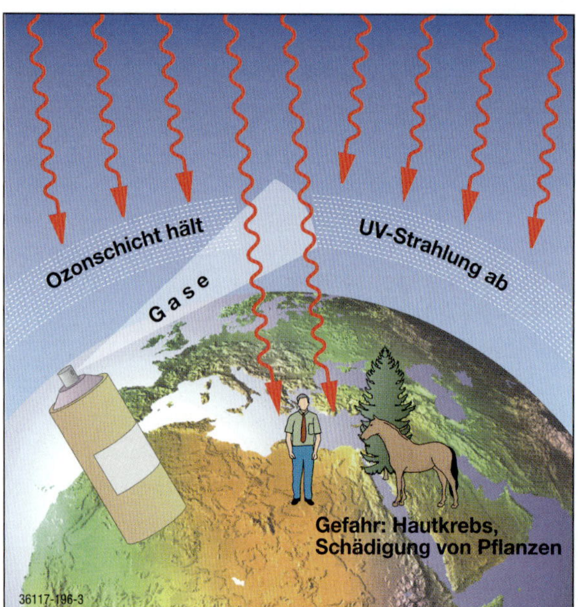


*196.3 Gefahren für die Atmosphäre*

## Wie entsteht das Ozonloch?

In Wirklichkeit ist das Ozonloch kein Loch, sondern ein Bereich mit sehr geringer Ozonkonzentration.

Hauptverursacher für den Ozonabbau sind die sogenannten Fluor-Chlor-Kohlenwasserstoffe (FCKW). Zwischen 1930 bis 1980 galten sie als ideale, chemisch sehr reaktionsträge und ungiftige Stoffe. Sie wurden deshalb als Treibgas in Spraydosen, als Kühlmittel in Kühlschränken und Klimaanlagen sowie als Feuerlöschmittel verwendet (Abb. 196.3).

Doch gerade weil diese Stoffe so stabil sind, haben sie sich zum Ozonkiller Nr. 1 entwickelt. Um in die obere Atmosphäre zu gelangen, brauchen die FCKW mehrere Jahre. Dort angelangt, spaltet die dort herrschende hohe UV-Strahlung diese Stoffe, die dann eine Kettenreaktion in Gang setzen. Die thermisch instabile Chlorverbindung wird so immer wieder aufgespalten und Chlor ist damit in der Lage, ein Ozon nach dem anderen (10 000 bis 100 000 Teile) zu zerstören (Abb. 196.2).

## Was kann man dagegen tun?

Wissenschaftler und Umweltverbände haben sich jahrelang für ein FCKW-Verbot eingesetzt. In Industrieländern dürfen sie seit 1996 nicht mehr hergestellt werden. Die langwierigen Verhandlungen zur Lösung dieses globalen Umweltproblems haben sich gelohnt. Eine langsame „Erholung" der Ozonschicht ist erkennbar. Doch das Ozonproblem wird uns noch jahrzehntelang begleiten. Es dauert bis zu 30 Jahre, bis die einmal freigesetzten FCKW-Moleküle vom Boden bis in die Ozonschicht aufgestiegen sind.

Dass ein Zuviel an Sonne ungesund ist, wird vielen Menschen erst jetzt bewusst – vor allem, seit Ärzte den Zusammenhang von Sonnenbaden und Hautkrebs nachgewiesen haben. Die schädliche Wirkung der Sonnenstrahlen wurde in letzter Zeit auch durch die Verdünnung der Ozonschicht begünstigt.
Folgende Tipps sollten Australien-Urlauber beachten:

- tagsüber nur im langärmligen T-Shirt und mit einem Sonnenhut ins Freie gehen
- Sonnencreme mit Schutzfaktor 16 (Minimum) auftragen und alle zwei Stunden erneuern
- sich von 10–14 Uhr möglichst im Schatten aufhalten
- bei Kleidung auf geschlossene Gewebe achten – sie sind weniger lichtdurchlässig

*197.1 Aus einem Info-Blatt für Australien-Urlauber*

## Welche Gefahren entstehen durch das Ozonloch?

Durch die erhöhte UV-Strahlung kann es zu Gesundheitsschäden bei Menschen, Tieren und Pflanzen kommen. Werden die Augen nicht geschützt, kann es zum Erblinden führen, wie es zum Beispiel bei Schafen in Neuseeland schon festgestellt wurde. Außerdem wird die Strahlung zu einer höheren Rate von Hautkrebs beim Menschen führen. Bei Pflanzen und Algen wird die Photosynthese gestört, das heißt, es werden langfristig weniger Nahrung und Sauerstoff für die steigende Weltbevölkerung produziert. Das Pflanzenwachstum wird verzögert, manche Arten gedeihen auf Grund der UV-Strahlung nicht mehr.

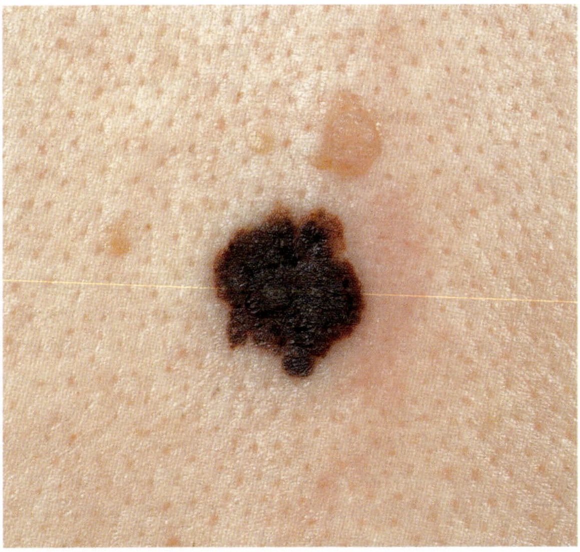

*197.2 Hauttumor*

## Wie kann ich mich schützen?

Der einfachste Schutz gegen die erhöhte UV-Strahlung ist, sich nicht zu lange ungeschützt dieser Strahlung auszusetzen. Im Sommer sollten Körperteile bedeckt bleiben, auf ausgedehnte Sonnenbäder, besonders um die Mittagszeit, sollte verzichtet werden. Will man trotzdem seinen Körper bräunen, muss man sich unbedingt mit Sonnencreme (hoher Lichtschutzfaktor!) einreiben. Auch im Gebirge muss unbedingt ein Sonnenschutz aufgetragen werden. Der Hautarzt kann frühzeitig Hautveränderungen erkennen (Abb. 197.2). Man sollte deshalb je nach Hauttyp und bei empfindlicher Haut besonders vorsichtig sein.

**AUFGABEN >>**

1. Nennt die Ursachen für die Entstehung des Ozonlochs.
2. Welche Auswirkungen hat das Ozonloch für die Umwelt?
3. Erklärt mithilfe des Textes die Abb. 196.3
4. Warum stellt FCKW eine große Gefahr für die Ozonschicht dar?
5. Obwohl die „Ozonkiller" verboten sind, wird die Ozonschicht weiter abnehmen. Erklärt diesen Vorgang.
6. Erstellt einen „Ozonsteckbrief" (z. B. Eigenschaften, chemische Formel).

198.1 *Windbruch nach dem Orkan*

# Sind die Wälder noch zu retten?

## Saurer Regen und Waldsterben

Hauptursache des Waldsterbens ist der „saure Regen". Dieser entsteht aus Luftverschmutzungen von Industrie und Verkehr: Die Luftschadstoffe, die hier freigesetzt werden (Schwefel- und Stickstoffoxide), reagieren mit der Luftfeuchtigkeit zu Säuren. Mit den Niederschlägen kommen dann diese Säuren als saurer Regen auf die Erdoberfläche (Abb. 199.1).

198.2 *Waldverbreitung und -schäden in Deutschland*

Durch den sauren Regen werden wichtige Nährsalze aus dem Boden gewaschen. Dies führt zu einer Nährstoffarmut im Boden. Die Folge ist eine unzureichende Nährstoffversorgung der Bäume.

Außerdem werden durch den sauren Regen chemische Prozesse im Boden ausgelöst, die die wichtigen Feinwurzeln der Bäume zerstören. Die Nährstoffaufnahme wird zusätzlich gestört, Krankheitserreger können leichter den Baum angreifen.

Nützliche Bakterien und Pilze, die dem Baum wichtige Nährstoffe liefern, sterben durch die saure Umgebung ab. Weiterhin werden Blätter und Nadeln durch Luftschadstoffe sowie durch das Zellgift Ozon direkt geschädigt (Abb. 199.2 und 3).

Aber erst das Zusammenwirken dieser und anderer Faktoren (z. B. Luftschadstoffe, Bodenversauerung, Klima, Nährstoffmangel, Schädlinge, Mikroorganismen) führt letztendlich zum Waldsterben.

Der geschwächte Baum kann natürliche Belastungen, zum Beispiel Trockenperioden, Frost, Sturm, Schädlinge, weniger verkraften und beginnt zu kränkeln. Nadeln und Blätter verkümmern, die Baumkronen lichten sich. Das Holz wird im Kern morsch. Schließlich stirbt der Baum.

Wenn der Wald stirbt, werden Lebensräume für Tiere und Pflanzen vernichtet. Der Wald kann seine Aufgaben in der Regulierung des Klimas und des Wasserhaushaltes, der Luftverbesserung und im Bodenschutz (Erosion) nicht mehr erfüllen.

Ein großer Teil der für die Luftverschmutzung verantwortlichen Schadstoffe kommt aus unseren Nachbarländern. Umgekehrt erhalten auch die Nachbarstaaten Schadstoffe von uns. Wichtig ist deshalb eine internationale Regelung zur Verminderung der Schadstoffe.

Ziel muss es sein, den Schwefelgehalt in Brennstoffen zu vermindern. Dazu ist eine stärkere Abgasreinigung in Fahrzeugen, in Haushalten und in Industrieanlagen sowie eine generelle Reduzierung der Abgase notwendig.

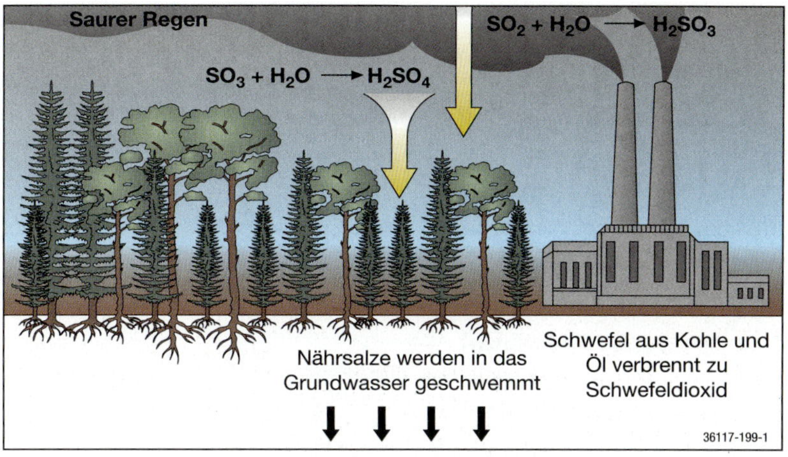


*199.1 Entstehung und Auswirkungen von saurem Regen*

## Schonende, nachhaltige Nutzung

Bei der Waldnutzung müssen Naturschutz und Forstwirtschaft miteinander verzahnt werden. Eine naturnahe Waldbewirtschaftung bedeutet:

- standortgerechte Baumartenwahl,
- keine großflächigen Kahlschläge, sondern kleinflächige Nutzung,
- Mischwälder statt Monokulturen,
- Ansiedlung seltener Arten,
- Verzicht auf Pestizide und Düngemittel.

Ein so bewirtschafteter Wald ist in der Lage, zur Erhaltung der natürlichen Lebensgrundlagen von Boden, Wasser und Luft beizutragen.

*199.2 und 3 Gesunder und kranker Zweig*

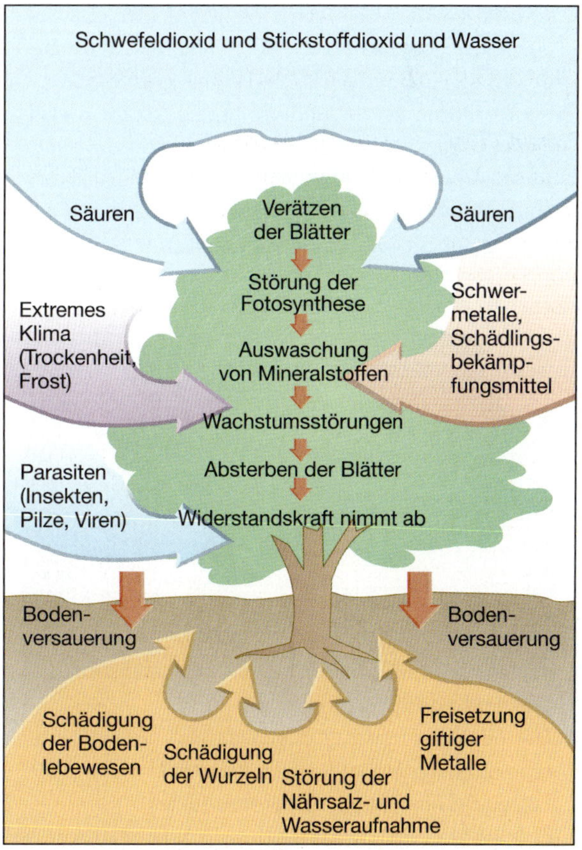


*199.4 Wirkung des sauren Regens*

## AUFGABEN >>

1. Beschreibt die Entstehung des sauren Regens (Abb. 199.1).
2. Welche Maßnahmen kann man gegen den sauren Regen unternehmen?
3. Zeigt den Weg vom sauren Regen zum Waldsterben.
4. Überlegt, welche Folgen für die Umwelt entstehen können, wenn die Wälder sterben.

**Untergang der Malediven?**

Aus einer Rede des Staatspräsidenten der Malediven: „Ich stehe hier als Vertreter eines bedrohten Volkes. Man sagt uns, dass mein Land durch den Treibhauseffekt im Laufe des Jahrhunderts von der Erde verschwinden wird. Wir werden zu Umweltopfern ... Wir können unsere Inseln nicht schützen, denn Deiche oder Wellenbrecher für alle Inseln sind für uns zu teuer. Wir haben dafür weder die Technik noch die finanziellen Möglichkeiten; und wir haben vor allem kein höher gelegenes Land zur Verfügung, auf das wir uns zurückziehen könnten. Es gibt also keine Möglichkeit, uns vorm Meeresspiegelanstieg zu schützen."

*200.1*

**Das Ende des ewigen Eises**

Der deutliche Rückzug von Gletschern und das Abschmelzen der Eiskappen an den Polen sind mögliche Folgen des künstlichen Treibhauseffektes.

Eine im April 2000 veröffentlichte Studie zeigte, dass die grönländische Eisdecke am Ende der letzten Warmperiode (130 000 bis 10 000 v. Chr.) fast vollständig wegschmolz und in der Folge der Meeresspiegel um 4 bis 6 Meter anstieg. Es ist also zu befürchten, dass die Gefahren für tief liegende Küstengebiete größer sind als bisher angenommen.

*200.2*

# Das Weltklima ist in Gefahr

Überschwemmungen, Erdrutsche, Stürme, Dürren – immer häufiger hören wir von extremen Wetterlagen und dadurch ausgelösten Naturkatastrophen. Klimaforscher befürchten, dass eine ständige Temperaturerhöhung auf der Erde dafür mitverantwortlich ist. Sie haben festgestellt, dass die Durchschnittstemperaturen auf der Erde seit der Industrialisierung um etwa 1 °C gestiegen sind. Viele sagen eine weitere Temperaturerhöhung in den nächsten Jahren voraus. Gehen wir also tatsächlich auf eine Klimaänderung zu (> S. 203)?

Die entscheidende Ursache für eine mögliche erdumfassende Klimaänderung ist eine Verstärkung des **Treibhauseffektes**. Welchen Anteil haben natürliche Prozesse daran und inwieweit ist der Mensch Verursacher? Ist am Ende der Mensch daran mitschuldig, wenn die Malediven untergehen (Text 200.1) oder die Gletscher weltweit schmelzen (Text 200.2)?

## Der natürliche Treibhauseffekt

Die Erde erhält durch die Sonnenstrahlung Energie. Der Erdboden wird aufgeheizt und wirkt wie eine Heizplatte, welche die darüber liegenden Luftschichten erwärmt. Wasserdampf, Kohlendioxid ($CO_2$), Staub, Ozon (> S. 196) und andere in winzigen Mengen vorkommende Gase verhindern weitgehend, dass diese Wärme wieder vollständig in den Weltraum abgestrahlt wird. Denn ähnlich wie beim Glasdach eines Treibhauses lässt die Atmosphäre die Sonnenstrahlung zwar durch, die Wärmestrahlung von der Erde wird jedoch größtenteils zurückgehalten. Dies ist der **natürliche Treibhauseffekt**. Er macht die Erde überhaupt erst bewohnbar, denn ohne diese Filterwirkung läge die Mitteltemperatur bei −18 °C statt bei durchschnittlich +15 °C.

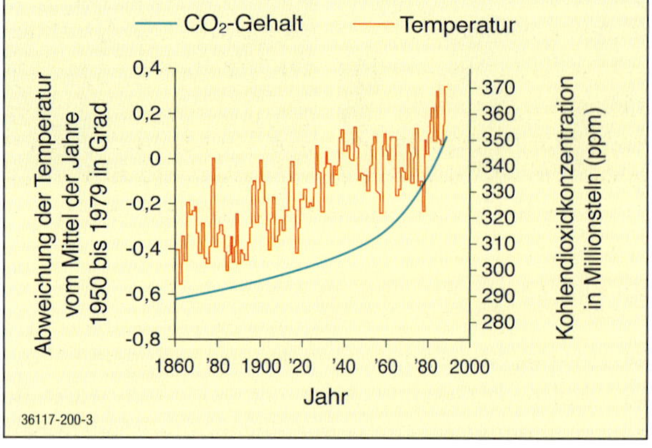


*200.3 Temperaturveränderungen und $CO_2$-Gehalt*

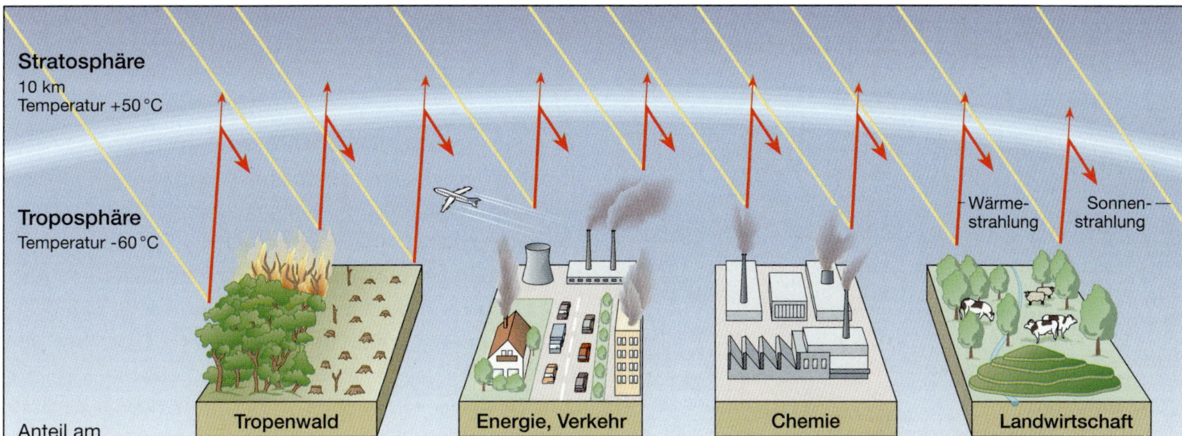


| | | | | |
|---|---|---|---|---|
| Anteil am Treibhauseffekt | 15 % | 50 % | 20 % | 15 % |
| Ursachen | Brandrodung, Abholzung | Verbrennungsrückstände bei Verkehr, Industrie, Energienutzung (Kohle, Erdgas, Erdöl) | Produktion und Anwendung in Industrie (Treibgase, Kühlmittel, Kunststoffe) | Reisanbau, Düngung, Rinderhaltung |
| entstehende Treibhausgase | Kohlendioxid ($CO_2$) und andere Spurengase | $CO_2$, Methan ($CH_4$) Ozon ($O_3$) | Fluorkohlenwasserstoffe (FCKW) | Methan, Lachgas ($N_2O$) |

*201.1 Der Treibhauseffekt und seine Folgen*

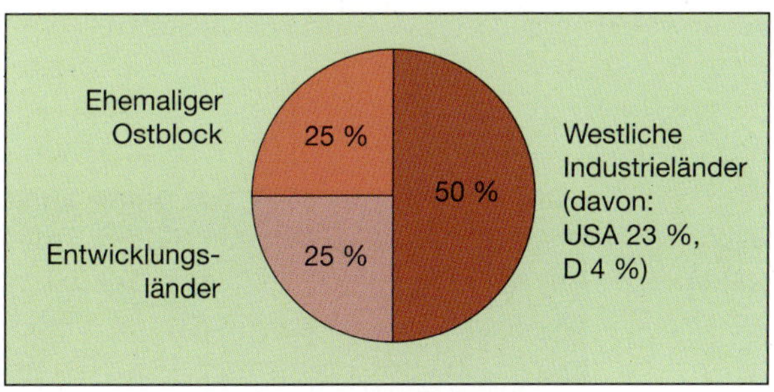


*201.2 Wer verursacht das Treibhausgas $CO_2$?*

**$CO_2$-Produktion pro Kopf und Jahr:**

| | | |
|---|---|---|
| USA | 21,8 | Tonnen |
| EU | 8,6 | Tonnen |
| Russland | 11,8 | Tonnen |
| China | 4,8 | Tonnen |
| Indien | 1,8 | Tonnen |
| Malediven | unbedeutend | |
| weltweit | 4,7 | Tonnen |

*201.3 Jährliche $CO_2$-Produktion je Einwohner (2007)*

## Der künstliche Treibhauseffekt

Seit Beginn der Industrialisierung vor etwa 200 Jahren verstärkte sich dieser natürliche Treibhauseffekt durch die Einwirkungen des Menschen. Das Verbrennen von Kohle, Erdöl und Erdgas sowie die zunehmenden Brandrodungen setzten große Mengen Kohlendioxid frei. Der Anteil des $CO_2$ in die Atmosphäre ist in den letzten 100 Jahren um 25 % gestiegen!

Außerdem gelangte immer mehr Methan in die Atmosphäre. Ursache sind die enorm gewachsenen Rinderherden, denn bei der Verdauung der Wiederkäuer bildet sich im Magen Methan.

Stickoxide stammen aus der Verbrennung von Kohle und Erdöl. Sie entstehen außerdem bei der Verwendung von Mineraldünger in der Landwirtschaft.

So wurde das frühere Verhältnis zwischen Wärmerückhaltung und Ausstrahlung immer mehr gestört; heute wird weniger Wärme als früher in den Weltraum ausgestrahlt.

**AUFGABEN >>**

1 Erklärt, wie es zu dem natürlichen Treibhauseffekt kommt.

2 Stellt die wichtigsten Ursachen zusammen, die man heute für den weltweiten Anstieg der Temperaturen verantwortlich macht.

3 Nennt die Hauptverursacher des Treibhausgases $CO_2$ (Abb. 201.1).

4 Erstellt eine „Ursache-Folge-Kette" zum Thema Treibhauseffekt.

5 Was kann jeder Einzelne tun, damit sich der Treibhauseffekt nicht weiter verstärkt? Gestaltet dazu eine Ausstellung im Klassenzimmer.

# Z Zusatzthema: Klimaveränderungen im Lauf der Erdgeschichte

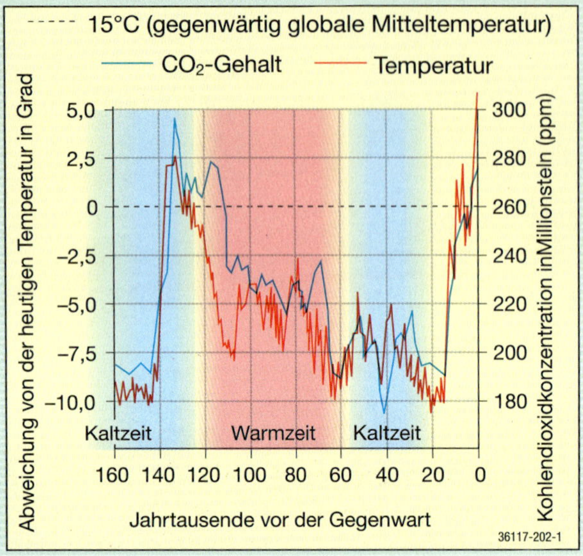


202.1 *Temperaturveränderungen und $CO_2$-Gehalt*

## Das Klima änderte sich schon immer

In der Erdgeschichte gab es immer wieder Temperaturschwankungen. Es kam zu Warm- und Kaltzeiten, die jeweils mehrere zehntausend Jahre dauerten. So gab es in den letzten 160 000 Jahren zwei große Eiszeiten (Abb. 202.1). Auch in der letzten Eiszeit, die vor etwa 10 000 Jahren endete, schoben sich mächtige Gletscher von Skandinavien bis nach Mitteleuropa (Abb. 202.2). Auf dem Eis wurden tonnenschwere Felsbrocken (Findlinge, Abb. 202.3) mittransportiert. Damals lebten bei uns auch Mammuts (Abb. 202.4). Durch ihr langes, dichtes Fell waren sie gut vor Kälte geschützt. Als das Klima wärmer wurde und es häufiger regnete, konnte das Fell der Mammuts jedoch das Regenwasser nicht abstoßen. Es saugte sich voll wie ein Schwamm. Die nassen Tiere wurden krank und mussten erfrieren. Wissenschaftler vermuten, dass die Mammuts ausstarben, weil sie sich nicht schnell genug an das veränderte Klima anpassen konnten.

202.2 *Die Vereisung Europas während der letzten Eiszeit*

202.3 *Findlinge – Zeugen aus den Eiszeiten*

202.4 *Mammuts – aufgrund einer Klimaerwärmung ausgestorben*

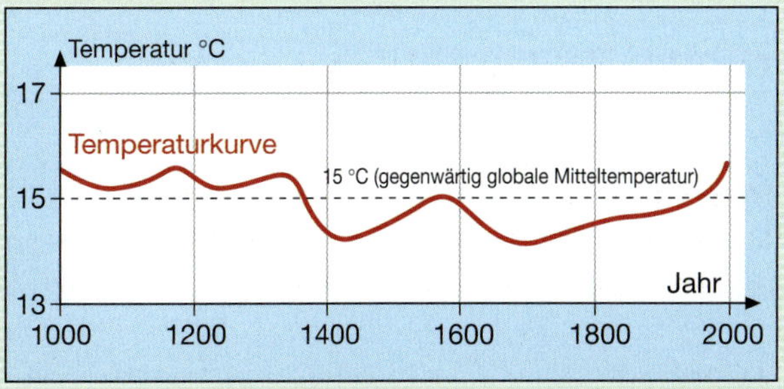


*203.1 Temperaturveränderungen in den letzten 1 000 Jahren*

In den letzten 1000 Jahren gab es keine lang anhaltenden Abkühlungen und daher keine Kaltzeiten mehr. Aber auch in dieser Zeit schwankten die Temperaturen auf der Erde um einen Mittelwert von +15 °C (Abb. 203.1).
Die Beispiele zeigen: Klimaänderungen gab es schon immer. Allerdings gingen sie in großen Zeiträumen vor sich und verliefen stets in einem gleichmäßigen Wechsel. Sie wurden ohne den Einfluss des Menschen von der Natur ausgelöst. Man spricht deshalb hier von natürlichen Klimaveränderungen. Was sind die Ursachen hierfür?

## Ursachen der natürlichen Klimaveränderung

Eine der Ursachen dieser Klimaschwankungen ist, dass sich die Erdbahn um die Sonne periodisch verändert. Im Laufe von 95 000 Jahren schwankt dadurch der mittlere Abstand der Erde zur Sonne. Ist der Abstand der Erde zur Sonne kleiner, verstärkt sich die Sonneneinstrahlung. Das heißt: Auf der Erde wird es wärmer. Umgekehrt wird es auf der Erde kälter, wenn der Abstand zur Sonne größer und damit die Sonneneinstrahlung schwächer wird.
Die Neigung der Erdachse pendelt in Jahrtausenden um 2,6°. Auch dadurch verändert sich der Einstrahlungswinkel der Sonne. Je steiler der Einstrahlungswinkel der Sonnenstrahlen, desto wärmer ist es in dem jeweiligen Gebiet. Umgekehrt wird es umso kühler, je flacher die Sonnenstrahlen auftreffen.
Wissenschaftler nennen noch weitere Ursachen für die Erwärmung der Erde. Im Kapitel 9 (> S. 310 f.) erfahrt ihr, dass sich seit Jahrmillionen die Erdplatten bewegen. So lag Europa früher näher am Äquator. Durch die Verlagerung der Land- und Wassermassen verändern sich auch die globalen Meeres- und Luftströmungen. Dies wiederum wirkt sich auf das Klima aus. Denn die Verlagerung der Kontinente und Meere hat zur Folge, dass nun die Sonnenstrahlen steiler oder flacher auftreffen und somit sich die Erwärmung verändert.
All diese Ursachen führen letztlich zu den „natürlichen" Schwankungen des Klimas auf der Erde und somit zu einem Wechsel von Warm- und Kaltzeiten.

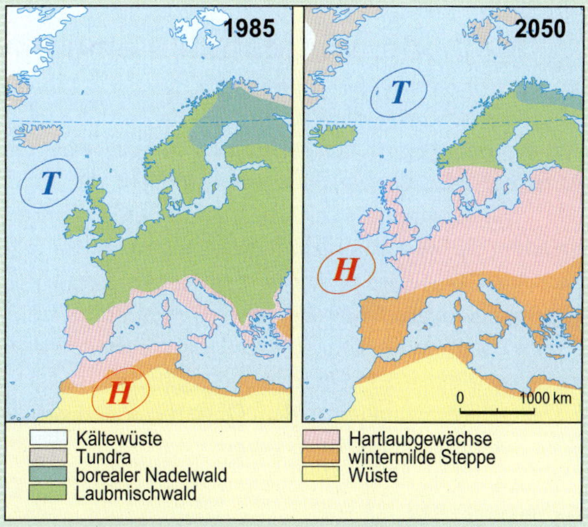


*203.2 Mögliche Veränderungen der Vegetation*

## Was Klimaforscher vorhersagen

Immer mehr Wissenschaftler verweisen darauf, dass der künstliche Treibhauseffekt in sehr kurzer Zeit zu einer starken Erwärmung der Erde führt. Deshalb könnte es für Pflanzen, Tiere und Menschen schwierig werden, sich diesem raschen Temperaturanstieg anzupassen. Steigen die Treibhausgase im gegenwärtigen Umfang an, so ist bis Mitte des Jahrhunderts mit einer globalen Temperaturerhöhung von 1,5 bis 4,5°C zu rechnen (> S. 200). Klimaforscher versuchen, die möglichen Folgen vorherzusagen.
Demnach könnte die Zahl der Extremwetterlagen steigen. In den mittleren Breiten ist mit mehr Tropentagen (Temperaturen von über 30 °C) und im Süden, z.B. in Italien und Afrika, mit mehr Dürren zu rechnen. Unwetter, wie Überschwemmungen und Wirbelstürme, könnten nicht nur häufiger, sondern immer verheerender werden. Durch das weitere Abschmelzen des Polareises könnte der Meeresspiegel ansteigen. Tiefer gelegene Länder würden dann in den Meeresfluten versinken. Meteorologen gehen davon aus, dass sich infolge der Erderwärmung auch in Europa die Klimazonen verschieben (Abb. 203.2).

**AUFGABEN>>**

1. Beschreibt, wie das Klima in der Erdgeschichte der letzten 160 000 Jahre verlaufen ist (Abb. 202.1).
2. Beschreibt am Beispiel des Mammuts, wie sich in der Vergangenheit Klimaänderungen ausgewirkt haben.
3. Zählt Beispiele auf, wodurch natürliche Klimaveränderungen verursacht werden.
4. Beschreibt mögliche Veränderungen der Vegetation (Abb. 203.2). Überlegt euch Folgen dieser Entwicklung.

# Methode: Wir erstellen eine PowerPoint-Präsentation

Auf den vorangegangenen Seiten habt ihr etwas über die Anzeichen eines Klimawandels und den damit verbundenen Veränderungen für das Leben auf der Erde erfahren. Ihr könnt die Informationen zusammenfassen und sie mithilfe eines Computerprogramms anschaulich präsentieren.
Ein Programm zur Erstellung von Präsentationsfolien ist „PowerPoint". Mit einem „Beamer" lassen sich die Folien im Klassenzimmer auf eine Leinwand projizieren.
Erstellt eine Präsentation zu dem Oberthema *„Der globale Klimawandel"*. So könnt ihr vorgehen:

**Arbeitsschritte**

1. ***Planung:*** Welche Teilthemen lassen sich dem Oberthema zuordnen? Wie lang soll die Präsentation sein? (Als Faustregel gilt das Verhältnis 10/20. Das bedeutet: nicht mehr als zehn Folien, nicht länger als 20 Minuten präsentieren.)
2. ***Ordnung:*** Welche Informationen stehen zur Verfügung? In welcher Reihenfolge sollen sie dargestellt werden? Welche Inhalte können auf den einzelnen Folien dargestellt werden? Welche Medien können die Inhalte veranschaulichen?
3. ***Gestaltung:*** Erstellt die Präsentationsfolien mit dem Computerprogramm (> Tipps zur Gestaltung).
4. ***Ablauf:*** Erstellt einen Leitfaden für die Präsentation. Notiert auf Karteikarten den Text für euren Vortrag. Nicht zu viel Text schreiben, manchmal reichen Stichwörter aus.

*204.1 Während der Präsentation*

**Tipps zur Gestaltung der Präsentationsfolien**
Als Grundsatz gilt: Der Inhalt der Präsentation ist wichtiger als die Verpackung!

***Übersichtlichkeit***
- Formuliert eure Aussagen kurz und prägnant. Betrachter sollten sie mit einem Blick erfassen können.
- Stellt auf einer Folie nur einen Inhalt dar.
- Benutzt ein einheitliches Layout und Design. Das erleichtert die Orientierung.
- Verzichtet auf überflüssigen „Schnickschnack". Manche Effekte, die PowerPoint bietet (z. B. einrollende Texte), lenken nur ab.

***Lesbarkeit***
- Benutzt eine gut lesbare Schriftart in einer Schriftgröße von 20 bis 32 Punkt (Überschriften 40 bis 48 Punkt).
- Zu viel Text „erschlägt". Schreibt nicht mehr als 40 Zeichen pro Zeile. Vermeidet Worttrennungen am Ende einer Zeile. Etwa fünf bis sieben Zeilen pro Folie sind genug.

***Anschaulichkeit***
- Lockert die Folien durch zusätzliche Medien auf (Diagramme, Grafiken, Fotos). Achtet aber darauf, dass die Folien nicht zu überladen wirken. Fügt ruhig ein ganzseitiges Foto zwischen eure Textfolien ein.
- Setzt Zahlenmaterial sparsam ein. Der Betrachter kann leicht in einem „Meer von Zahlen und Statistiken" den Überblick verlieren.

**Beispiel: Folie 3**
Erwärmungseffekt der Atmosphäre ist vergleichbar mit einem Treibhaus:
- kurzwellige Sonnenstrahlen können das Glas des Treibhauses durchdringen
- die Strahlen werden vom Boden und vom Glas zurückgeworfen
- die langwelligen Strahlen können das Glas nicht durchdringen und bleiben im Glashaus gefangen

*204.2 „Spickzettel" für die Präsentation*

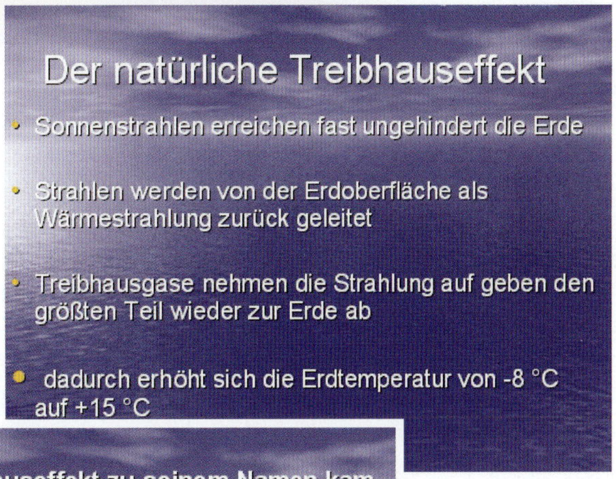

*205.1–3 Beispiele von Präsentationsfolien*

**Tipps zur Präsentation**

- Richtet die Geräte genau ein und macht euch vorher mit der Technik vertraut, damit beim Vortrag keine Panne passiert.
- Stellt euch neben die Geräte und haltet Blickkontakt zu den Zuhörern.
- Lest nicht nur den Text der Folien vor. Erklärt deren Inhalt möglichst in einem freien Vortrag.
- Macht zwischen den einzelnen Folien jeweils eine kurze Pause. Der Betrachter muss einen Moment Zeit haben, um den Inhalt zu erfassen.

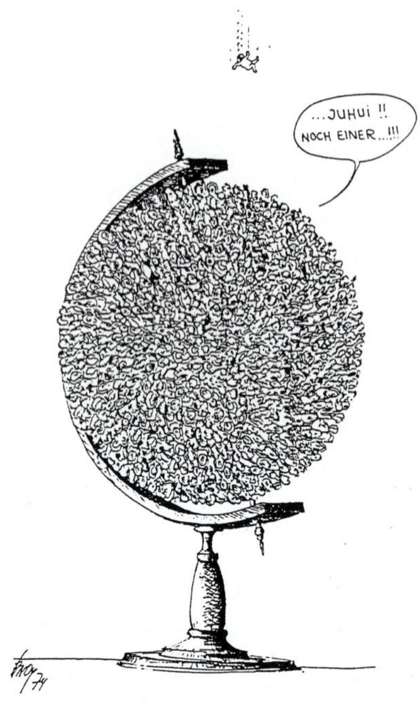


206.1 Karikatur

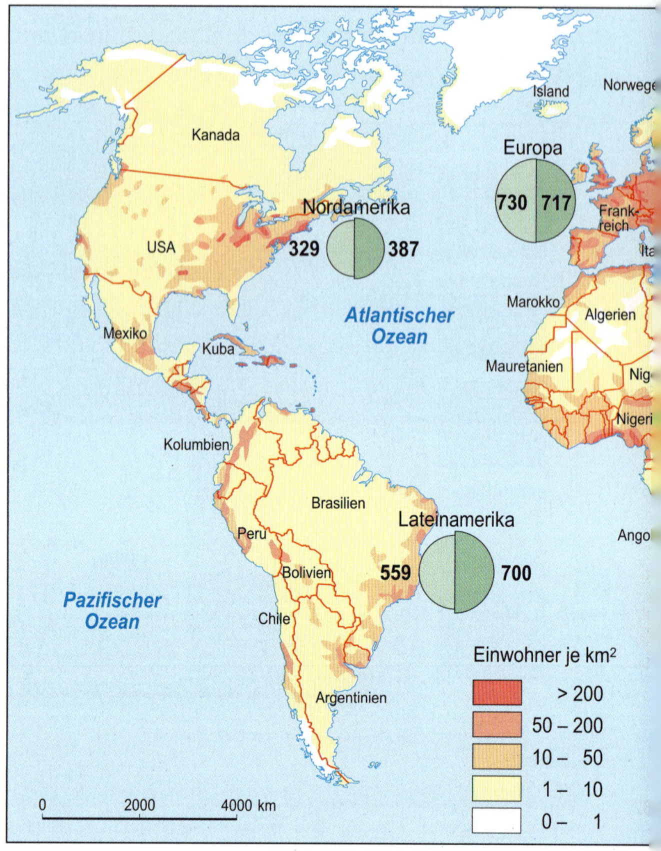


206.3 *Verteilung der Weltbevölkerung*

## Wie viele Menschen hält die Erde aus?

Noch nie in der Geschichte der Menschheit lebten auf unserem Planeten so viele Menschen wie heute. Im Oktober 1999 wurde irgendwo auf der Erde der sechsmilliardste Bürger geboren. Inzwischen sind wir auf dem Weg zur siebten Milliarde (Weltbevölkerung 2007: 6,6 Mrd.). Um Christi Geburt lebten nur 170 Millionen Menschen auf der Erde. In den folgenden 1500 Jahren blieb diese Bevölkerungszahl nahezu gleich. Erst dann stieg sie allmählich an, um schließlich zu Beginn des 19. Jahrhunderts mit einer Milliarde Einwohnern den ersten „kritischen Punkt" zu erreichen. Seitdem wächst die Weltbevölkerung immer schneller. In knapp zweihundert Jahren versechsfachte sich die Weltbevölkerung. Heute nimmt die Weltbevölkerung pro Tag um 220 000 Menschen zu. Sollte das Wachstum so weitergehen, rechnet man im Jahre 2050 mit über 9 Mrd. Menschen auf der Erde (Abb. 206.2). Ob diese Prognose eintritt, hängt von einer Reihe offener Fragen ab, zum Beispiel:

- Hält das bisherige Wachstum der Weltbevölkerung an oder verringert es sich, weil die Geburtenraten sinken und sich den Sterberaten annähern (Abb. 207.1)?
- Gelingt es bevölkerungsreichen Ländern wie Indien und China sowie den vielen Entwicklungsländern, die explosionsartige Bevölkerungszunahme zu verringern?

Fest steht unter anderem Folgendes:

- Auf der Erde sind lediglich 10 % der Fläche landwirtschaftlich gut nutzbar und als Grundlage der Ernährung geeignet.
- Schon jetzt ist die Bevölkerungsverteilung auf der Erde unterschiedlich. So gibt es Gebiete mit sehr dichter, aber auch mit sehr dünner Besiedlung (Abb. 206.3).
- Zudem wächst ständig der Anteil der Stadtbevölkerung. Inzwischen lebt bereits die Mehrheit der Menschen in Städten.
- Insgesamt steigt zwar die Weltbevölkerung, dies gilt aber nicht für alle Regionen der Welt (Abb. 206.3). Vor allem in vielen europäischen Industrieländern, z.B. in Deutschland, sinkt sogar die Bevölkerung.

206.2

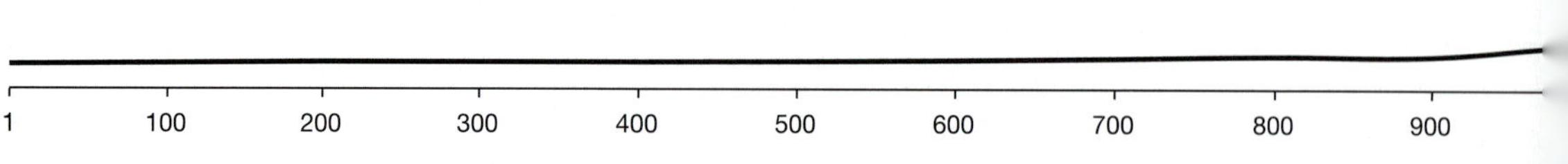

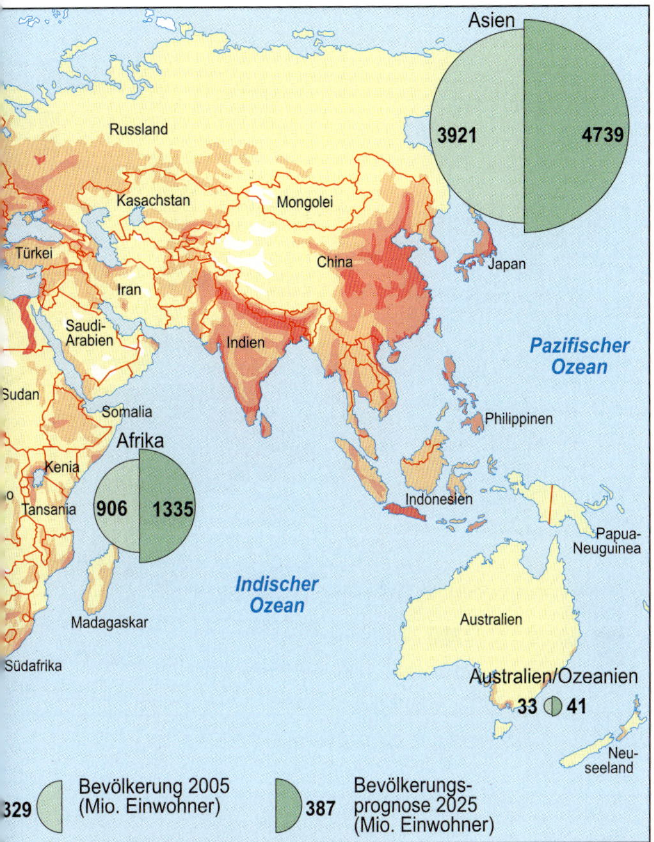


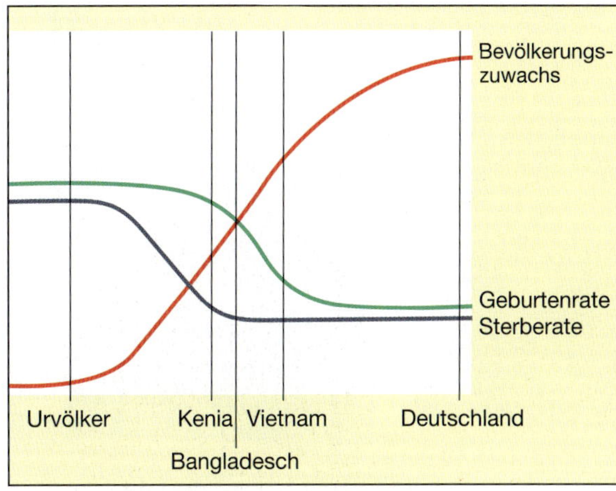


**Phasen I - III**
I Hohe Geburtenraten und Sterberaten in der Agrargesellschaft > geringes Bevölkerungswachstum
II Übergangsphase: Durch bessere medizinische Versorgung und Hygiene sinkt die Sterberate, während die Geburtenrate nur allmählich zurückgeht > starkes Bevölkerungswachstum
III Niedrige Geburten- und Sterberaten kennzeichnen die Industriegesellschaften > geringes Bevölkerungswachstum

*207.1 Entwicklung der Wachstumsraten („demografischer Übergang")*

**Geburtenrate** (= Geburtenzahl pro 1 000 Einwohner und Jahr, z. B. 35 ‰) und **Sterberate** (= Zahl der Sterbefälle pro 1 000 Einwohner und Jahr, z. B. 10 ‰) ergeben die natürliche **Wachstumsrate** (= Bevölkerungszuwachs pro Jahr bezogen auf 1 000 Einwohner, z. B. 25 ‰).

*207.2 Begriffsbestimmungen*

## AUFGABEN >>

1 Beschreibt die historische Bevölkerungsentwicklung der Erde (Abb. 206.2). Welche Besonderheiten sind dabei festzustellen?

2 Sterbe- und Geburtenrate sind entscheidend für die Wachstumsrate der Bevölkerung. Erklärt dies anhand Abb. 207.1.

3 Beschreibt mithilfe der Abb. 206.3 die unterschiedliche Verteilung der Menschen auf der Erde. Welche Auffälligkeiten stellt ihr dabei fest? Welche Gründe gibt es dafür?

5 Unter Bevölkerungsentwicklung sind sehr unterschiedliche Entwicklungen zu verstehen. Erklärt.

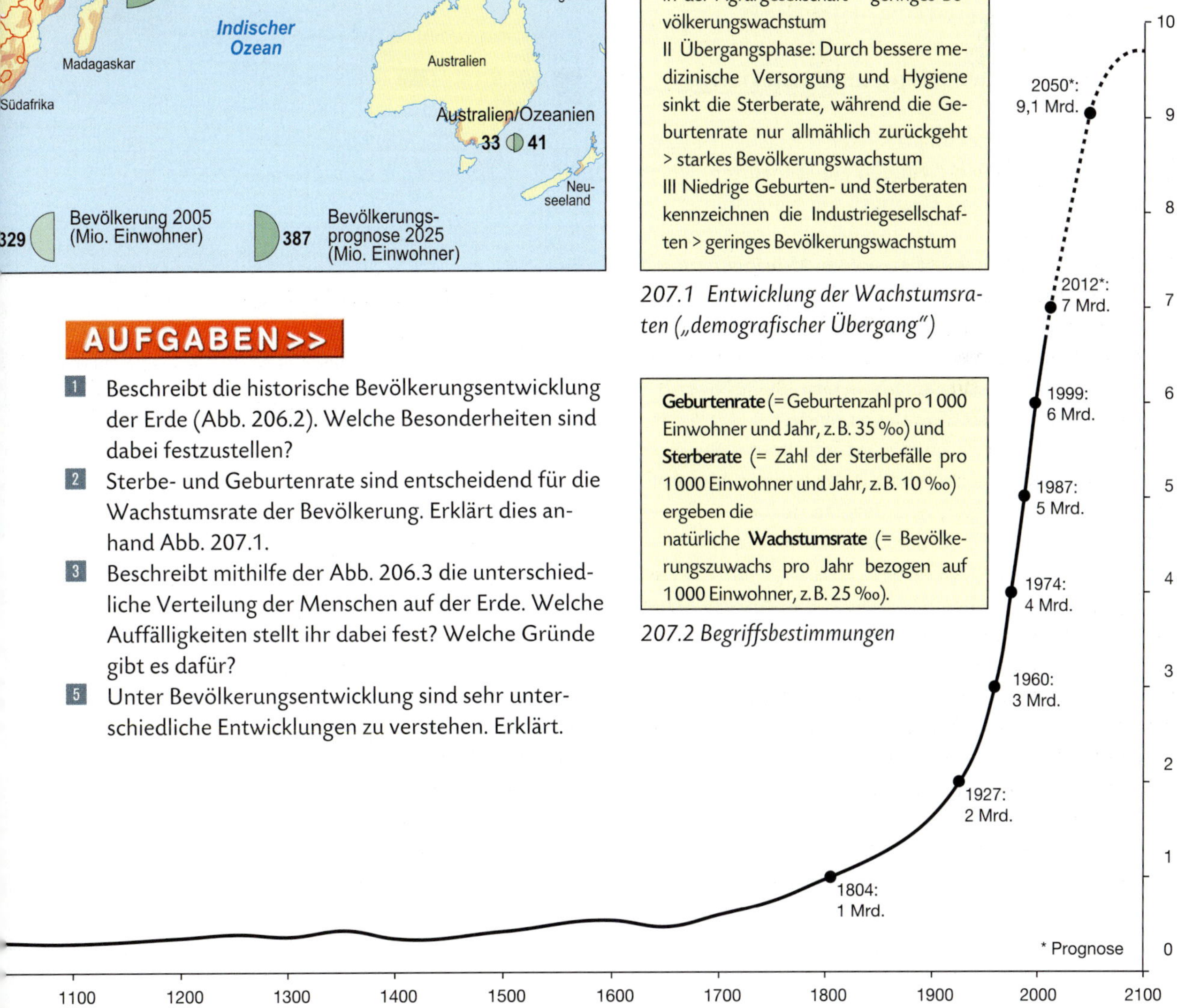

208.1 *Kinderreiche Familie*

# Die Bevölkerung entwickelt sich auf der Erde unterschiedlich

## Bevölkerungsentwicklung in Entwicklungsländern

Kinder, Kinder und nochmals Kinder. Tatsächlich wächst die Bevölkerung in den Gebieten am schnellsten, wo es die Lebensbedingungen eigentlich am wenigsten erlauben, da dort die Wirtschaftsleistung vergleichsweise niedrig ist. Vor allem in Indien, in den afrikanischen und in den lateinamerikanischen Entwicklungsländern nimmt die Bevölkerung stark zu. Nirgendwo haben die Menschen so viele Kinder wie in Afrika. Viele Mädchen werden schon sehr früh schwanger. In dem Staat Niger bekommt im Schnitt jede Frau sieben Kinder!

Insgesamt lag die jährliche Wachstumsrate der Bevölkerung in Lateinamerika bei 1,5 %, in Afrika bei 2,4 % (Abb. 208.4). Seit 1950 hat sich die Bevölkerung der Entwicklungsländer mehr als verdreifacht. Auch in Zukunft wird dort die Bevölkerung ansteigen. Dies liegt auch daran, dass aufgrund verbesserter Hygiene und medizinischer Versorgung zwar die Sterberaten deutlich sinken, die Geburtenraten aber weiterhin hoch bleiben (Abb. 207.1).

In Afrika sind 42 % der Bevölkerung jünger als 15 Jahre alt (zum Vergleich in Deutschland: 14%). Schon aufgrund dieses hohen Anteils ist zu erwarten, dass auch in den nächsten Jahren viele Kinder geboren werden.

In Indien tickt die Bevölkerungsuhr am schnellsten: Etwa alle 1,2 Sekunden wird hier ein Kind geboren. Dies ergibt einen jährlichen Zuwachs von 16 Millionen Menschen. Damit wird Indien wohl im Jahr 2030 die Bevölkerungszahl Chinas übertreffen und dann zum bevölkerungsreichsten Staat der Erde werden.

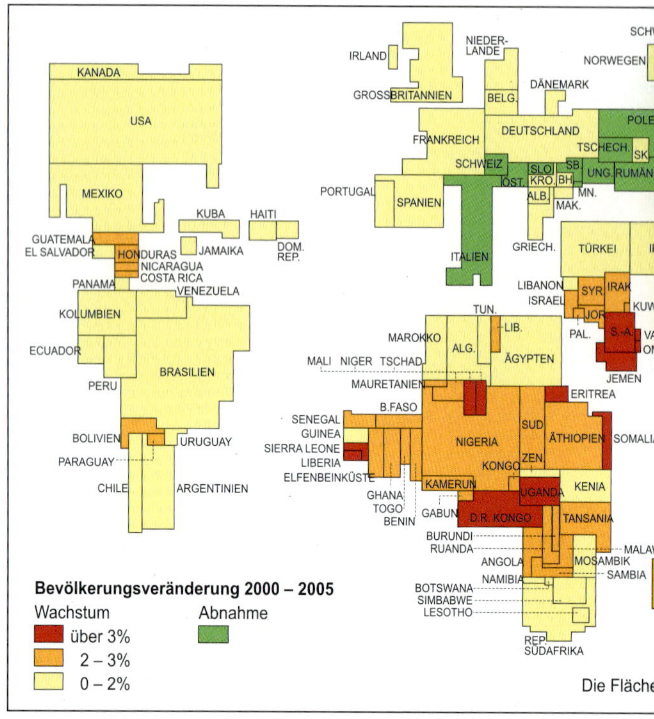


208.2 *Geburtenzahl und Geburtenraten (2005)*

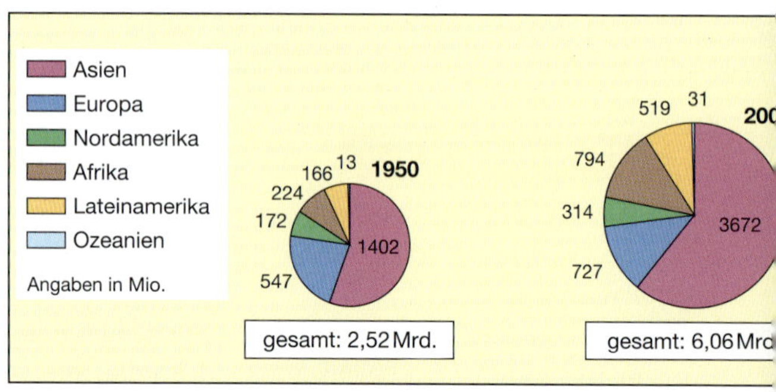


208.3 *Entwicklung der Weltbevölkerung nach Kontinenten (2025,*

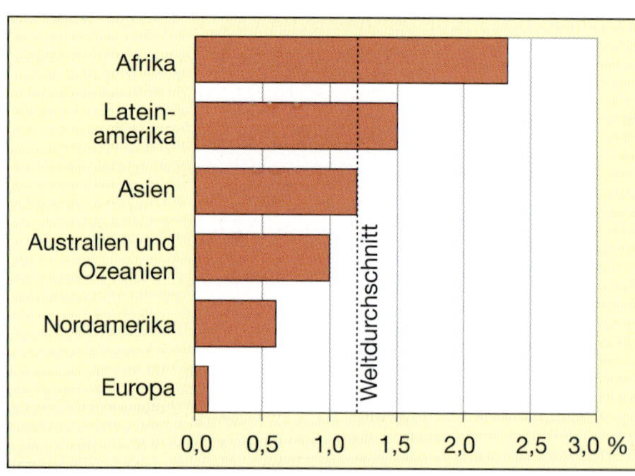


208.4 *Jährliche Wachstumsraten (2006)*

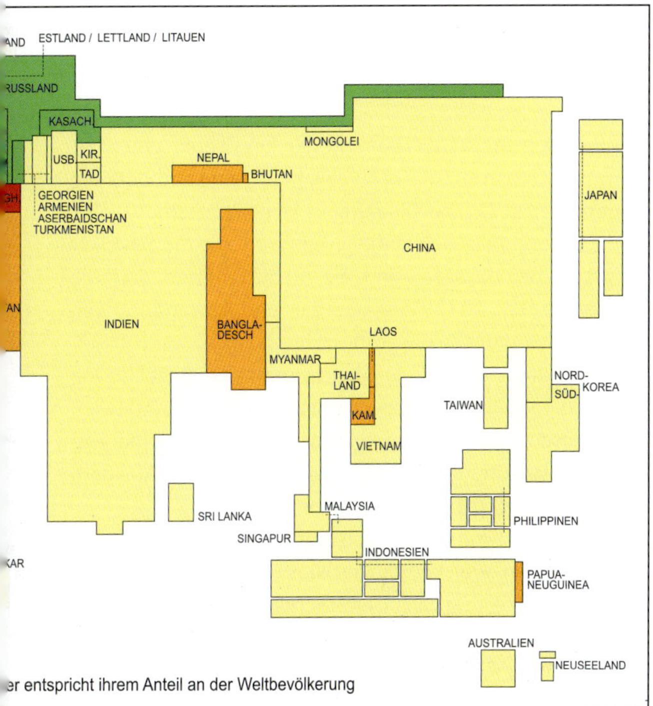


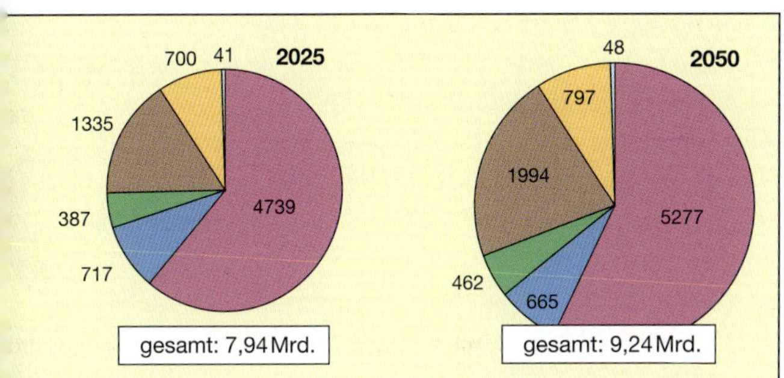


2050; Prognosen)

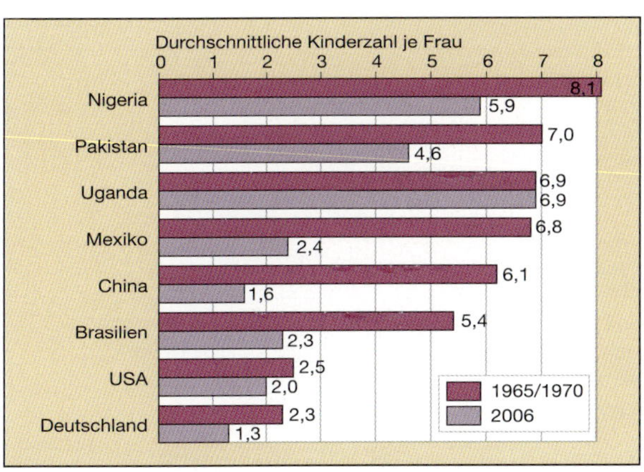


209.1 *Wie viele Kinder gebärt eine Frau?*

209.2 *Ein-Kind-Framilie*

## Bevölkerungsentwicklung in Industrieländern

Bilder von früher zeigen: Um 1900 waren auch in Deutschland viele Familien sehr kinderreich. Noch im Jahr 1950 stellten die Industrieländer rund ein Drittel der Weltbevölkerung. Heute stagniert die Bevölkerung in vielen Industrieländern Europas, teilweise ist sie sogar rückläufig. 2025 wird nur noch ein Sechstel der Weltbevölkerung in Europa leben. Besonders in den Mittelmeerländern und in den Ländern Osteuropas sind die Geburtenzahlen stark zurückgegangen. Aber auch in Deutschland macht man sich große Sorgen über den fehlenden Nachwuchs und den drohenden Rückgang der Bevölkerung.

**AUFGABEN >>**

1. Die Bilder 208.1 und 209.2 zeigen „zwei Welten". Vergleicht die unterschiedliche Familiensituation in Industrieländern und Entwicklungsländern.
2. Welche Länder haben in Zukunft wahrscheinlich weiterhin eine starke Bevölkerungszunahme? Welche Gründe werden hierfür z.B. angeführt? Nutzt dazu auch Abb. 207.1 und 209.1.
3. Die Bevölkerungsentwicklung in den meisten Industrie- und Entwicklungsländern ist gegensätzlich. Belegt diese Aussage mithilfe der Abb. 206.3, 208.2-4. Verwendet die Fachbegriffe Bevölkerungszunahme/-wachstum sowie Bevölkerungsabnahme/-schrumpfung.
4. Auch in Deutschland macht man sich Sorgen um den Nachwuchs. Ermittelt die neuesten Daten zur Bevölkerungsentwicklung. Unterscheidet nach verschiedenen Regionen, zum Beispiel nach Bundesländern sowie zwischen West- und Ostdeutschland (Daten findet ihr unter www.destatis.de).

# Methode: Wir arbeiten mit Bevölkerungsdiagrammen

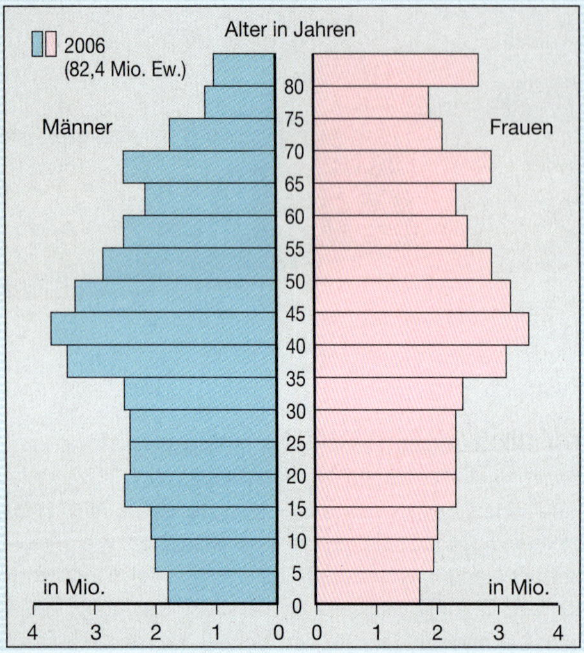


*210.1 Bevölkerungsdiagramm von Deutschland*

Prüft selbst, ob euch das Prinzip des Bevölkerungsdiagramms klar ist. Beantwortet folgende Fragen:

- Wie viele Frauen sind zwischen 15 und 20 Jahre alt?
- Gibt es zwischen 80 und 85 Jahren mehr Männer oder Frauen?
- Um welche Grundform handelt es sich bei dem Bevölkerungsdiagramm von Deutschland?

Die Bevölkerung ist die Summe der Einwohner eines bestimmten Gebietes. Dies kann eine Stadt, ein Land oder ein Kontinent sein. Die Bevölkerung ist keine konstante Größe, sondern verändert sich ständig. Faktoren, die die Bevölkerungszahl beeinflussen, sind die Geburtenraten und die Sterbefälle (> S. 207). Aber auch Zu- und Abwanderungen wirken sich auf die Bevölkerungszahl aus.

Die sich daraus ergebende Altersstruktur der Bevölkerung lässt sich mithilfe eines **Bevölkerungsdiagramms** darstellen und ablesen. Ein Bevölkerungsdiagramm ist also eine grafische Darstellung der Bevölkerung eines Landes. Aus dem Diagramm kann man direkt ablesen,

- wie die Verteilung der Bevölkerung nach bestimmten Altersgruppen oder Jahrgängen ist,
- wie die Verteilung nach Geschlechtern ist,
- und wie groß für eine Altersgruppe der prozentuale Anteil oder der Anteil in Millionen ist.

An der Grundform des Diagramms (Abb. 210.2) kann man außerdem den derzeitigen Entwicklungsstand einer Bevölkerung erkennen. Zum Beispiel sieht man,

- wie hoch die Lebenserwartung eines Landes ist,
- ob die Geburtenrate hoch oder niedrig ist und ob diese stärker schwankt oder gleich bleibt
- und ob die Bevölkerungszahl insgesamt eher steigen, sinken oder unverändert bleiben wird.

Daraus lassen sich Prognosen für die zukünftige Bevölkerungsentwicklung ableiten.

Wichtig ist, dass eine Bevölkerungspyramide kein stabiles Gebilde ist, sondern einem ständigen Wandel unterliegt. Menschen werden geboren und schieben – wie auf einem Förderband – die darüber liegenden Altersgruppierungen schrittweise nach oben.

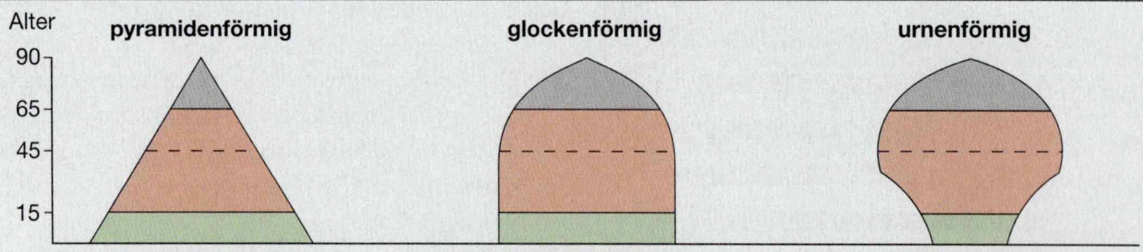


Die „Pyramide" ist kennzeichnend für eine wachsende Bevölkerung. Jeder neugeborene Jahrgang ist größer als der vorhergehende.

Bei der „Glocke" bleibt die Bevölkerung etwa gleich groß. Jeder neugeborene Jahrgang ist ungefähr genauso groß wie der vorhergehende.

Die „Urne" steht für eine sinkende Bevölkerungszahl. Jeder neugeborene Jahrgang ist kleiner als der vorhergehende.

36117-210-3

*210.2 Drei Grundformen des Altersaufbaus der Bevölkerung*

## Bevölkerungsdiagramme verschiedener Länder vergleichen

Durch den Vergleich von Bevölkerungsdiagrammen verschiedener Länder lassen sich Rückschlüsse auf die jeweiligen Lebensverhältnisse ziehen. Vergleicht dazu die Bevölkerungsdiagramme von Deutschland (Abb. 210.1) und Indien (Abb. 211.1). So könnt ihr dabei vorgehen:

- Vergleicht wichtige Merkmale des Altersaufbaus (Untersuchung). Nennt wichtige Gemeinsamkeiten und Unterschiede.
- Überlegt Ursachen für diese Merkmale (Erklärung).
- Zieht Schlussfolgerungen (Erkenntnisse) für mögliche zukünftige Entwicklungen.

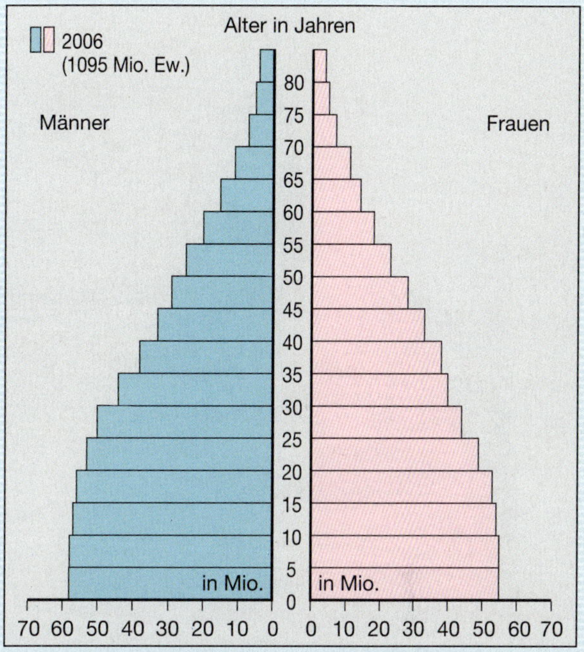


*211.1 Bevölkerungsdiagramm von Indien*

## Bevölkerungsdiagramme verschiedener Zeitpunkte vergleichen

Um Aussagen über die Altersstruktur weltweit zu machen, können wir uns ein Bevölkerungsdiagramm der gesamten Weltbevölkerung ansehen. In einer solchen Darstellung werden nationale Besonderheiten allerdings nicht mehr berücksichtigt.

In Abb. 211.2 sind zwei Bevölkerungsdiagramme in einer Grafik dargestellt. Die Angaben für das Jahr 2050 beruhen dabei auf einer Prognose. Wertet die Abbildungen mithilfe folgender Fragen aus:

- Vergleicht die Altersgruppen der 15-, 45- und 65-Jährigen im Jahr 2000 und 2050. Warum sind wohl gerade diese Altersgruppen für eine Bevölkerungsprognose wichtig?
- Welches sind die stärksten Altersjahrgänge in dem Diagramm von 2000 und 2050?
- Welche Entwicklung ist mit A gekennzeichnet?
- Worin liegen die stärksten Bevölkerungsveränderungen der beiden Jahre?
- Welche Grundformen lassen sich den beiden Diagrammen zuordnen?
- Bewertet die Entwicklung von 2000 bis 2050. Welche Erkenntnis lässt sich formulieren?

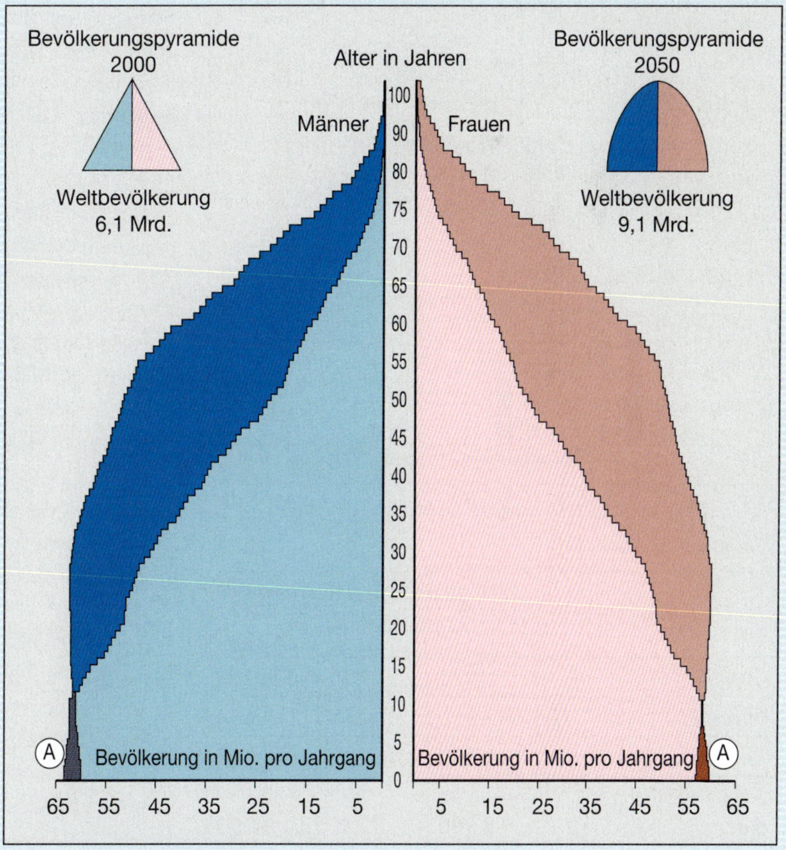


*211.2 Weltbevölkerungspyramide von 2000 und 2050*

## Werden alle satt?

Fast täglich erreichen uns aus verschiedenen Teilen der Erde Berichte über Hungerkatastrophen. Auf der anderen Seite sehen wir bei uns überquellende Regale mit Lebensmitteln in den Supermärkten.

Weltweit werden genug Nahrungsmittel erzeugt, um alle Menschen ausreichend zu ernähren. Denn rechnerisch stünden für jeden Menschen durchschnittlich 11 500 Kilojoule (kj) zur Verfügung (Text 212.4). Das Problem ist die ungleiche Verteilung und die Verschwendung von Nahrung. In Nordamerika und in der Europäischen Union wird Nahrung im Überfluss erzeugt. Nicht verbrauchte Nahrungsmittel werden dort in großen Mengen gelagert und oft sogar vernichtet.

Unter dem Hunger haben vor allem die Menschen in den Entwicklungsländern zu leiden, weil ihnen die Nahrung fehlt. Aber auch in den Industrieländern hungern Menschen. Sie haben nicht genug Geld, um sich Lebensmittel zu kaufen.

*212.1 Hunger im Überfluss*

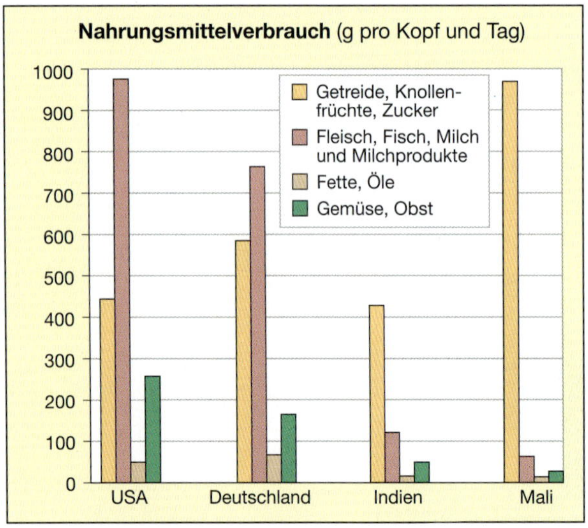


*212.2 Nahrungsmittelverbrauch im Vergleich*

| | verfügbare Nahrungsmenge in kJ pro Kopf und Tag | | |
|---|---|---|---|
| | 1970 | 1990 | 2010* |
| Europa | 13 300 | 14 200 | 14 600 |
| Entwicklungsländer | 8 800 | 10 200 | 11 400 |
| Afrika südlich der Sahara (Sahelzone) | 8 900 | 8 750 | 9 000 |

*212.3 Verfügbare Nahrungsmenge (* geschätzt)*

Der Nahrungsbedarf eines Menschen richtet sich nach seinem täglichen Energieverbrauch. Er wird in Kilojoule (kJ) gemessen. Oft wird die Energiemenge auch in dem veralteten Maß Kilokalorie angegeben. Eine Kalorie entspricht 4,1868 kJ. Als ausreichender Energiebedarf wird eine tägliche Ration von 10 000 kJ und 70 Gramm Eiweiß angesehen.

Ständiger Hunger verursacht den Menschen körperliche Qual. Nahrungsmangel führt zu einer „Selbstverzehrung“ des Körpers. In der Reihenfolge ihrer Wichtigkeit vertilgt der Organismus allmählich seine Bestandteile: Zunächst verbraucht er die Fettreserven und „verdaut“ die Skelettmuskeln. Dann werden die Knochen weich und brüchig, weil Mineralstoffe fehlen. Der Körper verliert seine Abwehrstoffe. Die Menschen können bereits an leichten Krankheiten sterben. Wer nur Wasser zu sich nimmt, kann 50 bis 70 Tage überleben. Kurz vorm Tod werden die lebenswichtigen Organe aufgezehrt: Herz, Gehirn und Rückenmark.

*212.4*

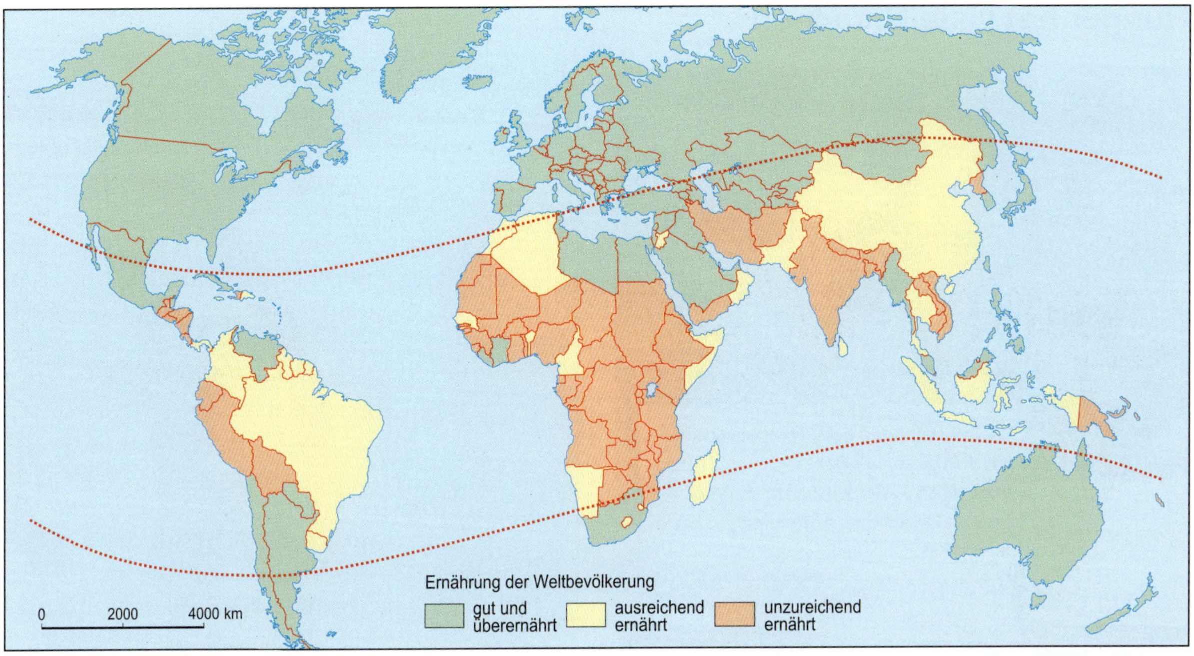


*213.1 Ernährungssituation auf der Erde*

## Essen wir das Brot der Armen?

Rund 40 % der weltweit produzierten Getreidemenge dient nicht der direkten Ernährung der Menschen, sondern wird zur Mästung von Schweinen, Rindern oder Geflügel genutzt. Über den „Umweg Tiermagen" gehen je nach Tierart viele Nährwerte verloren (Abb. 213.2).

Nutznießer sind vor allem die Menschen in den reichen Industrieländern, denn hier wird das Fleisch hauptsächlich verzehrt.

Außerdem wird ein großer Teil der Futtermittel, zum Beispiel Soja, in Staaten produziert, in denen die Ernährungslage nicht gesichert ist. Das Viehfutter wird oft auf riesigen Plantagen für den Export in die Industrieländer angebaut. Die Flächen fehlen dann der einheimischen Bevölkerung für die Nahrungserzeugung.

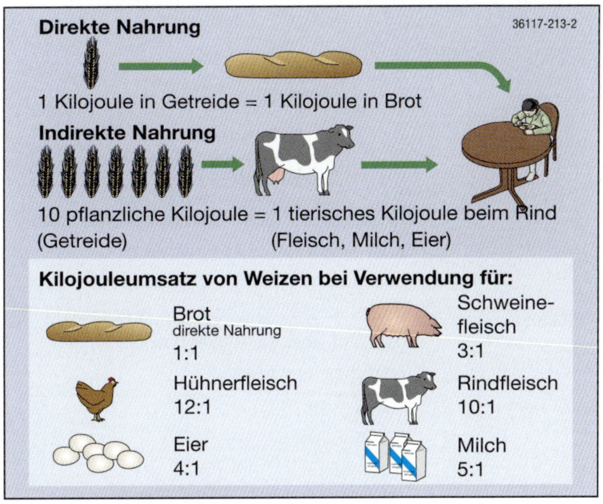


*213.2 Die „Veredelung" von Getreide*

**AUFGABEN >>**

1. Erläutert die Karikatur Abb. 212.1 Worauf will der Zeichner aufmerksam machen?
2. Wertet das Säulendiagramm Abb. 212.2 aus. Notiert Unterschiede im Nahrungsmittelverbrauch der vier Staaten.
3. Stellt die Angaben der Tabelle 212.3 in einem Kurvendiagramm dar.
4. Schreibt mithilfe des Atlas und der Karte 213.1 die Namen von jeweils zehn Staaten auf, in denen die Menschen a) gut und überernährt sind, b) unzureichend ernährt sind. In welchen Kontinenten liegen die jeweiligen Staaten?
4. Beschreibt die Verbreitung des Hungers auf der Erde (Abb. 213.1).
6. Wenn aus pflanzlicher Nahrung tierische Nahrung wird, so nennt man das „Veredelung". Beurteilt mithilfe von Abb. 213.2, ob dieser Begriff für den Vorgang zutreffend ist.

## Hunger hat viele Ursachen

In Kriegen müssen viele Menschen flüchten. Flüchtlinge können nicht mehr ihrer Arbeit nachgehen. Außerdem haben sie durch die großen körperlichen Anstrengungen einen hohen Kalorienbedarf.

214.1

Aus vielen Entwicklungsländern werden landwirtschaftliche Erzeugnisse in andere Länder ausgeführt. Das bringt zwar Geld in das Land, aber die eigene Bevölkerung hat oft nicht genug zu essen.

214.2

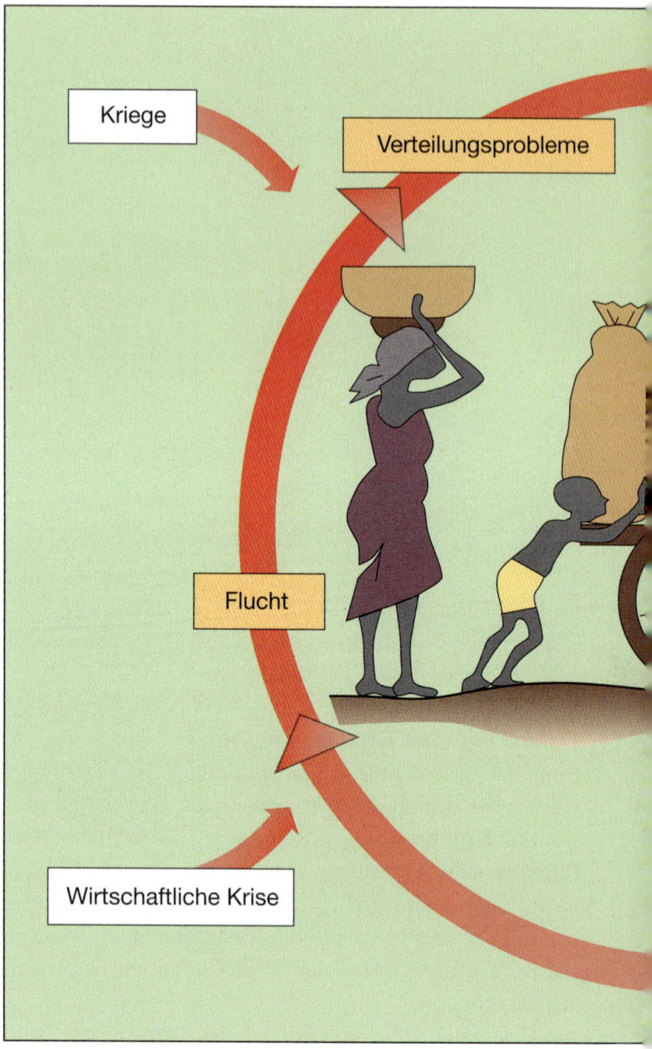


*214.3 Teufelskreis des Hungers*

### Die Entstehung eines Teufelskreises

Auf den vorangegangenen Seiten habt ihr viel über die Lebenssituation in den Entwicklungsländern Afrikas erfahren. Ihr habt Faktoren kennen gelernt, die die Entwicklung eines Landes hemmen und die Menschen oft in einer schlechten Lebenssituation gefangen halten. Sie bewegen sich in einem Teufelskreis, aus dem es ohne Hilfe von außen kein Entrinnen zu geben scheint. Abb. 214.3 verdeutlicht dies am Teufelskreis des Hungers.

Ein einfaches Beispiel für einen Teufelskreis kennt ihr: Mit wenig Motivation und Einsatz absolviert ihr eine Prüfung; die Folge davon ist => eine schlechte Note; das Ergebnis davon ist => eure Motivation nimmt noch mehr ab; die Folge davon ist => ...

Erstellt nun einen eigenen Teufelskreis. Übertragt Abb. 214.4 vergrößert ins Heft. Fügt folgende Stichwörter zu einem Teufelskreis zusammen:

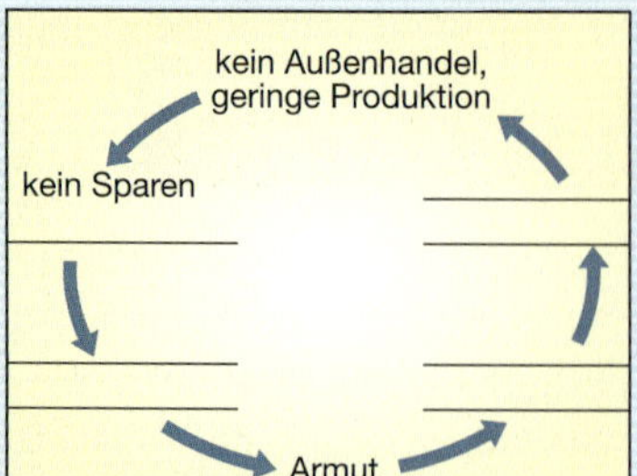


*214.4*

*Kapitalmangel/geringe Investitionen – fehlende Kaufkraft – wenige Arbeitsplätze – geringes Einkommen*

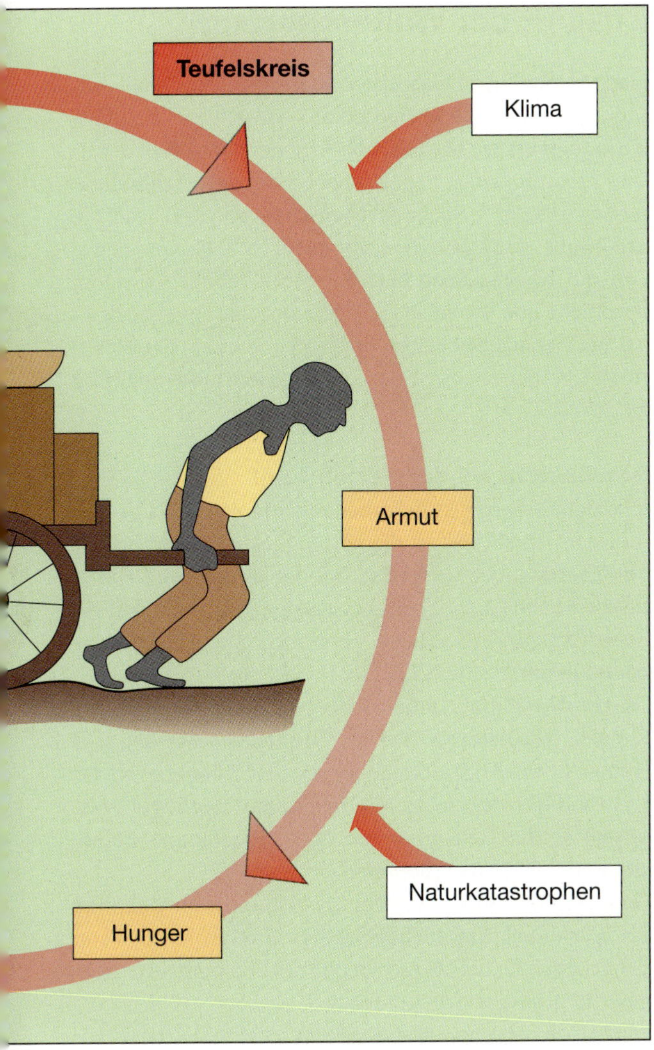

215.2 Überschwemmungen können innerhalb von Stunden die Ernte eines ganzen Jahres zerstören. Auch andere Naturkatastrophen (z.B. Erdbeben) gefährden die Menschen.

215.3 Es gibt Jahre, da sind die Niederschläge in der Regenzeit geringer als sonst oder bleiben ganz aus. Das Getreide verdorrt auf den Feldern.

215.4 In manchen Regionen kommt es zu Heuschreckenplagen. Riesige Schwärme ziehen über die Felder und vernichten die gesamte Ernte.

215.1 In einigen Trockengebieten haben die Bauern mehr Vieh, als der Pflanzenbewuchs zulässt. Die Tiere fressen das letzte Grün, der Wind trägt schließlich die Erde weg. Neue Pflanzen können nicht nachwachsen (Überweidung). Tiere und Menschen müssen hungern.

## AUFGABEN >>

1. Erläutert die hier aufgeführten Ursachen für den Hunger.
2. Unterteilt die Ursachen in die zwei Kategorien „von Menschen gemachter Hunger" und „natürlich bedingter Hunger".
3. Erklärt den Teufelskreis mit eigenen Worten.
4. Diskutiert in der Klasse über Möglichkeiten, mit denen man die Ursachen des Hungers bekämpfen könnte.
5. Sammelt aktuelle Zeitungsartikel zum Thema Hunger.

216.1 *Beregnungsflächen aus der Luft*

216.2 *Beregnungskarussell mit Sprinklern*

# Zukunft der Welternährung

Nach Schätzungen wächst die Weltbevölkerung bis zum Jahr 2050 auf 9,24 Milliarden an (> S. 208). In den Entwicklungsländern wird sich die Zahl der Menschen in diesem Zeitraum auf 8,1 Milliarden verdoppeln. Schon heute ist für fast 1 Milliarde Menschen auf der Erde die Ernährung nicht gesichert, vor allem in Regionen, in denen die ackerbauliche Nutzung der Landflächen durch natürliche und klimatische Gegebenheiten eingeschränkt ist. Welche Möglichkeiten kennen wir derzeit, die Ernährungslage der Menschheit zu verbessern und zukünftig zu sichern?

## Bewässern, wo der Regen fehlt

In ariden Gebieten ist Ackerbau mithilfe von Bewässerung möglich. Traditionell ist die kostengünstige Oberflächenbewässerung weit verbreitet, bei der die gesamte Fläche oder einzelne Furchen geflutet werden. Nachteile sind ein hoher Wasserverlust durch Verdunstung und die Gefahr der **Bodenversalzung** (Text 216.3).
Durch den Einsatz von modernen Systemen wie der Sprinklerbewässerung oder der Tropfenbewässerung sind weltweit neue Anbauflächen entstanden. Allerdings ist der Aufwand hierfür sehr hoch. Oft wird das benötigte Wasser aus großer Tiefe gefördert, durch Staudämme aufgestaut oder Flüssen entnommen.
Die Ressource Süßwasser steht jedoch nicht im Übermaß zur Verfügung. Bei unangepassten Großprojekten kann der Schaden für die Menschen und das ökologische Gleichgewicht größer sein als der Nutzen.
Hinzu kommt, dass viele Bewässerungsflächen nicht zur Nahrungserzeugung, sondern zum Anbau von Rohstoffen für den Export (z.B. Baumwolle, > S. 58) genutzt werden.

216.3 *Bodenversalzung*

## Tote Erde durch Bewässerung?

Durch zu starke Bewässerung werden die Mineralsalze im Boden gelöst. Aufgrund der hohen Temperaturen steigt das Wasser rasch an die Oberfläche und verdunstet. Zurück bleiben die im Wasser gelösten Salze. Es bilden sich Salzkrusten. Die Pflanzen können nun kein Wasser mehr aufnehmen und sterben schließlich ab.
Diesem Versalzungsprozess kann nur durch Entwässerung der Felder entgegengewirkt werden. Dränagen und Kanäle in der Tiefe fangen das salzhaltige Sickerwasser auf und leiten es ab. Die Methode ist jedoch teuer und wird aus Geldmangel von den Bauern in den betroffenen Regionen selten eingesetzt.

## Gentechnik – Segen oder Fluch?

Seit rund 30 Jahren versuchen Wissenschaftler, durch neue Anbaumethoden und Züchtung von Hochertragssorten bei Getreidearten die Ernährungslage der Menschheit zu verbessern. Das ist jedoch nur teilweise gelungen.
Neue Hoffnung setzen viele auf die Gentechnik. Dabei werden einzelne Gene oder DNA-Abschnitte der Pflanzen isoliert und auf andere Zellen übertragen. So können Pflanzen entwickelt werden, die z.B. gegen Kälte unempfindlich sind, die weniger Wasser benötigen oder die Salzwasser vertragen. Klimatisch bedingte Anbaugrenzen ließen sich dadurch überwinden.
Nicht gesichert ist, welche Risiken die neue Technik in sich birgt. Möglicherweise haben gentechnisch veränderte Pflanzen auch gesundheitliche Folgen für die Menschen. Es können sich z. B. neue Proteine bilden, die für den Verzehr nicht erprobt sind und Allergien auslösen.

*217.1 Feld mit gentechnisch veränderten Pflanzen*

## Nahrung aus dem Meer

Liegt die Zukunft der Welternährung in den Ozeanen, die immerhin 71 % der Erdoberfläche bedecken? Kann der Eiweißmangel in den Entwicklungsländern aus dem Meer gedeckt werden, das an vielen Stellen bereits durch Überfischung bedroht ist?
Die riesigen Ozeane sind allerdings nur an wenigen Stellen fischreich. Denn die Fische sind auf Plankton angewiesen, doch viel Plankton entsteht nur in nährstoffreichem Meerwasser.
In den letzten Jahrzehnten sind vor allem in Japan, Indonesien, China und Norwegen **Aquakulturen** angelegt worden. Das sind mit Netzen abgegrenzte Bereiche im Meer, in denen Fische, Muscheln oder Shrimps gezüchtet werden.
Hauptnachteil dieser Anlagen ist, dass in den Kulturen ähnliche Probleme wie in der Massentierhaltung von Schweinen oder Geflügel auftreten. Mögliche Krankheiten müssen bekämpft werden. Die Meerestiere werden dabei mit Substanzen belastet, die für den Menschen schädlich sind. Der in Massen anfallende Kot und das ungenutzte Fischmehl belasten die Gewässer sehr stark.

*217.2 Aquakultur in Norwegen*

**AUFGABEN>>**

1 Schreibt Probleme auf, die durch Ausweitung von Bewässerungsflächen entstehen können.

2 Stellt in einer Tabelle Hoffnungen und Risiken von Gentechnik und Aquakulturen zusammen.

3 Die Gentechnik hat viele Befürworter, aber auch Gegner. Erkundigt euch dazu im Internet und stellt deren Argumente gegenüber. (Auswahl möglicher Adressen: www.transgen.de, www.vz-bawue.de, www.bmelv.de, www.greenpeace.de/themen/gentechnik)

Z

## Zusatzthema: Menschen verlassen ihre Heimat

218.1

In den letzten Jahren versuchen immer mehr Menschen aus Afrika nach Europa zu gelangen, weil sie sich hier ein besseres Leben erhoffen. Sie wollen in Spanien, Frankreich oder Deutschland arbeiten und mit ihrem Verdienst ihre Familien in der Heimat ernähren.

Viele von ihnen versuchen, von Mauretanien mit dem Schiff auf die Kanarischen Inseln zu gelangen. Andere kommen direkt aus dem Senegal, Mali oder Gambia und treiben oft tagelang auf überfüllten und seeuntüchtigen Booten auf dem offenen Meer. Auf der Münchner Konferenz für Sicherheitspolitik im Jahr 2005 sagte Bundespräsident Horst Köhler:

*„Die Folgen wirtschaftlicher Nöte oder staatlichen Zerfalls treffen auch uns in Europa. Denken Sie nur an die tagtäglichen Versuche vieler Menschen, vor allem aus Afrika, mit kaum seetüchtigen Booten den Süden Europas zu erreichen ... Wir können dem langfristig nur begegnen, wenn wir die wirtschaftliche und staatliche Entwicklung in den Herkunftsländern nachhaltig fördern. Auf Dauer wird das billiger sein, als Europa zu einer Festung auszubauen. Wenn es uns dagegen nicht gelingt, die Armut in Afrika wirksam zu bekämpfen, ... dann haben wir es in Zukunft mit noch viel mehr Immigranten und „boat people" zu tun."*

**So sieht das Leben in vielen Ländern Afrikas aus:**

- Es fehlt an Schulbildung, Gesundheitsversorgung und Arbeitsplätzen für alle.
- Immer wieder gibt es politische Unruhen, Terror, Krieg und Unterdrückung.
- Die Bevölkerung wächst so schnell, dass nicht alle ernährt werden können. Es herrschen Mangel und Not.
- In vielen Staaten funktionieren die staatlichen Behörden nicht: Es gibt Korruption und eine hohe Verbrechensrate.
- Viele Familien sehen die einzige Existenzgrundlage darin, von Verwandten aus Europa unterstützt zu werden.

**AUFGABEN >>**

1 Nennt Gründe, warum so viele Menschen aus Afrika flüchten.

2 Beschreibt die Gefahren, denen sich die Flüchtlinge aussetzen. Verfolge dazu im Atlas auch ihre Fahrtrouten auf dem Meer.

3 Wie muss dem Flüchtlingsproblem nach Meinung Horst Köhlers begegnet werden?

## Migration eindämmen?

Was denkt ihr zu den folgenden Aussagen? Entscheidet euch bei jeder Aussage für eine Position:
3 bedeutet völlige Zustimmung,
–3 bedeutet völlige Ablehnung.

3 2 1 0 -1 -2 -3

**(A)**

**Grenzen dicht!**
Noch mehr Ausländer? Bloß nicht! Die bereits da sind, nehmen uns schon genug Arbeitsplätze weg und nutzen unser Sozialsystem aus. Sie wollen nichts arbeiten, aber alles haben. Außerdem passen sie sich nicht an. Wir haben selber genug Sorgen, die Sorgen der Ausländer gehen uns nichts an.

**(B)**

**Deutschland ist ein Einwanderungsland, aber ...**
... wir sollten klare Regeln aufstellen, wer zu uns darf und wer nicht. Andere Länder machen das auch: Wir brauchen Fachkräfte und Leute, die zu uns passen. Unqualifizierte haben wir selbst genug. Wir müssen das genau regeln: Zu viele Einwanderer verkraften wir nicht!

**(C)**

**Deutschland muss helfen!**
Wir sind ein reiches Land. In der Welt herrscht so viel Elend und Armut, da sollten wir möglichst vielen Menschen helfen. Müssten wir so leben wie die meisten Afrikaner, würden wir auch fliehen wollen. Wir sind verpflichtet, diese Menschen aufzunehmen.

**(D)**

**Deutschland braucht Einwanderung!**
Ohne Einwanderer aus anderen Ländern kann unser Land nicht bestehen. Hier werden viel zu wenig Kinder geboren! Wenn nicht Leute von außen zuwandern, werden wir in naher Zukunft Arbeitskräftemangel haben und unsere Renten nicht mehr zahlen können!

*219.1 Was meinst du?*

**(E)**

**Landflucht verhindern!**
Bei dem Kauf landwirtschaftlicher Produkte können wir darauf achten, dass die Erzeuger in den Entwicklungsländern unterstützt werden und nicht die großen Handelsketten. Verbraucherinformationen können uns dabei weiterhelfen.

**(F)**

**Aufklärung tut Not!**
Nicht nur bei uns, sondern auch in den Entwicklungsländern. Viele erwarten hier das Paradies. Dabei können sie nur ihre Lebensverhältnisse verbessern, wenn sie die Ursachen der Verarmung in ihren eigenen Ländern bekämpfen.

**(G)**

**Entwicklungshilfe stärkt die Entwicklungsländer!**
Durch eine gezielte Entwicklungshilfe werden die Lebensbedingungen in den Entwicklungsländern gebessert. Maschinen und Industrien erleichtern die Arbeit. Die Familien brauchen dann nicht mehr so viel Kinder, um sich zu versorgen.

**(H)**

**Flüchtlinge brauchen Arbeit!**
Wir sollten Flüchtlingen schneller die Möglichkeit zur Arbeit geben. Dann fühlen sie sich bei uns wohl und werden nicht kriminell. Außerdem gibt es bei uns viele Arbeiten, die wir nicht machen wollen. Viele Flüchtlinge wären aber froh, wenn sie sich mit dieser Arbeit etwas Geld verdienen könnten.

### AUFGABEN >>

1 Welche Meinungen empfindet ihr als gegenteilig? Ist euch eure persönliche Beurteilung leicht gefallen? Vergleicht die Ergebnisse: Welche Position hat in der Klasse die deutlichste Zustimmung, welche die deutlichste Ablehnung?

2 Versucht, eine gemeinsame Klassenposition zu entwickeln. Ihr könnt natürlich auch weitere Argumente einbringen.

# 6 Wie funktioniert unsere Demokratie?

# „Alle Gewalt geht

*Im Bundestag*

*Im Wahllokal*

# vom Volke aus“

## Aufgaben der Gemeinde

Jeder von uns lebt in einer Gemeinde. Das kann ein Dorf, eine Kleinstadt oder eine Großstadt sein. Die Einwohner einer Gemeinde bilden eine „Kommune“ (lat: communis = gemeinsam). Sie haben das Recht, ihr Leben eigenverantwortlich zu gestalten. Im Grundgesetz Artikel 28, Absatz 2 steht: *„Den Gemeinden muss das Recht gewährleistet sein, alle Angelegenheiten der örtlichen Gemeinschaft ... in eigener Verantwortung zu regeln.“*
Gemeinden erfüllen also für ihre Einwohner viele Aufgaben. Einige dieser Aufgaben müssen in allen Gemeinden erledigt werden. Da die Gemeinden durch Gesetz zur Erfüllung dieser Aufgaben verpflichtet sind, nennt man sie auch Pflichtaufgaben. Dazu gehören zum Beispiel die Versorgung mit Trinkwasser, die Abwasserbeseitigung oder der Bau von Straßen.
Es gibt aber auch Aufgaben, die Gemeinden freiwillig für ihre Bürger übernehmen, zum Beispiel den Bau eines Sportplatzes oder Jugendhauses. Meist hängt es von den Einnahmen der Gemeinde ab, ob sie solche freiwilligen Leistungen erfüllen kann.

## Wegweiser durch das Rathaus

***Bürgermeister***

***Hauptamt***
- Personalamt
- Statistisches Amt
- Presseamt

***Ordnungsamt***
- Standesamt
- Einwohnermeldeamt
- Feuerwehr

***Bauamt***
- Stadtplanungsamt
- Hochbauamt
- Tiefbauamt

***Finanzverwaltung***
- Stadt-/Gemeindekämmerei
- Steueramt

***Kulturamt***
- Fremdenverkehrsamt
- Bücherei

***Sozialamt***
- Gesundheitsamt
- Jugendamt

***Schul- und Sportamt***
- Schulverwaltung
- Sportamt

***Wirtschaftsamt***
- Amt für Wirtschaftsförderung
- Liegenschaftsamt
- Marktamt

***Herr Becker:*** *Ich bin arbeitslos. Ich möchte wissen, ob ich Wohngeld beantragen kann.*

***Frau Böhle:*** *Ich möchte heiraten. Wer ist für meine Heirat zuständig?*

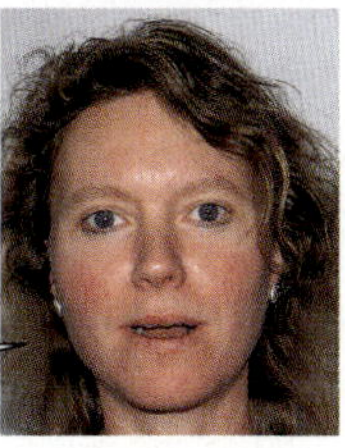

***Frau Schäfer:*** *Ich möchte gerne einer Urlaubsbekanntschaft einen Prospekt unseres Ortes zusenden. Gibt es so was im Rathaus?*

***Herr Savatori:*** *Ich möchte am Wochenmarkt meine Waren an einem Stand anbieten. Geht das?*

***Frau Speidel:*** *Unser Seniorinnen-Treff möchte regelmäßig Bewegungsübungen machen. Ob wir dafür in die Turnhalle können?*

***Frau Kienzle:*** *Ich möchte ein Geschäft eröffnen. Wo muss ich mich hinwenden?*

***Herr Hartmann:*** *Ich bin umgezogen. Wo muss ich mich anmelden?*

***Herr Papadopoulous:*** *Ich habe einen Hund und muss für ihn Hundesteuer zahlen. Wo erfahre ich die Höhe der Hundesteuer?*

## AUFGABEN >>

1 Die Fotos auf Seite 222 zeigen fünf Pflichtaufgaben und vier freiwillige Aufgaben der Gemeinde. Welche Aufgaben sind dargestellt? Ordnet die Fotos richtig zu.

2 Welche Gründe könnten zur Unterscheidung in Pflichtaufgaben und freiwillige Aufgaben geführt haben?

3 Die Bürger und Bürgerinnen auf Seite 223 kommen mit Anliegen in das Rathaus. Welches Amt kann jeweils weiterhelfen?

*224.1 Klaus und Mirko*

*224.2 Lea, Michaela und Stephanie*

## Mitwirkungsmöglichkeiten in der Gemeinde

Lea, Klaus, Michaela, Mirko und Stephanie wirken auf verschiedene Weise am Gemeindeleben mit. Stephanie ist vier Jahre jünger als Mirko, Mirko ist jünger als Klaus, Michaela ist ein Jahr jünger als Lea.

*Wie wirken die fünf jungen Leute mit?*

a) Stephanie ist Mitglied in einer BUND-Gruppe. Diese Gruppe übernimmt eine „Bachpatenschaft".
b) Die jüngste Person ist Mitglied im Jugendparlament.
c) Lea sammelt Unterschriften für ein Bürgerbegehren.
d) Klaus ist als Mitglied einer Partei politisch aktiv.
e) Die drei Ältesten machen bei der Bürgerversammlung Vorschläge zur Erweiterung der Fußgängerzone, die große Beachtung finden.
f) Alle Wahlberechtigten nehmen an der Wahl zum Gemeindevertretung teil.
g) Die beiden Jüngsten arbeiten in einer Bürgerinitiative mit, die für den Bau einer Umgehungsstraße kämpft.

**AUFGABEN >>**

1 Wie wirken die jungen Leute in ihrer Gemeinde mit? Übertragt dazu die Tabelle in das Heft und notiert in Stichworten.

2 Gibt es in eurer Gemeinde ein Jugendparlament (Text 224.3)? Informiert euch, welche Erfahrungen die gewählten Vertreter bei ihrer Arbeit gemacht haben.

| *Name* | | | | | |
|---|---|---|---|---|---|
| *Alter* | 16 Jahre | 18 Jahre | 19 Jahre | 20 Jahre | 21 Jahre |
| Wie wirken die einzelnen Personen in der Gemeinde mit? | | | | | |

**§ 4c HGO (Hessische Gemeindeordnung) in der Fassung vom 7. März 2005: Beteiligung von Kindern und Jugendlichen**

Die Gemeinde soll bei Planungen und Vorhaben, die die Interessen von Kindern und Jugendlichen berühren, diese in angemessener Weise beteiligen. Hierzu soll die Gemeinde über die in diesem Gesetz vorgesehene Beteiligung der Einwohner hinaus geeignete Verfahren entwickeln und durchführen.

*224.3 Aus der hessischen Gemeindeordnung*

*224.4 Im Jugendparlament*

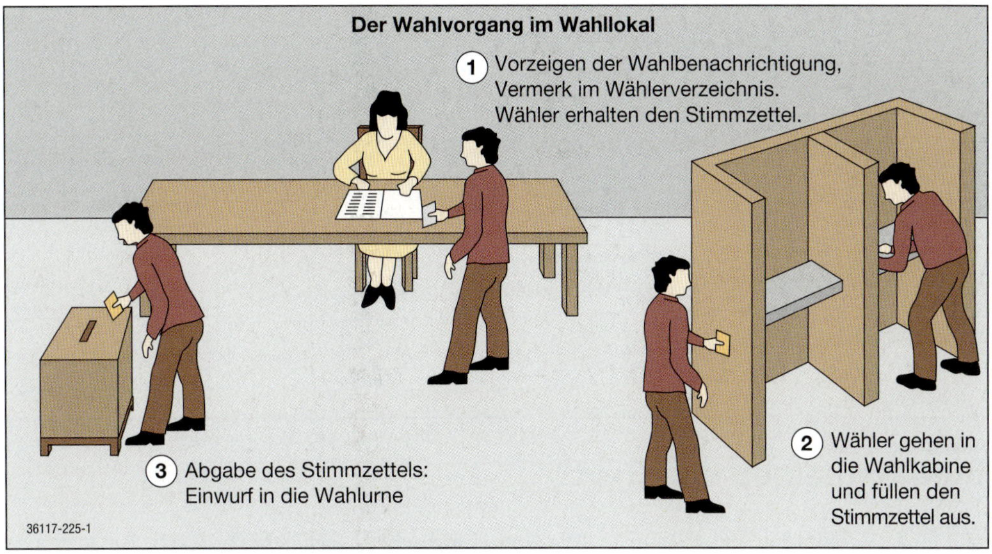


*225.1 Der Wahlvorgang*

## Wahl zur Gemeindevertretung

Alle fünf Jahre wählen die wahlberechtigten Einwohner der hessischen Gemeinden die **Gemeindevertretung**. Dazu stellen die Parteien und Wählervereinigungen auf Mitgliederversammlungen ihre Wahlvorschläge (Listen) auf.

Die Parteien bzw. Wahlvorschläge bekommen so viele Sitze in der Gemeindevertretung, wie ihrem Stimmenanteil entsprechen. Innerhalb der Listen entscheidet die Stimmenanzahl der einzelnen Kandidaten darüber, wer in die Gemeindevertretung einzieht.

### Wie wird gewählt?

Jeder Wähler hat so viele Stimmen, wie Gemeindevertreter zu wählen sind. Seine Stimmen kann er auf die Bewerber eines Wahlvorschlages oder auf unterschiedliche Wahlvorschläge verteilen. Gibt er mehr Stimmen ab, als Gemeindevertreter zu wählen sind, dann ist der Stimmzettel ungültig.

Der Wähler kann eine Liste ankreuzen. Dann erhält jeder dort aufgeführte Bewerber eine Stimme. Mehrere Listenkreuze haben zur Folge, dass die Stimmabgabe ungültig ist. Der Wähler kann jedoch Bewerber auf der Liste streichen. Man kann einem bzw. mehreren Kandidaten bis zu drei Stimmen geben (= kumulieren). Dazu kann der Wähler in den drei für die Stimmabgabe hinter jedem Bewerber vorgesehenen Kästen ein Kreuz für jede Stimme machen. Er kann aber auch in eines dieser Felder die Zahl der Stimmen, die er diesem Kandidaten geben will, eintragen. Außerdem kann der Wähler seine Stimmen an Bewerber verschiedener Wahlvorschläge verteilen (= panaschieren).

**AUFGABEN >>**

1 Wie zeigt sich in der Abb. 225.1, dass Wahlen geheim sind?
2 „Kumulieren“ und „panaschieren“ – warum gibt es das?
3 Informiert euch, wie euer Gemeinderat zusammengesetzt ist.

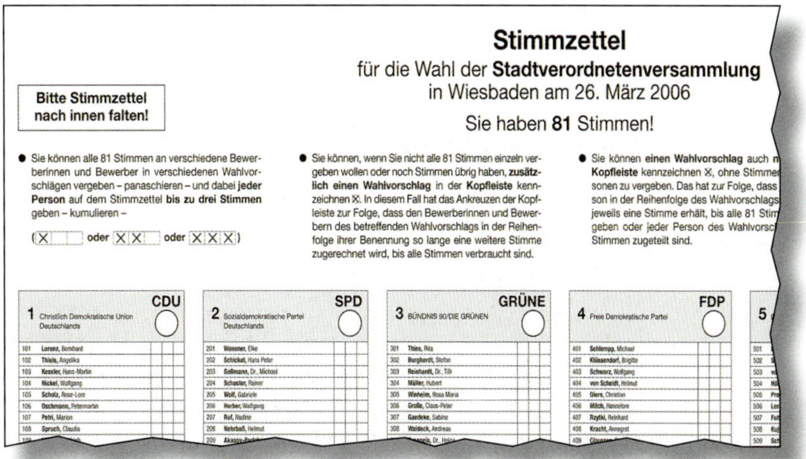

**Stimmzettel**
für die Wahl der **Stadtverordnetenversammlung**
in Wiesbaden am 26. März 2006
Sie haben **81** Stimmen!

**Bitte Stimmzettel nach innen falten!**

- Sie können alle 81 Stimmen an verschiedene Bewerberinnen und Bewerber in verschiedenen Wahlvorschlägen vergeben – panaschieren – und dabei **jeder Person** auf dem Stimmzettel **bis zu drei Stimmen** geben – kumulieren – (X oder XX oder XXX)
- Sie können, wenn Sie nicht alle 81 Stimmen einzeln vergeben wollen oder noch Stimmen übrig haben, **zusätzlich einen Wahlvorschlag** in der **Kopfleiste** kennzeichnen ☒. In diesem Fall hat das Ankreuzen der Kopfleiste zur Folge, dass den Bewerberinnen und Bewerbern des betreffenden Wahlvorschlags in der Reihenfolge ihrer Benennung so lange eine weitere Stimme zugerechnet wird, bis alle Stimmen verbraucht sind.
- Sie können **einen Wahlvorschlag** auch n… **Kopfleiste** kennzeichnen ☒, ohne Stimme… sonen zu vergeben. Das hat zur Folge, dass … son in der Reihenfolge des Wahlvorschlags … jeweils eine Stimme erhält, bis alle 81 Stim… geben oder jeder Person des Wahlvorsc… Stimmen zugeteilt sind.

| 1 Christlich Demokratische Union Deutschlands – CDU | 2 Sozialdemokratische Partei Deutschlands – SPD | 3 BÜNDNIS 90/DIE GRÜNEN – GRÜNE | 4 Freie Demokratische Partei – FDP |
|---|---|---|---|
| 101 **Lorenz**, Bernhard | 201 **Wansner**, Elke | 301 **Thies**, Rita | 401 **Schlempp**, Michael |
| 102 **Thiels**, Angelika | 202 **Schickel**, Hans Peter | 302 **Burghardt**, Stefan | 402 **Klüssendorf**, Brigitte |
| 103 **Kessler**, Hans-Martin | 203 **Goßmann**, Dr. Michael | 303 **Reinhardt**, Dr. Till | 403 **Schwarz**, Wolfgang |
| 104 **Nickel**, Wolfgang | 204 **Schuster**, Rainer | 304 **Müller**, Hubert | 404 **von Scheidt**, Helmut |
| 105 **Scholz**, Rose-Lore | 205 **Wolf**, Gabriele | 305 **Winheim**, Rosa Maria | 405 **Olers**, Christian |
| 106 **Oschmann**, Petermartin | 206 **Herber**, Wolfgang | 306 **Große**, Claus-Peter | 406 **Milch**, Hannelore |
| 107 **Petri**, Marion | 207 **Ruf**, Nadine | 307 **Gaedeke**, Sabine | 407 **Rzytki**, Reinhard |
| 108 **Spruch**, Claudia | 208 **Nehrbaß**, Helmut | 308 **Waldeck**, Andreas | 408 **Kracht**, Annegret |

*225.2 Stimmzettel*

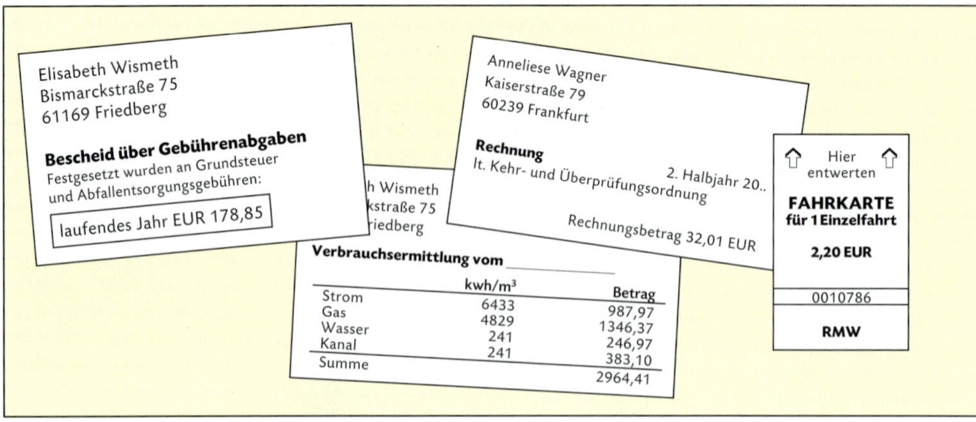


226.1 *Gebühren als Einnahmequellen*

## Woher nimmt die Gemeinde das Geld?

Um allein die Pflichtaufgabe „Versorgung mit Wasser" erfüllen zu können, muss die Gemeinde enorme Leistungen erbringen (> S. 222). Und diese Leistungen kosten Geld. Zu welcher Summe mögen sich da erst die Gesamtkosten für die gesamten Aufgaben und Leistungen addieren? Woher hat die Gemeinde dafür das notwendige Geld? Von wem bekommt sie das eigentlich?

**Der Bürger bezahlt Gebühren:** Für Leistungen, die der Bürger in seiner Gemeinde in Anspruch nimmt, muss er bezahlen. So errechnet die Gemeinde, wie hoch die Kosten für die Wasserversorgung insgesamt sind. Dann setzt sie den Wasserpreis pro Kubikmeter fest. Über seinen Anteil am Verbrauch erhält der Bürger einen Gebührenbescheid. Der Betrag fließt dann in die Gemeindekasse in den Topf „Wasserversorgung". Außerdem zahlt der Bürger Eintrittsgelder, z.B. für Museen, Theater oder für die Benutzung von Freizeiteinrichtungen.

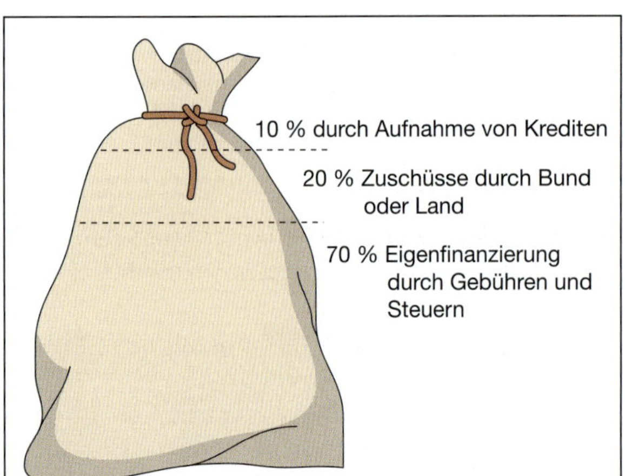


226.2 *Einnahmen der Gemeinden im Überblick*

**Die Gemeinde erhebt Gewerbesteuer:** In der Gemeinde ansässige Fabriken, Handwerksbetriebe und Geschäfte zahlen ebenfalls Gelder in die Gemeindekasse. Die sogenannte Gewerbesteuer kann die Gemeinde selbst festsetzen. Zahlreiche Gemeinden sind durch die Gelder ihrer Gewerbebetriebe reich geworden. Aufgrund wirtschaftlicher Schwierigkeiten können sich diese Einnahmen aber auch verringern.
**Die Gemeinde nutzt weitere Möglichkeiten:** Die Gemeinden können noch andere Geldquellen ausschöpfen, zu der sie aufgrund der Gemeindeordnung berechtigt sind. So erheben sie Steuern (z. B. die Grund-, Hunde-, Vergnügungssteuer) und verpachten oder verkaufen Gemeindevermögen (z. B. Gebäude, Wald, Bodenflächen).
**Die Gemeinde erhält Zuschüsse:** Bei großen Projekten und Investitionen, z.B. beim Bau von Schulen oder Straßenbrücken, geben das Land, die Bundesrepublik Deutschland oder auch die Europäische Union Zuschüsse.
**Die Gemeinde leiht sich Geld:** Häufig reichen diese Gelder nicht aus, um die gesamten gemeindlichen Aufgaben zu finanzieren. Deshalb sind die Gemeinden gezwungen, Geld aufzunehmen. Wie jeder normale Bürger auch, müssen dafür Zinsen bezahlt werden. Und mit jedem Kredit wachsen die Schulden, wachsen die Probleme, wie diese Schulden zurückgezahlt werden können.

### AUFGABEN >>

1 Nennt Einnahmequellen der Gemeinde und erläutert sie an Beispielen.

2 Stellt Beispiele zusammen, welche Gebühren eure Gemeinde verlangt und vergleicht mit Abb. 226.1.

3 Überlegt, warum und wie es zu einer Erhöhung des Wasserpreises kommt. Erkläre als „Gemeinderat" den Sachverhalt in einem Rollenspiel den Bürgern.

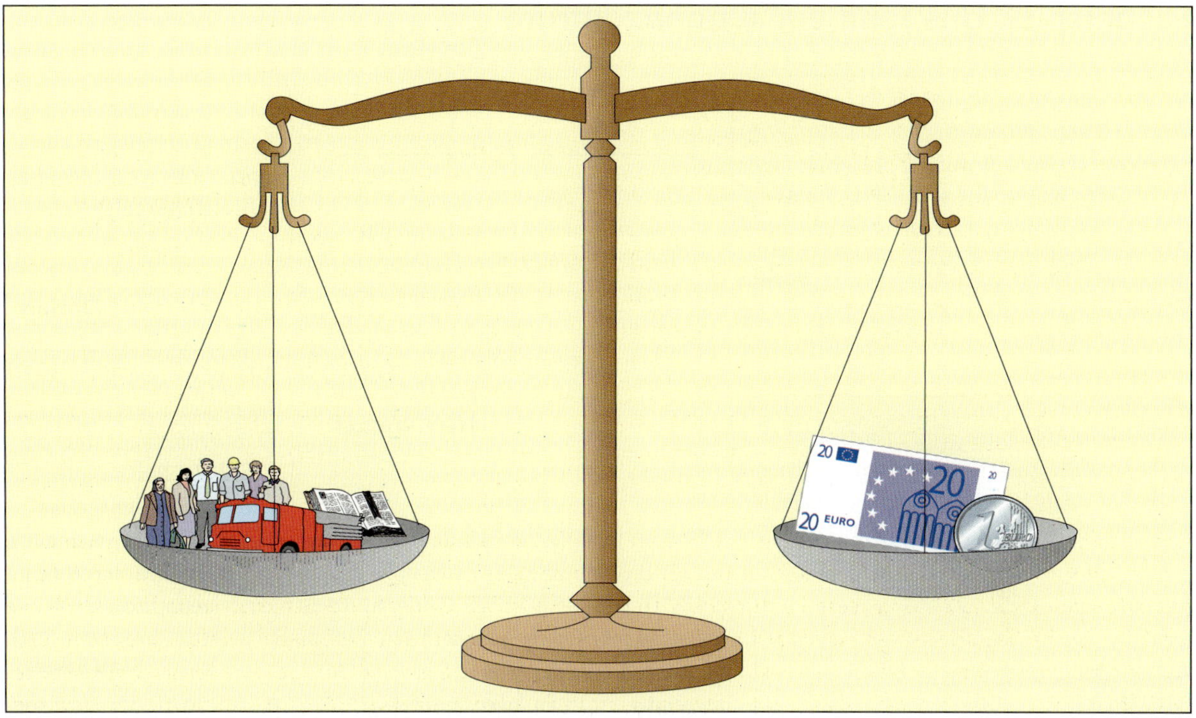


*227.1 Einnahmen und Ausgaben müssen im Gleichgewicht sein*

## Eine Gemeinde muss haushalten

Jede Familie, jeder Verein, jeder Betrieb muss haushalten. Nicht anders ist es bei der Gemeinde. Auch sie muss:

- Berechnungen anstellen und für die Zukunft planen,
- haushalten, damit ihr die Schulden nicht über den Kopf wachsen,
- die laufenden Ausgaben und Einnahmen verwalten, um den Überblick nicht zu verlieren,
- (öffentlich) Rechenschaft ablegen, um die Bürger über den Umgang mit deren Geld zu informieren.

## Ein Haushaltsplan wird erstellt

Diese Hauptaufgabe gestaltet sich für die Gemeindeverwaltung sehr zeitaufwändig und arbeitsintensiv. Denn der Haushalt einer Gemeinde muss ausgeglichen sein.

Dazu werden die Ausgaben genau festgestellt. Wie viel Geld ist notwendig, um die vielfältigen Aufgaben der Gemeinde im kommenden Kalenderjahr erfüllen zu können? Was fällt an laufenden Kosten an? Diese Frage gilt es zu klären, um den Verwaltungshaushalt zu ermitteln. Löhne und Gehälter für die Mitarbeiter, Betriebskosten für die einzelnen Einrichtungen, Ausgaben für benötigte Materialien werden exakt kalkuliert und genau errechnet.

Welche besonderen Ausgaben stehen an? Größere Anschaffungen (z. B. eine Feuerwehrdrehleiter mit Korb), Bauten (z. B. eine Tiefgarage), Sanierungsarbeiten (z.B. die Erneuerung des Abwasserkanals) sind Investitionen, die auch nach dem Jahr der Anschaffung noch vorhanden sind, also zum „Vermögen" der Gemeinde gehören. Sie werden deshalb im Vermögenshaushalt festgeschrieben.

Mit welchen Einnahmen kann für das kommende Jahr gerechnet werden? Sie können nur geschätzt werden. Kenntnisse und Erfahrungen der Sachbearbeiter sind notwendig, um realistische Angaben zu erhalten.

Jetzt werden Einnahmen und Ausgaben gegenübergestellt. Damit beginnt die eigentliche Arbeit: Wie können Einnahmen und Ausgaben ins Gleichgewicht gebracht werden? Durch welche Maßnahmen soll ein „Finanzloch" gestopft werden?

**AUFGABEN >>**

1. Begründet, warum eine Gemeinde haushalten muss.
2. Erklärt, warum der Haushaltsplan einer Gemeinde öffentlich ausliegen muss.
3. Klärt den Unterschied zwischen Verwaltungshaushalt und Vermögenshaushalt.
4. Schaut euch einmal den Haushaltsplan eurer Gemeinde an und blättert darin. Was fällt euch dabei auf? Welche Informationen sind für euch interessant?

## Fallbeispiel: Uns fehlt ein Jugendzentrum

*Freizeitangebote für Jugendliche? Da hat unsere Gemeinde absolut nichts zu bieten! Wir brauchen ein Haus, in dem wir uns treffen können. Dann könnten wir auch selbst aktiv werden, Veranstaltungen organisieren und so.*

**Saskia**

*Ein Ort, an dem viele Jugendliche zusammenkommen, bringt auch Probleme. Da wird Alkohol getrunken, Krach gemacht, die Umgebung verschmutzt. Am Ende werden dort auch Drogen genommen!*

**Herr Wetzel**

*Im Jugendzentrum sollte es auch Möglichkeiten zum Spielen geben, zum Beispiel Tischtennis, Billard oder Tischfußball.*

**Florian**

*Sportliche Aktivitäten gehören auf jeden Fall ins Jugendzentrum! Wir brauchen Angebote wie Basketball, Volleyball, Skateboard fahren.*

**Ralf**

*Wir müssen endlich unsere Jugendlichen ernst nehmen! Dazu gehört auch, dass wir ihnen bei uns in der Gemeinde Freizeitangebote bieten. Sonst fahren sie nur jedes Wochenende in die Großstadt!*

**Frau Sauer**

*Bei uns fahren viele Jugendliche mit dem Fahrrad oder Moped. Eine Reparaturwerkstatt im Jugendzentrum wäre eine tolle Sache. Dort können wir uns gegenseitig helfen und Tipps austauschen.*

**Halil**

*Ein Jugendzentrum mit Disco wäre prima. Dort würde ich mit meinen Freundinnen richtig abtanzen!*

**Angela**

*Im Jugendzentrum sollte ein Computerraum mit Internetanschluss und Videostudio sein. Das würde meinen Sohn interessieren, denn zu Hause können wir uns das nicht leisten.*

**Frau Kassel**

228.1 *Zentraler Begegnungsraum im Jugendzentrum*

*Im Jugendzentrum sollte es Angebote geben, die die Schule nicht bietet, zum Beispiel eine Theatergruppe. Wir könnten dann Stücke aufführen und Theaterfahrten machen.*

**Mike**

*Ein Jugendzentrum kostet viel Geld. Die Gemeinde ist aber knapp bei Kasse. Wir sollten das Geld lieber für ein Hallenbad ausgeben, da haben alle, nicht nur die Jugendlichen was davon.*

**Frau Dingler**

229.1 *Jugendzentrum mit einem Innnenhof, der sich mit einem Zeltdach überspannen lässt.*

## Jugendzentrum – ein Beispiel

Ein Jugendzentrum muss den unterschiedlichsten Vorstellungen und Wünschen von Jugendlichen und dort tätigen Erwachsenen gerecht werden. Es sollte Räume für Spiele und Aktionen geben, eine Cafeteria, ein Discothek und natürlich Räume für die Verwaltung.

In vielen Gemeinden wurden bestehende Gebäude zu Jugendtreffs umgebaut, seltener errichteten die Gemeinden neue Häuser. Abb. 228.1 und 229.1 zeigen ein aus einem Architekturwettbewerb hervorgegangenes Jugendzentrum. Es ist eine offene Begegnungsstätte, in der sich am Nachmittag vor allem Kinder und gegen Abend Jugendliche aufhalten.

Das Jugendzentrum ist ringförmig angelegt und nur zum Eingangsbereich hin offen. Die Kinder können sich wie in einer Höhle fühlen. Der Innenhof erinnert an ein Amphitheater. Ein frei stehender Kamin dient als Feuerstelle. Masten und Stahlseile ermöglichen es, den Hof mit einem Zeltdach zu überspannen.

Im Inneren gibt es große, offene Räume, Sitznischen und Zimmer, in die sich die Besucher zurückziehen können. Die runde fensterlose Discothek ist in den Boden versenkt. Es wurden fast nur natürliche Werkstoffe verwendet. Die Malerarbeiten haben die Jugendlichen selbst ausgeführt. In Gang gekommen ist der Bau des Jugendzentrums erst durch eine Initiative von Jugendlichen aus der Gemeinde.

**AUFGABEN >>**

1 Was gefällt euch an dem vorgestellten Jugendzentrum besonders gut?

2 Zur Errichtung des Jugendzentrums gibt es unterschiedliche Meinungen. Notiert drei, vier Stellen aus den Sprechblasen, die euch wichtig erscheinen.

3 Wie sollten die Jugendlichen vorgehen, damit ein Jugendzentrum errichtet wird?

## Entscheidungen durch Bürgermeister und Gemeindevorstand

In allen Gemeinden oder Städten Hessens gibt es einen Bürgermeister oder eine Bürgermeisterin. Sie üben ihr Amt zumeist hauptberuflich aus. Die Bürgermeister werden von den wahlberechtigten Bürgern der jeweiligen Gemeinde direkt gewählt. Die Amtszeit beträgt sechs Jahre. Der Bürgermeister ist Vorsitzender des Gemeindevorstands (in Städten: Vorsitzender des Magistrats) und im Gemeindvorstand stimmberechtigt.

Bei der **Gemeindevertretung** (in Städten: Stadtverordnetenversammlung) handelt es sich nicht um ein Parlament im materiellen Sinne. Die Gemeindevertretung ist ein Bestandteil der Verwaltung. Sie beschließt über alle Angelegenheiten der Gemeinde (Stadt).
Der **Gemeindevorstand** (in Städten: Magistrat) wird von dem für sechs Jahre gewählten Bürgermeister geleitet. Weitere Mitglieder im Gemeindevorstand für besondere Aufgaben wählt die Gemeindevertretung ebenfalls für sechs Jahre.

### Fallbeispiel: Bau einer Tiefgarage

Überlegt, welche Aufgaben der Bürgermeister wahrnehmen muss, wenn in „seiner" Stadt eine Tiefgarage gebaut werden soll. Folgende Fragen helfen euch dabei:

- Wen beauftragt der Bürgermeister mit der Erstellung einer Planungsvorlage?
- In welchem Gremium bespricht der Bürgermeister die Notwendigkeit des Baus einer Tiefgarage?
- Welchem Gremium legt der Bürgermeister den Antrag auf den Bau einer Tiefgarage zum Beschluss vor?
- Wen beauftragt der Bürgermeister mit der Durchführung des Baus der Tiefgarage?

**§ 70 der Hessischen Gemeindeordnung (HGO): Aufgaben des Bürgermeisters**

(1) Der Bürgermeister bereitet die Beschlüsse des Gemeindevorstands vor und führt sie aus, soweit nicht Beigeordnete mit der Ausführung beauftragt sind. Er leitet und beaufsichtigt den Geschäftsgang der Verwaltung und sorgt für den geregelten Ablauf der Verwaltungsgeschäfte. Er verteilt die Geschäfte unter die Mitglieder des Gemeindevorstands.
(2) Soweit nicht aufgrund gesetzlicher Vorschrift oder Weisung des Bürgermeisters oder wegen der Bedeutung der Sache der Gemeindevorstand im Ganzen zur Entscheidung berufen ist, werden die laufenden Verwaltungsangelegenheiten von dem Bürgermeister und den zuständigen Beigeordneten selbstständig erledigt.
(3) Der Bürgermeister kann in dringenden Fällen, wenn die vorherige Entscheidung des Gemeindevorstands nicht eingeholt werden kann, die erforderlichen Maßnahmen von sich aus anordnen. Er hat unverzüglich dem Gemeindevorstand hierüber zu berichten.

*230.1 Schüler interviewen einen Bürgermeister*

**AUFGABEN >>**

1 Nennt die Aufgaben eines Bürgermeisters.

2 „Der Bürgermeister bestimmt, was in der Gemeinde geschieht!" Stimmt diese Aussage?

2 Was würdet ihr gerne von eurer Bürgermeisterin bzw. eurem Bürgermeister wissen? Stellt die Fragen zusammen und führt dann ein Interview durch.

231.1 *Während einer Gemeinderatssitzung*

**A:** In den Fraktionen beraten die Gemeindevertreter über die Vorlage der Gemeindeverwaltung. Sie überlegen sich, welchen Standpunkt sie in der Gemeindevertretung einnehmen wollen.

**B:** Im Jugend- und Sportausschuss wird die Vorlage eingehend beraten. Nach gründlicher Diskussion kommt der Ausschuss mehrheitlich zu der Ansicht, dass im alten Schulhaus das Jugendzentrum errichtet werden soll. Mit dem Umbau soll noch in diesem Jahr begonnen werden.

**C:** Der Bürgermeister wird von Jugendlichen angesprochen, dass in der Gemeinde ein Jugendzentrum fehlt. Er verspricht den Jugendlichen, das Problem „Jugendzentrum" von der Verwaltung prüfen zu lassen.

**D:** In der ersten Sitzung der Gemeindevertretung zu diesem Thema stellen die Vorsitzenden der Fraktionen ihre Standpunkte vor. Eine Fraktion will den Neubau eines Jugendzentrums erst in einigen Jahren. Die anderen Fraktionen schlagen den sofortigen Umbau des alten Schulhauses in ein Jugendzentrum vor. Nach der Aussprache wird die Vorlage der Gemeindeverwaltung an den Jugend- und Sportausschuss überwiesen.

**E:** Bei der nächsten Sitzung der Gemeindevertretung steht das Thema „Jugendzentrum" wieder auf der Tagesordnung. Nach längerer Diskussion beschließt die Gemeindevertretung mit Mehrheit den Umbau des alten Schulhauses zu einem Jugendzentrum.

**F:** Die Fachleute in der Gemeindeverwaltung, z.B. im Jugendamt, erarbeiten für den Bürgermeister eine Vorlage. In der wird begründet, warum ein Jugendzentrum nötig ist, was es kosten wird und wer sich um den Betrieb kümmert. Jeder Gemeindevertreter erhält von der Gemeindeverwaltung die Vorlage zugeschickt.

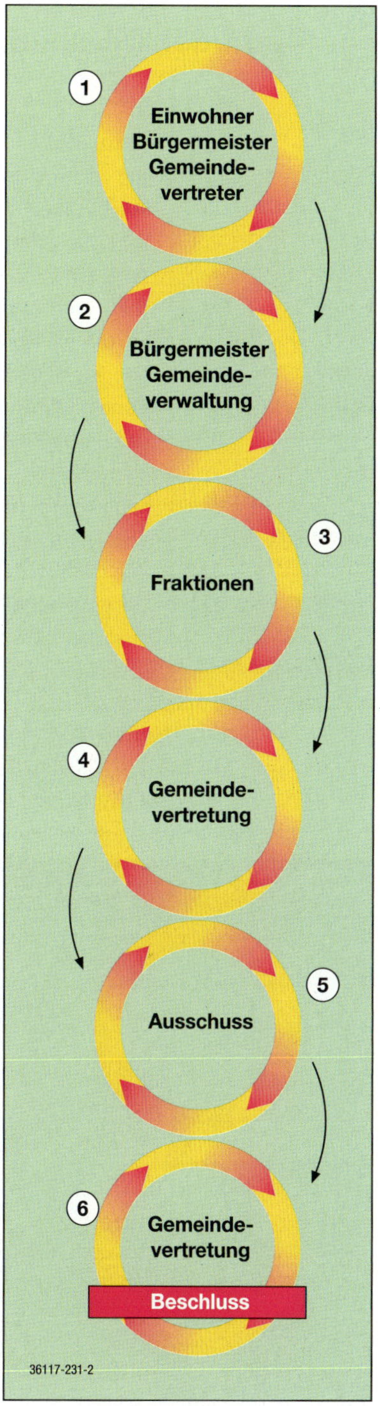


231.2 *Ablaufschema*

## AUFGABEN >>

1 Das Ablaufschema zeigt, wie es zu einem Beschluss in der Gemeindevertretung kommt. Ordnet jeder Station (1 bis 6) einen Textblock (A bis F) zu.

2 „Es wäre einfacher, wenn die Gemeindevertretung bei der ersten Besprechung einen Beschluss fasst!" Was meint ihr dazu?

3 Schaut im Mitteilungsblatt eurer Gemeinde nach, wann die nächste Sitzung der Gemeindevertretung stattfindet. Was steht auf der Tagesordnung?

# Methode: Wir spielen Gemeindevertretung – ein Planspiel

**Planspiel**
Bei einem Planspiel wird die Wirklichkeit vorgetäuscht, man sagt, die Wirklichkeit wird simuliert. Ein Problem oder ein Konflikt wird aufgegriffen und in verteilten Rollen durchgespielt. Die verschiedenen Rollen werden von Gruppen übernommen, die das Problem aus unterschiedlichen Interessenlagen sehen und zu lösen versuchen. Die Teilnehmer lernen dadurch, wie politische und wirtschaftliche Entscheidungen im Alltag zustande kommen.

Führt nun mithilfe der Hinweise auf Seite 233 das Planspiel zum Thema Freibad durch.

**1. Vorbereitung**
In der Vorbereitungsphase wird zunächst das Problem verdeutlicht, das im Planspiel durchgespielt werden soll. Man sagt auch, die Ausgangslage wird geklärt. Die Spielregeln werden besprochen. Anschließend werden die Gruppen gebildet.

**2. Durchführung**
Die Gruppen arbeiten sich in ihre Spielrolle ein und suchen dabei nach Argumenten für ihren Standpunkt. Sie planen, wie sie vorgehen wollen.
Danach wird das Planspiel begonnen. Im weiteren Verlauf muss jede Gruppe auf die Entscheidungen der anderen Gruppen reagieren.

**3. Auswertung**
Es wird gemeinsam das Spielergebnis und der Spielablauf besprochen. Die einzelnen Spielgruppen berichten über ihre Absichten und Handlungen. Falls ihr eine „Beobachtergruppe" eingesetzt habt, so berichten auch die Mitglieder dieser Gruppe.

232.1

## Ergänzende Hinweise zum Planspiel

### Zur Vorbereitung des Planspieles

*a) Ausgangslage:* Bei einer Ortsbesichtigung durch die Gemeindevertreter wurden bei der Inspektion des Freibades erhebliche Mängel festgestellt:

- Das Becken verliert ständig Wasser.
- Die sanitären Einrichtungen entsprechen nicht mehr den heutigen Anforderungen.
- Die Sitz- und Liegetreppen sind verwittert.

Die Fraktionen in der Gemeindevertretung meinen, dass man nicht einfach das Freibad schließen kann, ohne den Einwohnern eine andere Möglichkeit zu bieten. Sie haben jedoch unterschiedliche Vorstellungen.

*Fraktion A* möchte einen gründlichen Umbau des Freibades. Durch eine Solaranlage und eine Wärmepumpe sollen die Betriebskosten gesenkt und die Freibadsaison verlängert werden. Der Eintrittspreis muss dann jedoch auf 3 € erhöht werden. Da diese Preise nicht die Betriebskosten decken können, muss die Gemeinde für die restlichen Kosten aufkommen.

*Fraktion B* meint, dass nicht jede Gemeinde ein eigenes Freibad braucht. Schließlich befindet sich eines in der 6 Kilometer entfernten Nachbargemeinde. Man sollte lieber den Einwohnern der Gemeinde eine Verbundkarte anbieten, welche die Fahrt in einem öffentlichen Verkehrsmittel zum Freibad und Eintritt einschließt. Die Verbundkarte soll für Kinder 2 €, für Erwachsene 4 € kosten. Das jetzige Freibadgelände könnte dafür zu einem Übungsplatz für Inline-Skater umgestaltet werden.

*Fraktion C* möchte das Freibad schließen. Dafür soll in Schulnähe ein kleines Hallenbad errichtet werden. Dieses Bad könnte das ganze Jahr über genutzt werden, vor allem für den Schwimmunterricht der Schulen. Das jetzige Freibadgelände könnte zu einem Gelände für Ballspiele umgestaltet werden.

*b) Gruppenbildung:* Es wird festgelegt, wer die Rolle des Bürgermeisters übernimmt, zum Beispiel durch Wahl. Außerdem werden drei Fraktionen gebildet, z.B. durch Los. Keine Fraktion darf die absolute Mehrheit haben.
Jede Fraktion wählt ihre Fraktionsvorsitzenden.

### Zur Durchführung des Planspieles

*1. Phase: Beratung in den Fraktionen*

In den Fraktionen überlegen sich die Mitglieder möglichst viele Argumente für ihren jeweiligen Standpunkt. Mit welchen Gegenargumenten muss gerechnet werden? Was kann man darauf erwidern? Die Sitzung wird vom Fraktionsvorsitzenden geleitet.

*2. Phase: Beratung in der Gemeindevertretung*

- Der Bürgermeister eröffnet und leitet die Sitzung der Gemeindevertretung.
- Die drei Fraktionsvorsitzenden stellen jeweils die Standpunkte ihrer Fraktionen dar. Jeder Gemeindevertreter kann Fragen an sie stellen.
- Der Bürgermeister erteilt den Gemeindevertretern das Wort.
- Eine Fraktion stellt den Antrag, die Sitzung zu unterbrechen.
- Der Bürgermeister schließt die Sitzung.

*3. Phase: Beratung in den Fraktionen*

- Jede Fraktion berät, ob sie sich dem Vorschlag einer anderen Fraktion anschließen kann und wo man kompromissbereit ist.
- Die drei Fraktionsvorsitzenden können auch miteinander Kontakt aufnehmen, um eventuelle Kompromisse auszuhandeln.

*4. Phase: Beratung und Beschluss in der Gemeindevertretung*

- Der Bürgermeister eröffnet und leitet die Sitzung der Gemeindevertretung.
- Die drei Fraktionsvorsitzenden stellen die Ergebnisse ihrer Beratung vor. Jeder Gemeindevertreter kann Fragen stellen.
- Der Bürgermeister erteilt jeweils das Wort.
- Der Bürgermeister führt die Abstimmung durch. Jeder hat eine Stimme, auch der Bürgermeister. Die Gemeindevertreter sind nicht an den Vorschlag ihrer Fraktion gebunden. Stimmenthaltungen werden nicht mitgezählt.

233.1

# Bürgerentscheid – ein Fallbeispiel

Anlässlich des Hessentages 2009 sollte in der Stadt Langenselbold (Main-Kinzig-Kreis) eine große Mehrzweckhalle gebaut werden. Es war vorgesehen, die Halle später als Sportzentrum zu nutzen. Zwei Standorte standen zur Diskussion: das Gebiet an der „Niedergründauer Straße“ sowie das Gebiet „An der Erle/Diebacher Weg“.

Eine **Bürgerinitiative** kämpfte gegen den von der Stadt favorisierten Platz an der Niedergründauer Straße. Der Bürgermeister verteidigte hingegen die städtische Entscheidung für den Standort „Niedergründauer Straße“. Mit einem **Bürgerentscheid** sollte nun der Streit gelöst werden. Im Oktober 2007 kam es zur Abstimmung.

*234.1 Protestaktion der Bürgerinitiative*

**Was ist eine Bürgerinitiative?**
Bürgerinitiativen sind ein Zusammenschluss gleichgesinnten Bürger, um Interessen ihrer Mitglieder oder bestimmter Bevölkerungsgruppen zu vertreten. Anstoß zur Gründung geben Missstände bzw. die Unzufriedenheit mit politischen, sozialen oder ökologischen Entscheidungen und Entwicklungen. Mit ihrer Arbeit nehmen Bürgerinitiativen Einfluss auf die öffentliche Meinung und auf staatliche Einrichtungen oder Parteien.

## Öffentliche Bekanntmachung der Stadt Langenselbold

83/07

### Bekanntmachung über den Tag und den Gegenstand des Bürgerentscheids

1. Die Stadtverordnetenversammlung der Stadt Langenselbold hat gem. § 55 Abs. 1 und Abs. 2, Nr. 1 des Hess. Kommunalwahlgesetzes (KWG) durch Beschluss vom 03. September bestimmt, dass der Bürgerentscheid über das Bürgerbegehren gegen den Bau des geplanten Sportzentrums an der Niedergründauer Straße gemäß § 8b der hessischen Gemeindeordnung (HGO) in der Stadt Langenselbold am Sonntag, dem 21. Oktober 2007, stattfindet.
2. Die im Bürgerentscheid zu entscheidende Frage lautet (vgl. § 55 Abs. 2, Nr. 2 KWG): „Sind Sie dafür, dass der Beschluss der Stadtverordnetenversammlung vom 02.07.2007 aufgehoben und das neue Sportzentrum nicht an der Niedergründauer Straße, sondern am Standort Diebacher Weg/Erle errichtet wird?“
3. Erläuterungen des Magistrats (vgl. § 55 Abs. 2, Nr. 3 KWG):

a. Begründung der Antragsteller
- Weil Sport gefördert und Lebensqualität erhalten werden soll.
- Weil die unabhängige Standortuntersuchung den Standort Diebacher Weg/Erle als den besten und die Niedergründauer Straße als den schlechtesten der verfügbaren Standorte bewertet hat.
- Weil die Verkehrsanbindung Diebacher Weg bestens geeignet ist.
- Weil die Belastung am Standort Diebacher Weg mit Sport- und Verkehrslärm geringer ist.

b. Begründung der Stadtverordnetenversammlung und des Magistrats

Gründe für den Bau des Sportzentrums an der Niedergründauer Straße:
- Für den Bau des Sportzentrums an der Niedergründauer Straße müssen … keine Schulden gemacht werden.
- Der Standort ist wirtschaftlich und räumlich für den Sportbetrieb geeiget, was durch ergänzende Gutachten belegt wurde.
- Ein TÜV-Gutachten weist nach, dass an der Wohnbebauung die geltenden Richtwerte für den Sportlärm eingehalten werden und der befürchtete Verkehrslärm für die Anwohner nicht eintritt.
- Durch den geplanten Umbau der Verkehrsanlage entsteht eine Verbesserung der Sicherheit und des Verkehrsflusses im Kreuzungsbereich Hüttengesäßer Straße und entlang der Niedergründauer Straße …
- Die soziale Sicherheit für Kinder und Jugendliche ist durch die Nähe zur Wohnbebauung größer als in einem Gewerbegebiet.
- Die Sportanlage … besitzt durch ihre landschaftlich attraktive Lage einen hohen Freizeit- und Erholungswert für Sportler und Besucher.

Gründe gegen den Standort Diebacher Weg/Erle:
- Der Grunderwerb ist mit 30.- Euro/qm um 16.- Euro/qm höher als an der Niedergründauer Straße …
- Für das Sportzentrum würden 8,5 ha potenzielle Gewerbeflächen für die Ansiedlung von Unternehmen und die Schaffung von Arbeitsplätzen sowie Gewerbesteuereinnahmen verloren gehen.
- Der Verkehrslärm durch die BAB 45 schränkt den Erholungs- und Freizeitwert … ein, auch weil die Sportanlage im Gewerbegebiet mittelfristig an zwei Seiten von Gewerbegebieten umgeben sein wird.
- Durch die Lage im Gewerbegebiet herrscht ein hoher Schwerlastverkehr, der neben der verkehrsmäßigen Sicherheit auch die soziale Sicherheit insbesondere für Kinder und Jugendliche beeinträchtigt.

*234.2 Argumente der Stadtverwaltung Langenselbold*

## Argumente der Bürgerinitiative

**Gesundheit**

**Vereine**

**Natur**

**Anwohner**

**Kinder**

**Hessentags-besucher**

**A:** Die Anwohner werden durch die erhebliche Lärmzunahme belastet. Mit erhöhtem Verkehr ist zu rechnen, weil viele Eltern, die ihre Kinder mit dem Auto zum Sport bringen, gleich zweimal durch die Stadt fahren müssten.

**B:** Die Kinder müssten entlang der Landesstraße ohne ausgebaute Rad- und Gehwege zum Sportgelände gelangen und außerdem die unfallträchtige Kreuzung Hüttengesäß/Niedergründauer Straße überqueren. Zum Gebiet „Erle" gibt es aber einen Rad- und Fußweg.

**C:** Der Erholungswert eines wunderschönen Landstriches in der Nähe der einzigen offenen Quelle wird gemindert. Außerdem wird bestes Ackerland verbraucht.

**D:** Der Platz direkt an der Landesstraße (ohne Lärm- und Abgasschutz) ist gesundheitsschädlich – ebenso die Pollen-, Staub- und Geruchsbelästigung durch die angrenzenden landwirtschaftlichen Nutzflächen.

**E:** Eine rechtzeitige Fertigstellung des Sportzentrums „Niedergründauer Straße" zum Hessentag ist fraglich, da es Planungsunsicherheiten gibt (Nähe zum ehemaligen Giftmüllplatz Rötelberg). Von der Autobahn kommend, müssten Gastvereine und Zuschauer die Stadt durchqueren.

**F:** Die meisten Besucher fahren von dem Autobahnanschluss West durch die Ringstraße zu den Parkplätzen am Sportzentrum.

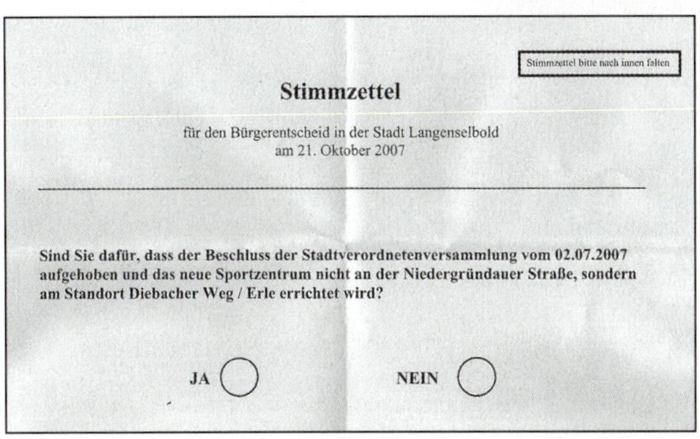
Stimmzettel bitte nach innen falten

**Stimmzettel**

für den Bürgerentscheid in der Stadt Langenselbold am 21. Oktober 2007

**Sind Sie dafür, dass der Beschluss der Stadtverordnetenversammlung vom 02.07.2007 aufgehoben und das neue Sportzentrum nicht an der Niedergründauer Straße, sondern am Standort Diebacher Weg / Erle errichtet wird?**

JA ◯ NEIN ◯

*235.1 Stimmzettel*

| | | |
|---|---|---|
| Stimmberechtigte | 10 411 | |
| Erforderliche Stimmen (mind. 25% der Stimmberechtigten) | 2 603 | |
| Abstimmende | 4 486 | (43,1 %) |
| Ungültige Stimmen | 30 | |
| Gültige Stimmen | 4 456 | |
| „Ja"-Stimmen | 1 509 | (33,9 %) |
| „Nein"-Stimmen | 2 947 | (66,1 %) |

*235.2 Ergebnis des Bürgerentscheides*

**AUFGABEN >>**

1 Schreibt aus dem Text 234.2 Argumente für die städtische Standortentscheidung heraus.

2 Ordnet die Argumente der Bürgerinitiative den verschiedenen Interessen (z.B. Natur, Kinder) zu.

3 Vergleicht die Argumente A-F der Stadtverwaltung und der Bürgerinitiative. Wie würdet ihr entscheiden? Begründet eure Entscheidung.

4 Wie ging der Bürgerentscheid in Langenselbold aus (Tab. 235.2)?

## Jugendliche und Politik

*236.1 Was ist für euch Politik?*

**AUFGABEN >>**

1. Betrachtet die Aussagen und diskutiert: Welchen Meinungen stimmt ihr zu, welchen Meinungen nicht?
2. Veranstaltet eine Umfrage in eurer Klasse zur Frage: Was ist Politik für euch? Vergleicht eure Aussagen mit den Aussagen im Schulbuch.

## Politische Einstellungen von Jugendlichen (aus der Shell-Jugendstudie)

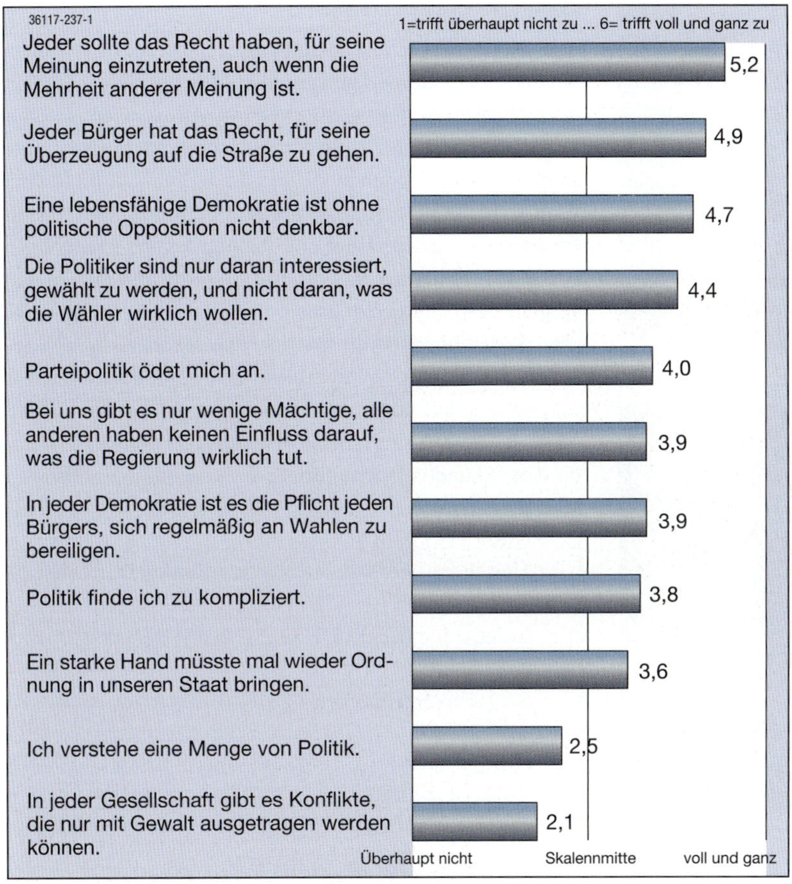


237.1 *Einstellungen zur Politik (Jugendliche von 12–15 Jahren)*

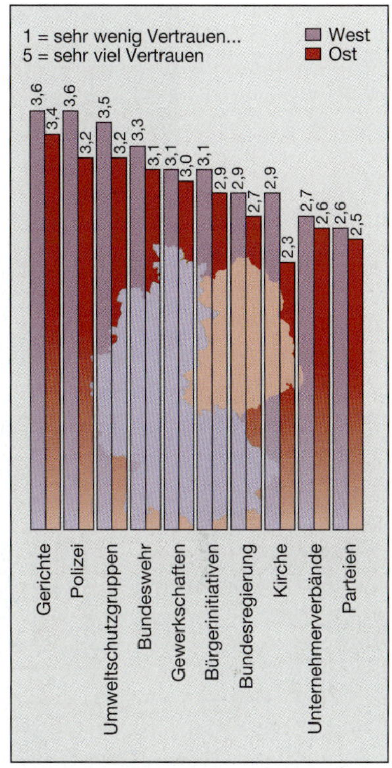


237.3 *Vertrauen in gesellschaftliche Gruppen und Instituionen*

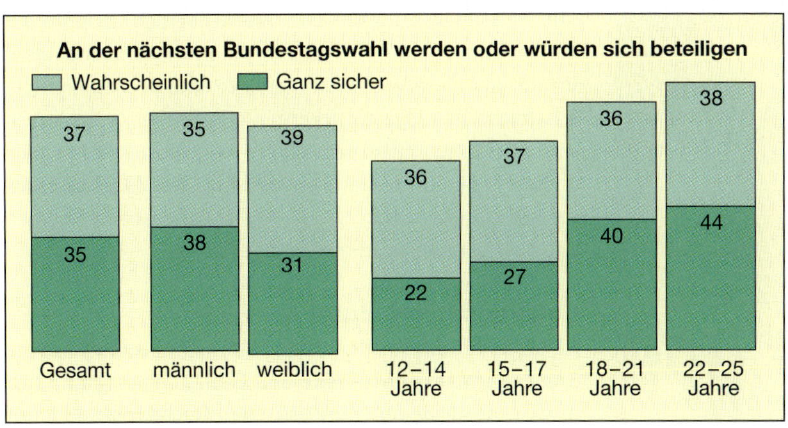


237.2 *Beteiligungen an der Bundestagswahl*

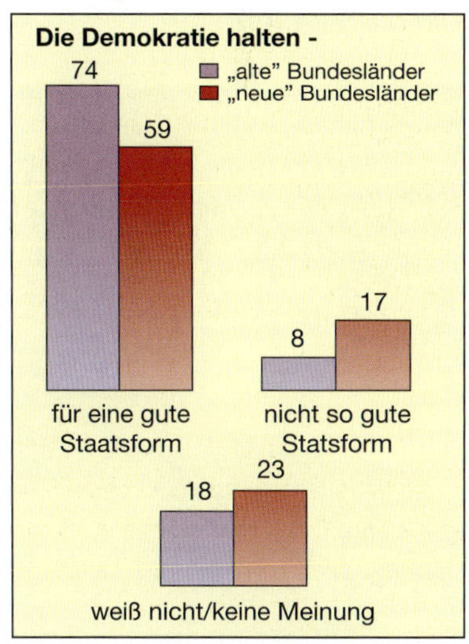


273.4 *Haltung zur Demokratie*

## AUFGABEN >>

**1** Fasst die wesentlichen Aussagen zusammen, die in den Grafiken 237.1-4 gemacht werden.

**2** Führt entsprechend der Abb. 237.1 eine eigene Umfrage durch. Vergleicht eure Ergebnisse.

*238.1 Wahlplakat der NPD bei den Landtagswahlen in Hessen (2008)*

# Jugend und Rechtsextremismus

## Gefahr „von Rechts"

Rechtsextremistische Einstellungen kommen in allen Bevölkerungsgruppen und gesellschaftlichen Schichten vor. Hauptzielgruppe neonazistischer und rechtsextremistischer Organisationen sind aber Jugendliche. Das typische Einstiegsalter liegt zwischen 12 und 15 Jahren. Umfragen bei Wahlen weisen regelmäßig auf ein Potential von 10 bis 30 Prozent von rechtsextrem orientierten Jugendlichen hin.
Die Hinwendung zur Jugend ist ein Trend, den man in den vergangenen Jahren innerhalb der gesamten rechtsextremen Szene beobachten konnte. Die Neonazis haben erkannt, dass sie junge Sympathisanten dort abholen müssen, wo sie sich befinden, in den jeweiligen Jugendkulturen nämlich. Die NPD zum Beispiel propagiert den „Kampf um die Köpfe" und versucht gezielt, an Schulen Jugendliche zu gewinnen.

**Wesentliche Merkmale rechtsradikalen Denkens:**
- Ablehnung der Demokratie, v.a. linker Parteien
- Fremdenfeindlichkeit, Hass auf Ausländer und auf Asylbewerber
- Gewaltbereitschaft und Glaube an das Recht des Stärkeren
- Glaube an Volk, Nation und Rasse
- Leugnen der Verbrechen der Nationalsozialisten

*238.2 Springerstiefel – nicht mehr das typische Erkennungszeichen der Rechtsradikalen*

Bei den Neonazis hat ein Wandel stattgefunden: Springerstiefel, Bomberjacke, Glatze sind bei vielen Nazis aus der Mode gekommen: Nun tragen sie auch Hiphop-Klamotten und Palästinensertücher. Die Szene hat sich anderen Jugendkulturen geöffnet. Dadurch treten sie weniger eindeutig auf. Auf diese Weise kann die extreme Rechte in gesellschaftliche Bereiche einsickern, die ihr bisher verschlossen waren, in denen sie bisher verpönt war. Dazu gehören auch andere Subkulturen der Jugendkultur. Die Aktivisten setzen bei der Rekrutierung auf Musik, lebensnahe Themen und abwechslungsreiche Freizeitgestaltung.

*238.3 Von der NPD auch an hessischen Schulen verteilte Werbe-CD*

## Einstiegsdroge Musik

Musik ist oft die Einstiegdroge Nummer eins in die rechte Szene. Rechtsextreme Texte und Gesinnungen finden sich inzwischen nicht nur im klassischen Rechtsrock, sondern auch im Metal, Darkwave, Techno, Hiphop sowie bei Liedermachern. Geschickt verpackt werden Themen wie Arbeitslosigkeit, Kriminalität, Drogen, Gewalt und der damit verbundene Aufruf, sich „dagegen" zu stellen. Die Botschaft lautet: „Du bist nicht allein, deine Misere ist Teil unseres Kampfes."

## Fußball und Rassismus

Auf deutschen Fußballplätzen schallen rassistische Parolen und Anfeindungen. Sprechgesänge wie „Hier marschiert der nationale Widerstand" oder „Wir bauen eine U-Bahn von St. Pauli bis nach Auschwitz", Zwischenrufe wie „Drecksjude, gib Gas", „Komm Affe, renn" oder „Sieg Heil" mit offenem Hitlergruß oder die Beschimpfung langhaariger Spieler als „Schwuchtel" sind keine Seltenheit. Im Umfeld von Fußballspielen werden Schals und Sticker in den schwarz-weiß-roten Farben der Reichskriegsflagge mit Parolen wie „Deutschland den Deutschen", „Deutschland erwache", „Arbeit zuerst für Deutsche" getragen. Großer Beliebtheit erfreuen sich auch zunehmend Aufschriften wie „Dauerkarte statt Döner". Wenn rechtsextreme Äußerungen im Stadion zur Normalität werden, sind nicht nur die Fans der anderen Mannschaft der erklärte Feind, sondern Ausländer, Einwanderer, Homosexuelle oder Juden. Gezielt rekrutieren Neonazis in den Stadien ihre Wähler und ihren Nachwuchs.

## Was treibt Jugendliche in rechtsextreme Cliquen?

Aus einem Interview von Christine Kröger mit Reinhard Koch von der Arbeitsstelle Rechtsextremismus und Gewalt in Braunschweig (ARuG) zum Thema „Was treibt Jugendliche in rechtsextreme Cliquen?":

*Herr Koch, warum landen Jugendliche in rechtsextremen Cliquen?*

Die meisten Jugendlichen suchen Anerkennung und das Gefühl dazuzugehören. Fast alle Aussteiger nennen als Motiv für ihren Einstieg: „Ich fühlte mich anerkannt und zugehörig – unabhängig davon, wer ich bin und was ich habe." Das macht die Szene besonders attraktiv für Jugendliche, die sich anderswo nicht wahrgenommen fühlen.

*In der Schule?*

Zum Beispiel. Oder im Sport, bei den Eltern, beim anderen Geschlecht ...

*239.1 Rechtsradikale auf dem Fußballplatz*

*Meint Zugehörigkeit die in der Szene viel beschworene „Kameradschaft"?*

Das Wort fällt in diesem Zusammenhang immer. Auffällig ist, dass die Aussteiger so gut wie nie von „Freundschaft" sprechen. Für „Kameradschaften" im Sinne von Freundschaften ist die Szene viel zu aggressiv. Gerade nach innen. Das Verhalten untereinander ist oft hochgradig feindselig. Obwohl die Szene „Kameradschaft" geradezu zwanghaft idealisiert, ist sie nach innen oft wertlos. Das gegenseitige Misstrauen ist groß. Fast jeder kennt Straftaten des anderen, aus der Mitwisserschaft resultieren Kontrolle, Drohungen und Gewalt – und im Umkehrschluss natürlich auch Angst. Das schweißt die Szene zusammen. Nicht Freundschaft.

*Wenn das so ist, macht das den Zulauf von Jugendlichen noch unerklärlicher.*

Nein, denn nach außen bedeutet „Kameradschaft" tatsächlich viel. Sie bringt Macht und Anerkennung. Wenn drei stadtbekannte Glatzköpfe in ihren Springerstiefeln auf dem Bürgersteig gehen, wechseln die Leute die Straßenseite. Das gibt vielen Jugendlichen ein Machtgefühl, wie sie es nie zuvor erlebt haben.

(Aus:http://www.bpb.de/themen/I6RE40,0,Von_Freundschaft_ist_keine_Rede.html)

**AUFGABEN >>**

1. Klärt ab, was man unter rechtsradikalem bzw. neonazistischem Denken versteht.
2. Beurteilt das Wahlplakat (Abb. 238.1): Auf welche Gefühle zielt die NPD ab, was will sie erreichen?
3. Untersucht die Strategie der „rechten Szene": Warum setzt sie bei Jugendlichen an? Wie versucht sie, diese zu erreichen?
4. Arbeitet die Gründe und Ursachen heraus, warum Jugendliche sich in rechtsextremen Gruppen organisieren.
5. Diskutiert, wie ihr euch verhalten würdet, wenn z. B. die NPD vor eurer Schule auftauchen würde.
6. Informiert euch über das Projekt „Schule ohne Rassismus", dem rund 350 000 Schüler angehören. Könntet ihr euch vorstellen, dass eure Schule diesem Projekt beitritt? (http://www.schule-ohne-rassismus.org/start.html)

*240.1 und 2 Die Mehrheit entscheidet: Abstimmung im Deutschen Bundestag und in einer Klasse*

## Was ist Demokratie?

Heutzutage wollen nahezu alle Länder Demokratien sein. Kaum ein politisches Regime bezeichnet sich nicht als demokratisch. Diktaturen in Asien, Afrika und Lateinamerika berufen sich ebenso auf die Demokratie wie die Länder der westlichen Welt. Auch die ehemaligen Staaten des Ostblocks, z.B. die DDR, bezeichneten sich als demokratische Staaten.

**Demokratie** kommt aus dem Griechischen und heißt „Volksherrschaft". Jede staatliche Machtausübung muss sich auf das Volk berufen, vom Volk legitimiert (= gerechtfertigt) sein. Damit hat das Volk die eigentliche Macht im Staat. Das nennt man **Volkssouveränität**.

Das Volk kann Herrschaft auf verschiedene Weise ausüben. Im antiken Griechenland z.B. kam das Volk, damals die freien Männer, auf dem Marktplatz zusammen und stimmte über die Gesetze ab. In den heutigen Großstaaten ist diese Form der direkten Einflussnahme aber nicht mehr möglich. Würden alle Erwachsenen in Deutschland über jedes Gesetz mitentscheiden, würde das ewig dauern. Viele tausend unterschiedliche Meinungen würden eine Einigung vermutlich sehr schwer machen.

Deshalb können die Bürger in der modernen Massendemokratie die Herrschaft nur indirekt ausüben, indem sie diese durch Wahlen auf Vertreter übertragen. Diese **Volksvertreter** bzw. **Repräsentanten** treffen die Entscheidungen im Staat. Unsere Demokratie ist entsprechend eine **repräsentative Demokratie**, eine Herrschaft mit Zustimmung des Volkes. Volkssouveränität ist bei uns also nicht Herrschaft oder Selbstregierung des Volkes, sondern Herrschaft mit Zustimmung des Volkes durch Repräsentanten.

### In einer Demokratie gilt das Mehrheitsprinzip

Das kennt ihr aus eurem Freundeskreis: Wenn ihr gemeinsam etwas unternehmen wollt und unterschiedliche Vorschläge vorliegen, stimmt ihr manchmal ab. Dann entscheidet nicht einer, was ihr macht, sondern die Mehrheit. Dieser Grundsatz gilt auch bei Wahlen und Abstimmungen in unserer Demokratie: Die Mehrheit entscheidet, die Minderheit muss die Mehrheitsentscheidung anerkennen. Das Mehrheitsprinzip stellt damit sicher, dass Konflikte friedlich ausgetragen werden. Die Minderheit hat dafür die Chance, bei künftigen Wahlen und Abstimmungen ihrerseits die Mehrheit zu erringen.

Außerdem ist gewährleistet, dass die Mehrheit nicht alles darf. Die Grundrechte in unserer Verfassung (Menschenrechte wie beispielsweise das Recht auf freie Meinungsäußerung, auf freie Wahl des Arbeitsplatzes) können auch von der Mehrheit nicht abgeschafft werden. Von daher ergänzt der Minderheitenschutz das Mehrheitsprinzip.

**AUFGABEN >>**

1. Klärt ab, was allgemein unter Demokratie verstanden wird, und überlegt, warum auch Staaten, die sich auf Gewalt gründen, dem Namen nach Demokratien sein wollen.
2. Erläutert die im Text fett gedruckten Grundprinzipien der Demokratie in der Bundesrepublik Deutschland. Zieht hierzu auch GG Artikel 20 und 21 heran.
3. Schlagt im Grundgesetz die „Grundrechte" (Art. 1-19) nach und erstellt eine „Hitliste", eine Rangfolge der Grundrechte in ihrer Bedeutung für euch.

# Demokratie braucht Beteiligung!

Politik betrifft uns alle. Sie beeinflusst unser Leben in allen Bereichen – auch wenn wir uns dessen oft nicht bewusst sind. Von der Politik hängt es letztendlich ab, ob Arbeit, Einkommen und Lebenschancen gerecht verteilt sind, ob unser Zusammenleben friedlich abläuft, ob wir auch zukünftig in einer gesunden Umwelt leben können. All das kann nur durch eine umfassende, aktive Beteiligung und Mitbestimmung der Bürgerinnen und Bürger erreicht werden.
Unsere freiheitliche Gesellschaft verpflichtet zwar niemanden dazu, sich politisch zu engagieren. Doch wer die Politik nur den anderen überlässt, verzichtet freiwillig auf sein Grundrecht der politischen Mitbestimmung. Eine funktionierende Demokratie braucht Beteiligung und Mitbestimmung sowie engagierte Menschen, die sich für das Gemeinwohl mitverantwortlich fühlen.
Doch wie kann sich der Einzelne konkret an politischen Entscheidungen beteiligen?

*241.1*

## AUFGABEN >>

1. Erläutert die Aussage der Zeichnung 241.1. Warum braucht die Demokratie die Beteiligung der Bürger?
2. Beschreibt die unterschiedlichen Formen politischer Beteiligung (Abb. 241.2) und überlegt, welche am wirkungsvollsten sind. Welche Beteiligung käme für euch in Frage?

*241.2 Mögliche Formen von politischer Beteiligung*

## Wählen – aber wen?

Wahlen sind die einfachste Form politischer Beteiligung. Für die Mehrheit der Bürger sind sie oft die einzige Form der politischen Teilnahme. Ohne Wahlen, durch die die politische Führung und der politische Kurs für eine bestimmte Zeit festgelegt werden, ist Demokratie nicht denkbar. Wahlen sind daher die wichtigste Form politischer Beteiligung. Darüber hinaus sind sie das wirksamste Instrument demokratischer Kontrolle: Die Wähler können Politiker bei der nächsten Wahl bestätigen oder abwählen und damit einen Machtwechsel herbeiführen.

In der Massendemokratie sind die **Parteien** die wichtigsten „Instrumente" im politischen Meinungs- und Willensbildungsprozess. Deshalb bezeichnet man unser politisches System häufig als Parteiendemokratie. Die besondere Rolle der Parteien kommt auch darin zum Ausdruck, dass ihre Aufgaben im Grundgesetz (Art. 21) festgelegt sind.

Das **Grundgesetz** (Artikel 21) und das Parteiengesetz legen für das Parteiensystem eine Reihe von Grundsätzen fest:

***Mehrparteiensystem:*** Das Einparteiensystem wird durch das Grundgesetz ausgeschlossen.

***Parteienfreiheit:*** Jeder Bürger kann eine Partei gründen.

***Chancengleichheit:*** Jede Partei kann an Wahlen teilnehmen und Wahlwerbung betreiben und öffentliche Räume für Wahlveranstaltungen nutzen dürfen.

***Innerparteiliche Demokratie:*** Alle Entscheidungen müssen in Wahlen und Abstimmungen getroffen werden. Alle Mitglieder haben das gleiche Stimmrecht.

***Finanzielle Rechenschaftslegung:*** Parteien müssen über ihre Einnahmen und Ausgaben öffentlich Rechenschaft ablegen.

*242.1 Grundsätze des Parteiensystems*

### Worin unterscheiden sich die Parteien?

**CDU/CSU** *(Christlich Demokratische und Christlich Soziale Union):* „Wir bitten um ein Mandat für eine Politik, die Arbeitsplätze sichert und schafft. Für uns hat alles Vorrang, was mehr Menschen in Arbeit bringt. Denn die Massenarbeitslosigkeit verwehrt Millionen von Menschen die Teilhabe am gesellschaftlichen Leben, untergräbt soziale Sicherheit und die Einnahmebasis des Staates. Wir werden jede Maßnahme daran messen, ob sie Arbeitsplätze fördert oder Arbeitsplätze gefährdet."

**SPD** *(Sozialdemokratische Partei Deutschlands):* „Wir wollen eine starke Wirtschaft, deren Erträge fair verteilt werden, die Grundlage ist für den Wohlstand aller. Wir streiten für einen starken und sozialen Staat, der seinen Menschen höchstmögliche Sicherheit gibt. Wir erstreben eine menschliche Gesellschaft, die sich der Freiheit, der Gerechtigkeit und der Solidarität verpflichtet fühlt."

**FDP** *(Freie Demokratische Partei):* „Für die liberale Bürgergesellschaft müssen die Maßstäbe politischen Handelns neu definiert werden: Freiheit vor Gleichheit, Erwirtschaften vor Verteilen, Privat vor Staat, Eigenverantwortung statt Staatsgläubigkeit, Chancengleichheit statt Gleichmacherei. Wer mehr Freiheit und Chancengerechtigkeit will, braucht die FDP. Die Liberalen machen sich für die Rechte der Einzelnen in Verantwortung für eine bessere Zukunft unseres Landes stark."

**Bündnis 90/Die Grünen:** Wenn Sie uns ein Mandat dafür geben, sind wir zur Regierungsbeteiligung bereit und werden sie für den Weg der solidarischen Modernisierung und der ökologischen Verantwortung nutzen. Wir können (aber) auch Opposition. ... Bei uns entstehen Visionen und Konzepte. Wir werden nicht nachlassen in unserem Engagement für mehr Gerechtigkeit, Selbstbestimmung, Ökologie und mehr Demokratie."

**Die Linke.PDS:** „SPD, Grüne, CDU/CSU und FDP ... vertreten lediglich unterschiedliche Varianten einer Politik des Sozialabbaus und der Umverteilung von unten nach oben. ... Wir wollen eine bessere Gesellschaft. Eine, in der Schwache nicht länger schwach, Einzelne nicht länger allein, Arbeitsuchende nicht länger arbeitslos, Fremde nicht länger fremd und Abhängige nicht länger wehrlos bleiben."

*242.2 Aus den Wahlprogrammen der Parteien zur Bundestagswahl 2005*

## Die Qual der Wahl: Wählen – aber wen?

Vor dieser Frage stehen alle wahlberechtigten Bürgerinnen und Bürger. Jeder sollte für sich entscheiden, welcher Politiker bzw. welche Partei seine Interessen am besten im Parlament vertritt und wer die Probleme unserer Gesellschaft am besten lösen kann. Gesellschaftliche Probleme und politische Fragestellungen können zum Beispiel sein:

- Sollen die Steuern erhöht werden?
- Sollen Betriebe, die nicht ausbilden, eine Strafabgabe zahlen müssen?
- Soll das Tragen von Kopftüchern bei Lehrerinnen verboten werden?
- Soll das Jugendstrafrecht verschärft werden?

Zu Fragen wie diesen sind die Meinungen in der Gesellschaft und wahrscheinlich auch in eurer Klasse geteilt. Jeder Wähler sucht sich daher eine Partei, die bei aktuellen Problemen seine eigene Haltung repräsentiert.

*Aus den Wahlprogrammen der Parteien zur Bundestagswahl 2005 ...*
*... zu Fragen des Arbeitsmarktes*

- Die **SPD** verspricht allen jungen Menschen unter 25 Jahren, nicht länger als drei Monate ohne Beschäftigung sein zu müssen. Eine Abschaffung des Kündigungsschutzes wird es nicht geben. An der betrieblichen Mitbestimmung und der Tarifautonomie wird festgehalten.
- Die **CDU/CSU** möchte den Kündigungsschutz bei der Neueinstellung in Betrieben mit weniger als zwanzig Beschäftigten aufheben. Wer lange arbeitslos war, der soll zu 10 % niedrigerem Lohn eingestellt werden können.
- **Bündnis 90/DIE GRÜNEN** setzen sich für Mindestlöhne ein. Sie fordern soziale Wirtschaftsbetriebe, die Langzeitarbeitslose beschäftigen. Es sollen in der „weißen Biotechnologie" (ohne Gentechnik) neue Arbeitsplätze geschaffen werden.
- Die **FDP** möchte die Tarifautonomie aufheben. Der Kündigungsschutz soll erst für Betriebe ab 50 Mitarbeitern gelten. Die betriebliche Mitbestimmung soll zugunsten der Arbeitgeber verändert werden.
- Die **Linke** möchte durch Arbeitszeitverkürzung neue Jobs schaffen. Es sollen öffentlich geförderte Jobs entstehen. Es soll ein Mindestlohn von 1 400 Euro für einen Vollzeitjob eingeführt werden.

*... zur Landtagswahl in Hessen 2008 ...*
*... zu Schule und Bildung*

- Die **SPD** will das dreigliedrige Schulsystem abschaffen, Kinder sollen bis Klasse 10 gemeinsam unterrichtet, Ganztagsschulen flächendeckend eingeführt werden. Die verkürzte Gymnasialzeit soll rückgängig gemacht, Studiengebühren sollen abgeschafft werden.
- Die **CDU** will das dreigliedrige Schulsystem erhalten. An Hauptschulen sollen SchuB-Klassen mit einer Kombination von Unterricht und praktischer Erfahrung in Betrieben zum Regelfall werden, freiwillige ganztägige Schulangebote sollen ausgebaut werden.
- Die **Grünen** wollen, dass sich freiwillig „Neue Schulen" entwickeln, in denen die Schüler bis Klasse 9 bzw. 10 gemeinsam lernen. Sie treten für Ganztagsschulen ein. Studiengebühren sollen abgeschafft werden.
- Die **FDP** will keine Veränderungen am gegliederten Schulsystem. Alle Schulen sollen eigene Modelle der Ganztagsbetreuung entwickeln. Jede Hochschule soll entscheiden, ob und in welcher Höhe sie für zusätzliche Leistungen Studiengebühren erhebt.
- Die **Linke** fordert das gemeinsame Lernen in einer Gemeinschaftsschule bis Klassenstufe 10. Die Schulzeitverkürzung (G 8) wird abgelehnt. Sie setzt sich für Ganztagsschulen ein. Studiengebühren sollen abgeschafft werden.

**AUFGABEN >>**

1 Warum gibt es politische Parteien? Erläutert ihre Funktionen und Aufgaben. Zieht hierzu auch GG Artikel 21 hinzu.

2 Stellt in einer Tabelle die Aussagen aus den Parteiprogrammen zur Bundestagswahl 2005 bzw. zur Landtagswahl in Hessen 2008 gegenüber. Erkennt ihr Unterschiede in der Grundausrichtung der Parteien?

3 Vergleicht die Aussagen aus den Parteiprogrammen. Welche Parteien könnten zusammen eine Koalition eingehen?

4 Diskutiert in der Klasse, welche Partei eure Meinung zum Thema Arbeitsmarkt bzw. Bildung am ehesten vertritt.

## Wählen – aber wie?

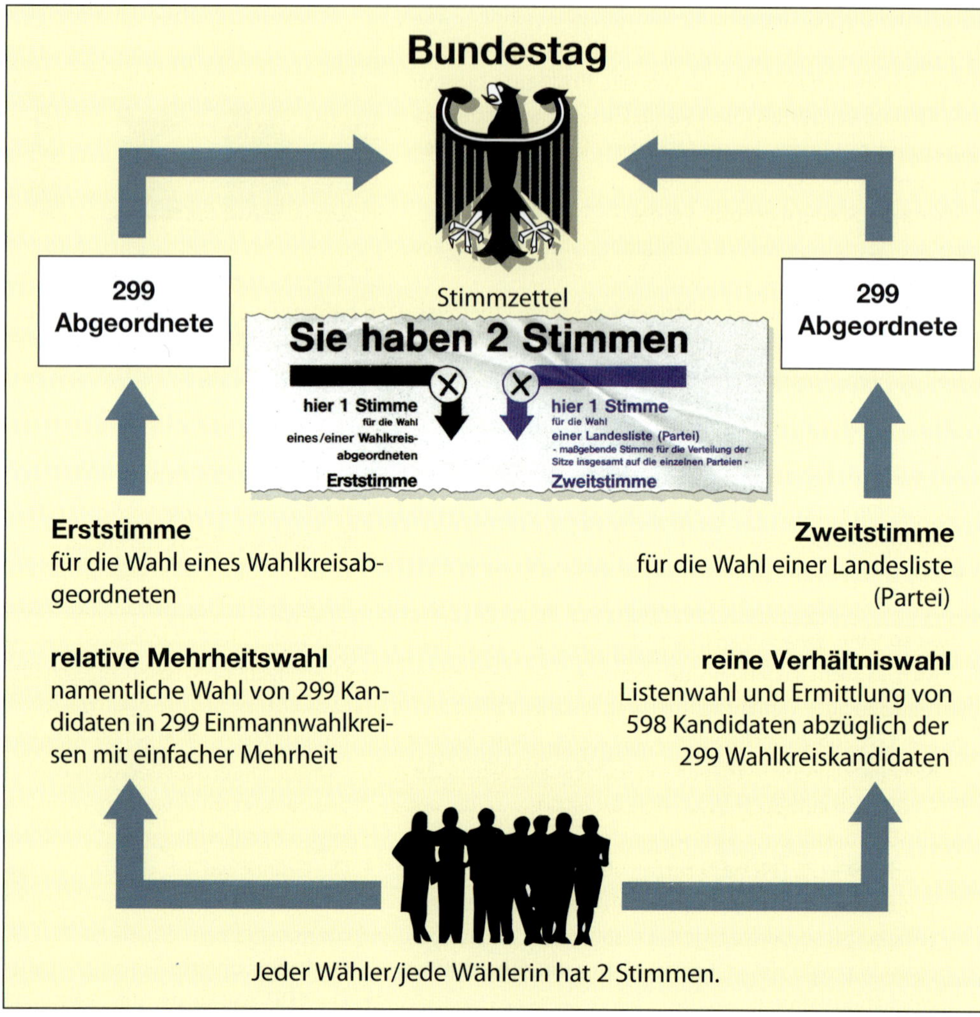


*244.1 Das Wahlrecht der Bundesrepublik Deutschland*

| Ergebnis der Bundestagswahl 2005 | Zweitstimmen | Prozent |
|---|---|---|
| Wahlberechtigte | 61 870 195 | 100,0 |
| Wahlbeteiligung | 48 044 841 | 77,7 |
| gültige Zweitstimmen | 47 288 301 | |
| Sozialdemokratische Partei Deutschlands (SPD) | 16 194 757 | 34,2 |
| Christlich Demokratische Union/Christlich Soziale Union (CDU/CSU) | 16 631 301 | 35,2 |
| BÜNDNIS 90/ DIE GRÜNEN | 3 838 349 | 8,1 |
| Freie Demokratische Partei (FDP) | 4 648 133 | 9,8 |
| Die Linke (PDS) | 4 118 248 | 8,7 |
| Sonstige | 1 857 668 | 4,0 |

| Partei | SPD | CDU/CSU | B'90/Die Grünen | FDP | PDS | insgesamt |
|---|---|---|---|---|---|---|
| Direktmandate | 145 | 150 | 1 | – | 3 | 299 |
| über Landeslisten | 77 | 76 | 50 | 61 | 51 | 315 |
| insgesamt | 222[1] | 226[2] | 51 | 61 | 54 | 614 |

*244.2*

[1] davon 9 Überhangmandate [2] davon 7 Überhangmandate

## Auf die Zweitstimme kommt es an

Bei der Bundestagswahl hat der Wähler zwei Stimmen. Mit der Erststimme wählt er den Kandidaten einer Partei in seinem Wahlkreis (Mehrheitswahl), mit der Zweitstimme die Liste einer Partei (Verhältniswahl). Die Listen werden von den Parteien für jedes der 16 Bundesländer aufgestellt (Landeslisten). Wahlentscheidend ist die Zweitstimme, denn nach dem Anteil der Zweitstimmen für eine Partei richtet sich auch ihr Anteil an den 598 Bundestagssitzen.

## Was bringt die Erststimme?

Mit der Erststimme können die Wähler direkt über die Person entscheiden, die ihren Wahlkreis im Bundestag vertritt. Sieger ist der Kandidat mit den meisten Erststimmen. Die Erststimmen der anderen Wahlkreiskandidaten fallen unter den Tisch. Es gibt 299 Wahlkreise in Deutschland, damit ist die Hälfte der 598 Bundestagssitze besetzt. Hat eine Partei mehr Wahlkreissieger als ihr Bundestagssitze zustehen, bekommt sie entsprechend zusätzlich Sitze. Dann erhöht sich die Gesamtzahl der Bundestagssitze, es entstehen **Überhangmandate**. Dem 16. Deutschen Bundestag gehören 614 Abgeordnete an. 299 sind in den Wahlkreisen direkt gewählt worden. 315 sind über die Landeslisten gewählt worden, davon sind 16 Überhangmandate.

## Wahltaktik

Der Wähler kann mit der Erststimme für den Wahlkreiskandidaten und mit der Zweitstimme für die Liste einer anderen Partei stimmen. Häufig wird dieses Stimmen-Splitting von solchen Wählern genutzt, die einer Koalition zur Macht verhelfen wollen. Wähler einer großen Partei stimmen für den Direktkandidaten „ihrer" Partei und für die Liste der kleineren Koalitionspartei, damit diese nicht an der Fünfprozenthürde scheitert. Denn bei der Verteilung der Sitze werden nur Parteien berücksichtigt, die mehr als fünf Prozent der Zweitstimmen oder mindestens drei Direktmandate erlangt haben. Mit dieser Sperrklausel soll verhindert werden, dass Splitterparteien in den Bundestag kommen.

**Die Wahlen sind:**
- ***allgemein*** ... bedeutet, alle deutschen mündigen Staatsbürger, die das 18. Lebensjahr vollendet haben, dürfen wählen und gewählt werden.
- ***unmittelbar*** ... bedeutet, die Wähler wählen direkt einen Abgeordneten oder mehrere über eine Liste, nicht indirekt über Mittelsmänner.
- ***frei*** ... bedeutet, auf die Wähler darf kein Druck ausgeübt werden, welchem Kandidaten oder welcher Partei sie die Stimme geben. Die Bürger sind auch frei, nicht zu wählen, es besteht keine Wahlpflicht.
- ***gleich*** ... bedeutet, jede Stimme zählt gleich viel.
- ***geheim*** ... bedeutet, die Wahlentscheidung des Wählers ist für niemanden nachprüfbar, niemand hat das Recht, die Wahlentscheidung zu erfahren.

*245.1*

**Durch Wahlen kann man mitbestimmen**

In Deutschland gibt es rund 61 Millionen Wahlberechtigte. Durch das Wahlrecht haben sie die Möglichkeit, ihre Vertreter zu bestimmen. Durch die Wahlen ...
- werden die Personen (und Parteien) ausgewählt, die Politik machen sollen,
- erhalten die Abgeordneten für eine Legislaturperiode den rechtmäßigen Auftrag für ihr politisches Handeln (Legitimation),
- wird eine regierungsfähige Mehrheit gebildet, die von der Minderheit (Opposition) kontrolliert wird,
- wird eine bestimmte politische Richtung festgelegt (zum Beispiel konservativ oder fortschrittlich),
- kontrollieren die Bürger die Regierenden, das bedeutet, die Wähler können die letzte Wahlentscheidung korrigieren und die Regierung abwählen.

*245.2*

**AUFGABEN >>**

1 Nennt die Grundsätze demokratischer Wahlen. Was genau ist daran demokratisch?

2 Beschreibt das Wahlverfahren der Bundestagswahl. Erklärt den Unterschied zwischen Erst- und Zweitstimme.

3 Im Bundestag sind oft mehr als 598 Abgeordnete vertreten. Erklärt, warum.

4 Weshalb ist es wichtig, wählen zu gehen?

246.1 *Im Deutschen Bundestag*

# Der Bundestag – das Herzstück der Demokratie

Viele Menschen meinen, die Regierung sei das wichtigste Organ in einem Staat. Sicher, die Regierung ist von sehr großer Bedeutung. Aber in einem demokratischen Staat ist das **Parlament** (von lat.: Besprechung) das Herzstück. Bei uns trägt es die Bezeichnung „Deutscher Bundestag". Der Bundestag setzt sich aus den vom Volk gewählten Vertretern, den Bundestagsabgeordneten, zusammen. Sie haben für vier Jahre über die Politik in unserem Land zu entscheiden. Wie sieht das aus?

## Der Bundestag wählt den Bundeskanzler

Die erste verantwortungsvolle Aufgabe nach einer Bundestagswahl ist die Wahl eines Bundeskanzlers mit der „absoluten Mehrheit" der Bundestagsmitglieder. Das bedeutet, dass mindestens 50 % der Abgeordneten plus eine Stimme eine bestimmte Person wählen.

Abb. 247.1 zeigt, dass bei der Wahl am 18. September 2005 keine Partei die absolute Mehrheit der Sitze bekommen hatte. Deshalb mussten sich Parteien im Bundestag „zusammentun", um einen Bundeskanzler wählen zu können. SPD und CDU/CSU gingen eine Koalition (Bündnis) ein und wählten mit ihrer Mehrheit Angela Merkel zur Bundeskanzlerin.

Bundeskanzler suchen sich Frauen und Männer ihres Vertrauens aus und schlagen sie dem Bundespräsidenten (> S. 254) vor. Der ernennt sie dann zu Ministerinnen und Ministern. Bundeskanzler und Minister werden wiederum im Bundestag vereidigt. Damit ist eine neue Regierung eingesetzt. Bundestagsabgeordnete wirken auch bei der Wahl des Bundespräsidenten und der Verfassungsrichter (> S. 254/255) mit.

## Der Bundestag gibt die Gesetze

Jedes Gemeinwesen braucht feste, allgemein verbindliche Regeln. Die bedeutendsten Regeln sind in unserer **Verfassung**, dem Grundgesetz, niedergelegt. Dort findet sich in Artikel 20 auch die Bestimmung, dass die vollziehende Gewalt – also Regierung, Behörden, Ämter – an Gesetz und Recht gebunden ist. Wenn beispielsweise eine Familie Kindergeld bekommt, geschieht das auf der Grundlage eines Gesetzes.

Weil in unserem Staat nur auf Grundlage von Gesetzen regiert werden darf, ist die Gesetzgebung eine wichtige Sache. Schließlich geht es bei den Gesetzen um Regeln, die für das ganze Volk verbindlich sind! Und dafür sind die Vertreter des Volkes zuständig. Zwar dürfen und sollen an der Erarbeitung des Inhalts eines Gesetzes viele mitwirken, aber beschlossen und verantwortet werden sie von denen, die von den Bürgern dafür gewählt worden sind (> S. 242).

## Der Bundestag kontrolliert die Regierung

Die Abgeordneten kontrollieren die Regierung genau, z.B. beim Abschluss von Verträgen mit anderen Staaten oder anderen Entscheidungen. Besonders genau prüfen sie die Staatsfinanzen. So wird der Haushaltsplan, in dem alle Einnahmen und Ausgaben des Bundes festgehalten sind, per Gesetz vom Bundestag verabschiedet. Damit legen die Abgeordneten fest, wie viel Geld die Bundesregierung ausgeben kann und wofür die Steuergelder verwendet werden, z.B. für Verteidigung, Verkehr oder Forschung.
Zur Kontrolle der Regierung haben die Abgeordneten verschiedene Möglichkeiten: die wöchentliche Fragestunde im Parlament, die aktuelle Stunde, schriftliche Anfragen. Die Regierung muss dann den Volksvertretern Rede und Antwort stehen. Um Unklarheiten und Fehler der Regierung aufzuklären, können die Abgeordneten auch Untersuchungsausschüsse einsetzen. Diese Kontrolle wird besonders von der Opposition wahrgenommen, also den Abgeordneten der Parteien, die nicht die Regierung stellen.

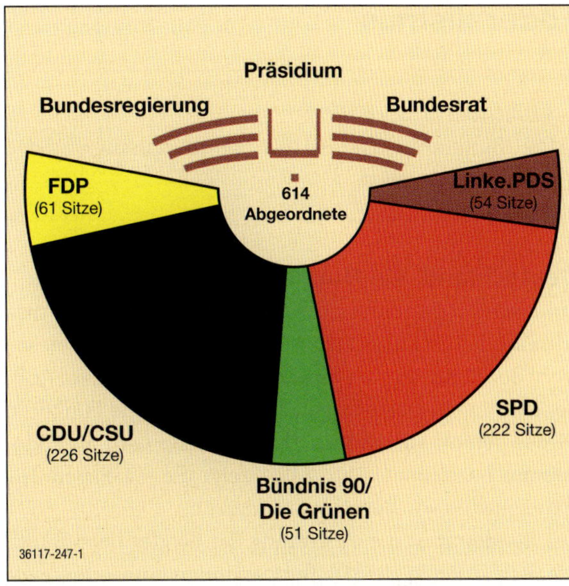


*247.1 Sitzverteilung im deutschen Bundestag*

**Montag 10.3.2008, Berlin**

| | |
|---|---|
| **09:00 – 11:45 Uhr** | Sitzung des Innnenausschusses |
| **12:00 – 13:00 Uhr** | Business-Lunch der Dt.-Afrika-Stiftung |
| **13:00 – 14:00 Uhr** | Mitarbeiterbesprechung im Büro |
| **14:00 – 15:00 Uhr** | Fragestunde im Plenum: Mündliche Fragen an die Bundesregierung |
| **15:30 – 16:15 Uhr** | Diskussionsrunde mit 28 amerikanischen und deutschen Schülern im Reichstag |
| **17:00 – 18:30 Uhr** | Treffen der Deutsch-Spanischen Parlamentariergruppe |
| **19:00 – 20:00 Uhr** | Parlamentarischer Abend des Verbandes der Chemischen Industrie |
| **20:30 – 22:00 Uhr** | Parlamentarischer Abend der Fraport AG |

**Montag 14.4.2008, Wahlkreis**

| | |
|---|---|
| **10:00 – 12:00 Uhr** | Gesprächstermin im Bundeskriminalamit zum Thema Terrorismusbekämpfung |
| **11:30 – 12:30 Uhr** | Hintergrundgespräch mit einem Redakteur des Wiesbadener Kuriers |
| **13:00 – 14:30 Uhr** | Mittagessen mit dem Vorsitzenden der CDU-Rathausfraktion im Wiesbadener Stadtparlament |
| **16:00 – 17:30 Uhr** | Sitzung des Landesvorstandes der CDU Hessen |
| **19:00 – 23:00 Uhr** | Jahreshauptversammlung der Jungen Union Wiesbaden |

**Donnerstag 13.3.2008, Berlin**

| | |
|---|---|
| **09:00 – 11:00 Uhr** | Plenarsitzung im Reichstag 1. Lesung des Luftsicherheitsgesetzes |
| **11:30 – 12:30 Uhr** | Arbeitsforum „Große Städte“ |
| **12:30 – 13:30 Uhr** | Gespräche mit der Besuchergruppe des Verbandes der Beamten der Bundeswehr e.V. aus Wiesbaden |
| **14:00 – 15:30 Uhr** | Bearbeitung von Korrespondenz im Büro, Telefonate |
| **15:30 – 17:00 Uhr** | Sitzung der Jungen Gruppe der CDU/CSU-Fraktion |
| **18:00 – 19:00 Uhr** | Begrüßung der neuen Hörfunkkorrespondentin des Hessischen Rundfunks in Berlin |

**Donnerstag 17.4.2008, Wahlkreis**

| | |
|---|---|
| **08:30 – 10:30 Uhr** | Korrespondenz, Telefonate und Mitarbeiterbesprechung im Wahlkreisbüro |
| **11:00 – 12:00 Uhr** | Besichtigung einer sanierungsbedürftigen Kirche in Wiesbaden-Bierstadt |
| **14:00 – 15:30 Uhr** | Diskussion mit der Seniorenunion der CDU Wiesbaden zum Thema Rente |
| **16:00 – 18:00 Uhr** | Bürgersprechstunde in Wiesbaden-Biebrich |
| **19:30 – 21:00 Uhr** | Rede bei einer Veranstaltung eines Wiesbadener Steuerberaters, Thema: Das Steuerkonzept der CDU/CSU |

*In Berlin und im Wahlkreis: Kristina Köhler, MdB (CDU)*

*247.2 Aus dem Terminkalender der Bundestagsabgeordneten Kristina Köhler (Foto)*

**AUFGABEN >>**

1. Wie setzt sich der Bundestag zusammen? Bezieht Abb. 247.1 mit ein.
2. Nennt und erläutert wichtige Aufgaben des Bundestages.
3. Welche im Text genannten Aufgaben spiegeln sich im Terminkalender der Abgeordneten wider? Welche nicht?
4. Der Bundestag hat Wahl-, Gesetzgebungs- und Kontrollfunktion. Erklärt.
5. Begründet, warum man das Parlament als „Herzstück der Demokratie“ bezeichnen kann.
6. Nehmt Stellung zu diesen Aussagen: „Der Bundestag ist eine Quasselbude.“ – „Das Parlament ist oft leer. Die Abgeordneten arbeiten nichts.“ – „Entscheidungen fallen in der Wirtschaft, nicht im Parlament.“

# Föderalismus

> *Artikel 20 (1)*
> Die Bundesrepublik ist ein demokratischer und sozialer Rechtsstaat.

## Deutschland, ein Bundesstaat

In unserem Bundesstaat ist die Macht verteilt, dies schreibt das Grundgesetz in Artikel 20 vor. So haben sowohl der Bundestag als auch die Länderparlamente (z. B. der Landtag in Hessen) jeweils gesetzgebende Funktion. Dieses demokratische Gestaltungsprinzip wird als **Föderalismus** bezeichnet. Abb. 249.1 zeigt die jeweiligen Zuständigkeiten von Bund und Ländern.

Der **Bundesrat** ist die Vertretung der Länder beim Bund. Die Regierungen der 16 Bundesländer entsenden zwischen drei und sechs Mitglieder in den Bundesrat. Die Mitglieder des Bundesrates werden also nicht direkt vom Volk gewählt. Die Anzahl der Ländervertreter richtet sich nach der Einwohnerzahl des jeweiligen Bundeslandes (Abb. 248.1). Somit haben die Länder bei Abstimmungen unterschiedliches Gewicht. Hessen hat beispielsweise fünf Vertreter im Bundesrat.

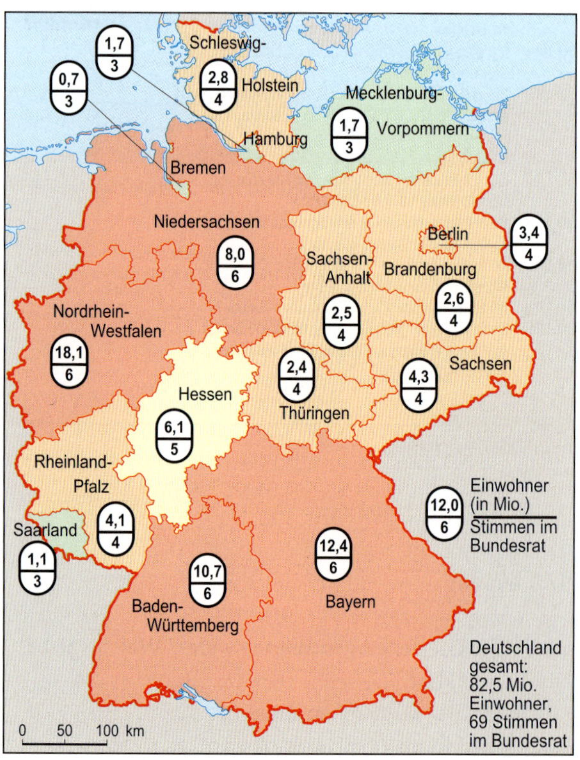


*248.1 Stimmen im Bundesrat*

### Der geschichtliche Hintergrund

Als im Juli 1948 auf Betreiben der Siegermächte ein Parlamentarischer Rat zusammentrat, sollte dieser eine Verfassung für Westdeutschland ausarbeiten. Den Mitgliedern des Rates war eines wichtig: Die Gefahr einer starken Zentralregierung, die zu einer Diktatur wie unter Hitler führen könnte, muss verhindert werden. Deshalb sollte die Macht im Staat auf viele Gesetzgeber verteilt werden. So wurde die Bundesrepublik in Bundesländer aufgeteilt und es entstand ein föderalistischer Bundesstaat. Diese Staatsform besteht bis heute. Das Grundgesetz verbietet in Artikel 79 sogar eine Änderung.

## Aufgaben des Bundesrates

Die wichtigste Aufgabe des Bundesrates ist die Mitwirkung an der Gesetzgebung. Die meisten Gesetze werden von den Bundesländern ausgeführt. Oft sind diese auch für die Finanzierung zuständig. Deshalb haben sie das Recht, an dieser Gesetzgebung des Bundes mitzuwirken. Dadurch hat der Bundesrat eine weitere wichtige Aufgabe, nämlich die Kontrollfunktion gegenüber Bundestag und Bundesregierung (> S. 254).

### Zustimmungsgesetze

Zustimmungsgesetze sind Gesetze, die der Zustimmung des Bundesrates bedürfen. Das sind:

- Gesetze, die die Verfassung ändern. Das ist nur bei einer Zweidrittelmehrheit in Bundestag und Bundesrat möglich.
- Gesetze, die Auswirkungen auf die Finanzen der Länder haben.
- Gesetze, die von den Ländern auszuführen sind.

### Einfache Gesetze

Einfache Gesetze werden alle übrigen Gesetze genannt, für die im Grundgesetz nicht ausführlich die Zustimmung des Bundesrates vorgesehen ist. Sie werden auch Einspruchsgesetze genannt, da der Einspruch des Bundesrates mit einfacher Mehrheit im Bundestag aufgehoben werden kann.

**AUFGABEN >>**

1. Was ist der Bundesrat und welche Funktion hat er?
2. Erläutert, wie sich der Bundesrat zusammensetzt.

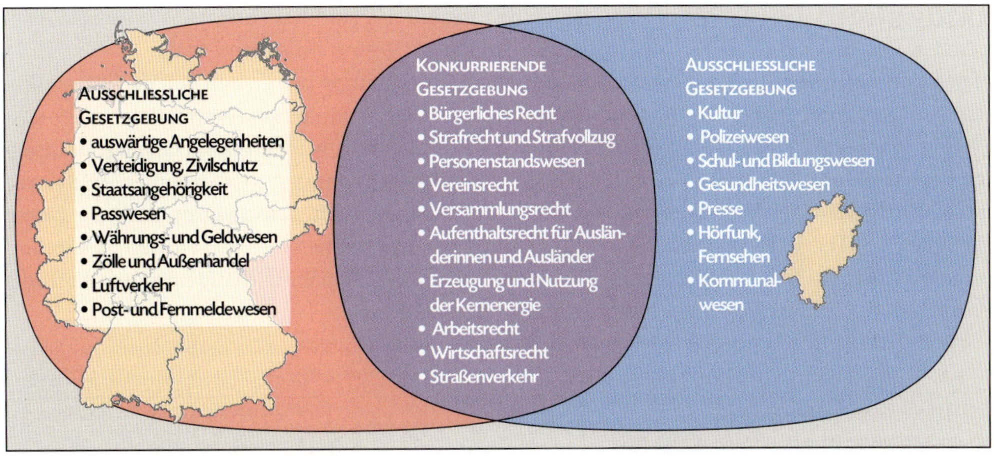


*249.1 Zuständigkeiten*

## Zusammenwirken von Bund und Ländern

Artikel 30 Grundgesetz (GG) sagt: *„Die Ausübung der staatlichen Befugnisse und die Erfüllung der staatlichen Aufgaben ist Sache der Länder ..."*

Der erste Teil dieses Artikels gibt den obersten Grundsatz in der Aufgabenverteilung zwischen Bund und Ländern wieder: Möglichst viele Aufgaben sollen von den Bundesländern übernommen werden. Somit soll die Mitwirkung und die Eigenverantwortung möglichst kleiner Einheiten auf der unteren politischen Ebene gewährleistet werden.

Dann allerdings schränkt der zweite Teil dieses Artikels ein: *„... soweit dieses Grundgesetz keine andere Regelung trifft oder zulässt."*

Demnach kann das Grundgesetz andere Regelungen treffen, wenn die Länder mit der Wahrnehmung der Aufgaben überfordert wären.

Neben den Bereichen, in denen entweder die Länder oder der Bund allein zur Gesetzgebung berechtigt sind, gibt es Aufgaben, bei denen sowohl der Bund als auch die Länder betroffen sind („konkurrierende Gesetzgebung"). Aber auch hier stärkt Artikel 72 GG zunächst das Vorrecht der Länder:

*„(1) Im Bereich der konkurrierenden Gesetzgebung haben die Länder die Befugnisse zur Gesetzgebung, solange und soweit der Bund von seiner Gesetzgebungszuständigkeit nicht durch Gesetz Gebrauch gemacht hat."*

Im zweiten Teil dieses Absatzes wird bereits darauf hingewiesen, dass der Bund das Gesetzgebungsrecht in Anspruch nehmen kann. Artikel 72 führt in Absatz 2 aus, wann dies zutreffen soll, nämlich

*„(2) ... wenn ... die Herstellung gleichwertiger Lebensverhältnisse im Bundesgebiet ... im gesamtstaatlichen Interesse eine bundesgesetzliche Regelung erforderlich macht."*

## Unterschiedliche Interessen zwischen Bundesrat und Bundestag

Zu verabschiedende Bundesgesetze werden im Bundestag zunächst als Gesetzesvorlagen beraten (> Entstehung eines neuen Gesetzes, S. 252). Anschließend müssen die im Bundestag gefassten Gesetzesbeschlüsse unverzüglich dem Bundesrat vorgelegt werden. Der Bundesrat hat dann mindestens das Recht, Einspruch zu erheben. Wenn die Interessen der Bundesländer von dem vorgelegten Gesetzesbeschluss betroffen sind (zum Beispiel bei Steuergesetzen), kann der Bundesrat sogar seine Zustimmung verweigern, also das Gesetz zunächst scheitern lassen. Das liegt daran, dass die Bundesländer bei der Verteilung der Steuern andere Interessen verfolgen als der Bund. Bundestag und Bundesregierung werden die Steuergesetze so beschließen, dass die Einnahmen in erster Linie dem Bund zur Verfügung stehen. Mit den Steuereinnahmen kann die Bundesregierung ihre Aufgaben, z.B. die Bundeswehr oder den Autobahnbau, finanzieren. An den Steuereinnahmen wollen aber auch verstärkt die Bundesländer teilhaben. Damit wollen sie ihre vielfältigen Aufgaben finanzieren.

**AUFGABEN >>**

1. Nennt Aufgaben, die der ausschließlichen Gesetzgebung unterliegen (Abb. 249.1).
2. Was versteht man unter konkurrierender Gesetzgebung?
3. Wann kann der Bund nach Artikel 72 den Gesetzgebungsanspruch wahrnehmen?
4. Erklärt am Beispiel der Steuergesetzgebung: Warum hat der Bundesrat die Möglichkeit, ein Gesetz sogar abzulehnen? Welche unterschiedlichen Interessen verfolgen Bund und Länder?

## Wahlen im Bundesland Hessen

Das Land Hessen befand sich nach dem Zweiten Weltkrieg in der amerikanischen Besatzungszone. Die amerikanische Militärregierung vereinigte die ehemaligen preußischen Provinzen Kurhessen und Nassau sowie den Volksstaat Hessen zum Land „Großhessen". Nicht einbezogen wurden die Gebiete, die Teil der französischen Besatzungszone geworden waren: das frühere Rheinhessen links des Rheines und die im Norden liegenden nassauischen Landkreise am Rhein und im Westerwald. Diese Gebiete fielen 1946 an Rheinland-Pfalz.
Die Hessische Verfassung wurde von der Verfassungsberatenden Landesversammlung in Wiesbaden am 29. Oktober 1946 – als erste Nachkriegsverfassung Deutschlands – beschlossen und trat am 1. Dezember 1946 durch Volksabstimmung in Kraft. Darin wurde auch der Name des Landes von „Großhessen" in „Hessen" geändert. Gleichzeitig mit der Annahme der Verfassung fand die erste Landtagswahl statt.

### Wahlen in Hessen (1946 - 2003)

Bis in die 1970er-Jahre hinein war Hessen Stammland der SPD. Ab da gelang es erstmals der CDU, stärkste Partei zu werden. Die Regierung wurde jedoch bis 1982 durch eine SPD/FDP-Koalition gestellt. Der Einzug der GRÜNEN in den Landtag (1982), die damals noch keine Regierungsverantwortung übernehmen wollten, machte das Land zunächst unregierbar. Deshalb war 1982/83 der SPD-Ministerpräsident nur geschäftsführend im Amt: Er erledigte die Regierungsgeschäfte, ohne sich auf eine parlamentarische Mehrheit stützen zu können. Bei Neuwahlen errang 1983 die SPD wieder die Mehrheit, diesmal von den GRÜNEN toleriert, bis Ende 1985 die erste rot-grüne Landesregierung zustande kam. Anfang 1987 zerbrach diese Regierung. Bei der Neuwahl gingen CDU und FDP als Wahlsieger hervor. Seither gab es bei jeder Wahl knappe Mehrheiten im Land, oft mit nur einem Sitz. Von 1991 bis 1999 regierten erneut SPD und GRÜNE, ehe es 1999 zu einer Koalition aus CDU und FDP unter Roland Koch kam. Bei der Landtagswahl 2003 erhielt die CDU zum ersten Mal in Hessen die absolute Mehrheit im Parlament und stellte allein die Regierung.

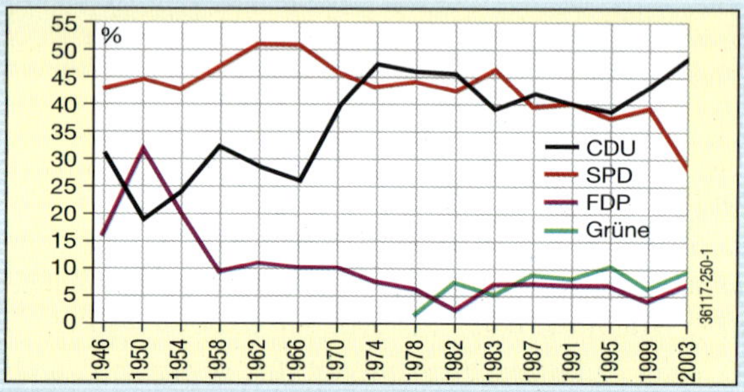


*250.1 Wahlergebnisse in Hessen*

*250.2 und 3 Wahlplakate zur Landtagswahl 2008*

### Der Wahlkampf 2008 – ein Lagerwahlkampf

Der Wahlkampf 2008 wurde als Lagerwahlkampf geführt: auf der einen Seite CDU und FDP, auf der anderen Seite SPD und GRÜNE. In der letzten Wahlkampfphase verschärfte die CDU den Lagerwahlkampf, nachdem die Umfragewerte ihr hohe Verluste prognostiziert hatten. Dem „bürgerlichen Lager" stellte sie einen „Linksblock" aus SPD, GRÜNEN und LINKEN gegenüber, obwohl sowohl SPD als auch GRÜNE eine Zusammenarbeit mit der Linkspartei ausgeschlossen hatten.

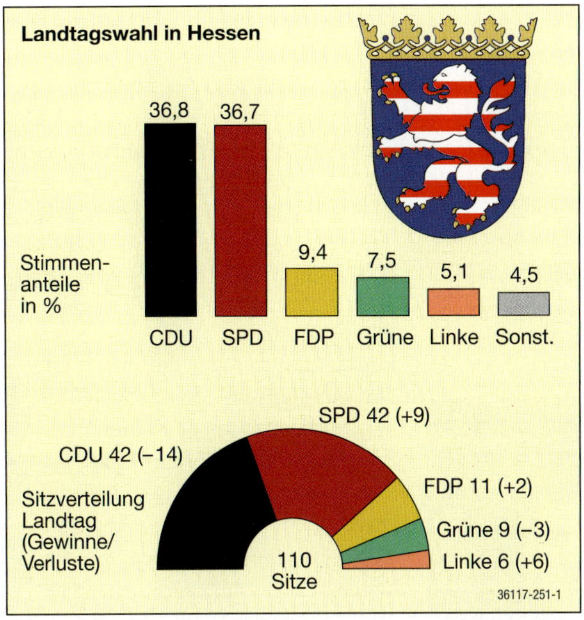


*251.1 Wahlergebnis und Sitzverteilung im Landtag 2008*

**Koalitions„spiele“:**
große Koalition: CDU/SPD
sozialliberale Koalition: SPD/FDP
schwarz-grüne Koalition: CDU/GRÜNE
Ampelkoalition: SPD/FDP/GRÜNE
Jamaikakoalition: CDU/FDP/GRÜNE
rot-grüne Koalition: SPD/GRÜNE
rot-rot-grüne Koalition: SPD/Die LINKE/GRÜNE

*251.2 Karikatur zur Wahl in Hessen*

## Der Wähler muss neu sprechen

Da die im Landtag vertretenen Parteien keine tragfähige Regierungskoalition bilden konnten, wurde in der konstituierenden Landtagssitzung – zehn Wochen nach der Wahl – kein neuer Ministerpräsident gewählt. Ministerpräsident Koch trat von seinem Amt zurück; blieb aber, wie es die Landesverfassung vorsieht, geschäftsführend im Amt.
Damit wurde das Regieren kompliziert: Im Landtag stand der CDU-Regierung eine linke Mehrheit von SPD, GRÜNEN und LINKEN gegenüber. Diese beschloss Gesetze, die von der CDU-Landesregierung abgelehnt, aber ausgeführt werden mussten, zum Beispiel die Abschaffung der Studiengebühren. SPD, GRÜNE und LINKE waren in ihren Wahlprogrammen dafür eingetreten. Letztendlich musste aber die Regierung diese Gesetze – gegen ihre Überzeugung – ausführen.
Nach langen parteiinternen Diskussionen beschloss die SPD im Sommer 2008, ihre Landesvorsitzende Ypsilanti mit den Stimmen der Linken zur Ministerpräsidentin wählen zu lassen. Mit den Grünen wurde ein Koalitionsvertrag für ein Regierungsbündnis ausgehandelt. Einen Tag vor der Wahl im November erklärten aber vier Abgeordnete der SPD, ihre Kandidatin aus Gewissensgründen nicht mitwählen zu können, da das Versprechen vor der Wahl gebrochen werde, nicht mit der Linken zusammenzuarbeiten. Damit waren alle Versuche gescheitert, eine regierungsfähige Mehrheit nach der Wahl 2008 zu bilden. Alle Parteien plädierten deshalb für eine Auflösung des Landtages und Neuwahlen. Bei den Neuwahlen am 18.1.2009 erhielten die CDU und die FDP zusammen eine deutliche Mehrheit und bildeten die Regierung.

**AUFGABEN >>**

1. Beschreibt die Entwicklung der Parteien und Regierungen in Hessen bis 2003 (Abb. 250.1).
2. Analysiert, wie der Wahlkampf in Hessen geführt wurde (Abb. 250.2 und 3).
3. Setzt die Karikatur in Beziehung zu den Entwicklungen nach der Wahl und beschreibt die Probleme, die sich aus dem Wählervotum von 2008 ergaben.
4. Diskutiert die Entscheidung des Landtages, sich selbst aufzulösen und dem Wähler das Mandat zurückzugeben: Eher ein Versagen der Politik oder ein Beweis für Demokratie?

## Ablauf der Gesetzgebung: ein Beispiel

# Kinder von Ausländern werden Deutsche auf Zeit

### Staatsbürgerschafts-Reform erlaubt den Doppel-Pass bis zum 23. Lebensjahr

Wichtigste Neuerung im Staatsbürgerschaftsrecht ist die Einführung einer zeitlich befristeten Staatbürgerschaft für ausländische Kinder.

Bis Ende 1999 galt in Deutschland das Reichs- und Staatsangehörigengesetz von 1913 – ergänzt durch das Ausländerrecht. Danach war von Geburt an derjenige Deutscher, der mindestens ein deutsches Elternteil hat. Hier geborene Ausländerkinder erhielten mit der Geburt keinen deutschen Pass.

Durch das neue Recht erwirbt ab Januar 2000 ein Kind ausländischer Eltern durch die Geburt im Inland automatisch den deutschen Pass. Voraussetzung ist allerdings, dass ein Elternteil seit acht Jahren rechtmäßig seinen Hauptwohnsitz im Inland hat und eine Aufenthaltsberechtigung oder seit drei Jahren eine unbefristete Aufenthaltserlaubnis besitzt. Wird das Kind 18 Jahre alt, also volljährig, kann es sich schriftlich für eine Staatsangehörigkeit entscheiden. Diese Entscheidung muss innerhalb von fünf Jahren, also spätestens mit 23 Jahren, erfolgen.

*Türke mit seinem deutschen Pass*

Entscheidet sich der Betroffene für die ausländische Staatsangehörigkeit, verliert er den deutschen Pass. Er geht auch verloren, wenn bis zur Vollendung des 23. Lebensjahres keine Erklärung abgegeben wird. Entscheidet er sich für die deutsche Staatsangehörigkeit, so ist er verpflichtet, die Aufgabe des ausländischen Passes nachzuweisen. Diese Neuregelung gilt auch für Kinder, die nach 1990 in Deutschland geboren wurden.

252.1 *Zeitungsbericht*

252.2 *Der Weg eines Gesetzes*

**A:** Der Bundestag debattierte gestern in zweiter und dritter Beratung vier Stunden lang über die Reform des Staatsbürgerrechts. Bundesinnenminister Otto Schily (SPD) bezeichnete das Gesetz als einen Kompromiss von „historischer Dimension". Am Schluss sprachen sich in namentlicher Abstimmung 365 Abgeordnete dafür, 184 dagegen aus; 39 Parlamentarier enthielten sich.

**B:** Der Bundesrat hat gestern die Reform des Staatsbürgerrechts beraten. In der Diskussion gaben Bayerns Ministerpräsident Edmund Stoiber und Bundesinnenminister Otto Schily zu dem Gesetz unterschiedliche Erklärungen ab.

**C:** Bundespräsident Johannes Rau hat das Gesetz zur Reform des Staatsbürgerrechts unterzeichnet, teilte das Bundespräsidialamt in Berlin mit.

**D:** Wie einer Pressemitteilung zu entnehmen ist, hat sich der Innenausschuss des Bundestags bei seiner letzten Sitzung zum neuen Staatsbürgerschaftsrecht vor allem mit der Klärung bei Verfahrensfragen befasst. Den Ländern im Bundesrat wird damit die Zustimmung leichter fallen.

**E:** Der Bundestag debattierte gestern über den gemeinsamen Gesetzesentwurf der Regierungsfraktionen von SPD und BÜNDNIS 90/DIE GRÜNEN und den Entwurf der CDU/CSU-Fraktion zur Neuregelung des Staatsangehörigkeitsrechts in erster Beratung. Anschließend wurden die Vorlagen an die zuständigen Ausschüsse zur Weiterberatung überwiesen.

**F:** Unbemerkt von der Öffentlichkeit wurde das neue Gesetz zur Staatsbürgerschaftsreform im Bundesgesetzblatt verkündet. Es kann nun am 1. Januar in Kraft treten.

## AUFGABEN >>

1. Die Ausschnitte oben sind, über ein knappes Vierteljahr verteilt, damals in Tageszeitungen erschienen. Stellt zu jedem Ausschnitt fest, zu welcher Phase der Gesetzgebung er gehört. Bringt dann die Ausschnitte in die richtige zeitliche Reihenfolge.
2. Worin liegt das Besondere an der neuen Regelung für die deutsche Staatsangehörigkeit?

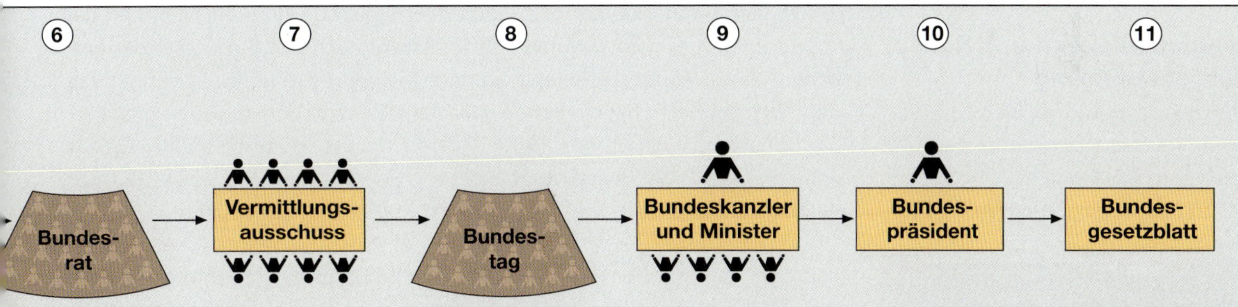


er Bundesrat berät über das Gesetz.

Bei Meinungsverschiedenheiten zwischen Bundestag und Bundesrat wird versucht, im Vermittlungsausschuss einen Kompromiss zu finden.

Bei einfachen Gesetzen kann der Bundestag den Einspruch des Bundesrats zurückweisen. Bei zustimmungsbedürftigen Gesetzen muss nach dem Bundestag auch noch der Bundesrat zustimmen.

Nach Verabschiedung eines Gesetzes wird es dem zuständigen Minister und dem Bundeskanzler vorgelegt, die durch ihre Unterzeichnung die politische Verantwortung dafür übernehmen.

Das Gesetz wird vom Bundespräsidenten unterzeichnet.

Das Gesetz wird im Bundesgesetzblatt verkündet und tritt somit in Kraft.

# Z Zusatzthema: Verfassungsorgane der deutschen Demokratie

Wenn unser Körper funktionieren will, braucht er lebenswichtige Organe, die zusammenwirken: Herz, Leber, Nieren, Lunge. Genauso ist es mit dem Staat. Auch da gibt es Teile beziehungsweise Organe, die unbedingt notwendig sind und deren Zusammenwirken das Funktionieren des Staates garantiert.
Die wichtigsten Organe des Staates stehen im Grundgesetz, also in unserer Verfassung. Sie heißen darum logischerweise Verfassungsorgane. Im politischen System nehmen sie unterschiedliche Aufgaben und Funktionen wahr. Bundesrat und Bundestag habt ihr bereits kennen gelernt. Daneben gibt es aber noch drei weitere wichtige Institutionen.

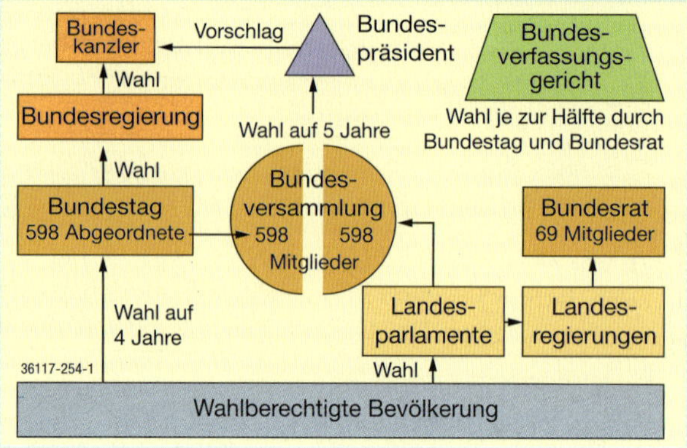

*254.1 Verfassungsorgane der Bundesrepublik*

*254.2 Bundespräsident Horst Köhler*

### Bundespräsident und Bundesversammlung

Der Bundespräsident ist der „erste" Mann im Staat. (Es könnte natürlich auch eine Frau sein, aber bisher gab es nur Männer in diesem Amt). Bundespräsident kann werden, wer das aktive Wahlrecht besitzt, wer Deutsche/r ist und 40 Jahre alt ist.
Der Bundespräsident wird von der Bundesversammlung für fünf Jahre gewählt. Diese tritt nur zur Wahl eines Bundespräsidenten zusammen. Sie setzt sich zusammen aus Abgeordneten des Bundestages und genauso vielen Personen, die von den Länderparlamenten gewählt werden. So wird deutlich, dass der Bundespräsident den Bund und die Länder vertritt.
Zu den Aufgaben des Bundespräsidenten gehört es, Deutschland völkerrechtlich zu vertreten. Daher ist er oft in den Medien zu sehen, wenn er Staatsbesuche macht oder Staatsoberhäupter empfängt. Er ernennt die Verfassungsrichter, den Bundeskanzler und die Bundesminister. Wenn die Mehrheit der Abgeordneten es wünscht, muss der Präsident auch den Bundeskanzler entlassen. Viele Gesetze gelten erst, wenn er sie geprüft und unterzeichnet hat. Und noch ein Recht hat ein Bundespräsident: Er kann Verurteilte begnadigen.
Die Bundespräsidenten seit 1949: Theodor Heuss, Heinrich Lübke, Gustav Heinemann, Walter Scheel, Karl Carstens, Richard von Weizsäcker, Roman Herzog, Johannes Rau. Seit 2004 ist Horst Köhler Bundespräsident.

*254.3 Bundeskanzlerin Angela Merkel*

### Bundesregierung

Die Bundesregierung steuert den Staat und besteht aus dem Bundeskanzler und den Bundesministern. Zusammen bilden sie das Kabinett.

Nachdem der Kanzler auf vier Jahre vom Bundestag gewählt worden ist (> S. 246), schlägt er dem Bundespräsidenten Männer und Frauen seiner Wahl vor, die dieser dann zu Ministern ernennt.
Der Bundeskanzler „bestimmt die Richtlinien der Politik und trägt dafür die Verantwortung" (GG Art. 65), d.h. er legt die Schwerpunkte der Politik fest. Im Rahmen dieser Richtlinien leitet jede/r Bundesminister/in ein Ministerium, das für bestimmte Aufgaben zuständig ist. So kümmert sich das Bundesministerium für Familie, Senioren, Frauen und Jugend um vieles, was mit diesen Gruppen zu tun hat, der Bundesminister der Verteidigung um die Ausstattung der Bundeswehr und Einsätze der Streitkräfte. Kanzler und Minister treffen sich zu Sitzungen, in denen sie sich beraten und Entscheidungen treffen.
Die Bundeskanzler seit 1949: Konrad Adenauer, Ludwig Erhard, Kurt Georg Kiesinger, Willy Brandt, Helmut Schmidt, Helmut Kohl, Gerhard Schröder. Seit 2005 ist Angela Merkel Bundeskanzlerin der Bundesrepublik Deutschland.

*255.1 Bundesverfassungsgericht bei Verkündung eines Urteils*

## Bundesverfassungsgericht

Das Bundesverfassungsgericht wacht darüber, dass die Verfassung, also das „Grundgesetz für die Bundesrepublik Deutschland" eingehalten wird. Es besteht aus zwei Senaten mit jeweils acht Richtern, die je zur Hälfte vom Bundestag und vom Bundesrat gewählt werden.

Ist jemand der Meinung, dass er in seinen Grundrechten verletzt worden ist, kann er das vom Bundesverfassungsgericht prüfen lassen. Beispiele: Eine Lehrerin wollte auch im Unterricht ein Kopftuch als Ausdruck ihres muslimischen Glaubens tragen dürfen. Ein Vater wollte nicht, dass seine Kinder in Klassenzimmern unterrichtet werden, in denen Kreuze aufgehängt sind. Beide reichten Klage vor dem Verfassungsgericht ein. Die Richter überprüften, ob in diesen Fällen gegen Artikel 4 des Grundgesetzes, in dem jedem die Freiheit des Glaubens garantiert wird, verstoßen worden ist und sprachen dann ihr Urteil.

Bekommen die Kläger Recht, müssen die Behörden entsprechend handeln oder ein Gesetz muss so geändert werden, dass es dem Grundgesetz nicht widerspricht.

Nicht nur Einzelbürger, sondern auch Gemeinden und Bundesländer können „Verfassungsbeschwerde" einlegen, wenn ein Bundesgesetz aus ihrer Sicht nicht mit einer Bestimmung im Grundgesetz vereinbar ist.

**Gewaltenteilung: Schutz vor Machtmissbrauch**

Warum ist unser politisches System so kompliziert? Wäre es nicht einfacher, wenn einer die Macht im Staate hätte?

Stellt euch einmal vor: Ein Polizist erlässt ein Gesetz. Er nimmt alle, die dagegen verstoßen, selbst fest und steckt sie ins Gefängnis. Und wenn sie sich wehren wollen, weil sie finden, dass sie unschuldig sind, ist er auch der Richter, der darüber entscheidet. Klingt merkwürdig. Und unheimlich. Denn die „Verbrecher" haben keine Chance auf Gerechtigkeit. So viel Macht in einer Hand wird leicht missbraucht.

Dagegen hilft die Gewaltenteilung. Das bedeutet nämlich nichts anderes, als dass die staatliche Macht aufgeteilt wird. Und zwar wird sie in drei Bereiche getrennt: 1. Gesetze beschließen (Legislative), 2. Gesetze anwenden bzw. aufpassen, dass Gesetze eingehalten werden (Exekutive), 3. über Gesetzesverstöße entscheiden (Judikative).

Dieses Prinzip hat eine lange Tradition und man kann es in den Verfassungen beinahe aller modernen Demokratien finden. Die Judikative (Richter) kann zum Beispiel jemanden, der von der Exekutive (der Polizei) wegen eines Verdachts festgenommen wurde, wieder befreien – wenn sie in einem Gerichtsverfahren feststellt, dass er unschuldig ist. Die Aufteilung in Legislative, Exekutive und Judikative nennt man auch horizontale (waagerechte) Gewaltenteilung, weil sich alle drei auf einer Stufe befinden. Daneben gibt es aber auch die vertikale (senkrechte) Gewaltenteilung. Damit ist gemeint, dass sich der Gesamtstaat und die Länder die staatliche Macht teilen.

Diese doppelte Form der Gewaltenteilung ist ein doppelter Schutz: Jeder kontrolliert jeden, Machtmissbrauch ist so kaum noch möglich.

(nach: http://foederalion.bundesrat.de/foederalion/content.php?page=5, Zugriff: 22.2.2008)

*255.2*

**AUFGABEN >>**

1. Erstellt eine Tabelle zu den Staatsorganen in der Bundesrepublik Deutschland: Bezeichnung, Zusammensetzung, Aufgaben, Bedeutung. Schlagt dazu auch im Grundgesetz nach.
2. Entwickelt ein „Spiel des Wissens" zu den Staatsorganen.
3. „Es wäre viel einfacher und besser, wenn eine Person im Staat alle Macht in ihrer Hand hätte." Nehmt zu dieser Aussage Stellung.

## Rollenspiel Bundestag: Raus aus der Schuldenfalle - Taschengeld für jeden Schüler?

In dem Spiel sollt ihr in die Rolle von Bundestagsabgeordneten schlüpfen, die über ein neues Gesetz befinden sollen. Ausgangspunkt ist ein viele Jugendliche bedrückendes Problem: Schulden, die sich angehäuft haben und die Jugendliche oft in einen Teufelskreis geraten lassen.

Schon lange haben sich die Jugendpolitiker im Bundestag die Köpfe zerbrochen, was das Parlament als Gesetzgeber für die Jugendlichen machen könnte.
In diesem Spiel ergreift die „Bundesregierung" mit einer Gesetzesvorlage die Initiative.

### SOS – Jugendliche in der Schuldenfalle – Wie kommt es dazu?

Tolle Kleidung, das neueste Handy, Einkaufen als Freizeitbeschäftigung und am Wochenende ausgehen: Das ist für viele Jugendliche und junge Erwachsene heute eine Selbstverständlichkeit – auch wenn man das Geld dafür nicht hat. Auf Pump lässt sich schließlich Vieles finanzieren. Die Schuldner in Deutschland werden immer jünger, jeder fünfte Jugendliche hat heute Schulden – bei der Bank, dem Versandhaus, dem Mobilfunkanbieter, den Eltern oder bei Freunden.

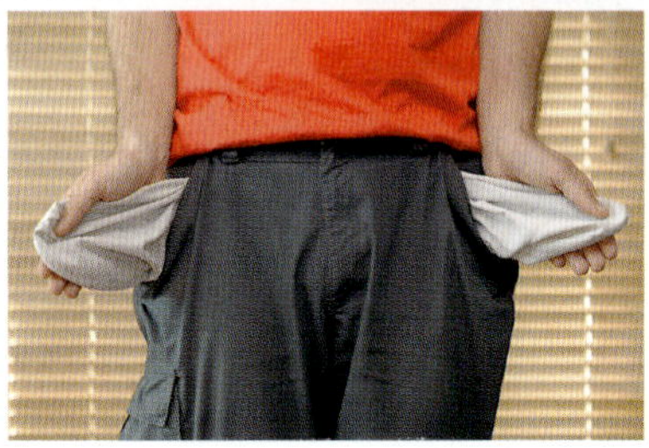

Schuldenkarrieren beginnen oft mit dem ersten selbst abgeschlossenen Vertrag bei einem Mobilfunkanbieter. Schnell verliert der Jugendliche den Überblick bei so verlockenden Angeboten wie Flirt-SMS, Klingeltönen, Megalogos, Internetinhalten fürs Handy (WAP), Newslettern zu Musik und Kurzmitteilungen. Aber nicht nur das Handy trägt zur Verschuldung bei. Auch der Versand- und der Internethandel melden der Schufa (Schutzgemeinschaft für allgemeine Kreditsicherung) häufiger Zahlungsschwierigkeiten junger Leute. Gut 450 000 der jungen Menschen haben hier ihre Zahlungsverpflichtungen nicht einhalten können. Im Durchschnitt haben die jungen Leute rund 3 500 Euro Schulden.

**Raus aus der Schuldenfalle:**
**Regierung plant Taschengeld für jeden Schüler**

Die neuesten Zahlen zur Verschuldung bei Jugendlichen hat die Politik alarmiert. Wie am Montag bekannt wurde, will die Bundesregierung einen Gesetzentwurf dem Bundestag zuleiten, der ein einheitliches Taschengeld für alle Schülerinnen und Schüler vorsieht.
Die Politik könne, so der Regierungssprecher, nicht tatenlos zusehen, wie immer mehr junge Menschen in die Schuldenfalle geraten und so ihr Start ins Erwachsenenleben erschwert wird.

*256.1 Fiktive Zeitungsmeldung*

**Deutscher Bundestag** Drucksache 46/1411
**16. Wahlperiode** 16.04.2008

## Gesetzentwurf
**der Bundesregierung**

<u>Entwurf eines Gesetzes zur Einführung eines einheitlichen Taschengeldes für Schüler</u>

**A. Problem und Ziel**
Die neuesten Zahlen der Schuldnerberatungsstellen weisen darauf hin, dass die Schulden bei Kindern und Jugendlichen zu einem gesellschaftspolitischen Problem geworden sind. Kinder und Jugendliche ...
Deshalb ist es erforderlich, Maßnahmen zu ergreifen, die Kinder und Jugendliche finanziell unterstützen.

**B. Lösung**
Die Einführung eines einheitlichen Taschengeldes für Schüler bietet die Möglichkeit, diesen Problemen entgegenzuwirken. Einen Rechtsanspruch auf diese Vergütung erhalten alle Schüler ab dem 14. Lebensjahr bis zu ihrem Schulaustritt. Gewährleistet ist damit, dass die Altersgruppe erfasst wird, die ....

Das erste Echo ist überwältigend. Aber je länger über den Regierungsplan diskutiert wird, desto mehr melden sich auch kritische Stimmen. Und als die Regierung ihr Vorhaben in Form eines Gesetzentwurfs dem Bundestag vorlegt, sind die Meinungen schon sehr geteilt.

**Wunderbar, sagen die einen:** Damit bekommen die Jugendlichen eine neue Startchance. Außerdem müssen sich Schüler nicht mehr nebenbei Geld verdienen, sondern können sich voll auf die Schule konzentrieren. Und die Kids aus Elternhäusern, die nicht so gut betucht sind, werden nicht benachteiligt. Alle sind gleich.

**Schlecht, sagen die anderen:** Wer soll das bezahlen? Ist es nicht besser, wenn auch die Schüler nebenbei etwas Geld verdienen und so ein Stück Arbeitsleben kennen lernen? Wo kommen wir denn hin, wenn der Staat alles in die Hand nimmt?

*257.1 Karikatur*

Als der Bundestag über den Gesetzentwurf berät, zeigt sich auch, wie sehr sich grundsätzliche Fragen und Schwierigkeiten im Detail mischen.

- Was kostet das Ganze?
- Wäre das Geld nicht woanders nötiger?
- Wie hoch soll es überhaupt sein?
- Und sollen es wirklich alle Schüler ohne Unterschied erhalten?
- Wenn nicht, wer dann wie viel? Nach welchen Maßstäben?
- Und wie findet man heraus, wer wie viel braucht?

Die Regierungsfraktion im Bundestag ist grundsätzlich für das Taschengeld. Aber sie hat auch Zweifel, ob es sich auf die Dauer bezahlen lassen wird.

Die Regierung muss deshalb ihren Plan präzisieren und für ihn auch in den eigenen Parlamentsreihen werben. Auch die Opposition kann dem Plan etwas abgewinnen, sie stellt aber die Regierung und die Regierungsfraktion zur Rede, ob auf längere Sicht dann nicht Steuererhöhungen nötig sind oder ob die Staatsschulden wieder steigen werden. Und würden es dann nicht auch die Schüler sein, die später die höheren Steuern oder Schulden zu begleichen hätten?

**Vorgehen:**

1. Stellt die Pro- und Contra-Stimmen für den Gesetzentwurf einander gegenüber.
2. Findet heraus, was das Gesetz kosten würde, wenn jeder Schüler 50 € im Monat bekommen würde?
3. Spielt Bundestag:

- Schließt euch zu Fraktionen (Regierung und Opposition) zusammen.
- Sammelt jeweils Argumente für oder gegen den Gesetzentwurf und arbeitet Lösungsvorschläge aus.
- Tragt eure Ergebnisse in einer Debatte vor und versucht, die andere Gruppe zu überzeugen.
- Macht vorher und nachher eine Abstimmung. – Wie viele haben ihre Meinung gewechselt?

(Rollenspiel nach: RERUM: Deutscher Bundestag & Schule, Lehrerband, 2005)

# Wissen: Wie funktioniert unsere Demokratie?

**A** § 50
Aufgaben der Gemeindevertretung

**B** § 51
Ausschließliche Zuständigkeit der Gemeindevertretung

*258.1 Rathaus von Kassel*

**C** § 66
Aufgaben des Gemeindevorstands

**D** § 70
Aufgaben des Bürgermeisters

1. Beschließt über die Angelegenheiten der Gemeinde
2. Erlässt die Haushaltssatzung und setzt das Investitionsprogramm fest
3. Verleiht die Ehrenbürgerschaft
4. Legt die allgemeinen Grundsätze fest, nach denen die Verwaltung zu führen ist
5. Bereitet die Beschlüsse der Gemeindevertretung vor und führt sie aus
6. Verwaltet die öffentlichen Einrichtungen und wirtschaftlichen Betriebe der Gemeinde und das sonstige Vermögen
7. Verteilt die Gemeindeabgaben nach den Gesetzen und nach den Beschlüssen der Gemeindevertretung und zieht die Einkünfte der Gemeinde ein
8. Bereitet die Beschlüsse des Gemeindevorstands vor und führt sie aus
9. Erledigt die laufenden Verwaltungsaufgaben selbstständig
10. Verteilt die Geschäfte unter die Mitglieder des Gemeindevorstands
11. Leitet und beaufsichtigt den gesamten Geschäftsgang der Verwaltung
12. Vertritt die Gemeinde

**AUFGABEN >>**

1 Lest die oben genannten Paragraphen der Gemeindeordnung nach.

2 Ordnet die genannten Aufgaben 1-12 den jeweiligen Organen bzw. Einrichtungen der Gemeinde zu.

3 Überlegt, warum es diese Aufgabenverteilung bzw. diese Zuständigkeiten gibt. Begründet eure Aussage mithilfe der Informationen der vorangegangenen Seiten.

259.1

259.4

259.2

259.5

259.3

**AUFGABEN >>**

1 Bestimmt die auf den Abb. 259.1-5 abgebildeten Verfassungsorgane.

2 Entwickelt in kleinen Gruppen ein Quizspiel:
– Zu jedem Verfassungsorgan bildet sich eine Gruppe, die auf den vorhergehenden Seiten die entsprechenden Informationen zu ihrem Verfassungsorgan noch einmal durchliest und (mindestens) fünf Fragen formuliert.
– Schreibt die Fragen auf die Vorderseite einer Karteikarte und die Antworten auf die Rückseite.
– Werft die Karten aller Gruppen zusammen und mischt sie gut durch.
– Ermittelt nun in der Klasse (oder in Gruppen) mit eurem Quizspiel den Fachmann / die Fachfrau für Politik.

# 7 Vom mittelalterlichen Weltbild zur Moderne

Die Europäer wussten im Mittelalter nur sehr wenig über Asien und Afrika, Amerika war ihnen völlig unbekannt (> S. 110). Erst im 15. Jahrhundert erweiterten die Entdeckungen unerschrockener Seefahrer das geografische Wissen der Europäer.

**AUFGABE >>>**

Die Karte von 1508 erstellte ein Kartenhändler aus Florenz. Vergleicht sie mit einer modernen Weltkarte. Welche Gebiete kannte man gut, welche waren damals unbekannt?

# Die Entdeckung der Welt und des Menschen

Um 1500 hatten die Menschen das Gefühl, dass ein neues Zeitalter begonnen hat. Diese Wende vom 15. ins 16. Jahrhundert – vom Mittelalter in die Neuzeit – war für die Europäer tatsächlich eine Zeit der großen geistigen Bewegungen und Entdeckungen aller Art:

- Die Menschen bekamen eine neue Vorstellung vom Kosmos und von der Form der Erde.
- Sie setzten sich mit dem Menschen und dem Sinn seines Lebens neu auseinander.
- Künstler drückten dieses neue Lebensgefühl in einem neuen Kunststil aus.
- Und schließlich veränderten neue Erfindungen das Leben der Menschen.

262.1 *Mittelalterliches Weltbild: Ein Mensch durchbricht den Himmel und schaut auf das Räderwerk, das Sonne, Mond und Sterne antreibt.*

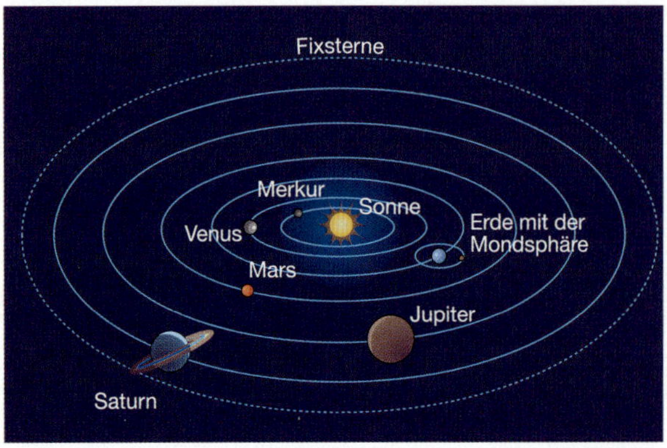


262.2 *Neuzeitliches Weltbild: Planeten umkreisen die Sonne*

## Ein neues Weltbild entsteht

***Die Sonne ist der Mittelpunkt der Welt.*** Im Mittelalter galt das Weltbild des Griechen Ptolemäus: Demnach ist die Erde der Mittelpunkt der Welt. Um sie bewegen sich auf festen Bahnen die Sonne, der Mond und die Planeten.

Nikolaus Kopernikus (1473-1543) erforschte nun die „wahren Bewegungen" der Himmelskörper. Er kam zu der Erkenntnis: Nicht die Erde, sondern die Sonne ist der Mittelpunkt der Welt. Die Erde, ein kleiner Stern unter vielen anderen, zieht neben anderen Planeten um die Sonne ihre Bahn. Dieses **heliozentrische Weltbild** veränderte radikal die Vorstellungen vom Kosmos. Die Lehre des Kopernikus wurde später durch die Forschungsergebnisse von Johannes Kepler und Galileo Galilei bestätigt.

***Die Erde ist eine Kugel.*** In der Antike wusste man bereits von der Kugelgestalt der Erde. Doch dieses Wissen ging verloren. Die Menschen des Mittelalters stellten sich die Erde als Scheibe vor. Über ihr spannt sich der Himmel, an dem Sonne, Sterne und Mond befestigt sind. Kommt man an den Rand der Erdscheibe, so fällt man hinunter.

In der Neuzeit kam die Kugelvorstellung von der Erde wieder auf. Martin Behaim, ein Nürnberger Kaufmann, ließ 1492 das erste Kugelmodell der Erde anfertigen. Den endgültigen Beweis von der Kugelgestalt erbrachte Magellan: Ihm gelang es als Erstem, die Erde zu umsegeln.

**AUFGABEN>>**

1. Erklärt das neuzeitliche Weltbild und vergleicht es mit dem mittelalterlichen Weltbild.
2. Überlegt, in welchem Zusammenhang die Vorstellung von der Kugelgestalt der Erde mit der Entdeckung Amerikas steht.

262.3 *Globus von Martin Behaim*

## Ein neues Bild vom Menschen entsteht

Die Menschen schauten nicht nur in den Raum, sondern auch in die Zeit. Beim Blick in die Vergangenheit wurden ihnen ganz neue Welten offenbar. Zu ihnen gehörte auch die Welt des griechisch-römischen Altertums. Wissenschaftler lasen, studierten und übersetzten die Schriften der alten Griechen und Römer und waren fasziniert von deren Denken. Der Mensch der Antike wurde zum Vorbild. Wie er wollten sich die Menschen am Schönen freuen, ein kraftvolles Leben führen, die Welt nach eigenem Willen gestalten. Die Vertreter dieser Weltanschauung nannten sich Humanisten (lat. human = menschlich).

***Der Mensch hat einen eigenen Willen.*** Für den mittelalterlichen Menschen war klar: Alles ist von Gott vorherbestimmt, alles läuft nach seinem Plan ab. Als Geschöpfe Gottes hatten sich die Menschen dem göttlichen Willen zu fügen. Pico von Mirandola, ein Humanist aus Italien, fasste die neue Sicht vom Menschen 1486 so zusammen:

*„Gott stellte den Menschen in die Mitte der Welt und sprach zu ihm: ‚Wir haben dir weder einen bestimmten Wohnsitz noch ein eigenes Gesicht noch irgendeine besondere Gabe verliehen, o Adam, damit du jeden beliebigen Wohnsitz, jedes beliebige Gesicht und alle Gaben, die du dir wünscht, nach deinem Willen und nach deiner eigenen Meinung haben mögest. Den übrigen Wesen ist ihre Natur durch die vorgeschriebenen Gesetze bestimmt und wird dadurch in Schranken gehalten. Du bist durch keinerlei unüberwindliche Schranken gehemmt, sondern du sollst nach deinem eigenen freien Willen, in dessen Hand ich dein Geschick gelegt habe, sogar jene Natur dir selbst bestimmen. Ich habe dich in die Mitte der Welt gesetzt, damit du von dort bequem um dich schaust, was es alles in der Welt gibt.'"*

(aus: Guggenbühl, G. (Hg.): Quellen zur Geschichte des Mittelalters. Zürich: Schulthess 1972, S. 285.)

***Der Mensch verfügt über einen wunderbaren Geist und Körper.*** Zu dieser Erkenntnis kamen die Humanisten durch Studien des menschlichen Körpers.

Leonardo da Vinci fertigte zahlreiche Skizzen vom Körperbau des Menschen an (Abb. 263.1). In seinen Skizzenbüchern hielt er auch Entwürfe fest, die den Menschen wie einen Vogel fliegend zeigen.

Auch Nicolaus von Cues, ein deutscher Humanist, beschäftigte sich mit dem menschlichen Körper und Geist:

*„Der Mensch besitzt eine Stadt mit fünf Toren, den fünf Sinnen. Durch diese treten Boten ein und bringen Berichte aus der ganzen Welt. Die, welche Neuigkeiten bringen über das, was sich im Bezirk der Farben zugetragen hat, treten durch das Tor des Gesichtes, die Berichterstatter über den Bezirk des Tones und der Stimmen durch das Ohr. Ebenso ist es bei den andern Sinnen. Bleibt eines der Tore geschlossen, so fehlen die Nachrichten eines Bezirkes der Sinnenwelt. Dann ist nichts zu verzeichnen über die Sonne, die Sterne, die Farben, die Gestalten der Menschen, der Tiere, der Pflanzen, über die Schönheit der Welt, das Gesungene, die Melodien."*

(Aus: Riedmiller, K.:Geschichte – Mittelalter, Paderborn 1967, S. 111)

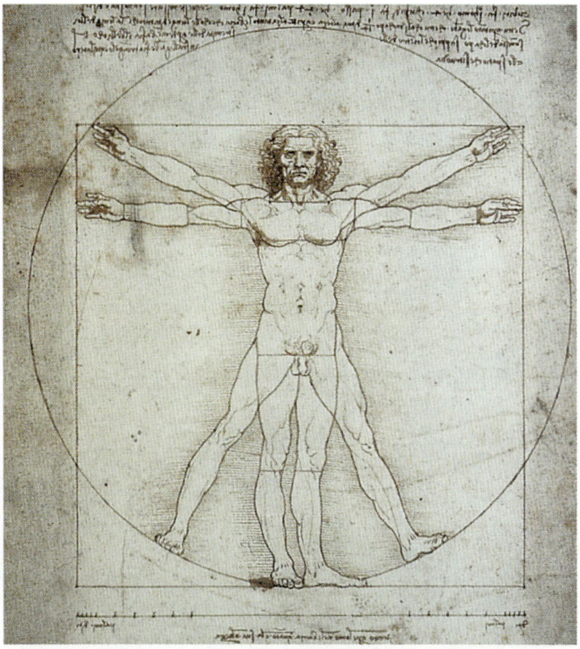

*263.1 Zeichnung von da Vinci: Die Maße des Menschen*

„Gute Menschen haben den natürlichen Wunsch nach Wissen", schrieb der Italiener Leonardo de Vinci (1452-1519). Er beobachtete und zeichnete sein Leben lang.
Etwa 5 700 Seiten in Notizbüchern belegen seine vielfältigen Interessen: Naturbeobachtungen, Astronomie, Versuche mit Flugapparaten, vereinfachte Arbeitsvorgänge und Ersatz von menschlicher Arbeit durch Maschinen.
Außerdem wirkte Leonardo da Vinci als Maler („Mona Lisa") und Bildhauer.

**AUFGABEN >>**

1 Beschreibt, wie sich die Vorstellung vom Menschen zu Beginn der Neuzeit änderte.

2 Stellt einen Zusammenhang her zwischen den Texten von Pico de Mirandola und Nicolaus von Cues.

264.1 *Das Renaissanceschloss des Landgrafen Georg I. von Hessen in Lichtenberg war der erste Auftrag in Südhessen und hatte Vorbildcharakter für weitere Bauten. Es wurde 1570-1581 durch Jakob Kesselhut erbaut*

264.2 *Alexanderschlacht. Gemälde von Albrecht Altdorfer (1529)*

## Neue künstlerische Formen

Der Blick in die Vergangenheit und die neue Vorstellung vom Menschen bewirkte auch einen Wandel in der Kunst. Die neue Kunstrichtung wurde **Renaissance** (frz. = Wiedergeburt) genannt und meint soviel wie Wiedergeburt der Antike. Von den Bauwerken der alten Griechen und Römer schauten sich die Architekten vor allem das Gleichmaß ab: Länge, Breite und Höhe sollten in einem harmonischen Verhältnis zueinander stehen und die Flächen ebenmäßig aufgeteilt sein.

***Architekten betonen die Waagrechte.*** Im Mittelalter hatten die Menschen ihre Sehnsucht nach Gott in himmelstrebenden Kathedralen ausgedrückt. Jetzt drückten die Menschen ihr neues Weltgefühl – ihre Gebundenheit an die Erde – aus: Sie bauten breit und weit ausladende Gebäude. Gesimse betonten die waagrechten Linien. Säulen, Rundbogen und Dreiecksgiebel schmückten die Fassaden. Kirchen erhielten nicht mehr steil aufragende Türme, sondern Kuppeln.
Als Hauptwerk gilt der Petersdom in Rom, in dem sich auch viele Kunstwerke von Michelangelo befinden, einem berühmten Künstler der neuen Stilrichtung. Im Stil der Renaissance wurden viele Paläste, Villen, Schlösser und Rathäuser gebaut. Auch in Deutschland wurden in der Zeit bedeutende Bauwerke geschaffen (Abb. 264.1).

***Maler nehmen die Natur als Vorlage.*** In den Menschen erwachte der Sinn für die Schönheit der Landschaft und der Natur. Die Künstler wurden selbstbewusst. Sie schrieben jetzt ihren Namen unter die Kunstwerke. Sie nahmen die Natur als Vorlage, zeichneten perspektivisch (Wiedergabe der räumlichen Sicht) und bemühten sich um die richtigen Proportionen (Größenverhältnisse).
Die Maler bildeten die Menschen möglichst genau ab und wählten als Hintergrund oft Landschaften. „Die Kunst steckt wahrhaftig in der Natur. Wer sie kann herausreißen, der hat sie", sagte Albrecht Dürer, der zu den bedeutendsten Malern dieser Zeit gehörte. Auch Lucas Cranach, Albrecht Altdorfer und Hans Holbein der Ältere schufen unvergängliche Werke.

**AUFGABEN >>**

1 Erklärt die Merkmale des Renaissance-Stils an den Abbildungen 264.1 und 2.

2 Sucht zu den im Text genannten Künstlern der Renaissance Informationen und Bilder im Internet und stellt sie in Kurzreferaten vor.

## Erfindungen verändern das Leben

In ihrer Entdeckungslust begannen die Menschen, genau zu beobachten, zu messen, zu vergleichen, zu forschen und zu erfinden. So standen am Beginn der Neuzeit eine Reihe von Erfindungen, die das Leben veränderten.

**Erfindungen ermöglichen die Erforschung des Raums.** Im Mittelalter waren den Europäern ferne Länder weitgehend verschlossen geblieben. Erst durch verschiedene Erfindungen und Verbesserungen wurden die Fahrten über die Weltmeere möglich. Ein italienischer Seemann entwickelte den Kompass so weiter, dass die Seefahrer auch bei Nebel und bei verhangenem Himmel die gewünschte Fahrtrichtung einhalten konnten. Mit Hilfe des Jakobsstabes (Abb. 272.2) konnten Seeleute berechnen, wie weit südlich oder nördlich sich ein Schiff von seinem Heimathafen befand.
Das Handlog wurde gegen Ende des 15. Jahrhunderts entwickelt. Damit konnte die Geschwindigkeit eines Schiffes berechnet werden. In der Seefahrerschule in Sagres (südliches Portugal) versammelte der portugiesische Prinz Heinrich die besten Schiffsbauer Europas. Sie entwickelten einen neuen, schlanken, hochseetüchtigen Schiffstyp: die Karavelle (Abb. 265.1).
Außerdem führten exakte Messungen und genaue Beobachtungen zu verbesserten Seekarten (> S. 260/261).

**Eine Erfindung für die genaue Messung der Zeit.** Wollten die Menschen im Mittelalter wissen, wie spät es ist, dann waren sie auf Sonnenuhren oder auf die mechanischen Uhren in den Kirch- und Rathaustürmen angewiesen. Solche Uhren mussten mit Gewichten angetrieben werden, was jedoch nur in größeren, festen Gehäusen möglich war. 1530 stellte Peter Henlein, ein Nürnberger Schlosser, die erste kleine tragbare Uhr her. Das „Nürnberger Ei", wie seine Taschenuhr genannt wurde, ermöglichte durch den gleichmäßigen Lauf des Uhrwerks eine genaue Zeitbestimmung an jedem Aufenthaltsort. Seine Uhr wurde von einer kleinen Feder angetrieben, die Kraft für 40 Stunden Betrieb lieferte.

**Das Spinnrad wird verbessert.** Tausende von Jahren hatten die Menschen Tierhaare oder Pflanzenfasern mit einer Handspindel zu Fäden zusammengedreht, das heißt gesponnen. Im 13. Jahrhundert war dann die Handspindel vom Spinnrad abgelöst worden, das allerdings von Hand bewegt werden musste. Im Jahr 1530 erfand schließlich der Steinmetz Johann Jürgens den Fußantrieb für das Spinnrad. Da die Hände nun frei waren, konnte schneller und mehr gesponnen werden.

*265.1 Karavelle. Dieses schnelle Schiff mit Dreieckssegeln ermöglichte es, besser gegen den Wind zu kreuzen.*

**Der Buchdruck ermöglicht die Verbreitung des Wissens.** Neue Erkenntnisse schriftlich zu verbreiten, war im Mittelalter eine mühsame und zeitraubende Sache: So wurden in den Klöstern (> S. 88) Bücher durch Abschreiben vervielfältigt. Das änderte sich durch den Mainzer Goldschmied Johannes Gutenberg (> S. 266).

**AUFGABEN >>**

1. Stellt wichtige Erfindungen zu Beginn der Neuzeit zusammen und erklärt, inwiefern sie das Leben der Menschen veränderten.
2. Vergleicht die Möglichkeiten der Wissensverbreitung im Mittelalter, in der Neuzeit und in der Jetztzeit.

*265.2 Taschenuhr von Henlein*

# Z Zusatzthema: Drucken statt Schreiben

1397 wurde Johannes Gensfleisch zur Laden von Gutenberg in Mainz geboren. Sein Vater war ein reicher Kaufmann. Er konnte es sich leisten, dass sein Sohn eine Schule besuchte. Dort lernte dieser lesen, schreiben und Latein.
Gutenberg war fasziniert von der Idee, ein Druckverfahren zu entwickeln, mit dem Bücher und Schriften in hoher Stückzahl günstig produziert werden konnten. Er arbeitete von 1434 bis 1444 in Straßburg. Aus Urkunden wissen wir, dass er vermutlich dort schon Druckversuche unternommen hat. 1448 kam er zurück nach Mainz und errichtete dort eine eigene Werkstatt. Von einem Mainzer Kaufmann lieh er sich einen großen Geldbetrag, um seine Druckwerkstatt einrichten und Arbeiter anstellen zu können. 1455 druckte Gutenberg etwa 180 Exemplare einer Bibel in lateinischer Sprache. Da er aber seine Schulden nicht zurückzahlen konnte, zog der Kaufmann vor Gericht. Gutenberg verlor seine Werkstatt und die von ihm gedruckten Bibeln. Bis an sein Lebensende konnte er seine Schulden nicht zurückzahlen. Er bekam aber Wein-, Getreide und Kleiderspenden und musste keine Steuern bezahlen.

*266.1 Johannes Gutenberg*

Die Menschen der Renaissance hatten einen starken Drang nach Wissen. Auf den Seiten 262-265 habt ihr erfahren, welche Ideen sich entwickelten und welche Erfindungen und Entdeckungen die Menschen damals machten. Wie konnte diese neue Wissenschaft nun verbreitet werden? Dies wurde durch eine Erfindung Gutenbergs, durch den Buchdruck, möglich.
Er goss einzelne Buchstaben (=Lettern) aus Metall. Diese Lettern konnten beliebig oft zu Wörtern, Zeilen und ganzen Seiten zusammengesetzt und wieder auseinandergenommen werden. In einen Druckstock eingespannt, konnten auf diese Weise ganze Texte so oft vervielfältigt werden, wie sie gebraucht wurden. Der Buchdruck verbreitete sich rasch in Europa. Schon um 1500 existierten mehr als 1500 Druckereien in Europa. Neue Gedanken und neues Wissen konnten so rasch verbreitet werden.
Mit dem Buchdruck kam allerdings sofort die **Zensur**, das Verbot von gedruckten Schriften. So erklärte zum Beispiel der Erzbischof Berthold von Mainz am 22. März 1485:
*„Wenngleich die Druckerkunst es leicht macht, die Werke der einzelnen Wissenschaften zur Bildung zu beschaffen, so haben wir doch erfahren, dass manche Leute diese Kunst missbrauchen. Sie übersetzten Bücher, die von göttlichen Dingen handeln, aus der lateinischen Sprache in die deutsche Sprache.*
*Laien (Menschen, die keine Priester sind), Ungelehrte (Menschen, die nicht studiert haben) und das weibliche Geschlecht, denen die Bücher in die Hände fallen, können nicht die Wahrheit herauslesen. Wir, der Erzbischof von Mainz, befehlen keine Werke aus der lateinischen Sprache ins Deutsche zu übersetzen und zu drucken, wenn die Werke nicht von Doktoren der Universität durchgesehen und zum Druck freigegeben wurden."*

(Aus: Leuschner, J.: Die Kirche des Mittelalters. Stuttgart 1962, S. 46 f. vereinfacht)

## AUFGABEN >>

1 Erklärt, warum sich Gutenbergs Erfindung durchsetzen konnte.
2 Überlegt, welche Auswirkungen die Erfindung des Buchdrucks auf die Bevölkerung hatte. Wie veränderte sich das Leben der Menschen? Bedenkt, dass viele bis dahin nicht oder nur schlecht lesen und schreiben konnten.
3 Welche Bedenken oder Ängste könnte der Erzbischof von Mainz für seine Entscheidung gehabt haben?
4 Ordnet in Abb. 267.2 die Beschreibungen A–J den Bildern 1–10 zu. Beispiel: Bild 1 / Text E.
5 Sucht in Abb. 267.1 die in Abb. 267.2 beschriebenen Vorgänge.

*267.1 Blick in eine Druckerwerkstatt im 16. Jahrhundert*

**Ein Buch entsteht:**
A) Die Bögen wurden zu einem Buch zusammengetragen. B) In die Matrize goss er flüssiges Blei. C) Der Buchblock erhielt einen Einband. D) Er presste Papier und Druckform zusammenh. E) So stellte Gutenberg eine Letter her. Er formte eine Musterletter aus hartem Material. F) Nun war der Bogen bedruckt. G) Daraus entstand dann eine Bleiletter. H) Dann schlug er sie in ein Klötzchen aus weichem Kupfer. So entstand eine Matrize. I) Die Letter setzte er zu einer Druckform zusammen, die er schwarz färbte. J) Darauf legte er einen Bogen Papier.

36117-267-2

*267.2 Arbeitsschritte beim Buchdruck*

# Z Zusatzthema: Von der Keilschrift zum Internet

*268.1 Tontafel mit Keilschrift aus Mesopotamien, um 2300 v. Chr.*

„Der Schreibberuf rettet dich vor der Arbeitspflicht und schützt dich vor allen Mühen. Du bist nicht unter dem Befehl vieler Herren.
Er bewahrt dich auch vor dem Tragen der Hacke und des Pickels. Werde Schreiber, auf dass deine Haut und deine Glieder glatt bleiben und deine Hände zart; damit du in Weiß gekleidet einherschreitest als ein angesehener Mann."

*268.2 Eine Lehrschrift aus dem alten Ägypten, um 600 v. Chr.*

## Entwicklung der Schrift

Mesopotamien, das Zweistromland, liegt zwischen den Flüssen Euphrat und Tigris. Hier entstand eine der ersten Hochkulturen der Menschheit. Wie im alten Ägypten tauchten schon um 3000 v.Chr. erste Schriftzeichen auf: In Ägypten die sogenannten Hieroglyphen, bei den Sumerern im Zweistromland die Keilschrift.

Warum brauchten diese Gesellschaften die Schrift? Damals entwickelten sich neue Formen des Zusammenlebens. Viele Menschen wohnten nun in Städten. Im Zweistromland und im alten Ägypten waren die Gesellschaften schon sehr spezialisiert: Im Handwerk, im Handel und in der Verwaltung waren damals schon mehr Menschen tätig als im Ackerbau und in der Viehzucht. Die wichtigste Aufgabe der Verwaltungen war es, die Verteilung von Nahrungsmitteln und Handelswaren zu organisieren. Man brauchte Schreiber, die die Waren zählten und Listen anlegten. So wurden die Schrift und die Zahlen entwickelt.

Die große Bedeutung der Schrift war den Menschen schon bewusst. Die Schreiber zählten zu den bedeutendsten Mitgliedern der Gesellschaft (Text 268.2). Auf Schrifttafeln aus der damaligen Zeit finden sich Verträge und Dokumente über Ernten, Grundstückskäufe, Sklavenhandel oder den Verkauf von Nahrungsmitteln.

Auf der abgebildeten Tontafel (Abb. 268.1) werden in sumerischer Sprache die Mengen von Mehlrationen für verschiedene Personen angegeben. Zum Beispiel erhielt ein Bootsschlepper eine Menge von 1 kor (= ca. 1500 Kilo) Mehl für seine Arbeit.

## Wissen ist Macht!

Noch heute ist der 1561 geborene englische Gelehrte Sir Francis Bacon für seinen Satz „Wissen ist Macht!" bekannt. Rund hundert Jahre nach der Erfindung des Buchdrucks (> S. 266) löste diese Erkenntnis eine gesellschaftliche Revolution aus. Sie kann erklären, wie Francis Bacon diesen Satz meinte.

Jahrtausende lang wurde das Wissen der Menschheit mündlich weitergegeben: Von Eltern an Kinder, von Lehrern an Schüler, von Händlern, die von fernen Ländern berichteten, an ihre Kunden. Nur wenige Gelehrte – viele von ihnen waren Mönche – konnten schreiben und lesen. Alle Bücher, die es gab, waren von Hand geschrieben, und fast alle waren kirchliche Schriften. Ein handgeschriebenes Buch kostete noch zu Beginn des 15. Jahrhunderts so viel wie ein Haus in der Stadt.

Nach Gutenbergs Erfindung wurden viele Bücher gedruckt. Ihre Herstellung war nun mit der Kunst des Buchdrucks viel billiger geworden. Das erste Buch, das Gutenberg druckte, war die Bibel. Sie ist bis heute das am meisten gedruckte Buch der Welt.

Bald entwickelten sich auch die ersten Zeitungen: Das Wort „Zeitung" entstand im Kölner Raum aus dem Begriff „Zidunge", was so viel wie „Nachricht", „Neuigkeit" bedeutete. 1605 erschien in Straßburg die erste regelmäßig erscheinende Zeitung. Auch in anderen Städten konnten bald die Menschen täglich über alle möglichen Neuigkeiten lesen. So konnten mehr Menschen Informationen sammeln und daraus lernen.

## Schrift – Buchdruck – Internet – die drei großen Schritte zur Informationsgesellschaft

Die Erfindung des Internet gilt als die größte Revolution seit der Erfindung des Buchdrucks. Denn durch diese Erfindung sind wir zur Informationsgesellschaft geworden. Aber auch vor dieser Erfindung verbreiteten sich Nachrichten viel rascher unter den Menschen als früher. Wesentliche Entwicklungsschritte seit der Erfindung des Buchdrucks waren die Verbreitung von Zeitungen, die Erfindung des Rundfunks gegen 1900, und die Verbreitung des Fernsehens ab 1950.
Durch das Internet kann sich heute jeder von uns fast alle Informationen besorgen, ohne dabei seinen Schreibtisch verlassen zu müssen. Ursprünglich wurde das Internet für die militärische Nachrichtenübermittlung erfunden, seit ungefähr 1990 begann dann die private Nutzung.
Noch nie in der Geschichte der Menschheit konnte sich Wissen so rasch und so flächendeckend verbreiten wie heute – übrigens sehr zum Unwillen von Diktaturen. Die Zahl der Internetnutzer ist in den letzten Jahren rasend schnell angestiegen (Tab. 269.1). Wissenschaftler sprechen sogar davon, dass das Internet zu einer Demokratisierung des Wissens und der Informationen führen wird. Allerdings: Es ist auch kaum möglich, das Internet zu kontrollieren. Zudem kann Falsches leichter verbreitet werden. Und wer – wie viele Menschen in der Dritten Welt – sich keinen Zugang zum Internet leisten kann, bleibt weiterhin von Informationen abgeschnitten.

| | |
|---|---|
| 1992: | 1 Million |
| 1996: | 10 Millionen |
| 2000: | 60 Millionen |
| 2004: | 600 Millionen |
| 2008: | 1,2 Milliarden |

*269.1 Anzahl der Internetnutzer auf der Erde*

DAILY GRAPHIC
ACCIDENT £1,000 INSURANCE
TUESDAY, APRIL 16, 1912.
TITANIC SUNK: APPALLING LOSS OF LIFE

*269.2 Zeitungsschlagzeile von 1912*

*269.3 Das Internet bringt die Welt auf jeden Schreibtisch*

**AUFGABEN >>**

1 Warum brauchten die Menschen in der Jungsteinzeit noch keine Schrift?
2 Sucht das Zweistromland und Ägypten auf einer Atlaskarte und stellt die Entfernungen zu Frankfurt fest.
3 Zeichnet eine Zeitleiste und tragt folgende Ereignisse ein: Keilschrift, Hieroglyphen, Bibel, Gutenberg, erste Zeitung, Radio, Fernsehen, Internet.
4 Erstellt eine Grafik zu den Zahlen von Tab. 269.1.
5 Das Internet ist kaum zu kontrollieren. Welche Probleme entstehen, wenn man es als Informationsquelle nutzen will?
6 Erklärt den Ausspruch „Wissen ist Macht!“

*270.1 Der Schadenzauber der Hexen. Holzschnitt von 1511. In der Mitte beschwört ein Hexenmeister Dämonen. Unten werden Hexen verbrannt, links davon stehen Rechtsgelehrte.*

## Mörderischer Hexenwahn

### Ein „Bestseller" mit schlimmen Folgen

In der Renaissance wurden neue wissenschaftliche Erkenntnisse durch den Buchdruck schnell verbreitet. Doch zu den „Bestsellern" der Zeit gehörte auch das 1487 erschienene Buch des Dominikanermönches Institoris „Der Hexenhammer". Schon immer hatten die Menschen an übernatürliche Kräfte von **Hexen** und Zauberern geglaubt. Institoris fasste die bestehenden Vorstellungen zusammen. Er meinte, eine Hexe erhalte ihre magischen Kräfte durch ein Bündnis mit dem Teufel. Er erklärte genau, woran man Hexen erkennen können sollte. Viele Geistliche, egal ob evangelisch oder katholisch, verbreiteten durch Predigten die Hexenlehre. Auch Luther forderte von der Kanzel herab die Tötung von Hexen. Es gab aber auch Gegner der Hexenjagd, und einige Landesherren ließen auf ihrem Gebiet keine Hexenprozesse zu.

### Verlauf eines Hexenprozesses

Ein Hexenprozess begann damit, dass eine Frau, manchmal auch ein Mann oder sogar ein Kind der Hexerei verdächtigt wurde. Oft geschah dies durch eine Anzeige der Nachbarn. Es folgten die Festnahme und erste Verhöre. Für eine Verurteilung brauchten die Ankläger jedoch ein Geständnis. Deshalb war die „peinliche Befragung" (Folter) der nächste Schritt. Zuerst zeigte man den Angeklagten die Folterinstrumente. Lehnten sie die Vorwürfe ab, wurden sie gefoltert. Man riss ihnen Arme und Beine aus den Gelenken, verletzte sie mit glühenden Zangen oder quälte sie auf andere Weise. Schließlich bestätigten die meisten, was die Ankläger ihnen vorwarfen. So sah das Gericht die Schuld der Angeklagten erwiesen, die dann meistens zum Tode durch Verbrennen verurteilt wurden.

Vom 15.–17. Jahrhundert gab es viele Hexenverfolgungen. Nach Schätzungen gab es im deutschsprachigen Raum 20 000 Opfer. Die letzten Prozesse fanden im 18. Jh. statt.

Dem Hexenwahn ihrer Mitmenschen fielen zunächst vor allem alte Frauen zum Opfer. Später konnte es auch junge, außergewöhnlich schöne oder unverheiratete Frauen und zugereiste Familien treffen. Hebammen gerieten wegen ihrer medizinischen Kenntnisse in Verdacht. Zu Prozessen kam es dort, wo die Menschen durch Missernten oder Seuchen bedroht wurden. Auch Armut, Kriegszüge und Viehsterben waren oft ein Anlass, Frauen der Hexerei zu verdächtigen. Ein Hexenprozess konnte aber auch aus Geldgier geführt werden. Das Vermögen der Angeklagten wurde beschlagnahmt, Richter, Folterer und Henker erhielten einen Anteil.

Jahrhunderte lang hatte die Kirche die Sündhaftigkeit der Frauen gepredigt. In der Hexenverfolgung fand diese Frauenverachtung ihren Ausdruck.

*Rebekka Lemp (zweite von links) galt als fromme Frau und wurde dennoch als Hexe angeklagt.*

**Wer war Rebekka Lemp?**

Rebekka Lemp lebte mit ihrem Mann und ihren sechs Kindern in Nördlingen. Sie war eine angesehene, fromme Frau. Doch am 1. Juni 1590 wurde sie plötzlich verhaftet. Eine andere Frau hatte sie beschuldigt, eine Hexe zu sein.

Rebekka wehrte sich gegen diesen unsinnigen Vorwurf. Doch nach zwei Tagen Folter hielt sie die Schmerzen nicht mehr aus. Sie „gestand", einen Pakt mit dem Teufel geschlossen zu haben. Sie beschuldigte sich selbst, mehrere Morde begangen und Kinder gegessen zu haben. Ihr Mann schrieb verzweifelte Bittschriften an den Rat der Stadt. Doch es gab keine Rettung. Am 9. September 1590 wurde Rebekka Lemp im Alter von 40 Jahren verbrannt.

Aus einem Brief von Rebekka Lemp an ihren Mann vom 2. August 1590:

*„Oh Du mein auserwählter Schatz, soll ich so unschuldig von Dir scheiden müssen! ... Man nötigt uns, man muss reden, man hat mich gemartert ... Wenn ich nur ein Pünktlein von solchen Sachen wüsste, so wollte ich, dass Gott mir den Himmel versagte. Oh Du herzlieber Schatz, wie geschieht meinem armen Herzen. Oh weh, oh weh, meinen armen Waisen. Vater, schicke mir etwas, dass ich sterbe (Gift), ich müsste sonst an der Marter verzagen.*

*Das Ringlein trage mir zur Erinnerung. Aus der Halskette mache 6 Teile. Lass es unsere Kinder an den Händen tragen ihr Lebtag. Oh Schatz, man nimmt mich dir mit Gewalt ... Wohl geschieht mir so Unrecht. Warum will mich doch Gott nicht hören? Schicke mir etwas, ich muss sonst falsch reden (eine falsche Aussage machen)."*

(Aus: Stadtarchiv Nördlingen)

*271.1 Der Fall Rebekka Lemp – Beispiel eines Hexenprozesses*

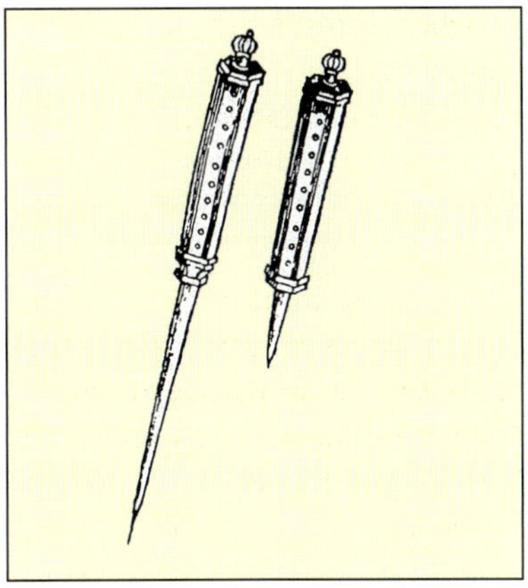

*271.2 Nadeln zum Auffinden von schmerzunempfindlichen „Teufelsmalen". Manche Hexenjäger benutzten Instrumente mit einziehbaren Klingen für den „Schuldbeweis".*

**AUFGABEN >>**

1. Ordnet den Figuren (Abb. 270.1) die Zaubereien zu: „Teufelsbuhlschaft", Unwetterzauber, „Hexenschuss", Milchdiebstahl durch Melken eines Baumstammes, Einflüsterungen des Teufels, Hexenritt.
2. Nennt Gründe für die Hexenverfolgung.
3. Erklärt, warum eine Angeklagte in einem Hexenprozess kaum eine Chance hatte, ihre Unschuld zu beweisen.
4. Rebekka Lemp und ihre Familie wissen: Ihr geschieht Unrecht. Diskutiert, gegen welche Grundsätze ihre Verhaftung und Verurteilung verstießen.
5. Findet im Archiv eurer Stadt heraus, ob es bei euch auch Hexenverfolgungen gab.
6. Auch heute glaubt nach einer Umfrage jeder siebte Mensch in Deutschland an Magie und Hexerei. Nehmt dazu Stellung.

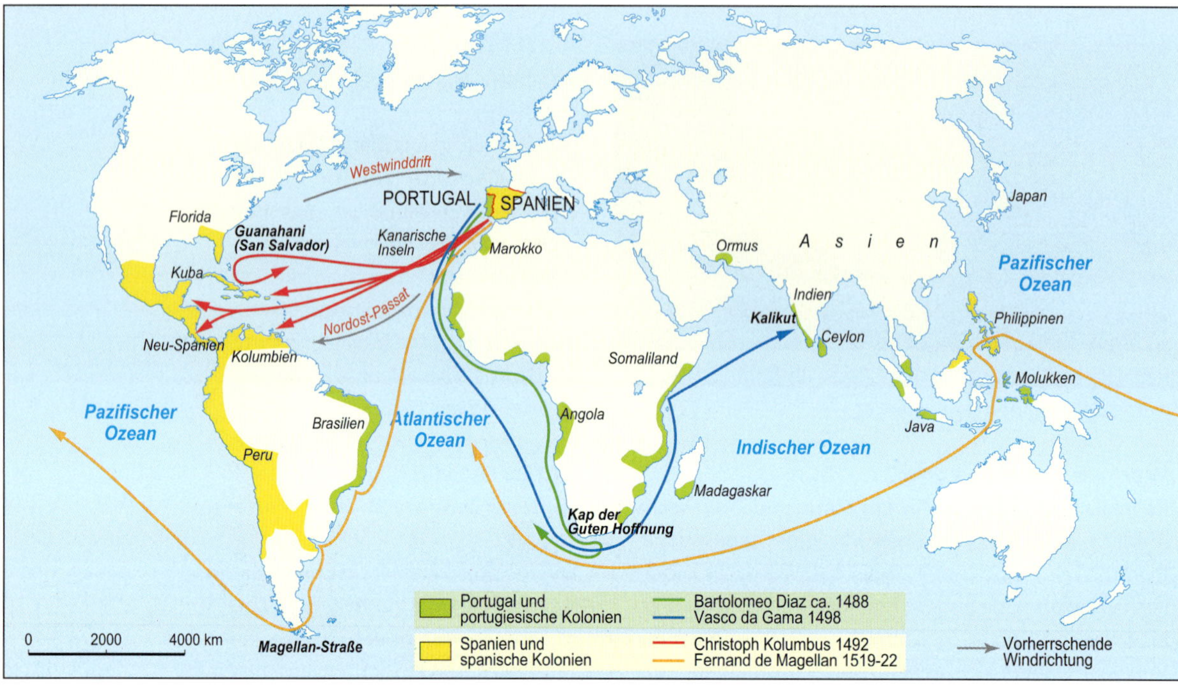


*272.1 Entdeckungsfahrten im 15. und 16. Jahrhundert*

## Handel verändert die Welt

### Fortschritte in der Seefahrt

Bis ins späte Mittelalter hatten sich die Menschen noch nicht aufs offene Meer gewagt. Sie fuhren mit ihren Schiffen und Booten immer in Sichtweite zum Ufer. Doch nun, aufgrund neuer Erfindungen (Abb. 272.2, > S. 262 f.) erforschten Seefahrer auch das offene Meer (Abb. 272.1).

**AUFGABEN >>**

1 Beschreibt die Reiserouten der Seefahrer (Abb. 272.1). Von welchen Ländern aus starteten sie, über welche Meere fuhren sie? Welche heutigen Länder erreichten sie auf ihren Reisen?

2 Ordnet den Bildern A–D von Abb. 272.2 jeweils die richtigen Texte (1–4) und Begriffe zu.

### Welche Gegenstände helfen den Menschen bei der Überquerung der Ozeane?

1: Aus dem Winkel zwischen Sternen und Horizont konnten Seefahrer die Position des Schiffes errechnen. Das Gerät wurde so ausgerichtet, dass über seinem oberen Ende die Sonne oder der Polarstern angepeilt werden konnte. Das untere Ende befand sich dann in gleicher Höhe mit der Horizontlinie. War der Winkel bestimmt, konnte man in Tabellen nachlesen, wie weit nördlich/südlich des Äquators das Schiff fuhr.

2: Durch Hinweise von Fernhändlern wurden sie vervollständigt. Sie halfen den Seeleuten immer zuverlässig bei ihren Fahrten.

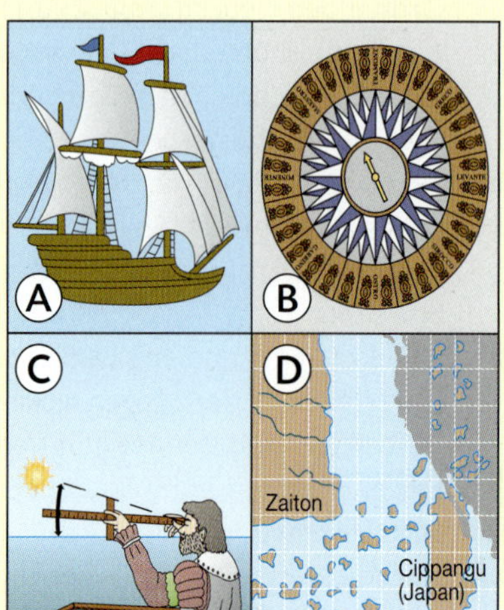


3: Ein wendiges und schnelles Schiff mit drei Masten. Er war hochseetüchtig und es war groß genug, um genügend Verpflegung und Ausrüstung für sehr lange Seereisen aufzunehmen.

4: Die magnetisierte Nadel zeigt immer nach Norden. So konnten die Seefahrer immer sicher die Himmelsrichtungen bestimmen. Mit Hilfe dieses Gerätes konnte man auch in der Dunkelheit die Fahrtrichtung halten.

*Jakobsstab, Kompass*
*Seekarte, Karavelle*

272.2

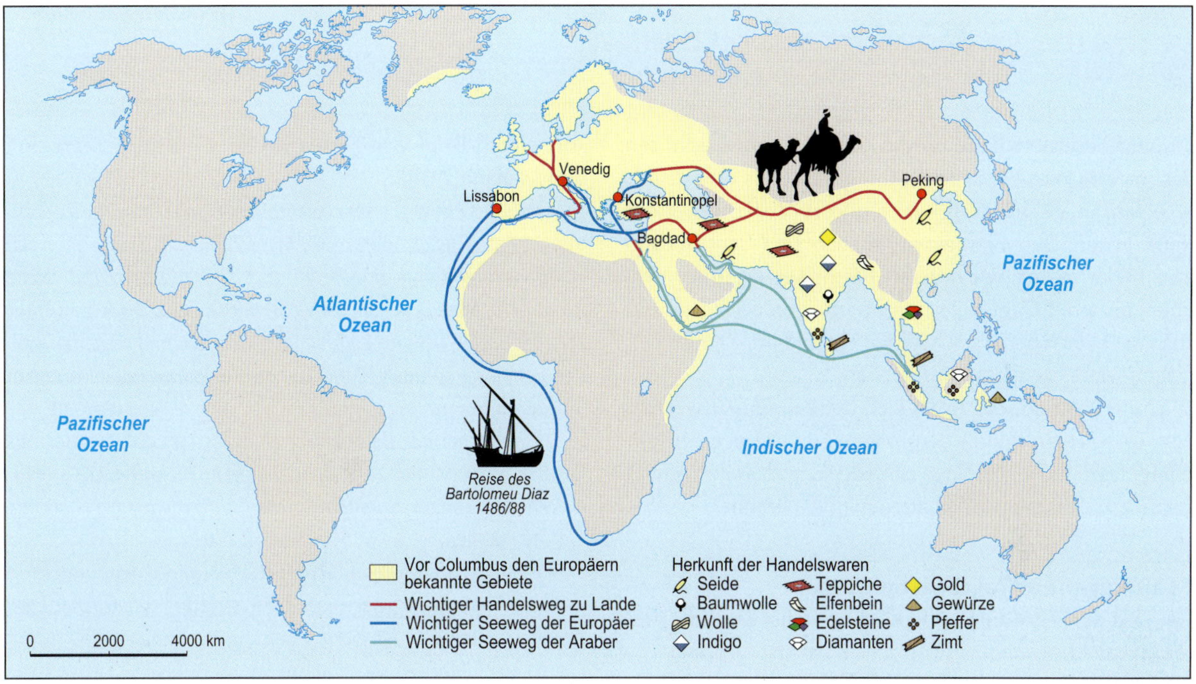


*273.1 Europas Bild der Erde von 1492*

## Kaufleute werden reich und mächtig

Der Handel mit wertvollen Gewürzen wie Pfeffer, mit Teppichen und bunten Stoffen aus Seide und Baumwolle, aber auch mit Edelmetallen wie Gold und Silber war im späten Mittelalter für Kaufleute ein gewinnbringendes Geschäft.

Der Weg in den Orient, nach Indien oder China war Tausende Kilometer weit (Abb. 273.1). Da die Reisen lange dauerten und zu Fuß, mit Pferden oder Eseln und zum Teil mit Schiffen unternommen wurden, waren die Waren aus dem Fernen Osten sehr teuer. Zudem mussten die Handelsreisenden immer mit Dieben und Plünderern am Wegesrand rechnen.

Die Kaufleute waren wegen ihrer Waren und ihres Geldes überall willkommen. Die Wohlhabenden wollten auf die kostbaren Güter nicht verzichten. Um die prunkvollen Dinge kaufen zu können, liehen sich Fürsten und Könige bei den Fernkaufleuten Geld, z.B. bei der Familie Fugger. So wurden viele Fürsten von den reichen Kaufleuten abhängig.

Durch Kriege und Eroberungen breitete sich seit dem 14. Jahrhundert das Osmanische Reich aus. Ab 1453 blockierten die Türken den Landweg in den Fernen Osten. Damit war Europa vom Orienthandel abgeschnitten (> S. 110).

Portugiesische Seefahrer erreichten Indien 1498 erstmals auf dem Seeweg. Sie segelten um Afrika herum. Allein die Hinreise hatte mehr als zehn Monate gedauert. Auf der Rückreise kamen sie in schwere Stürme. Nur wenige Seefahrer überlebten und kehrten zurück nach Portugal.

*273.2 Geldwechsler und seine Frau (Gemälde um 1500). An Handelsplätzen brauchte man Geldwechsler, da es viele Geldsorten gab. Aus diesen Wechselgeschäften entstanden in Italien die ersten Banken.*

**AUFGABEN >>**

1 Nennt Gründe, warum sich Menschen aufs offene Meer wagten.

2 Vergleicht Abb. 273.1 mit einer Weltkarte aus eurem Atlas. Mit welchen Ländern trieben die Europäer Handel? Welche Waren kamen aus welchen Ländern?

3 Beschreibt, durch welche Länder die verschiedenen Reiserouten führten.

# Methode: Auswerten von Quellen

Ihr habt bereits im Band für die Klassen 5 und 6 erfahren, dass es zahlreiche Möglichkeiten gibt, etwas über früher zu erfahren – schließlich haben unsere Vorfahren Vieles hinterlassen. Die wichtigsten Quellen sind Schriftstücke und Bilder. Allerdings müssen Historiker die Informationen aus alten Quellen immer überprüfen oder zum Beispiel auch nach den Absichten für ein Bild oder einen Text fragen, wenn sie diese untersuchen.
Wichtige methodische Arbeitsschritte bei der Auswertung von Textquellen sind in den folgenden Leitfragen zusammengefasst. Es ist allerdings zu bedenken, dass ihr nicht zu all diesen Leitfragen Informationen finden könnt.

**Leitfragen zur Textbearbeitung:**
- Lest den Text durch und klärt zunächst Begriffe, die ihr nicht versteht.
- Um welche Art von Text (z.B. Brief, Urkunde, Sage) handelt es sich?
- Welche Themen werden im Text angesprochen? Notiert in Stichpunkten die Textgliederung!
- Wer hat den Text geschrieben (z.B. Name, Beruf, soziale Schichtung)?
- Wann und wo wurde der Text verfasst?
- An wen richtet sich der Text?
- Was wisst ihr über die Zeit, in der dieser Text verfasst wurde?
- Welche Absicht verfolgt der Text?

Aus einem Brief von Leonardo da Vinci an den Herzog von Mailand, 1492:

*„1. Ich habe Pläne für sehr leichte, aber dabei starke Brücken, die sich ganz leicht befördern lassen und mit denen man den Feind verfolgen und manchmal auch fliehen kann, und solche für andere, feste Brücken, die weder durch Feuer noch im Kampf zerstört und leicht und bequem abgebrochen und errichtet werden können, und auch Pläne, um die des Feindes zu verbrennen und zu zerstören.*
*2. Ich kann bei der Belagerung eines Platzes das Wasser aus Gräben ableiten und zahlreiche Brücken, Rammböcke, Sturmleitern und andere zu einem solchen Unternehmen gehörende Geräte machen ...*
*10. In Friedenszeiten kann ich mich wohl mit jedem andern in der Baukunst messen, sei es bei der Errichtung öffentlicher oder privater Gebäude oder bei der Leitung des Wassers von einem Ort zu einem andern.*
*Ferner werde ich bei der Bearbeitung von Marmor, Erz und Ton sowie in der Malerei wohl etwas leisten, was sich vor jedem andern, wer immer es sei, sehen lassen kann."*

(Aus: Krieger, Materialien für den Geschichtsunterricht, Bd. IV, Frankfurt Diesterweg Verlag, S. 2 f.)

**AUFGABE >>>**

Wertet anhand der Leitfragen den Brief von Leonardo da Vinci aus.

*274.1 Selbstbildnis von Leonardo da Vinci (1452-1519)*

*274.2 Modell eines Panzerwagens, nach einer Idee von Leonardo da Vinci (ausgestellt in Berlin)*

*275.1 Leben in der Stadt Brügge (heute Belgien). Buchmalerei aus dem Jahr 1497*

... Die Häuser im Hintergrund des Bildes deuten darauf hin, dass es sich bei der dargestellten Stadt Brügge wohl um eine wohlhabende Stadt handelt. Auf den Straßen der Stadt herrscht ein reger Handel. In der Mitte des Bildes ist ein mit Fässern beladenes Boot zu erkennen. Mit einem großen Drehkran werden gerade Fässer ausgeladen. Der Kran wird von Menschen in einem Tretrad angetrieben. Im Vordergrund ist eine Art Schlitten zu erkennen, auf dem die Fässer herangeschleppt werden. Die vornehmen Männer in der Mitte, die gerade eine Kostprobe nehmen, ...

*275.2 Aus einer Bildbeschreibung zu Abb. 275.1*

**Leitfragen zur Bildbetrachtung:**
- Um was für eine Art Bild handelt es sich? Ist es z.B. ein Gemälde, eine Buchmalerei, eine Rekonstruktionszeichnung oder eine Fotografie?
- Welchen Titel hat das Bild?
- Wer ist der Künstler? Was könnt ihr Näheres über ihn erfahren (Lexika, Internet)?
- Wann wurde das Bild hergestellt?
- Wie ist das Bild gegliedert (Vordergrund, Bildmitte, Hintergrund)? Findet für die Bildteile möglichst Überschriften!
- Was ist auf dem Bild zu sehen? Fertigt eine Tabelle an und tragt alles ein: z.B. Personen, Gebäude, Tiere, Geräte, Landschaft.
- Welche Tätigkeiten sind dargestellt?
- Was vermittelt uns das Bild über das Leben in der jeweiligen Zeit?
- Mit welcher Absicht wurde das Bild möglicherweise hergestellt?

**AUFGABEN >>**

1 Verfasst mithilfe der Leitfragen sowie des Textes 275.2 eine kurze Geschichte zu der Abb. 275.1 Gestaltet eure Geschichte möglichst lebendig.

2 Wertet anhand der Leitfragen eine Abbildung aus diesem Kapitel (z.B. Abb. 273.2) aus. Bezieht auch die Informationen dieses Kapitels mit ein.

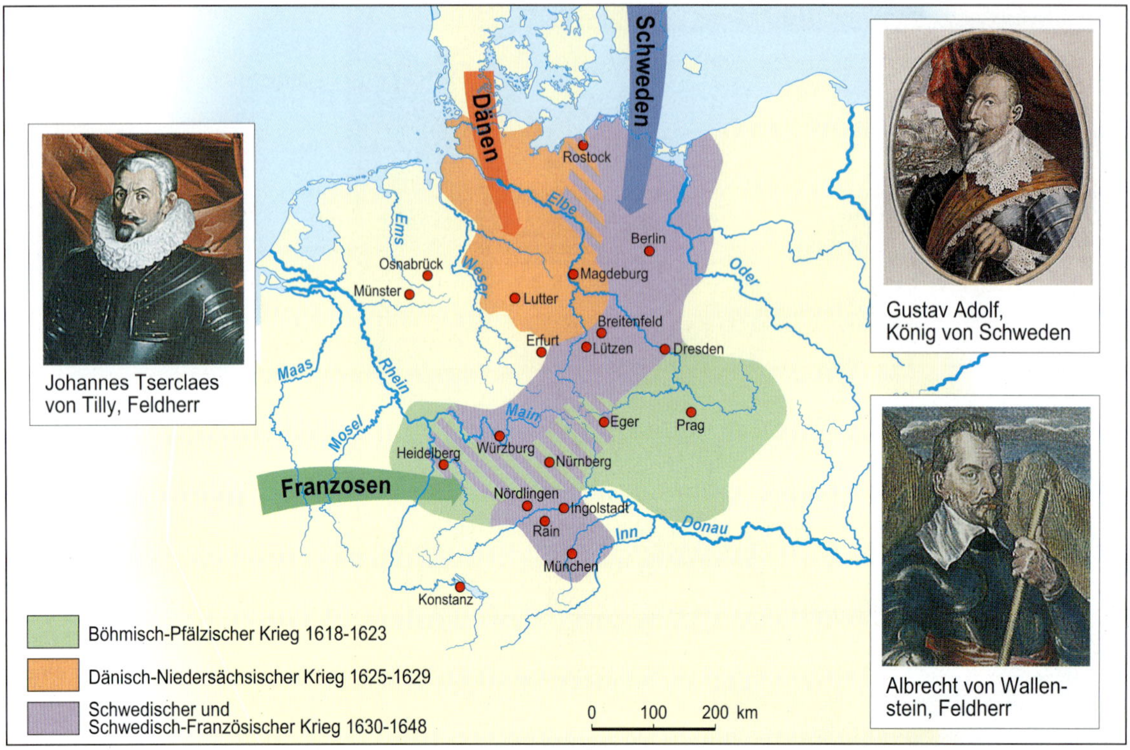


*276.1 Schauplätze des 30-jährigen Krieges*

# Der Dreißigjährige Krieg

Auf den Seiten 122/123 habt ihr erfahren, dass durch den Augsburger Religionsfrieden die evangelische Kirche dieselben Rechte wie die katholische Kirche bekam. Der Landesfürst bestimmte für sich und für alle Bewohner seines Landes, welcher Kirche er angehören wollte. Wer damit nicht einverstanden war, musste in ein anderes Land auswandern. Trotz dieser Regelung kam es jedoch weiter zu Streitigkeiten zwischen den Kirchen. Die evangelischen Fürsten schlossen sich deshalb 1608 zu einem militärischen Bündnis zusammen. Mit dieser Union wollten sie sich vor einem möglichen Angriff mit Soldaten und Waffen gegen die Katholiken wehren. Auch die Katholiken gründeten ein Bündnis, das sie Liga nannten.

## Der Prager Fenstersturz

Der katholische Kaiser Ferdinand war gleichzeitig auch König von Böhmen. Die Menschen in Böhmen waren fast alle evangelisch. Der Kaiser wollte aber, dass die Böhmen wieder katholisch werden. Daher schickte er mehrere kaiserliche Boten nach Prag, um dies durchzusetzen.
Die Boten besuchten den Statthalter auf der Prager Burg, um ihm die Pläne des Kaisers zu überbringen. Eine Gruppe protestantischer böhmischer Adliger warf jedoch die kaiserlichen Boten aus einem Fenster der Prager Burg. Dieser „Prager Fenstersturz" löste einen Krieg aus, der 30 Jahre dauerte. In ihm kämpften evangelische Christen gegen katholische Christen. Auch der Aufstand der Böhmen wurde von Soldaten der Liga niedergeschlagen. Böhmen wurde wieder katholisch.

## Ausweitung zum europäischen Krieg

In diesen Krieg schalteten sich schließlich andere europäische Staaten ein. Sie verfolgten sehr unterschiedliche Interessen. Dänemark und Schweden traten in den Krieg ein, weil sie ihren evangelischen Glaubensbrüdern helfen wollten. Zudem hatten sie Angst davor, auch wieder zum katholischen Glauben gezwungen zu werden. Das katholische Frankreich trat auf der Seite der Protestanten in den Krieg ein, weil es Angst vor einem zu mächtigen (katholischen) deutschen Kaiserreich hatte.
Nach 30 Jahren Krieg waren viele Städte und Dörfer verwüstet. Das Reich lag wirtschaftlich am Boden. 1648 konnten sich endlich die Kriegsparteien einigen und der Krieg war zu Ende. Mit dem Westfälischen Frieden unterzeichneten zum ersten Mal Könige und Fürsten einen Vertrag, der einen Frieden in Europa sichern sollte. Allerdings verlor der Kaiser das Recht, die Außenpolitik zu bestimmen. Das Reich zerfiel in über 300 Einzelstaaten.

## Das Leiden der Bevölkerung im Dreißigjährigen Krieg

277.1 *„Schwedentrunk": Ein Bauer wird zu Tode gemartert, indem ihm Soldaten Pferdeurin und Mistlache einflößen.*

So schilderte ein Dichter die Ankunft der Soldaten in einem Dorf:

*„Die Soldaten stellten ihre Tiere ein und schlachteten alle Hühner und Schafe nacheinander ab ... Etliche fingen an, zu sieden (kochen) und zu braten, als sollte ein Festmahl gehalten werden ... andere packten die Wäsche, Kleidung und anderen Hausrat zu großen Paketen zusammen ... Was sie aber nicht mitzunehmen gedachten, ward zerschlagen und zugrunde gerichtet ... Den Knecht legten sie gebunden auf die Erde, steckten ihm einen Kübel voll garstigen Mistlachenwasser in den Leib. Das nannten sie einen schwedischen Trunk. Da fing man an, des Bauern Daumen festzuschrauben und die armen Schelme so zu foltern, als wenn man hätte Hexen brennen wollen, wie sie auch einen von den gefangenen Bauern bereits in den Backofen steckten und mit Feuer hinter ihm her waren ... Einem anderen machten sie ein Seil um den Kopf und zogen es so zusammen, dass ihm das Blut zu Mund, Nase und Ohren heraussprang."*

(Aus: H.J. v. Grimmelshausen: Der abenteuerliche Simplicissimus, S.16, gekürzt und vereinfacht)

277.2 *Mordender Soldat*

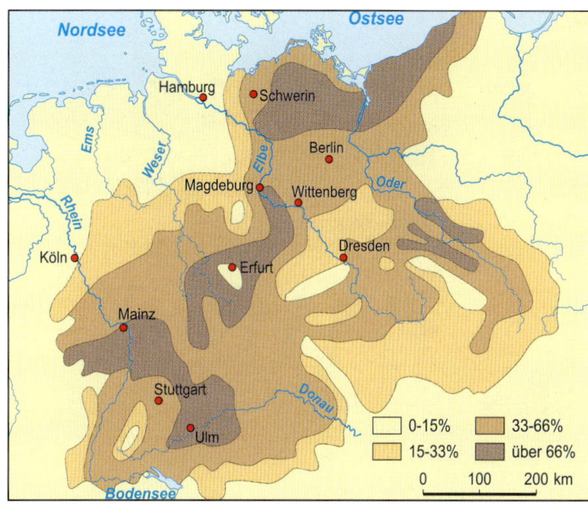


277.3 *Bevölkerungsverluste im 30-jährigen Krieg*

**AUFGABEN >>**

1 Nennt Anlass und Grund für den Dreißigjährigen Krieg.

2 Warum kämpft das katholische Frankreich an der Seite der deutschen Protestanten?

3 Betrachtet die Schauplätze (Abb. 276.1) und die Bevölkerungsverluste im Dreißigjährigen Krieg (Abb. 277.3). Welche Regionen waren besonders betroffen? Sucht Gründe dafür.

4 Berichtet anhand der Bilder und des Textes über die Schrecken des Krieges.

5 Informiert euch in eurem Stadtarchiv oder Heimatmuseum über den Dreißigjährigen Krieg in eurer Gegend. Präsentiert dann eure Ergebnisse als Wandzeitung.

# W Wissen: Projekt Zeitenwende

Bei einem Projekt setzt sich die Klasse ein gemeinsames Ziel. Dies kann zum Beispiel eine Aufführung, eine Ausstellung oder ein Basar sein. Bei der Durchführung eines Projektes steht die praktische Arbeit im Vordergrund.
Die Abbildungen der Seiten 278/279 zeigen Werke aus der Zeitenwende um 1500. Sie lassen sich bestimmten Themen (Abb. 279.4) zuordnen. Gibt es noch weitere Themen, die den Wandel des Welt- und Menschenbildes belegen?
Die abgebildeten Materialien könnten auch die Basis für euer eigenes Projekt „Zeitenwende" darstellen. Grundsätzliche Hinweise und Anregungen zur Durchführung findet ihr in dem Info-Kasten „Hinweise zur Projektarbeit".

278.1 Entwurf einer Flugspirale von Leonardo (1483)

278.2 Isenburger Schloss in Offenbach (um 1550)

278.3 Druckerwerkstatt (Anfang des 15. Jh.)

**Hinweise zur Projektarbeit**

***1. Vorbereitung, Vorüberlegungen***
- Was wollen wir untersuchen?
- Welche Themenbereiche wählen wir aus? (> Mindmap, Abb. 279.4)
- Wie, wo, wann präsentieren wir die Ergebnisse?

***2. Planung: Bildung von Arbeitsgruppen und Verteilen der Aufgaben***
- Welche Informationen benötigen wir?
- In welchen Arbeitsschritten gehen wir vor?
- Mit welchen Arbeitstechniken tragen wir die gewünschten Informationen zusammen?
- Welche Arbeitsgruppe bearbeitet welche Themen?
- Welche Regeln sind für eine erfolgreiche Zusammenarbeit wichtig?
- Wann bereiten wir die Präsentation vor?

***3. Durchführung: Arbeit in den Arbeitsgruppen***
- Werden Projekt- und Zeitplan eingehalten?
- Wie können neue Ideen durch Zwischenergebnisse in den Plan eingearbeitet werden?
- Wie stellen wir die Einzelergebnisse zusammen und wie gestalten wir unsere Präsentation?

***4. Präsentation: Vorstellung der Ergebnisse***
- Werden die Ergebnisse gut erklärt?
- Ist die Darstellungsform geeignet?

***5. Beurteilung und Bewertung der Projektarbeit***
- Was ist gut gelungen, was hätten wir besser machen können?
- Erklären die Arbeitsergebnisse die Projektidee?
- War die Arbeitsatmosphäre gut und waren die Arbeitsmethoden richtig?

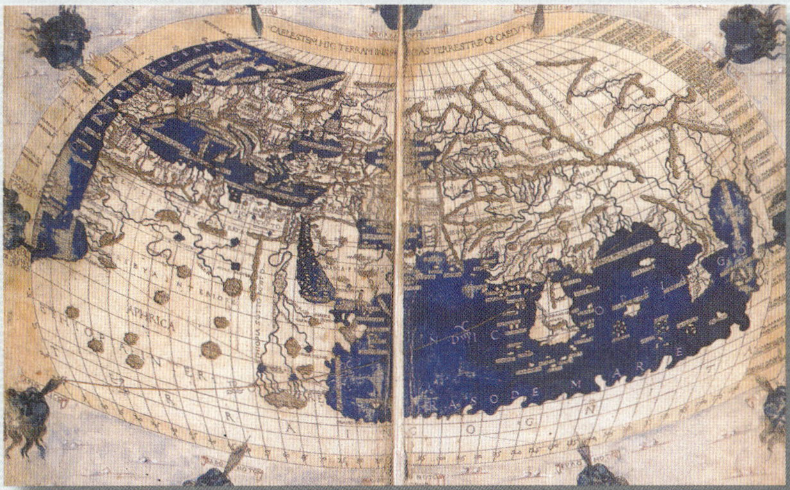

*279.1 Weltkarte aus Ulm (um 1480)*

*279.2 Die Schule von Athen, Gemälde von Raffael (um 1510)*

*279.3 Aus dem Bergbaubuch von Agricola (1556)*

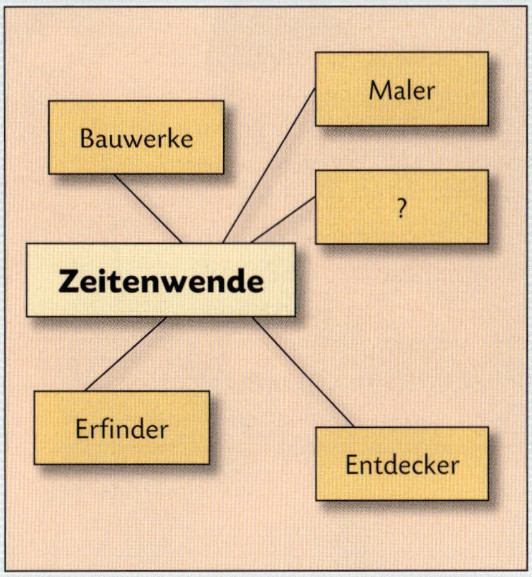


*279.4 Anfang einer Mindmap zum Thema*

*279.5 Aus einem Lehrbuch Dürers: Unterweisung der Messung mit Zirkel und Richtscheit*

Typisch männlich?

Typisch weiblich?

# 8 Herr-liche Zeiten – heute vorbei

weiblich ...

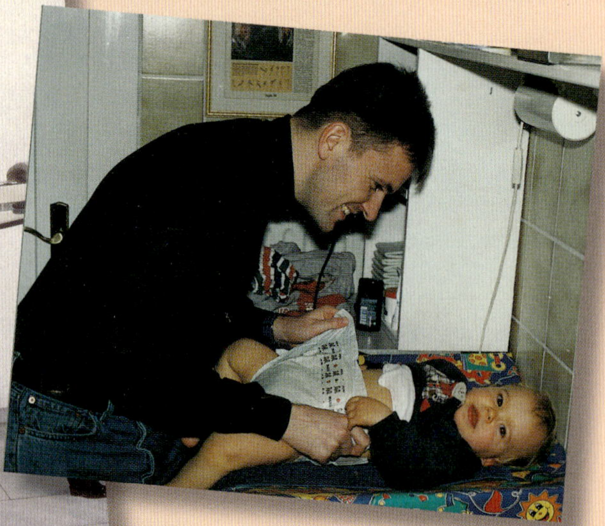

... männlich?

Familie um 1900

Syrien: Mann mit zwei Frauen

Indien: Frauen als Bauarbeiterinnen

*Eine Frau als Chefin bringt nur Streit.*

*Junge raufen auf dem Schulhof, die ganze Zeit.*

*Das ist doch kein Mann, das ist ein Kindermädchen.*

*Mädchen spielen Puppen, heulen bei jeder Gelegenheit und petzen alles der Lehrerin.*

*Ein Mann muss seine Familie ernähren können.*

*Eine Frau kann genauso Karriere machen wie ein Mann.*

*Eine richtige Familie besteht aus Vater, Mutter und den Kindern.*

*Frauen gehören nach Hause zu den Kindern.*

282.1

**Vorschläge für einen Fragebogen:**

1. Jungen benehmen sich anders als Mädchen. Was gefällt euch am Benehmen von Jungen/Mädchen (manchmal) nicht?
2. Beschäftigen sich Jungen in ihrer Freizeit anders als Mädchen? Was habt ihr selbst beobachtet?
3. Ihr möchtet einen Jungen/ein Mädchen kennen lernen? Was macht ihr?
4. Gibt es eurer Meinung nach Tätigkeiten und Berufe, die für Frauen bzw. für Männer typisch sind? Begründet eure Meinung.
5. Falls ihr später mal verheiratet seid – wie stellt ihr euch die Aufteilung von Beruf und Hausarbeit vor?

**Auswertung:**

- Beantwortet die Fragen zuerst ohne Rücksprache mit den Mitschülern.
- Gebt den Zettel ab und lasst die Antworten, damit die Schrift niemanden verrät, von der Lehrkraft vorlesen. Entscheidet, ob die Fragen von einem Jungen oder einem Mädchen beantwortet wurden.
- Wertet die Fragebögen aus. Nennt Gemeinsamkeiten und Unterschiede zwischen den Geschlechtern.

## Frauenbilder – Männerbilder

### Die Vorstellungen vom eigenen und anderen Geschlecht sind bei jedem verschieden

Wir haben verschiedene Vorstellungen im Kopf, wenn wir an „Frau und Mann" denken. Jeder Mensch hat andere Vorstellungen vom eigenen oder anderen Geschlecht (Abb. 282.1). Diese Vorstellungen entstehen durch Erfahrungen, die man in der Vergangenheit gemacht hat. Sie prägen die Erinnerungen. Ein 80-jähriger Mann stellt sich unter einer guten Ehefrau wahrscheinlich eine Frau vor, die ihn umsorgt, ihm eine gute Hausfrau ist und sich bei Entscheidungen auf ihn verlässt. Ein 20-jähriges Mädchen dagegen stellt sich unter einer erfolgreichen Ehe wohl eine gleichberechtigte Partnerschaft vor. Vorstellungen sind individuell, werden aber auch durch das Umfeld geprägt.

Vielfach sind unsere Vorstellungen vom eigenen und vom anderen Geschlecht auch von Klischees (frz.: cliché = Abklatsch, billige Nachahmung) geprägt. Ein typisches Klischee für kleine Jungen und Mädchen ist, dass Mädchen in rosa, Jungen in hellblau gekleidet werden sollten – oder dass Jungen keinen Schmerz kennen, Mädchen aber oft die Heulsusen sind. Klischees sind häufig gesellschaftsabhängig und werden vom Einzelnen mehr oder weniger akzeptiert.

**AUFGABEN >>**

1. Lest die Aussagen in Text 282.1. Welche könnten von einem Mann, welche von einer Frau stammen?
2. Sammelt in der Klasse Äußerungen zu den Seiten 280/281. Stellt ihr Unterschiede zwischen den Aussagen der Jungen und Mädchen fest?
3. Überprüft, ob es sich bei den Aussagen (Text 282.1) um Vorstellungen oder um Klischees handelt. Wodurch entstehen diese?

*283.1 Rollenset: Rollen werden geprägt durch...*

## Erwartungen prägen unser Verhalten

Die Vorstellungen, die wir vom anderen haben, sind aber nicht nur durch unsere Erinnerungen geprägt, sondern auch durch unsere Erwartungen auf die Zukunft. Erwartungen, die wir an uns selbst stellen oder die andere von uns haben, bestimmen unser Verhalten.

Das Verhalten in bestimmten Situationen bezeichnet man als **Rolle**. Eine Rolle spielen wir immer im Austausch mit unseren Mitmenschen, die ein ganz bestimmtes Verhalten von uns erwarten.

Zum einen erwerben wir unser Verhalten durch unsere Erziehung in der Familie und durch unser soziales Umfeld. Dabei kann es zu Unterschieden kommen: Hat der Vater die Erwartung, dass sein Kind möglichst schnell Geld verdient und sofort einen Beruf ergreift? Oder vertritt der Vater den Standpunkt, dass sein Kind eine möglichst lange Schulbildung erhält, damit es den Beruf seiner Wahl ergreifen kann? Die Erwartungen des Vaters an sein Kind prägen auch sein Verhalten dem Kind und anderen Menschen gegenüber. Unser Rollenverhalten ist also von Erwartungen anderer abhängig.

Zum anderen wird unser Verhalten aber auch bestimmt durch die Gesellschaft, in der wir leben. Dabei spielen Wirtschaft, Kultur und Religion, Politik und soziale Stellung eine Rolle (Abb. 283.2). Es macht zum Beispiel einen Unterschied, ob man in Deutschland oder in Afrika aufwächst. Die gesellschaftlichen Rahmenbedingungen sind dort jeweils anders und erlauben eine andere Entwicklung. Dabei bilden sich bestimmte Verhaltensmuster heraus, die typisch sind für ihre Zeit, aber auch neue Strömungen oder Trends, die auf Veränderungen im allgemeinen Verhalten in gesellschaftlichen Gruppen hinweisen.

Ein weiterer entscheidender Faktor, der unser Verhalten prägt, ist das Geschlecht. Es führt zu deutlichen Unterschieden im Verhalten, je nachdem, ob man als Mädchen oder als Junge aufwächst. Diese Unterschiede werden also von unseren individuellen und unseren gesellschaftlichen Situationen beeinflusst.

Unser Verhalten ist zwar von unserem Geschlecht und unserer gesellschaftlichen Stellung (Abb. 283.2) abhängig, wir können es aber dennoch aktiv selbst steuern. Dieses Kapitel soll dabei helfen, die unterschiedlichen Positionen von Frau und Mann in der Gesellschaft zu verstehen und zu bewerten.

## AUFGABEN>>

1. Was versteht man unter Erwartung, Verhalten und Rolle? Zeigt Zusammenhänge zwischen diesen Begriffen auf. Wodurch entstehen diese Zusammenhänge?
2. Nennt und erläutert die Einflussfaktoren auf unser Verhalten. Bezieht Abb. 283.2 in eure Erläuterungen mit ein.
3. Erstellt für euch ein Rollenset (vgl. Abb. 283.1). Überlegt, welche Rollen ihr spielt (z.B. als Tochter, Schülerin, Vereinsmitglied). Ordnet jeder Rolle zu, welche Person dabei von euch was erwartet. Stellt Unterschiede zwischen männlichen und weiblichen Rollensets fest.

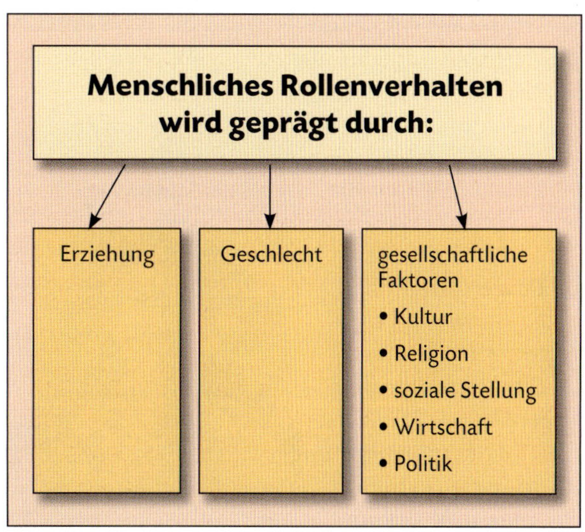


*283.2*

# Z Zusatzthema: Der Weg zur Gleichberechtigung

**Folgender Spottvers wurde zu dieser Karikatur veröffentlicht:**

*„Du willst mich also immer grämen,
Heimtückisch und gefährlich Biest,
Und glaubst, mein Arm, um Dich zu zähmen,
Wohl weniger vermag als Deine List!"*

*„Weh mir! Am ganzen Körper
bin ich lahm,
Und zur Entschuldigung
will ich Euch sagen:
Verzeiht mir die Beleidigung!
Denn niemals wieder werd' ich's wagen...
So habt Mitleid doch mit Euren Kindern,
bleibt gegen derer Mutter Ihr auch hart."*

*284.1 Französische Karikatur aus dem Ende des 18. Jahrhunderts*

## Bestrebungen nach Gleichberechtigung zur Zeit der Französischen Revolution

In der Französischen Revolution litten vor allem Frauen des Dritten Standes unter der schlechten Lebensmittelversorgung. Zu ihren Aufgaben gehörte es, für den Haushalt zu sorgen und die meist kinderreiche Familie satt zu bekommen. Reichte das Geld nicht, mussten sie dazuverdienen. Als einfache Arbeiterinnen wurden sie häufig schlechter bezahlt als die Männer. In Beschwerdebriefen wiesen sie auf ihre soziale Not und die rechtliche Ungleichheit hin. Auch ihre mangelhafte Ausbildung beklagten sie.

*284.2 Olympe des Gouges (1748–1793), Schriftstellerin und engagierte Kämpferin für die Gleichberechtigung der Frau. Als sie 1793 öffentlich die Regierung kritisierte, wurde sie verurteilt und mit der Guillotine hingerichtet.*

Besonders engagiert kämpfte die Schriftstellerin Olympe de Gouges für die Gleichstellung der Frau. In ihrer „Erklärung der Rechte der Frau und Bürgerin" heißt es:
*„Frau erwache! ... erkenne deine Rechte! All seine Kräfte aufbietend, vermochte der versklavte Mann nicht ohne deine Hilfe seine Ketten zu sprengen.*
*Artikel 1: Die Frau wird frei geboren und bleibt dem Manne ebenbürtig in allen Rechten.*
*Artikel 10: Die Frau hat das Recht, das Schafott zu besteigen, gleichermaßen muss ihr das Recht zugestanden werden, eine Rednertribüne zu besteigen, sofern sie nicht in Wort und Tat die vom Gesetz garantierte öffentliche Ordnung stört."*

Die Verfassung von 1791 bezeichnete die **Menschenrechte** ausschließlich als Männerrechte. In den zahlreichen Frauenclubs, die in dieser Zeit entstanden, forderten Frauen auch politische Rechte, zum Beispiel das Wahlrecht. In bestimmten Bereichen erreichten sie auch eine Verbesserung. So erkämpften sie das Recht auf Ehescheidung, einen Pflichtteil am Familieneigentum sowie die Schulpflicht für Mädchen.

Von einer rechtlichen Gleichstellung waren sie jedoch am Ende der Französischen Revolution immer noch weit entfernt. Im Oktober 1793 verbot die Nationalversammlung alle Frauenvereinigungen. Dies bedeutete das Ende der Frauenbewegung in Frankreich.

## Anfänge der deutschen Frauenbewegung

In Deutschland entsprachen jene Frauen dem Idealbild des 19. Jahrhunderts, die in ihrer Rolle als fleißige Hausfrau und als kinderliebe Mutter aufgingen. Bereits 1814 prangerte die Schriftstellerin Betty Klein an, dass Mädchen einseitig erzogen und ausschließlich auf ihr späteres Hausfrauendasein vorbereitet werden. Der Vater von Lily Braun, einer späteren Sozialistin, rechtfertigte dies so:

*„Wie ein Vorwurf ist das für mich, dass ich nicht besser für dich sorgte! Wärst du ein Mann, so hätte ich dich schon auf Wege geführt, die einen Lebensinhalt gewährleisten. Aber so bist du nur ein Mädchen – nur für einen einzigen Beruf bestimmt – alle anderen Berufe wären doch nichts als traurige Lückenbilder."*

(Aus: Braun: Memoiren einer Sozialistin, München 1909, S. 374)

Im März 1848 druckte Louise Otto-Peters, sie war Herausgeberin einer Zeitung, folgende Forderungen ab: das Recht der Frauen auf Arbeit, auf freie Berufswahl und auf Bildung. Neben der politischen Rechtlosigkeit erschwerte auch die finanzielle Abhängigkeit vom Ehemann den Weg der Frauen zu einem eigenverantwortlichen Leben. Schließlich bestimmte der Ehemann über das Vermögen und das Einkommen.

## Frauenbewegung im 20. Jahrhundert

Unter Hitlers Diktatur (1933–1945) verloren die Frauen viele Rechte, die sie in der Weimarer Verfassung (1919) errungen hatten. So wurde der Grundsatz gleicher Lohnhöhe aufgehoben, sie konnten sich nicht zur Wahl stellen und der Weg zu bestimmten Berufen wurde ihnen verwehrt. In erster Linie sollten Frauen Kinder gebären. Mit Ausbruch des Zweiten Weltkriegs wurden immer mehr Frauen als Arbeiterinnen, z.B. in den Rüstungsbetrieben, eingesetzt. Jetzt galt das Bild „der tapferen Kameradin".
Am Ende des Zweiten Weltkriegs lag Deutschland in Schutt und Asche. Bei den Aufräumungsarbeiten leisteten viele Frauen harte Arbeit. Die „Trümmerfrauen" prägten zeitweise die Stadtbilder.
1949 trat das Grundgesetz in Kraft. In ihm wurde die Gleichberechtigung verankert.
In den 60er-Jahren stieg die Berufstätigkeit der Frauen. Waren 1925 nur 23 % der Arbeiterehefrauen berufstätig, so waren es 1966 schon 46 %. Heute setzen sich viele Frauenorganisationen für die Durchsetzung von Fraueninteressen durch gesetzliche Gleichstellung ein und für praktische Hilfestellung für Frauen zwischen Familie und Beruf. Weitere Aktivitäten reichen von der Gründung von Frauenberatungsstellen bis zu Frauenhäusern.

**AUFGABEN >>**

1. Was sagt die Karikatur über die Stellung der Frau aus (Abb. 284.1)?
2. Nennt Rechte, die sich die Frauen in der Französischen Revolution erkämpft haben.
3. Nennt die Forderungen, die Frauen in Deutschland um 1850 an die Politiker stellten.
4. Informiert euch, wie es heute mit der Chancengleichheit für Frauen bestellt ist.

*285.1 Frauenarbeit 1965*

*285.2 Frauenarbeit heute?*

*286.1 Karikatur*

# Rollenvergleich zwischen Mann und Frau heute

## Zum Stand der Gleichstellung in Deutschland

Männer und Frauen sind verschieden. Das bedeutete lange, dass sie auch verschiedene Rechte hatten und ungleich behandelt wurden. Nach dem Grundgesetz sind Männer und Frauen gleichberechtigt. Doch zwischen rechtlicher und tatsächlicher Gleichstellung gibt es noch Unterschiede.

- So bekommen nach wie vor Frauen nicht den gleichen Lohn für die gleiche Arbeit. Auch als Vollzeitbeschäftigte verdienen Frauen in Deutschland bis zu einem Viertel weniger als Männer – obwohl sie inzwischen die Männer im Bildungsniveau überholt haben (> Tab. 288.4).
- In der Wissenschaft werden nur 15 Prozent (> Tab. 288.5) und in der Wirtschaft zehn Prozent der Spitzenpositionen von Frauen bekleidet. Für viele Frauen ist nach wie vor die Vereinbarkeit von Familie und Beruf schwieriger als für Männer.

In bestimmten Bereichen besteht also noch Handlungsbedarf: beim gleichberechtigten Zugang von Frauen zu Entscheidungspositionen in unserer Gesellschaft, bei den Positionen in der Wirtschaft sowie bei der Wahrung der Menschenrechte und der Beseitigung von Gewalt gegen Frauen und Mädchen. Diese Ziele sind wichtig für ein Land, das auf das geistige Potential und die Kreativität seiner Bürger, Frauen und Männer, angewiesen ist.

## Gleichberechtigt und gleichgestellt?

*„Frauen und Männer sind gleichberechtigt", heißt es im Grundgesetz. So sind Frauen heute erbberechtigt und dürfen ihr selbst verdientes Geld für sich beanspruchen. „Die Ehegatten regeln die Haushaltsführung im eigenen Einvernehmen. Beide Ehegatten sind berechtigt, erwerbstätig zu sein"*, steht im bürgerlichen Gesetzbuch von 1977.

Erziehungsurlaub kann vom Vater wie von der Mutter genommen werden. Die Erziehungszeit wird auf die Rente angerechnet. Im Arbeitsrecht gilt der Grundsatz „gleiches Geld für gleiche Arbeit". Der Anspruch auf einen Kindergartenplatz ab dem 3. Lebensjahr unterstützt Eltern, Kindererziehung und Berufstätigkeit zu vereinbaren. Auch bei einer Ehescheidung ist der Unterhalt nicht an die „Schuldlosigkeit" gebunden: Eine Ehefrau, die ihre Familie versorgt und nicht gearbeitet hat, hat Anspruch auf Unterhalt nach einer Scheidung.

Die Rolle als Ehefrau und Mutter ist nicht mehr die einzig erstrebenswerte Lebensform. Frauen erlernen Berufe oder studieren, sie sind berufstätig oder nicht, sie haben Kinder oder nicht, sind verheiratet oder nicht, leben allein oder mit Partner. Sie sind politisch engagiert oder nicht. Die klassische Rollenteilung des Mannes als Alleinverdiener und Ernährer, der Frau als Hausfrau und Mutter ist nicht mehr der Normalfall.

**AUFGABEN >>**

1 Lest die Aussagen in der Karikatur 286.1 genau durch. Welche weisen auf Vorurteile hin? Welche weisen auf Rollenerwartungen ( > S. 283) hin? Begründet eure Antworten.

2 Unterscheidet die Begriffe Gleichberechtigung und Gleichstellung.

*„Nur die Hasenmutter steht*
*etwas früher auf und geht,*
*um beizeiten*
*schon das Essen zu bereiten.*
*Alles macht sie still und sacht,*
*dass auch keins zu früh erwacht.*
*Und wenn's Hasenkindchen schreit,*
*ist das Fläschchen schon bereit.*
*Höher steigt die Sonne dann,*
*nun erwacht der Hasenmann.*

*... Satt und froh ist alles nun,*
*Vater will ein bisschen ruh'n,*
*nimmt die große Zeitung her,*
*lange las er sie nicht mehr.*
*Mutter spült die Teller blank,*
*stellt sie sorgsam in den Schrank.*

*287.1 Aus einem Kinderbuch von 1937: Ostermontagmorgen*

*287.2 Familienformen*

## Frau und Mann in Familie und Erziehung

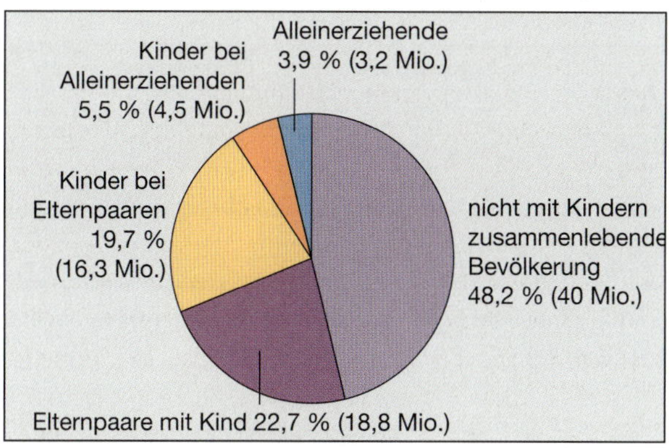


*287.3 Lebensformen mit Kindern*

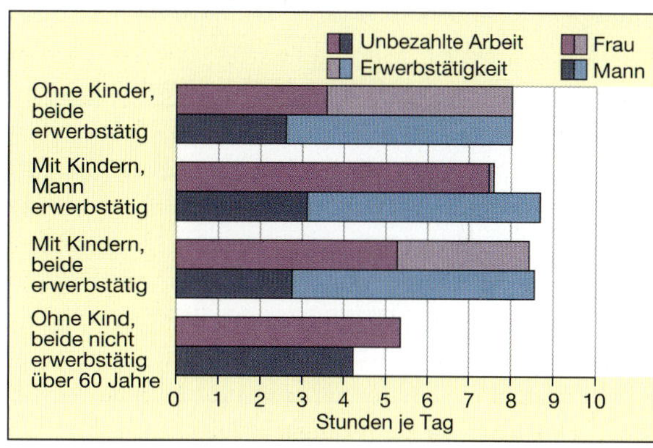


*287.4 Arbeitsteilung von Paaren*

**Aus einer Umfrage:**
*„Ein Kleinkind wird sicherlich darunter leiden, wenn seine Mutter berufstätig ist." Dem stimmen zu:*

| | Ostdeutschland | Westdeutschland |
|---|---|---|
| Männer | 49 | 80 |
| Frauen | 49 | 72 |
| 18-30-Jährige | 45 | 67 |
| 31-45-Jährige | 44 | 68 |
| 46-65-Jährige | 53 | 81 |
| über 65-Jährige | 55 | 88 |
| Hauptschulabschluss | 53 | 82 |
| Abitur | 48 | 64 |

*287.5 Einstellungen zur traditionellen Arbeitsteilung zwischen Mann und Frau (Angaben in %)*

## AUFGABEN >>

1 Wertet die Statistiken aus im Hinblick auf Gleichstellung von Mann und Frau. Was stellt ihr fest?

2 Erstellt eine Skala von 1 (= sehr gut) bis sechs (= ungenügend). Tragt dann ein, inwieweit ihr die Gleichstellung der Geschlechter in Familie und Erziehung erfüllt seht.

3 Überlegt, wie die Gleichstellung in „eurem Familientyp" umgesetzt wird. Welche Schwierigkeiten treten bei der Umsetzung auf?

4 Diskutiert, wie sehr alte Rollenmuster (Text 287.1) unbewusst das Handeln vieler Menschen beeinflussen.

## Frau und Mann in Beruf und Politik

288.1 *Karikatur*

**Frage:** *„Eine verheiratete Frau sollte auf Berufstätigkeit verzichten, wenn es nur eine begrenzte Zahl von Arbeitsplätzen gibt und wenn ihr Mann in der Lage ist, für den Unterhalt zu sorgen." Es stimmten zu:*

| | Ostdeutschland | Westdeutschland |
|---|---|---|
| Männer | 34 | 47 |
| Frauen | 33 | 45 |
| 18-30-Jährige | 28 | 28 |
| 31-45-Jährige | 20 | 33 |
| 46-65-Jährige | 41 | 55 |
| über 65-Jährige | 47 | 75 |
| Hauptschulabschluss | 46 | 60 |
| Abitur | 20 | 26 |

288.2 *Einstellung zur Berufstätigkeit (Angaben in %)*

| | West: Frauen | Männer | Ost: Frauen | Männer |
|---|---|---|---|---|
| Parteien | 3 | 6 | 3 | 4 |
| Gewerkschaften | 6 | 19 | 10 | 16 |
| Sportvereine | 22 | 35 | 9 | 15 |
| Kirchliche Vereine | 5 | 8 | 2 | 2 |

288.3 *Mitgliedschaft in Organisationen (Angaben in %)*

| | 1970 | 1987 | 2006 |
|---|---|---|---|
| Grundschulen | 49,0 | 49,0 | 49,2 |
| Hauptschulen | 49,1 | 45,5 | 43,8 |
| Realschulen | 52,9 | 52,8 | 50,2 |
| Gymnasien (11-13) | 41,4 | 49,8 | 53,7 |

288.4 *Anteil der Schülerinnen an allgemeinbildenden Schulen (in %)*

| | 1980 | 1995 | 2005 |
|---|---|---|---|
| Studienanfänger | 40,2 | 47,8 | 48,8 |
| Promotionen | 19,6 | 31,5 | 39,6 |
| wissenschaftl. Personal | 12,5 | 22,6 | 30,2 |
| Professoren | 2,5 | 4,8 | 14,3 |

288.5 *Frauenanteile an akademischen Laufbahnen (in %)*

| Männer | Frauen | davon: | | |
|---|---|---|---|---|
| Insgesamt | insgesamt | ledig | verheiratet | geschieden |
| 80,4 | 66,8 | 65,5 | 66,3 | 88,6 |

288.6 *Erwerbsquoten der 15-65-Jährigen (2005 in %)*

| | Parteimitglieder | Bundestagsabgeordnete |
|---|---|---|
| SPD | 30 | 36 |
| CDU | 25 | 20 |
| CSU | 18 | 17 |
| FDP | 23 | 26 |
| Grüne | 36 | 57 |
| PDS | 45 | 48 |

288.7 *Frauenanteil an Parteimitgliedern und Abgeordneten (2005 in %)*

| | Frauen | | Männer | |
|---|---|---|---|---|
| | 1990 | 2005 | 1990 | 2005 |
| SPD | 33,6 | 35,5 | 34,1 | 32,8 |
| CDU/CSU | 44,8 | 35,5 | 42,0 | 34,8 |
| FDP | 10,6 | 9,0 | 11,0 | 10,7 |
| Grüne | 4,9 | 8,8 | 4,6 | 7,4 |
| PDS/Die Linke | 2,2 | 7,6 | 2,6 | 9,9 |
| sonstige | 3,9 | 3,5 | 5,6 | 4,4 |

288.8 *Stimmenanteile bei Bundestagswahlen (in %)*

**AUFGABEN >>**

1 Wertet die Statistiken hinsichtlich der Gleichstellung von Mann und Frau aus. Was stellt ihr fest?

2 Erstellt eine Skala von 1(= sehr gut) bis sechs (= ungenügend). Tragt ein, inwieweit ihr die Gleichstellung der Geschlechter in Beruf und Politik erfüllt seht.

3 Befragt selbst Menschen in eurem Verwandten- und Bekanntenkreis zur Fragestellung in Umfrage Abb. 288.2. Was stellt ihr fest? Gibt es große Abweichungen?

## Frau und Mann in Kultur und Medien

*289.1–6 Frauen und Männer in Mode, Sport und Kultur*

**AUFGABEN >>**

Abb. 289.1–6 zeigen einen Ausschnitt der Rollen von Frau und Mann in Mode, Sport und Kultur.

1. Findet weitere Beispiele aus den Bereichen Frau und Mann in Kultur und Medien. Dabei helfen folgende Begriffe: TV-Krimikommissare, Nachrichtensprecher, Journalisten, Moderatoren, Musiker, Autoren, Designer, Künstler ...
2. Erstellt eine Skala von 1 (= sehr gut) bis sechs (= ungenügend). Tragt ein, inwieweit ihr die Gleichstellung der Geschlechter in Kultur und Medien erfüllt seht.
3. Vergleicht nun eure Skalen der drei Themen „Familie und Erziehung", „Beruf und Politik" und „Kultur und Medien". Was stellt ihr fest? Wie erklärt ihr euch die Unterschiede?
4. Was könnten eurer Meinung nach hilfreiche Maßnahmen sein, um bestehende Ungleichheiten zu vermindern?

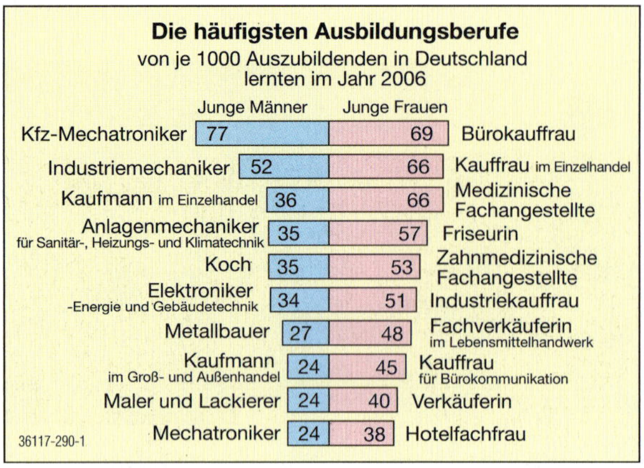


*290.1 Die häufigsten Ausbildungsberufe*

## Männerberufe – Frauenberufe?

Jens soll in der Schule über einen Ausbildungsberuf berichten. Dazu will er seinen Onkel, einen Konditormeister, interviewen. Während Jens im Café auf ihn wartet, erkennt er am Nebentisch Friedhelm Funkel, den Trainer von Eintracht Frankfurt. Ob er ihn fragen soll? Trainer ist ja schließlich auch ein Beruf ...

Jens spricht ihn an: „Guten Tag! Tschuldigung, können Sie mir vielleicht bei den Hausaufgaben helfen?"

„Na, das glaub ich nicht!", lacht Friedhelm Funkel.

„Ich muss ein Interview über Berufe führen", erklärt Jens.

„Ach so, dann schieß mal los! Was willst du wissen?"

Jens rückt näher und fragt: „Gingen Sie gerne zur Schule?"

Funkel stutzt, überlegt und dann legt er los: „Hm, ja. Ich kann mich noch gut erinnern, dass Sport und Erdkunde meine Lieblingsfächer waren. Doch jede freie Minute verbrachte ich auf dem Fußballplatz."

„Und welchen Schulabschluss haben Sie gemacht?"

„Ich hab einen Hauptschulabschluss und danach machte ich eine dreijährige Lehre zum Großhandelskaufmann."

„Warum denn das? Wollten Sie nicht Trainer werden?"

„Na, so schnell ging das alles nicht. Zunächst war mein Ziel, Fußballer zu werden. Und es zeigte sich rasch, dass ich das Zeug dazu hatte, erfolgreich zu werden. Statt mit Freunden um die Häuser zu ziehen, achtete ich daher auf gesunde Ernährung, kein Nikotin, kein Alkohol, viel Zusatztraining. Ich wollte meine berufliche Zukunft absichern, mit einem Plan B, daher die Lehre. Nur mit einem Berufsabschluss kann man das Risiko eingehen, Profi zu werden. Mit 19 erhielt ich meinen ersten Profivertrag. Auch wenn's keine offensichtliche Verbindung zum Trainerberuf gibt, diese Lehrzeit war hilfreich für meinen späteren Weg."

„Wann wurden Sie denn Trainer?", fragt Jens.

„Na, du stürmst vielleicht vor!", meint Funkel schmunzelnd. „Es war klar, dass ich nicht ewig Fußballprofi sein konnte. Die Idee, Trainer zu werden, spukte mir schon immer im Kopf herum. Tja, und als es soweit war, nahm ich all meine Energie zusammen und drückte für ein Jahr die Schulbank, um eine Trainerlizenz zu bekommen."

„Wieso mussten Sie all Ihre Energie zusammennehmen?"

„Du bist lustig! Was meinst du, wie das ist, 20 Jahre nach Schulabschluss pauken zu müssen! Das war eine Herausforderung, ein neues Ziel, das es zu erreichen galt."

„Das ist Ihnen auch gelungen! Können Sie sich auch Frauen als Fußballtrainer vorstellen?"

„Na klar! Steffie Jones zum Beispiel. Sie hat ein Praktikum bei mir absolviert, bevor sie ihre Trainerlizenz bekam. Es gibt einige Frauen im Trainerberuf, jedoch fast ausschließlich im Frauenfußball. Frauen, die Männer trainieren, sind zwar noch selten, doch auch da wird es wie in den anderen Berufen langfristig eine Änderung geben."

„Haben Sie Ihren Traumberuf?"

„Ja!", kommt es wie aus der Pistole geschossen, „den habe ich und den liebe ich. Manchmal ist die Belastung zwar groß und ich muss zurückstecken, doch das ist's mir wert!"

„Vielen Dank, dass Sie sich die Zeit genommen haben und viel Glück beim nächsten Spiel!"

*290.2 Elektronikerin in der Ausbildung – bald keine Seltenheit mehr?*

**AUFGABEN >>**

1. Überlegt Gründe für die Unterschiede bei den Ausbildungsberufen von jungen Frauen und Männern (Abb. 290.1).
2. Beschreibt eure eigenen Berufswünsche. Wie könntet ihr sie umsetzen?
3. Findet Berufe, die nicht so bekannt sind. Welche Berufe gibt es im „Gewerbe" Fußball?
4. Führt ein Interview über einen Lehrberuf. Fragt, warum der Interviewte gerade diesen Beruf gewählt hat.

# Zusatzthema: Schule und Koedukation

## Der Staat fördert gleichberechtigte Erziehung

Ende der 1960er-Jahre führte Deutschland die Koedukation (lateinisch „co-educare = gemeinsam erziehen) ein, die gemeinsame Erziehung von Jungen und Mädchen. Seitdem wird nur noch in wenigen Schulen nach Geschlechtern getrennt unterrichtet. Es gibt die Koedukation als gemischte Erziehung in allen Fächern, teilweise wird in einzelnen Fächern getrennt unterrichtet.

Die **Koedukation** sollte bei der Berufswahl jungen Frauen gleiche Chancen wie den Jungen geben. Man hoffte auch, mehr Mädchen würden naturwissenschaftliche und handwerklich-technische Berufe ergreifen.

Die Koedukation bringt seitdem verschiedene positive Entwicklungen. Kinder und Jugendliche wachsen ganz natürlich miteinander auf und treffen nicht erst in der Berufswelt auf das andere Geschlecht. Zudem schafft die Koedukation meist ein verträgliches Klassenklima.

*291.1 Handarbeitsunterricht der Mädchen in den 70er-Jahren*

## Die Koedukation hat Grenzen

In den letzten Jahren mehren sich jedoch kritische Stimmen an der Koedukation. Jungen erhalten zwar mehr Aufmerksamkeit, sie entwickeln jedoch häufiger Verhaltens- und Lernstörungen. Mädchen erzielen bessere Schulleistungen und höhere Schulabschlüsse, jedoch schreibt man das eher ihrem Fleiß als ihrer Intelligenz zu.

Zudem werden „mädchenspezifische Verhaltensmuster, z.B. soziale Kompetenzen, in der Schule häufig bevorzugt. Jedoch entwickeln Mädchen in der Pubertät weniger Selbstvertrauen als Jungen. Sie sind oft den rollenspezifischen Vorurteilen der Jungen und männlichen Lehrer ausgesetzt. Sie geben sich wenig interessiert an Naturwissenschaften und spielen die „Naiv-Unwissende", um der Konkurrenz auszuweichen und an „Weiblichkeit" zu gewinnen.

Noch immer wählt nur ein geringer Anteil der Mädchen an Gymnasien Mathematik und Physik, noch weniger studieren diese Fächer. Man findet die Mädchen noch immer in „klassischen" Mädchenberufen und Studienzweigen wie Erziehungswissenschaften und Sprachen.

*291.2 Schule heute: Nicht nur Mädchen beschäftigen sich mit Stricken*

**AUFGABEN >>**

1 Erläutert den Begriff Koedukation mit eigenen Worten.
2 Was versprachen sich die Bildungspolitiker von der Einführung der Koedukation?
3 Listet Vor- und Nachteile der Koedukation auf. Überlegt, ob ihr lieber an eine koedukative oder an eine getrennt geschlechtliche Schule gehen würdet. Gebt Gründe an.
4 Diskutiert Lösungsmöglichkeiten, wie man „Schwachstellen" der Koedukation beheben könnte.

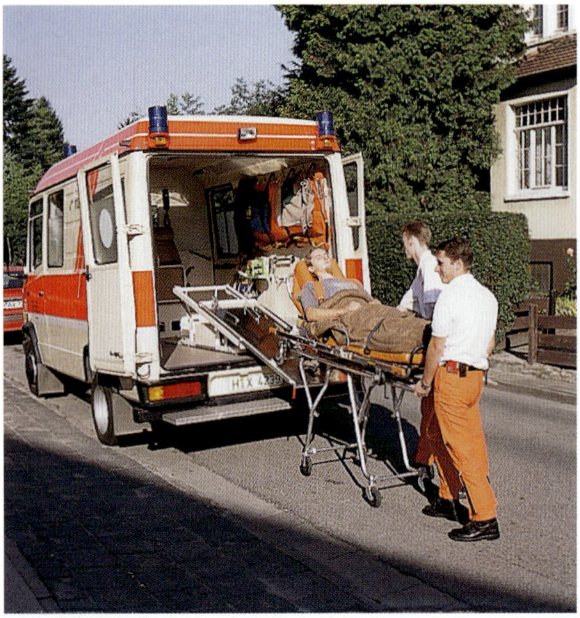
292.1 *Dennis auf dem Weg ins Krankenhaus*

## Sozialstaat – Wie fängt uns das soziale Netz auf?

Wer sorgt für uns, wenn wir krank sind oder einen Unfall haben? Woher kommt Geld, wenn wir arbeitslos sind? Wer kümmert sich um uns im Alter?
Früher war die Familie dafür zuständig. Heute sorgt der moderne **Sozialstaat** mit seinem Sicherungssystem für die Absicherung von solchen Lebensrisiken. Seine Grundlage ist die Solidarität zwischen den Bevölkerungsgruppen und den Generationen. Das heißt: Alle tragen mit ihren Beiträgen dazu bei und helfen damit im Notfall dem Einzelnen und im Ernstfall auch sich selbst. Wie dies funktionieren kann, zeigt das Beispiel des verunglückten Dennis Meyer.

### Das Sozialstaatsgebot

Das Grundgesetz legt in Artikel 20 fest, dass die Bundesrepublik Deutschland ein „demokratischer und sozialer Bundesstaat" sein soll. Dieses Sozialstaatsgebot verpflichtet den Staat dazu, für einen Ausgleich zwischen den sozial Schwachen, die wenig haben, und den sozial Starken, die finanziell gut gestellt sind, zu sorgen. Außerdem soll er die Existenzgrundlagen seiner Bürger sichern.
Bereits Ende des 19. Jahrhunderts wurde in Deutschland ein Sozialversicherungssystem mit Krankenkassen, Rentenversicherung und gesetzlicher Unfallversicherung geschaffen. Später wurde das soziale Netz durch die Arbeitslosen- und Pflegeversicherung ergänzt (Abb. 292.2)

### Dennis hat einen Unfall

Wie es genau passiert ist, daran kann sich Dennis, 18 Jahre, heute nicht mehr erinnern. An jenem Montagmorgen musste auf der Baustelle alles schnell gehen. Außerdem war er nicht ganz fit: Am Sonntagabend hatte er mit Freunden den Sieg ihrer Fußballmannschaft mit ein paar Bier gefeiert. Er erinnert sich noch, dass er in sieben Meter Höhe einen Seitenschutz an einem Gerüst anbringen wollte. Danach setzt seine Erinnerung aus. Erst im Krankenhaus ist er wieder aufgewacht. Er muss das Gleichgewicht verloren haben und von der Plattform gestürzt sein.
„Glück im Unglück!", sagen die Arbeitskollegen, die ihn im Krankenhaus besuchen. Aber das ist für Dennis kein Trost, denn er hat neben einer schweren Gehirnerschütterung Knochenbrüche davongetragen, die mehrere Operationen erforderlich machen werden. Er wird Wochen im Krankenhaus verbringen müssen. Aber noch mehr belastet ihn, wie es mit ihm weitergehen wird:

- Wer bezahlt eigentlich die Kosten für seinen Krankenhausaufenthalt?
- Er ist erst im 2. Ausbildungsjahr als Gerüstbauer und hat noch nicht viel in die Krankenversicherung eingezahlt. Kommt die Krankenkasse trotzdem für alles auf?
- Er war – zugegeben – nicht so gut drauf an diesem Morgen. Hat dies Einfluss auf die Bezahlung der Krankenkosten? Trägt er Mitschuld an dem Unfall?
- Während der Arbeit hat er nicht den vorgeschriebenen Helm getragen. Hat das Einfluss auf die Begleichung der Kosten?
- Muss er jetzt um seinen Ausbildungsplatz fürchten, denn er wird wochenlang nicht arbeiten können?
- Bekommt er sein Ausbildungsentgelt weiter, obwohl er längere Zeit nicht arbeitet?
- Was wird sein, wenn er in seinem Beruf, der körperlich hohe Anforderungen stellt, nicht wird weiterarbeiten können?

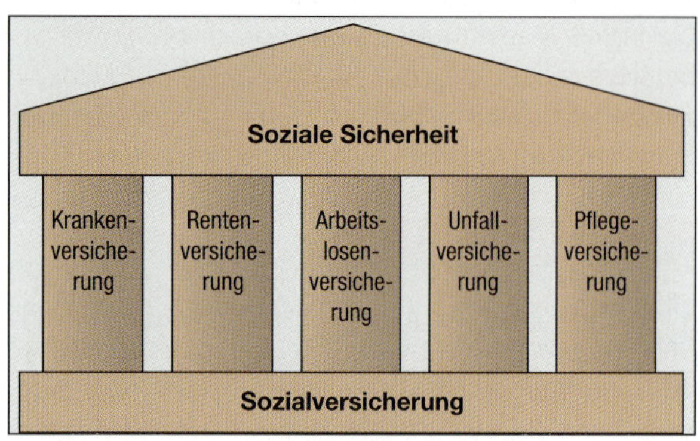

292.2 *Die Säulen unseres sozialen Netzes*

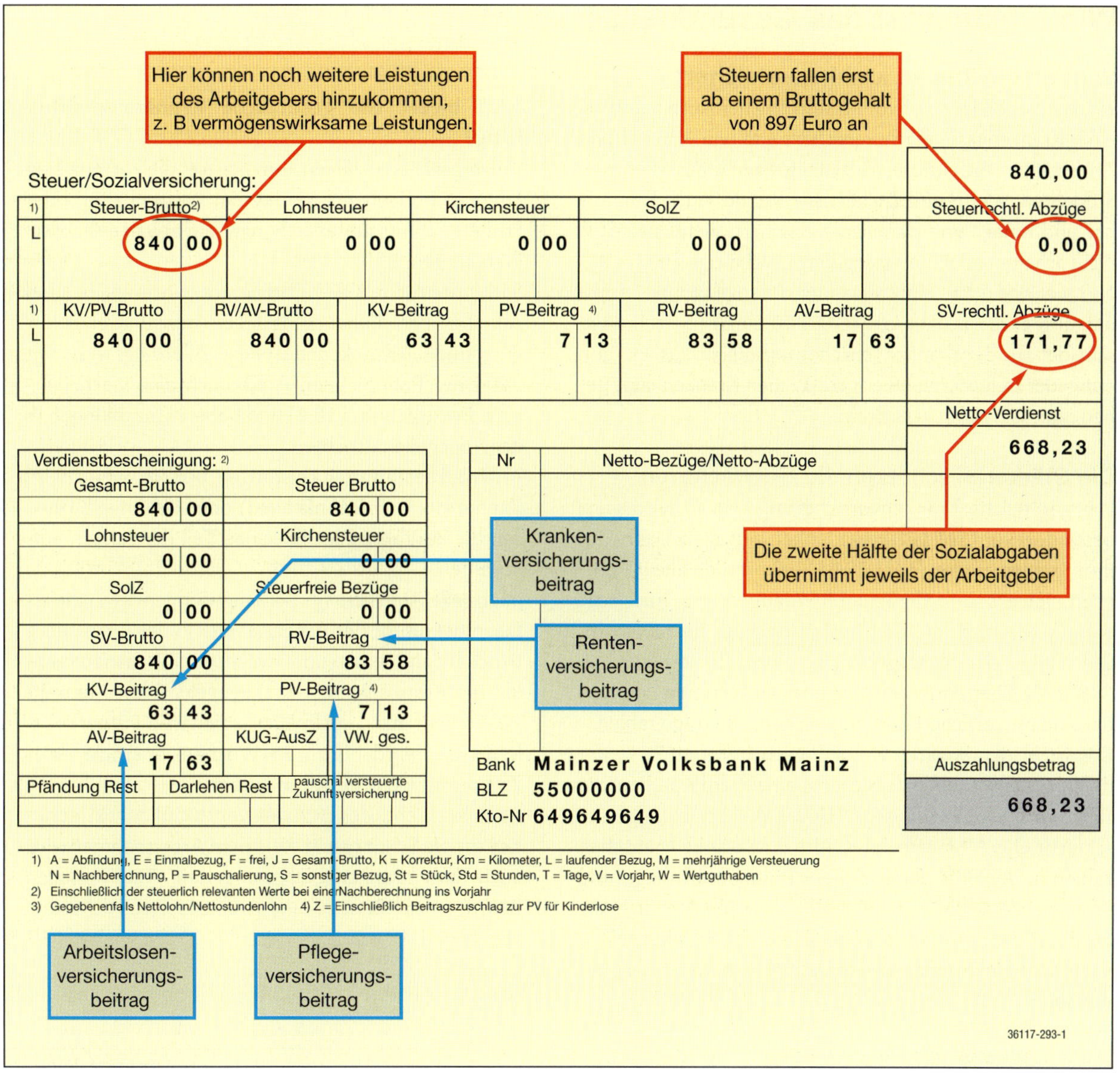

Steuer/Sozialversicherung:

| 1) | Steuer-Brutto 2) | Lohnsteuer | Kirchensteuer | SolZ | | Steuerrechtl. Abzüge |
|---|---|---|---|---|---|---|
| L | 840 00 | 0 00 | 0 00 | 0 00 | | 0,00 |

| 1) | KV/PV-Brutto | RV/AV-Brutto | KV-Beitrag | PV-Beitrag 4) | RV-Beitrag | AV-Beitrag | SV-rechtl. Abzüge |
|---|---|---|---|---|---|---|---|
| L | 840 00 | 840 00 | 63 43 | 7 13 | 83 58 | 17 63 | 171,77 |

840,00

Netto-Verdienst: 668,23

Verdienstbescheinigung: 2)

| | |
|---|---|
| Gesamt-Brutto: 840 00 | Steuer Brutto: 840 00 |
| Lohnsteuer: 0 00 | Kirchensteuer: 0 00 |
| SolZ: 0 00 | Steuerfreie Bezüge: 0 00 |
| SV-Brutto: 840 00 | RV-Beitrag: 83 58 |
| KV-Beitrag: 63 43 | PV-Beitrag 4): 7 13 |
| AV-Beitrag: 17 63 | KUG-AusZ / VW. ges. |
| Pfändung Rest / Darlehen Rest | pauschal versteuerte Zukunftsversicherung |

| Nr | Netto-Bezüge/Netto-Abzüge |
|---|---|

Bank Mainzer Volksbank Mainz
BLZ 55000000
Kto-Nr 649649649

Auszahlungsbetrag: 668,23

1) A = Abfindung, E = Einmalbezug, F = frei, J = Gesamt-Brutto, K = Korrektur, Km = Kilometer, L = laufender Bezug, M = mehrjährige Versteuerung
N = Nachberechnung, P = Pauschalierung, S = sonstiger Bezug, St = Stück, Std = Stunden, T = Tage, V = Vorjahr, W = Wertguthaben
2) Einschließlich der steuerlich relevanten Werte bei einer Nachberechnung ins Vorjahr
3) Gegebenenfalls Nettolohn/Nettostundenlohn 4) Z = Einschließlich Beitragszuschlag zur PV für Kinderlose



*293.1 Dennis' Gehaltsabrechnung (Lohnzettel)*

**Soziale Sicherung hat ihren Preis**

Die Beiträge der Sozialversicherung werden nach dem Solidaritätsprinzip geleistet, sie hängen vom Lohn bzw. Einkommen ab: Wer wenig verdient, zahlt entsprechend weniger; wer mehr hat, zahlt höhere Beiträge. Dabei teilen sich Arbeitgeber und Arbeitnehmer die Versicherungsbeiträge. Ausnahmen bilden hierbei die gesetzliche Unfallversicherung, die vom Arbeitgeber allein finanziert wird, und die Pflegeversicherung, die allein der Arbeitnehmer zahlt.

**AUFGABEN >>**

1. Informiert euch anhand des Textes über die allgemeinen Grundlagen des sozialen Sicherungssystems in Deutschland.
2. Macht euch mit Dennis' Schicksal und seinem Krankheitsfall genau vertraut. Könnt ihr Fragen, die Dennis sich nach seinem Unfall stellt, bereits beantworten?
3. Wertet die Materialien auf den Folgeseiten (S. 294-299) aus, um die Fragen von Dennis zu beantworten.
4. Bleiben Fragen offen, dann zieht zusätzliche Quellen heran, z. B. das Internet, Bücher und Broschüren, Expertinnen und Experten. Schreibt immer auf, wo ihr eine Information bekommen habt, damit ihr später von eurer Quelle berichten könnt.

# Wie funktioniert das Gesundheitssystem?

## Vom ersten Tag an krankenversichert

Jeder Auszubildende ist vom ersten Tag der Ausbildung bei einer Krankenkasse pflichtversichert – so wie Arbeiter und Angestellte, Arbeitslose, Sozialhilfeempfänger, Rentner, Studenten, Wehr- und Zivildienstleistende. Auch Ehepartner und Kinder sind (familien-)versichert, wenn sie selbst nicht arbeiten oder nur geringfügig beschäftigt sind.
Nur wer drei Jahre hintereinander die sogenannte Jahresentgeltgrenze (im Jahr 2007: 47 700 Euro) überschreitet, scheidet aus der Krankenversicherungspflicht aus. Er kann entweder freiwillig zu einer gesetzlichen Krankenkasse gehen oder sich privat versichern.

## Die Stärkeren schützen die Schwächeren

Die gesetzliche Krankenversicherung (GKV) wird ganz besonders vom Solidaritätsgedanken getragen. Das heißt: Ihre Sachleistungen (Text 294.1) bekommen alle im gleichen, jeweils erforderlichen Umfang, ohne Rücksicht darauf, wie hoch die Beitragsleistung des Einzelnen ist. Die Höhe der Beiträge hängt vom Einkommen ab (> S. 293). Ehepartner ohne eigenes Einkommen und Kinder sind mitversichert und müssen keine Beiträge zahlen.
Das ist in der privaten Krankenversicherung (PKV) anders: Hier muss jeder Versicherte eine Prämie zahlen, die sich nach Krankheitsrisiko (Gesundheitsprüfung), Geschlecht und Alter errechnet. Alte und kranke Menschen zahlen in der PKV daher höhere Prämien als junge und gesunde Versicherte. In der GKV werden lediglich die Geldleistungen – also in erster Linie das Krankengeld – nach dem Einkommen des einzelnen Arbeitnehmers bemessen.

**Was bietet die gesetzliche Krankenversicherung?**

***Vorsorge:*** Hierzu zählen zum Beispiel die kostenfreien Untersuchungen im Kindes- und Jugendalter oder Früherkennungsuntersuchungen auf etwaige Krebserkrankungen.
***Sachkosten:*** Die GKV übernimmt die ärztliche und zahnärztliche Behandlung, die Arzneimittelversorgung und die Krankenhauspflege. Allerdings muss seit 2004 der Patient beim Arztbesuch eine vierteljährliche Praxisgebühr (10 €) und höhere Zuzahlungen in der Apotheke entrichten.
Auch bei bestimmten Leistungen, beispielsweise beim Zahnersatz (z.B. Zahnkronen) oder bei Brillen, müssen die Beitragszahler für einen Teil der Kosten aufkommen.
***finanzielle Absicherung:*** Bei langwierigen Krankheitsfällen bekommt der Arbeitnehmer in der Regel sechs Wochen lang seinen Lohn weitergezahlt, danach zahlen die Krankenkassen Krankengeld. Dieses beträgt 70 Prozent des regelmäßig erzielten Bruttoarbeitslohns und wird bis zu 78 Wochen innerhalb eines Zeitraums von drei Jahren gezahlt.
Auch während des Bezuges von Krankengeld endet der soziale Schutz nicht. Wie dem Arbeitnehmer wird auch dem Krankengeldbezieher sein Anteil an den Beiträgen zur Renten- und Arbeitslosenversicherung abgezogen.

*294.1*

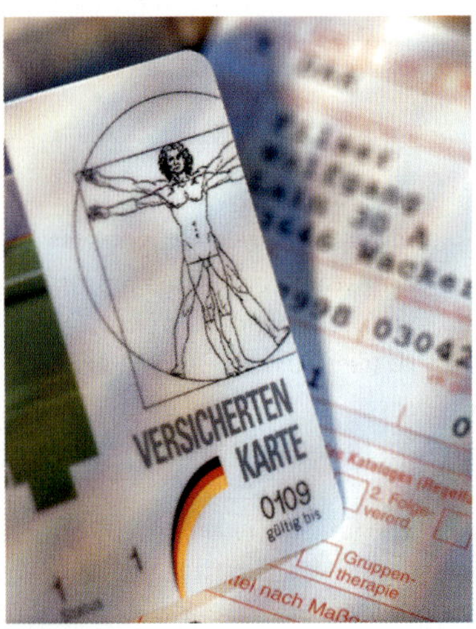


*294.2 Versichertenkarte*

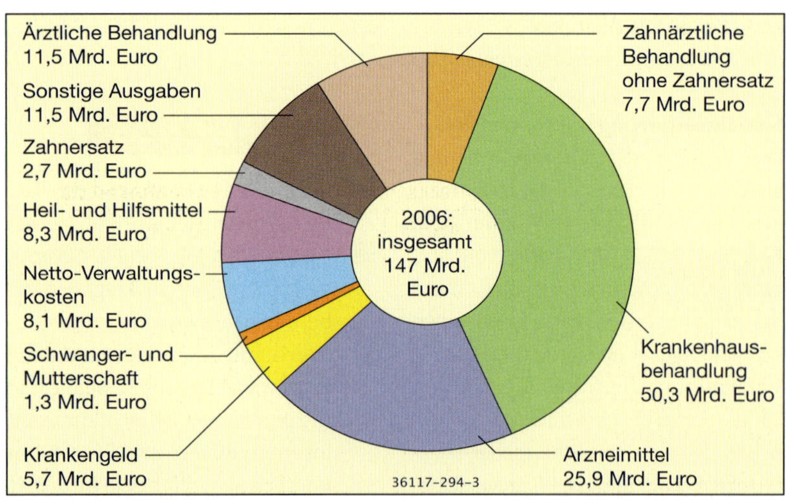


*294.3 Leistungen und Ausgaben der Gesetzlichen Krankenversicherung*

## Für den Fall der (Un)Fälle: Die Unfallversicherung

Bei Arbeitsunfällen oder Berufskrankheiten tritt die gesetzliche Unfallversicherung, eine Art Haftpflichtversicherung der Unternehmen, ein. Sie sichert diejenigen gegen die Folgen von Arbeitsunfällen, Wegeunfällen und Berufskrankheiten ab, die in einem Arbeits-, Dienst- oder Ausbildungsverhältnis stehen – ohne Rücksicht auf Alter, Geschlecht, Familienstand, Nationalität, Religion oder Höhe des Einkommens. Dabei spielt keine Rolle, wer an dem Unfall schuld ist – die gesetzliche Unfallversicherung erbringt ihre Leistungen auf jeden Fall.

Im Gegensatz zu allen anderen Zweigen der Sozialversicherung brauchen die Arbeitnehmer keinen Cent zur gesetzlichen Unfallversicherung beizusteuern. Sie wird ausschließlich aus den Beiträgen der Unternehmen der jeweiligen Branche finanziert. Das heißt: Das Unternehmen zahlt an die Berufsgenossenschaft oder die Unfallkasse, und diese wiederum übernimmt die Kosten für den Versicherten.

Die gesetzliche Unfallversicherung tritt bei Arbeitsunfällen und bei Unfällen auf dem Weg zur Arbeit ein, aber auch bei anerkannten Berufskrankheiten wie Allergien.

*295.1 Arbeitsunfall*

Die Unfallversicherung übernimmt die Kosten für die Heilbehandlung und unterstützt Verletzte oder Kranke bei der Arbeitsplatzsuche, bei der Berufsfindung und bei der Aus- und Fortbildung, um sie wieder beruflich einzugliedern. Außerdem erhält der Versicherte für die Dauer der Arbeitsunfähigkeit ein Verletztengeld.

**Auch in der Schule versichert**

Gesetzlich unfallversichert sind auch Schüler und Studierende über die Schüler-Unfallversicherung. Neben dem Schulunterricht und dem Schulweg stehen auch Schulausflüge, Schulreisen, Sport- und andere schulische Veranstaltungen unter Versicherungsschutz. Die Leistungen reichen von Heilbehandlungen über schulisch-berufliche Rehabilitationen – gegebenenfalls bis zur lebenslangen Rente. Zuständig für die Schüler-Unfallversicherung sind die Gemeindeunfallversicherungsverbände und Unfallkassen. Auch die Schüler-Unfallversicherung kostet die Versicherten keinen Cent; die Beiträge für öffentliche Schulen trägt der Schulträger, für private Schulen das Land.

| | Tödliche Unfälle | | Unfallverletzte | |
|---|---|---|---|---|
| | Anzahl | % | Anzahl | % |
| Arbeitsunfall | 674 | 3,5 | 1,28 Mio. | 1,1 |
| Schulunfall | 6 | <0,1 | 1,40 Mio. | 16,5 |
| Verkehrsunfall | 6032 | 31,0 | 0,44 Mio. | 5,2 |
| Unfall im Hausbereich | 6262 | 32,2 | 2,73 Mio. | 32,2 |
| Unfall in der Freizeit | 6016 | 30,9 | 2,63 Mio. | 31,0 |
| Sonstiger Unfall | 468 | 2,4 | | |
| **Gesamt** | **19459** | **100** | **8,48 Mio.** | **100** |

*295.2 Zahl der Unfälle in Deutschland (Stand: 2006)*

**AUFGABEN >>**

1 Beantwortet anhand der Informationen die Fragen von Dennis zur Kostenübernahme des Krankenhausaufenthaltes (> S. 292).

2 Verdeutlicht am Beispiel der GKV den Solidaritätsgedanken, der dem Sozialversicherungssystem zu Grunde liegt.

3 Aktualisiert die Informationen zum Gesundheitswesen: Haben sich im Rahmen der Gesundheitsreform Veränderungen ergeben?

296.1 *Arbeitsamt*

## Arbeitslos - und dann ?

Dennis wird in nächster Zeit nicht arbeiten können, seine Verletzungen sind zu schwer. Unter diesen Bedingungen wird seine Firma ihn auch nicht weiterbeschäftigen können. Dennis muss sich mit dem Gedanken vertraut machen, arbeitslos zu werden. Ihn bewegt natürlich, ob er in seiner Lage abgesichert ist, ob er finanzielle Unterstützungen erhalten kann.

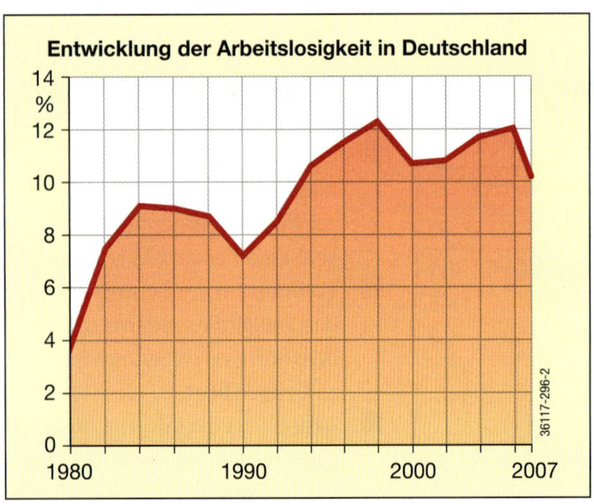


296.2 *Entwicklung der Arbeitslosigkeit*

### Arbeitslosigkeit kann jeden treffen

Die Zahl der Arbeitslosen stieg in den 1970er-Jahren stark an und erreichte schließlich 2005 mehr als 5 Millionen. Seitdem sanken die Arbeitslosenzahlen kontinuierlich (Abb. 296.2). Gleichwohl sind immer noch rund drei Millionen Menschen arbeitslos gemeldet. Arbeitslosigkeit ist keine Randerscheinung, sie ist ein Massenphänomen, das jeden treffen kann.

### Arbeitslosengeld I und II

Wer arbeitslos wird und trotz aller Bemühungen keinen neuen Arbeitsplatz findet, bekommt Geldleistungen vom Staat. Das **Arbeitslosengeld I** errechnet sich aus dem Nettolohn des Arbeitnehmers. Leistungsbezieher ohne Kind erhalten 60 %, Arbeitnehmer mit Kind 67 % des Nettolohnes. Arbeitnehmer unter 55 Jahren bekommen zwölf Monate das Arbeitslosengeld I, für ältere Arbeitslose gilt eine Bezugsdauer von 18 Monaten.

Danach hat der Arbeitslose Anspruch auf das **Arbeitslosengeld II.** Es wird so lange gezahlt, wie die Arbeitslosigkeit dauert, und beträgt 345 Euro für Alleinstehende. Verheiratete erhalten jeweils 90 % dieses Regelsatzes, Kinder zwischen 15 und 18 Jahren bekommen 80 %, jüngere Kinder 60 %. Jeder Erwerbsfähige im Alter zwischen 15 und 64 Jahren kann es auf Antrag erhalten. Vorher wird geprüft, ob der Antragsteller und sein Ehe- oder Lebenspartner Vermögen besitzen oder andere Einkünfte vorhanden sind. In diesem Fall fällt die Grundsicherung niedriger aus oder wird gar nicht gezahlt.

Außerdem bekommen Jugendliche, die zwischen 18 und 25 Jahren alt sind und noch bei ihren Eltern wohnen, nur 80 % dieses Regelsatzes. Die Leistung entfällt, wenn der Bezieher von zu Hause auszieht. Kosten für Miete, Heizung und die Beiträge für die gesetzliche Kranken- und Pflegeversicherung sowie der Mindestbeitrag zur Rentenversicherung werden zusätzlich übernommen.

Während das Arbeitslosengeld I durch die Sozialversicherungsbeiträge der Beschäftigten finanziert wird, ist das Arbeitslosengeld II eine Steuerleistung. Deshalb können es auch Bedürftige beziehen, die vorher keine versicherungspflichtige Beschäftigung ausgeübt haben. Auch während einer Arbeitslosigkeit geht der Sozialversicherungsschutz nicht verloren. Die Bundesagentur für Arbeit zahlt für die Bezieher von Arbeitslosengeld Beiträge zur Renten-, Kranken- und Pflegeversicherung.

297.1 *Karikatur*

**Rehabilitation**

Wenn die Beeinträchtigungen so stark sind, dass der Betroffene seinen Alltag nicht mehr selbst gestalten kann und eine Rückkehr an den bisherigen Arbeitsplatz nicht oder nicht mehr ohne Weiteres möglich ist, greifen Maßnahmen der sozialen und beruflichen Rehabilitation (Wiedereingliederung). Ziel all dieser Maßnahmen ist es, dass der Erwerbstätige wieder in seinen Alltag und das Berufsleben eingegliedert werden kann, sei es am alten Arbeitsplatz oder einer anderen Stelle. Hierbei werden Leistungen erbracht von der Krankenversicherung, der Rentenversicherung und von den Arbeitsämtern, aber auch von der Unfallversicherung. An Leistungen im Bereich der sozialen und beruflichen Rehabilitation stehen zur Verfügung:

- Leistungen zur Erhaltung oder Erlangung eines Arbeitsplatzes
- Berufsvorbereitung
- Berufliche Anpassung, Fortbildung, Ausbildung, Umschulung
- Hilfen zu einer angemessenen Schulbildung
- Leistungen an Arbeitgeber
- Kraftfahrzeughilfe
- Wohnungshilfe

Um die Teilnahme an einer berufsfördernden Maßnahme zu ermöglichen, wird durch die Unfallversicherung ein Übergangsgeld gezahlt, dessen Höhe sich nach dem Einkommen des Verletzten vor Beginn der Arbeitsunfähigkeit richtet (bei Alleinstehenden 68 %, bei Versicherten mit Kindern 75 %)

## AUFGABEN >>

1 Beantwortet anhand der Informationen über das Arbeitslosengeld I und II sowie über die Rehabilitation die Fragen von Dennis aus dem Einleitungstext.

2 Diskutiert, ob das – in seiner Höhe umstrittene – Arbeitslosengeld II eurer Ansicht nach zu hoch oder zu niedrig ist. Befragt hierzu eure Eltern im Hinblick darauf, welche Lebenshaltungskosten in eurer Familie anfallen.

3 Beschreibt die Entwicklung der Arbeitslosigkeit in Deutschland.

4 Ermittelt, wie hoch die Zahl der Arbeitslosen in eurer Region/Stadt ist und welchen Anteil Jugendliche daran haben.

5 Beschreibt mit eigenen Worten die Aussagen von Karikatur 297.1.

*298.1 Rentner*

## Wer kann eine Rente erhalten?

Dennis hat die ersten Operationen hinter sich. Er ist sehr niedergeschlagen und fragt sich, ob er in seinem Beruf jemals wieder wird arbeiten können. Aber nicht nur das! Fraglich ist, ob er jemals wieder körperlich arbeiten kann. Begriffe wie „Erwerbsunfähigkeit", „Berufsunfähigkeit" und „Rente", mit denen er sich bislang nie beschäftigt hatte, gehen ihm durch den Kopf – und das mit 18 Jahren.

- Ist Dennis versorgt, wenn er nicht voll wiederhergestellt werden kann?
- Kann Dennis eine Rente beziehen, obwohl er noch nicht lange gearbeitet hat?
- Wie hoch würde eine Rente für ihn sein?

### Heute geben, morgen nehmen – Wie funktioniert unser Rentensystem?

Bis auf wenige Ausnahmen sind alle Angestellten und Arbeiter, aber auch Auszubildende sowie Wehr- und Zivildienstleistende in der gesetzlichen Rentenversicherung pflichtversichert. Sie zahlen einen monatlichen Versicherungsbeitrag.

Die gesetzliche Rentenversicherung wird über das sogenannte Umlageverfahren finanziert. Dabei werden die Einnahmen des laufenden Monats für die Rentenzahlungen des nächsten Monats herangezogen. Das heißt, ein Rentner erhält sein Altersgeld aus den Beiträgen, die im Vormonat von Erwerbstätigen und Arbeitgebern – je zur Hälfte – entrichtet wurden.

Die arbeitende Generation kommt somit für die Ruhegelder der älteren Generation auf. Dieses solidarische Prinzip wird **Generationenvertrag** genannt (Abb. 298.2). Hinzu kommt zur Deckung der Ausgaben ein Zuschuss des Bundes, der im Jahr 2006 rund 55 Milliarden Euro betrug.

Mit den Beiträgen, die ein Arbeitnehmer in die gesetzliche Rentenversicherung zahlt, erwirbt er Ansprüche darauf, später selbst eine Rente zu bekommen. Die Höhe dieser Ansprüche hängt in erster Linie davon ab, wie lange jemand berufstätig war, wie viel er verdient hat und in welchem Alter er in Rente geht.

Die Ausgaben der Rentenversicherung sind in den letzten Jahren ständig angestiegen. Viele Menschen und Wissenschaftler sehen den Generationenvertrag in einer Krise (> S. 300).

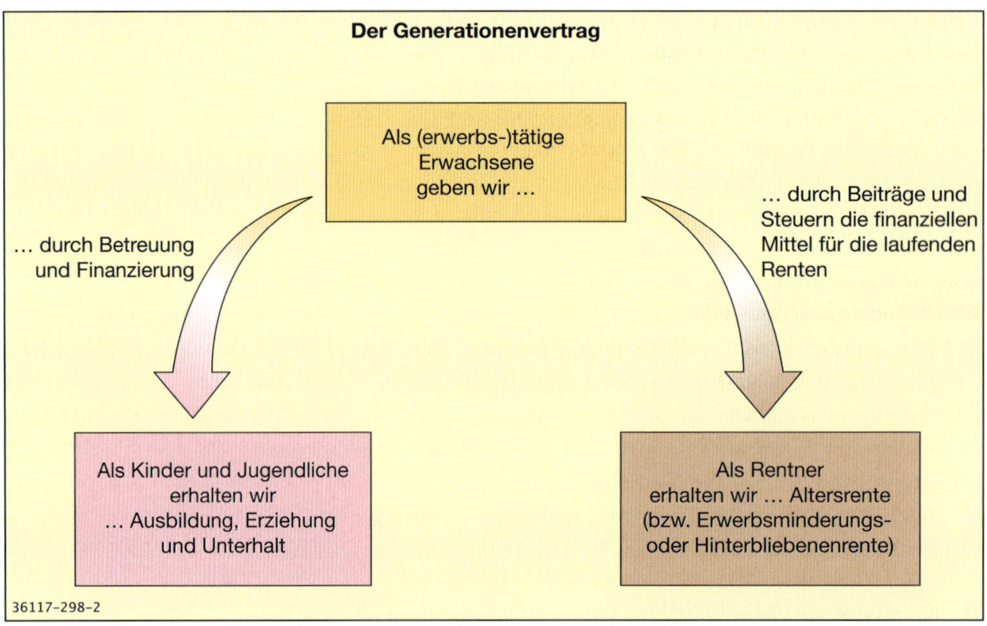


*298.2 Das Prinzip des Generationenvertrages*

## Es gibt verschiedene Rentenansprüche

*Altersrenten:* Die sogenannte Regelaltersrente erhält nur, wer das 65. Lebensjahr vollendet hat und fünf Jahre versichert war. Das Alter von 65 Jahren ist somit in Deutschland die Regel-Altersgrenze. Nicht alle Arbeitnehmer sind jedoch so lange beruflich aktiv. 2007 hat der Bundestag die Regelaltersgrenze ab 2012 auf 67 Jahre erhöht, um den steigenden Ausgaben der Rentenversicherung durch die steigende Zahl von Rentnern entgegenzuwirken. Unabhängig davon können Arbeitnehmer, die 45 Jahre versichert waren, weiterhin mit 65 Jahren in Rente gehen.
Vorzeitig können Arbeitnehmer mit 63 Jahren Rente nach 35 Versicherungsjahren beanspruchen, dann müssen sie aber Abschläge in Höhe von 0,3 Prozent für jeden Monat vor der gesetzlichen Altersgrenze in Kauf nehmen, dies können also bis zu 18,0 Prozent sein.

| So hoch ist der Monatsverdienst im Durchschnitt: | So viel gesetzliche Altersrente erhält ein Rentner im Durchschnitt (abzüglich Kranken- und Pflegeversicherung der Rentner): |
|---|---|
| **2.457 € brutto** abzüglich Steuern (442,91 €) und Sozialversicherung (515,97 €) | 976 € (Männer/West) |
| | 1056 € (Männer/Ost) |
| | 465 € (Frauen/West) |
| **1498,15 € netto** | 663 € (Frauen/Ost) |

299.1 Durchschnittliche Höhe der Altersrenten (2007)

***Renten wegen verminderter Erwerbsfähigkeit:*** Jedes Jahr müssen rund 170 000 Arbeitnehmerinnen und Arbeitnehmer aus gesundheitlichen Gründen ihren Job vor Erreichen des Rentenalters aufgeben. Durch die Beiträge in die Rentenversicherung haben diese einen Anspruch auf Erwerbsminderungsrente erworben. Voraussetzung für die Auszahlung ist, dass der Versicherte insgesamt mindestens fünf Jahre versichert war, davon drei in den letzten fünf Jahren vor Eintritt der Erwerbsminderung. Der Rentenanspruch hängt dabei nicht von der Ausbildung oder dem ausgeübten Beruf ab.
Als Leistungsarten unterschieden wird:

1. Rente wegen teilweiser Erwerbsminderung: Wenn Versicherte wegen Krankheit oder Behinderung auf nicht absehbare Zeit nur noch 3 bis unter 6 Stunden täglich im Rahmen einer 5-Tage-Woche erwerbstätig sein können.
2. Renten wegen voller Erwerbsminderung: Eine volle Erwerbsminderung liegt vor, wenn Versicherte wegen Krankheit oder Behinderung auf nicht absehbare Zeit nur noch weniger als 3 Stunden täglich im Rahmen einer 5-Tage-Woche erwerbstätig sein können.

*Verletztenrente:* Die gesetzliche Unfallversicherung gewährt eine Verletztenrente, wenn Erwerbstätige durch einen Arbeitsunfall oder eine Berufskrankheit in ihrer Erwerbsfähigkeit um mindestens 20 % eingeschränkt sind und die Erwerbsminderung länger als 26 Wochen andauert. Für Schwerverletzte (Minderung der Erwerbsfähigkeit um 50 % oder mehr) wird zur Verletztenrente eine Zulage in Höhe von 10 % gewährt, wenn wegen des Arbeitsunfalls oder der Berufskrankheit keine Erwerbstätigkeit mehr ausgeübt werden kann und keine Rente aus der gesetzlichen Rentenversicherung bezogen wird.
Die Höhe der Verletztenrente ist abhängig vom Grad der Minderung der Erwerbsfähigkeit und vom Jahresarbeitsverdienst des Verletzten vor Eintritt des Arbeitsunfalls. Ist die Erwerbsfähigkeit verloren, erhält er eine Vollrente, etwa zwei Drittel des Jahresarbeitsverdienstes.

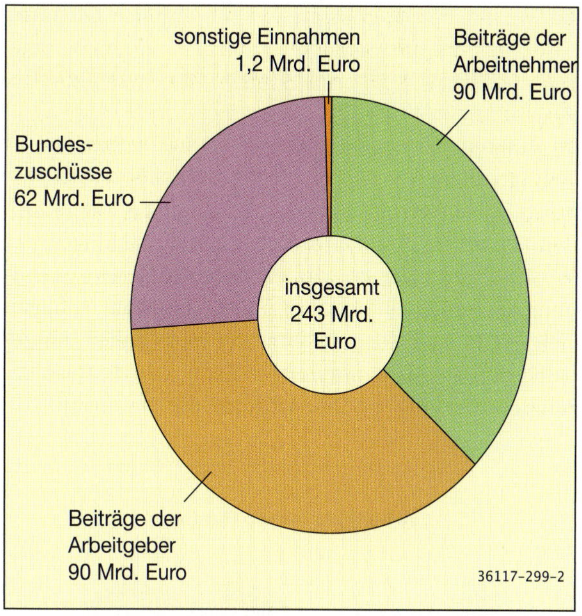


299.2 *Wer bezahlt die Rentenversicherung? (2006)*

**AUFGABEN >>**

1. Beantwortet anhand der Materialien die Fragen von Dennis aus dem Einleitungstext.
2. Beurteilt abschließend den Fall Dennis: Fängt das soziale Sicherungssystem ihn auf?
3. Informiert euch bei einer Verbraucherschutzzentrale oder in einem „Fairsicherungsladen" über Möglichkeiten, sich privat gegen einen Unfall oder gegen Berufsunfähigkeit versichern zu lassen. Informiert euch dabei auch über die Kosten einer derartigen Versicherung sowie über eine mögliche Rentenhöhe.

300.1

300.2 *Karikatur*

## Probleme des Sozialstaats heute

Im Zusammenhang mit dem Fall Dennis wurde bereits angesprochen, dass die Leistungen, die der Sozialstaat erbringt, in den letzten Jahren eingeschränkt wurden, zum Beispiel bei der Krankenversicherung (Zuzahlungen der Versicherten) oder bei der Rentenversicherung (Erhöhung des Renteneintrittsalters). Der Sozialstaat, so sagen viele, ist in eine Krise geraten und muss daher „umgebaut" werden. Als verantwortlich dafür wird die Bevölkerungsentwicklung in Deutschland, der demografische Wandel angeführt: Es werden immer weniger Kinder geboren, während der Anteil der alten Generation – auch aufgrund einer längeren Lebenserwartung – wächst. Damit steigen auch die Ausgaben für den Sozialstaat: mehr Renten, höhere Kosten im Gesundheitssystem und in der Pflege. Gleichzeitig gibt es immer weniger Beitragszahler, die die sozialen Versicherungssysteme finanzieren. Die Ausgaben der Sozialversicherung sind deshalb in den letzten Jahren stark angestiegen (Abb. 301.2).

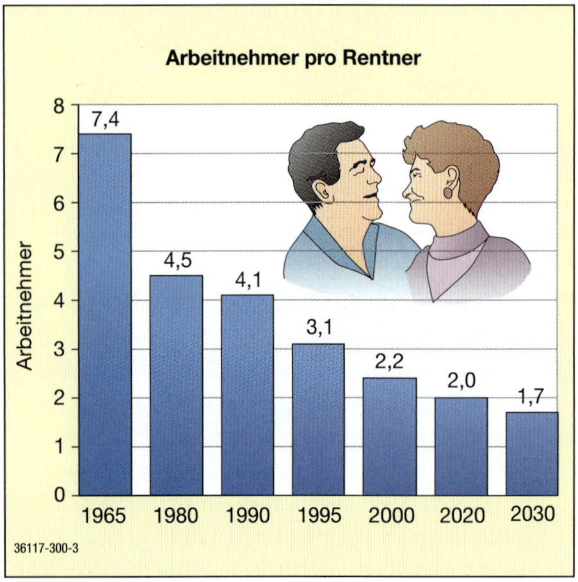


300.3 *Arbeitnehmer pro Rentner*

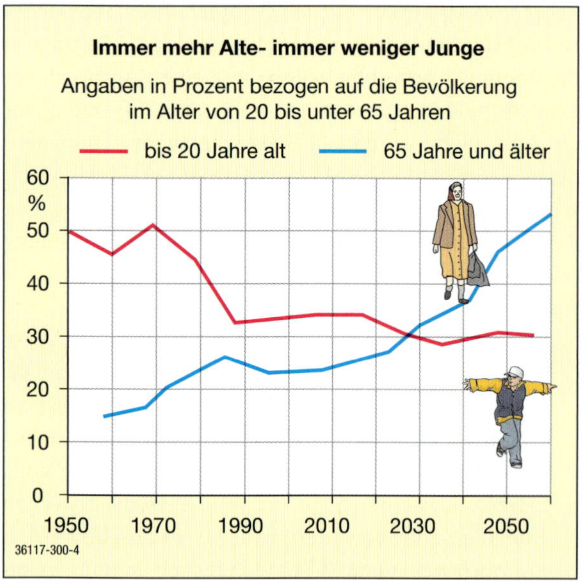


300.4 *Immer mehr Alte – immer weniger Junge*

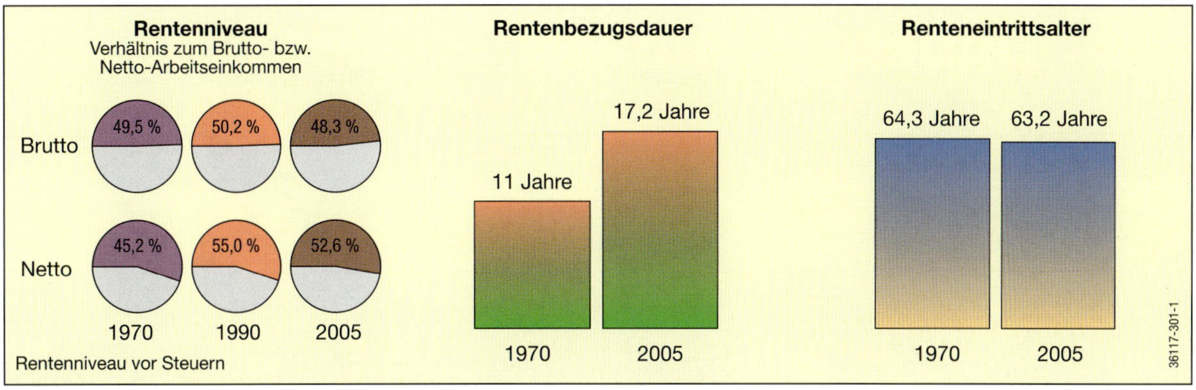


*301.1 Probleme der Rentenversicherung*

## Deutschland wird älter

Auf 100 Bundesbürger im erwerbsfähigen Alter kamen im Jahr 2000 rund 43 Rentner. Das Statistische Bundesamt rechnet damit, dass es 2050 78 Rentner sein werden. Während im Jahr 1965 7,4 Arbeitnehmer Versicherungsbeiträge für einen Rentner bezahlen mussten, so werden 2030 1,7 Arbeitnehmer für einen Rentner zahlen müssen (Abb. 300.3). Wie kommt es zu dieser Entwicklung?

Bringt jede Frau weiterhin im Durchschnitt 1,4 Kinder zur Welt, dann wird nach den Berechnungen der Statistiker die jährliche Geburtenzahl von 673 000 (2006) auf 500 000 (2050) sinken. Gleichzeitig nimmt in dieser Zeit die Lebenserwartung der 65-Jährigen um 4,5 Jahre zu. Dadurch steigt auch die durchschnittliche Rentenbezugsdauer.

Zur Bevölkerung im Erwerbsalter von 20 bis 64 Jahren gehören heute etwa 50 Millionen Menschen in Deutschland. Im Jahr 2050 werden es den Schätzungen zufolge jedoch nur noch 39 Millionen sein. Die Zahl der Menschen ab 80 Jahre wird sich dagegen von vier auf zehn Millionen mehr als verdoppeln. In wenigen Jahren wird deshalb in Deutschland die Zahl der über 65-Jährigen bereits höher sein als die der unter 20-Jährigen (Abb. 300.4)

**AUFGABEN >>**

1 Beschreibt und wertet die Karikatur (Abb. 300.2) aus: Auf welches Problem verweist sie?

2 Beschreibt, wie sich das Verhältnis zwischen Jung und Alt in der Bundesrepublik entwickelt hat und wie es sich – den Prognosen nach – weiter entwickeln wird (Abb. 300.4, Text S. 301). Welche Auswirkungen wird das für die Rentenversicherung haben?

3 Nennt Konsequenzen im Hinblick auf den Generationenvertrag (Abb. 300.3, 301.1; > S. 298).

4 Wertet die Abb. 301.2 aus: Wie haben sich die Beiträge zur Sozialversicherung entwickelt? Wie beurteilt ihr diese Entwicklung?

5 Diskutiert, ob die Leistungen des Sozialstaates weiter eingeschränkt werden sollten. Bezieht hierbei den Fall Dennis ein.

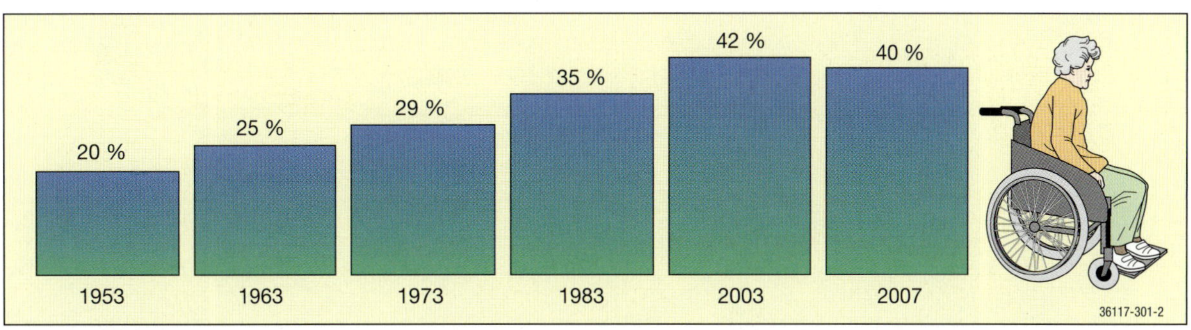


*301.2 Anstieg der Sozialbeiträge: So viel Prozente des beitragspflichtigen Verdienstes müssen an die Sozialversicherung abgeführt werden (Arbeitnehmer- und Arbeitgeberanteil zusammen)*

# 9 Unberechenbarer Planet Erde?!

St. Andreas-Graben (Kalifornien)

*Erbebenschäden in Japan*

*Der Vulkan St. Helens im US-Bundesstaat Washington*

**AUFGABE >>>**

1. Überlegt, welchen Naturgefahren viele Menschen auf der Erde ausgesetzt sind.
2. Sammelt Fragen zu dem neuen Thema. Einige könnt ihr sicher schon beantworten, bevor ihr das Kapitel durchgearbeitet habt.

*304.1*

*304.2 Ausbruch an einem Nebenkrater des Ätna*

# Der Ätna – Freund oder Feind?

### Wie kommt es zu einem Vulkanausbruch?

An Stellen, an denen die Erdkruste dünn und brüchig ist, kann *Magma* (Gesteinsschmelze) durch Risse und Spalten nach oben gelangen. Dort sammelt es sich im *Magmaherd* und steigt durch den *Vulkanschlot* nach oben. Über den *Krater* oder einen *Nebenkrater* fließt es an den Berghängen ab. Ausgetretenes Magma nennt man Lava.

Beim Ausbruch eines Vulkans werden Gesteinsbrocken (*Bomben*) und Asche herausgeschleudert. Die Asche lagert sich im Wechsel mit der Lava als *Asche-* und *Lavaschicht* ab. Deshalb erhielt diese Vulkanform den Namen **Schichtvulkan**. Je nachdem, wie dickflüssig das Magma ist und wie hoch sein Gasgehalt ist, bricht es mit unterschiedlich heftigen Explosionen an die Oberfläche.

Die Menschen, die am Ätna leben, bezeichnen ihren Vulkan als Freund und als Feind. Toni Pucchini baut am Ätna Obst und Wein an. Er erklärt: *„Im Oktober spürten wir beim Ausbruch des Ätnas wieder seinen gefährlichen Atem. Ein Regen aus Asche und Lavabrocken zerstörte viele Felder und Plantagen. Ich beobachtete, wie sich der Lavastrom unaufhaltsam in Richtung meiner Weinberge wälzte. Dann musste ich weg. Zum Glück konnten die Soldaten den Lavastrom rechtzeitig „entschärfen". Wissenschaftler beobachten den Berg ständig. Lava kommt nämlich nicht nur aus dem Krater am Berggipfel, sondern tritt auch aus Nebenkratern aus. Deshalb sind Vulkane oft unberechenbar."*

*304.3 Skizze 1*

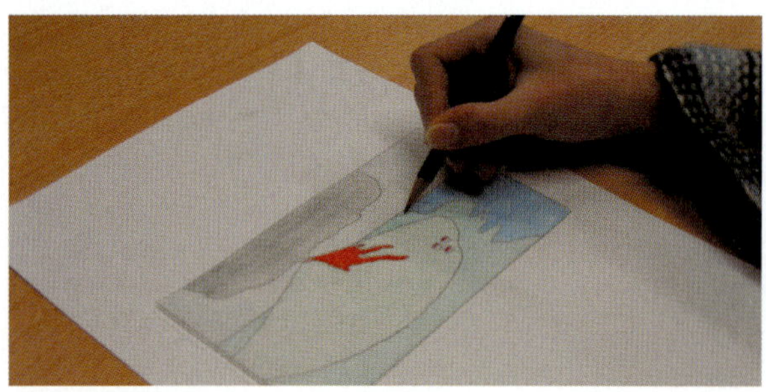

*304.4 Skizze 2*

**AUFGABEN >>**

1. Übertragt die angefangene Skizze (Abb. 304.3) in euer Heft und vervollständigt sie. Beschriftet sie mit den kursiv gedruckten Begriffen aus dem Text.
2. Nennt Gefahren, die von einem Vulkan ausgehen.
3. Übertragt Skizze 304.4 in euer Heft. Eure Aufgabe ist es, das Dorf vor den Lavaströmen zu retten. Zeichnet mögliche Maßnahmen in die Skizze ein.

Herr Puccini berichtet weiter:
*„Durch den Ausbruch des Ätna kam es zu Schäden in Millionenhöhe. Die haben uns ganz schön schwer getroffen. Aber deshalb wegziehen? Nein, obwohl das immer wieder passiert, würden wir das nie tun. Denn der Ätna zerstört ja nicht nur unsere Lebensgrundlage, er ist es auch, der sie schafft. Schließlich nutzen wir auch das, was er „ausspuckt". Ohne die fruchtbare Vulkanasche würden die Pflanzen hier nicht so gut wachsen. Außerdem speichert der vulkanische Boden auch ganz hervorragend Wasser, was gut für die Pflanzen ist. Die Erträge beim Wein-, Obst- und Gemüseanbau sind sehr gut. Und dann sind da noch die Touristen. Ohne den Ätna hätten wir sicher weniger davon."*

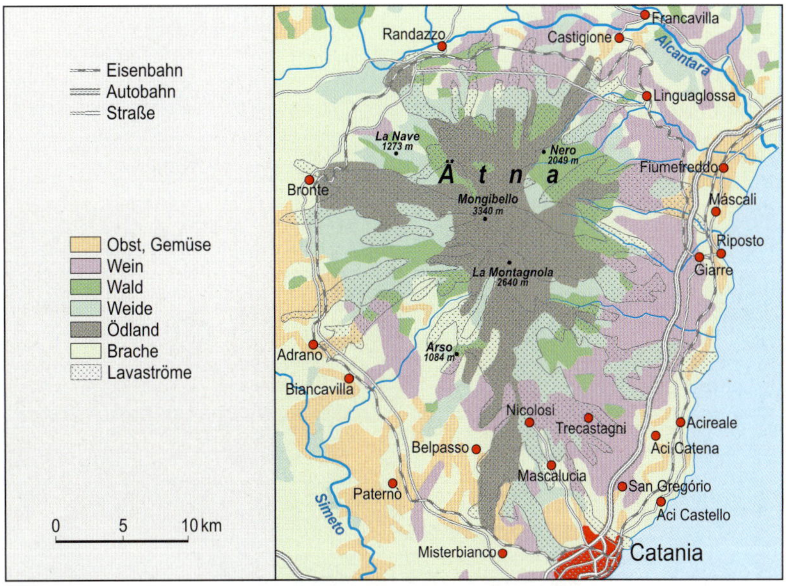

*305.1 Landnutzung am Ätna*

## Schildvulkane und Hot Spots

Das Magma von **Schildvulkanen** ist dünnflüssiger als das der Schichtvulkane. Die Lava kann oft kilometerweit fließen, bevor sie erkaltet. Daher haben diese Vulkane eine eher flächenmäßige Ausdehnung. Außerdem sind sie vergleichsweise ungefährlich, da die im Magma enthaltenen Gase leicht entweichen können.

*305.2 Schildvulkan auf Hawaii*

Schildvulkane findet man z.B. auf den Hawaii-Inseln. Diese sind durch Hot Spots („heiße Flecken") entstanden. Hot Spots sind Stellen, an denen aus dem Erdmantel immer wieder Magma aufsteigt. Das Magma durchbricht die Erdkruste – ein Vulkan entsteht. Die darüber liegende Erdkruste wandert auf dem Erdmantel im Laufe von Millionen von Jahren immer weiter. Der Hot Spot bleibt aber an derselben Stelle. So wachsen die Vulkane hintereinander aus dem Wasser, sodass ganze Inselketten entstehen.

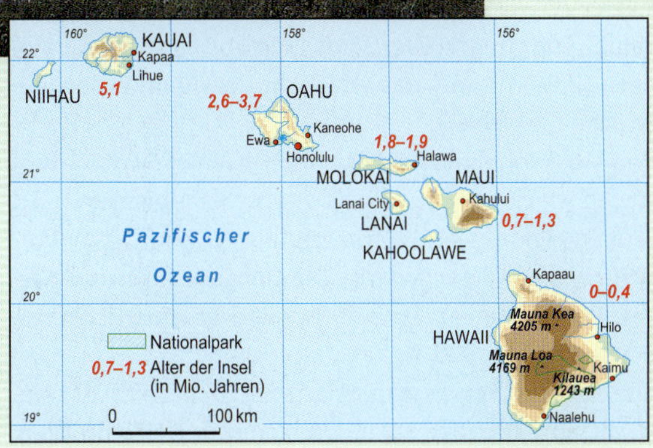

*305.3 Hawaii-Inseln*

**AUFGABEN >>**

1 Beschreibt die Nutzung des Ätna mithilfe der Karte 305.1.
2 Erklärt, warum der Ätna auch als „Freund" der Sizilianer bezeichnet wird.
3 Erklärt die Entstehung der Hawaii-Inseln. Nutzt dazu auch die Abb. 305.3.

306.1 Das Erdbebengebiet

306.2 Erdbebenopfer vor ihren zerstörten Häusern

## Erdbeben in Kaschmir

In Kaschmir, im Grenzgebiet zwischen Pakistan und Indien, ereignete sich im Jahr 2005 das schwerste **Erdbeben** seit über 100 Jahren in dieser Region. Die Erdstöße mit einer Stärke von 7,6 auf der Richterskala (> Infokasten) richteten schwere Verwüstungen an. Auch in der 100 km vom Epizentrum entfernten Hauptstadt Islamabad gab es Zerstörungen (Epizentrum = das senkrecht über dem Erdbebenherd liegende Gebiet).

Obwohl das vom Erdbeben betroffene Gebiet nicht so dicht besiedelt ist, kamen über 50 000 Menschen ums Leben. 3,3 Millionen verloren ihre Wohnung. In manchen Orten wurden 90 % aller Häuser zerstört. Die Gebäude fielen wie Kartenhäuser zusammen, denn nur wenige waren erdbebensicher gebaut (Text 306.3).

Weite Teile der Region waren nach dem Beben von der Außenwelt abgeschnitten, weil Eisenbahnstrecken, Brücken, Straßen sowie Telefonleitungen zerstört waren. Die meisten Überlebenden konnten nichts von ihrem Besitz retten. Sie mussten im Freien schlafen, es fehlte ihnen an Wasser, Strom und Nahrungsmitteln. Die Behörden warnten die Bevölkerung davor, in einsturzgefährdeten Häusern nach Habseligkeiten zu suchen. Außerdem konnten die Verletzten medizinisch nicht ausreichend versorgt werden, da viele der einheimischen Ärzte und Krankenschwestern ebenfalls unter den Opfern waren.

Die Stärke eines Erdbebens wird meist mit der *Richterskala* angegeben. Sie wird mithilfe von Instrumenten ermittelt. Mit jedem Punkt auf der Skala steigt der Wert um das Zehnfache. Ein Beben der Stärke 7,0 ist also zehnmal stärker als eines der Stärke 6,0. Beben unter 4,0 werden vom Menschen kaum wahrgenommen, solche von 10,0 wurden noch nie gemessen.

### Baumängel verschärften Folgen des Bebens

Obwohl der Norden Indiens und Pakistans stark erdbebengefährdet ist, gibt es keine Gesetze, die dazu zwingen, erdbebensicher zu bauen. Empfehlungen werden oft nicht beachtet, da vielen Bauherren das Geld für Schutzmaßnahmen fehlt. Die Häuser werden meist traditionell gebaut: So bestehen die Decken meist aus Balken, deren Zwischenräume mit Steinen ausgelegt sind. Solche Konstruktionen fallen bei Beben schnell zusammen. Auch mehrstöckige Mietshäuser sind oft nicht erdbebensicher. Um Geld zu sparen, missachten skrupellose Bauunternehmer alle Sicherheitsmaßnahmen. So stürzten in den Städten des Erdbebengebietes selbst Neubauten ein. Viele Todesopfer gab es unter Schulkindern, da auch die Schulbauten nicht den Vorschriften entsprachen.

306.3 Zeitungsbericht zum Erdbeben in Kaschmir

### Wie kommt es zu einem Erdbeben?

Unsere Erde besteht aus einzelnen Platten (> S. 311). Diese Platten liegen nicht starr zueinander, sondern bewegen sich in verschiedene Richtungen. (In Indien schiebt sich eine Platte gegen den Himalaja, Abb. 307.1.) Wenn sich die Spannung an den Plattengrenzen ruckartig löst, kommt es zu Erschütterungen: Die Erde bebt. Dabei liegt der eigentliche Erdbebenherd meist in 5 bis 50 km Tiefe. Das Gebiet, das unmittelbar über dem Erdbebenherd an der Erdoberfläche liegt, wird als Epizentrum bezeichnet. Die bei Erdbeben freigesetzten Kräfte sind gewaltig: Sie können der Energie von bis zu 100 Atombomben entsprechen.

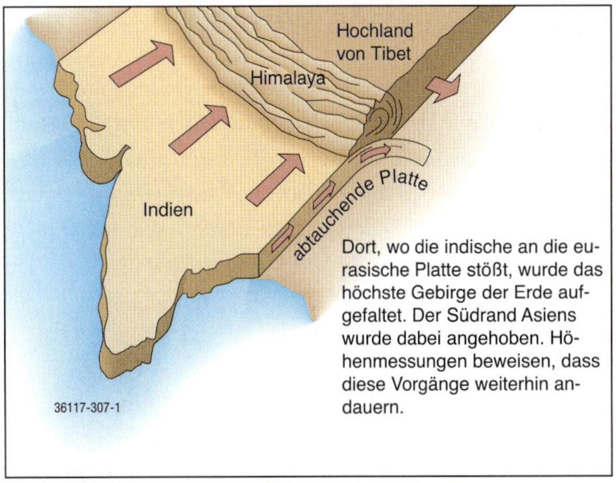


307.1

### Internationale Hilfsmaßnahmen

Eine Katastrophe von diesem Ausmaß konnte Pakistan nicht alleine bewältigen. Aus allen Teilen der Welt kamen Hilfsgüterlieferungen mit Nahrungsmitteln, Medikamenten, Decken und Zelten. Dies war vor allem deshalb lebensnotwendig, weil der Winter vor der Türe stand. Notärzte und Sanitäter kümmerten sich in mobilen Krankenhäusern um die Verletzten.

Auch freiwillige Hilfsorganisationen wie das Rote Kreuz, die Johanniter-Unfall-Hilfe, der Malteser Hilfsdienst sowie das Technische Hilfswerk der Bundesrepublik unterstützten die Retter vor Ort. Mitarbeiter des THW sorgten für Trinkwasser, Wärme und Strom und entsorgten das Abwasser. Auch andere Rettungsmaßnahmen wurden gemeinsam in Angriff genommen: Tote mussten beerdigt und Tierkadaver beseitigt werden, damit keine Seuchen ausbrechen. Rettungsteams mit Spürhunden, Ortungsgeräten und Hebegerät konnten in den Schuttbergen sogar vier Tage nach dem Beben noch Menschen aus den Trümmern der Häuser retten. Erschwert wurden die Rettungsaktionen zusätzlich durch Stürme und starken Regen.

*307.2 Trinkwasser für Erdbebenopfer*

*307.3 Ein Suchhund für den Einsatz*

**AUFGABEN>>**

1. Tragt in eine Tabelle die Zerstörungen von starken Erdbeben ein. Ergänzt jeweils, welche Folgen diese Zerstörungen für die Menschen haben.
2. Warum gab es bei dem Erdbeben in Indien und Pakistan so viele Tote?
3. Schreibt auf, welche Hilfsmaßnahmen nach einer Erdbebenkatastrophe notwendig sind. Begründet, warum schnelle Hilfe notwendig ist.
4. Stellt euch vor, ihr fliegt als Helfer in das Erdbebengebiet. Welche Ausrüstung müsst ihr mitnehmen?

# Entwicklung und Werden der Erde

*„Es ist allgemein bekannt, dass die Wärme im Innern der Erde um einen Grad je siebzig Fuß Tiefe nach unten ansteigt. Wenn wir einmal annehmen, dass dieser Temperaturanstieg gleichmäßig so weitergeht, dann herrscht im Mittelpunkt eine Hitze von mindestens zweihunderttausend Grad. ... Wie soll es möglich sein, sich in einer solchen Umgebung aufzuhalten?"*

(Aus: Jules Verne, Die Reise zum Mittelpunkt der Erde, übersetzt von Fritz R. Glunk©1994 by Loewe Verlag, Bindlach

Dies sind Gedanken, die sich Professor Lidenbrock in Jules Vernes Buch „Reise zum Mittelpunkt der Erde" aus dem Jahr 1864 macht. Lange waren den Menschen der Aufbau und die Entstehung der Erde rätselhaft. Schriftsteller und Wissenschaftler hatten sehr abenteuerliche Vorstellungen darüber, wie die Erde im Inneren aussieht.

Nach wie vor ist noch nicht endgültig geklärt, wie vor rund fünf Milliarden Jahren die Erde entstanden ist. Man nimmt an, dass sich unser Sonnensystem aus einer riesigen Staub- und Gaswolke entwickelt hat. Durch Anziehungskräfte und Drehbewegungen schrumpfte diese Wolke und es entstanden die glühende Sonne sowie ihre kleineren Planeten. Während die Sonne im Zentrum noch heute glüht, kühlten im Laufe von Jahrmillionen die Planeten, die um die Sonne kreisen, an ihrer Oberfläche ab.

### Wie ist die Erde aufgebaut?

Die bisher tiefste Bohrung erreichte gerade 12 km – ein Mückenstich bei einem Erdradius von 6400 km. In der Oberpfalz musste eine Bohrung bei 9,1 km eingestellt werden, weil Temperaturen von 260 °C ein Weiterbohren unmöglich machten. Bohrungen vermitteln also nur über die oberen Schichten der Erdkruste Erkenntnisse. Dennoch haben Wissenschaftler inzwischen genaue Vorstellungen vom Aufbau der Erde entwickelt. Wichtigste Quelle sind dabei Untersuchungen über die Ausbreitung von Erdbebenwellen.

Ihr könnt die Erde mit dem Inneren eines Pfirsichs vergleichen: Die Pfirsichhaut entspricht der abgekühlten Erdkruste. Diese feste Schale unseres Planeten ist nur sehr dünn. Unter den Ozeanen misst sie 5-8 km, unter Kontinenten etwa 50 km. Je tiefer wir in das Erdinnere kommen, desto höher werden die Temperaturen. Das Gestein wird dabei immer flüssiger.

In seinem Zukunftsroman ging Jules Verne noch von Temperaturen von 200 000 Grad aus, heute ist man der Ansicht, dass der äußere Erdmantel unter der Erdkruste etwa 800 Grad heiß ist, der innere Erdmantel bis zu 2800 Grad. Der Mittelpunkt der Erde, der Erdkern, soll eine Temperatur von mehr als 3 000 Grad haben. Wegen des hohen Drucks, der auf ihm lastet, ist dieser nicht flüssig, sondern fest.

308.1

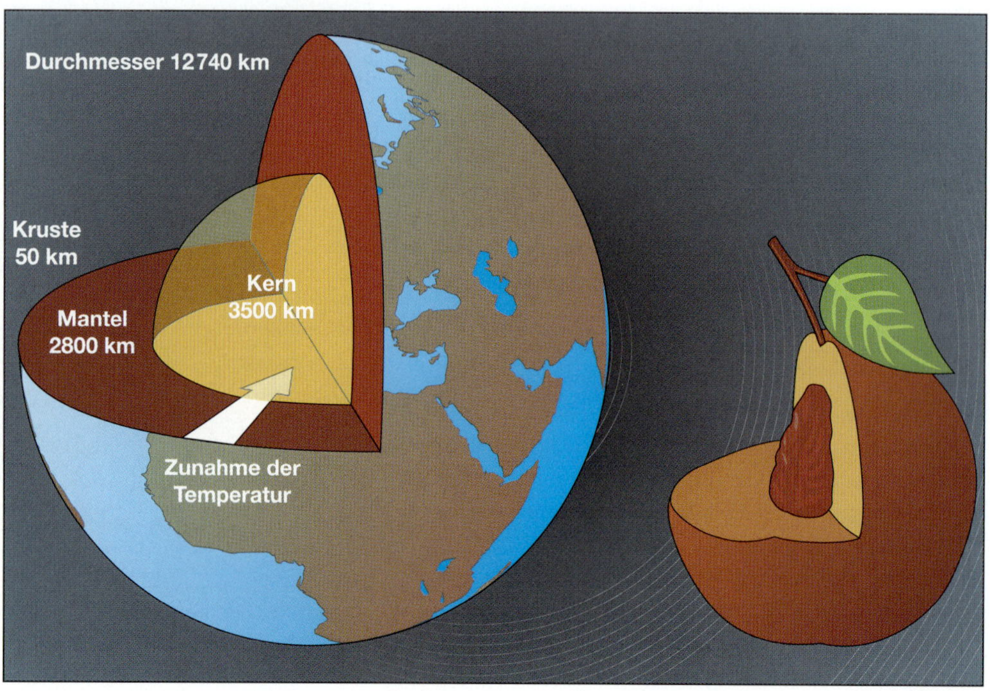


*308.2 Schalenaufbau der Erde*

309.1 *Die Erde in einem frühen Stadium*

## Die Entwicklung der Erde

Über Milliarden Jahre hinweg war die Erdkruste lebensfeindlich. Nach dem Abkühlen war sie fest, sie kam aber nicht zur Ruhe. Ständig hagelten kleinere und größere Himmelskörper auf sie nieder. Gewaltige Gewitter entluden sich. Wasserdampf prasselte als Regen auf die Erde. In Jahrmillionen entstanden die Weltmeere mit einem furchtbaren Geruch nach Schwefel. Die Kraft der Sonne brannte nahezu ungeschützt auf die Erde nieder. Die Atmosphäre, die uns heute vor zu starker Sonneneinstrahlung schützt, war zu dieser Zeit noch nicht aufgebaut.
Aus dem Innern der Erde schoben sich flüssige Gesteinsmassen nach oben. Erste Gebirge entstanden. Mächtige Vulkane brachen aus. Abb. 309.1 zeigt, welches Bild sich Forscher von der damaligen Erdoberfläche machen.
Die Erde ist bis heute in Bewegung, denn Strömungen im Erdmantel verändern ständig die Erdkruste. In den letzten 200 Millionen Jahren veränderten die Erdteile ihre Lage und ihre Form ganz erheblich (Abb. 309.2-5). So rücken Südamerika und Afrika während eines Lebensalters (70 Jahre) um etwa 2,80 Meter auseinander, manche Erdplatten sogar mehr als 10 Meter (> S. 311). Ein Satellit, der in 200 Millionen Jahren die Erde umkreist, wird also ganz andere Bilder von der Lage der Erdteile aufnehmen!

**AUFGABEN >>**

1 Die Erde hat sich schrittweise entwickelt. Schreibt darüber eine kurze Zusammenfassung. Beispiel: 1. Schritt: Staub- und Gaswolke, 2. Schritt:...

2 Erstellt eine Tabelle über die wichtigen Daten des Schalenaufbaus der Erde.

3 Beschreibt mithilfe von Abb. 309.2-5 die Verschiebung von Indien in den letzten 200 Mio. Jahren.

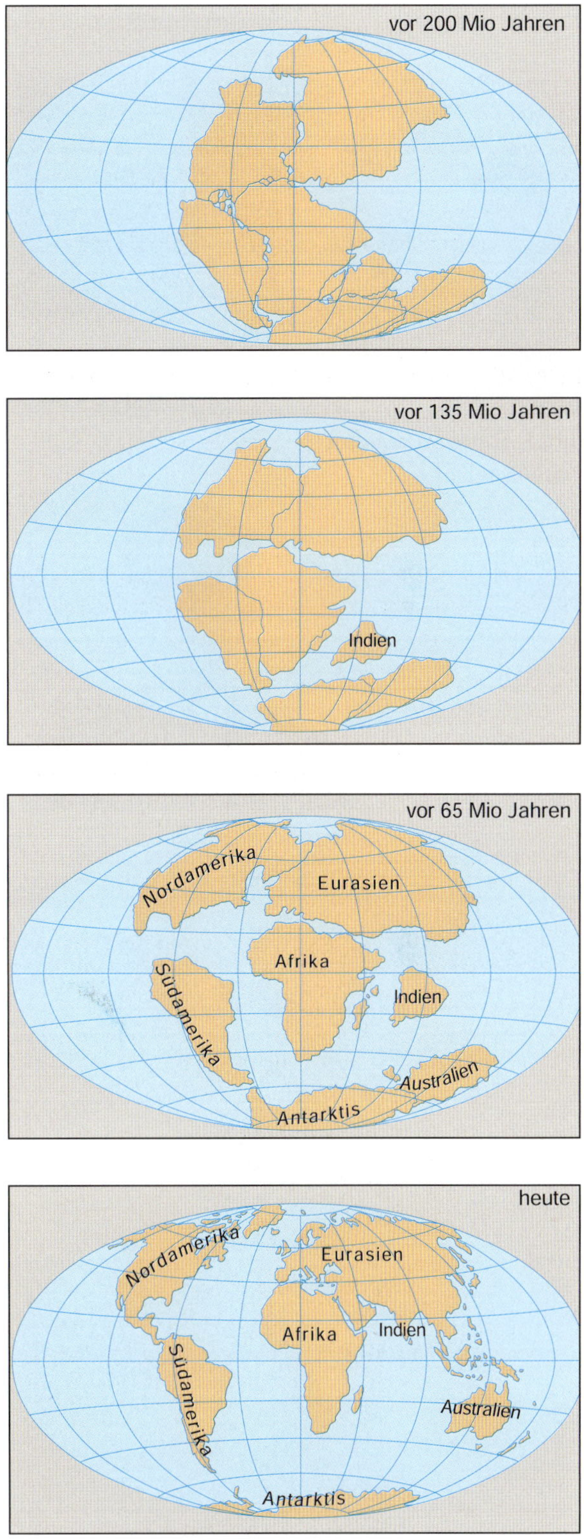


309.2-5 *Die Kontinent-Meer-Verteilung vor 200, 135 und 65 Millionen Jahren im Vergleich zu heute*

# Von der Kontinentalverschiebung zur Plattentektonik

310.1 *Schüler „verschieben" Kontinente*

310.2 *Alfred Wegener*

## Alfred Wegeners Theorie der Kontinentalverschiebung

„Passt nicht die Ostküste Südamerikas genau an die Westküste Afrikas, als ob sie früher zusammengehangen hätten?", schrieb 1911 der Geophysiker Alfred Wegener, nachdem er mit einem Freund Atlaskarten betrachtet hatte. Hatten sich also die Kontinente verschoben?

Seitdem suchte Alfred Wegener nach Beweisen für seine Vermutung. Besonders fündig wurde er bei Forschungsergebnissen von Geologen: Es gab nämlich gleichaltrige Gebirgszüge aus gleichartigen Gesteinen, die sich auf dem anderen Kontinent fortsetzten. Außerdem fand man die Fossilien einer Saurierart und die Abdrücke eines Farns in beiden Kontinenten (Abb. 310.3).

Auf den Kontinenten Afrika und Südamerika gibt es außerdem Moränen und Gletscherschliffe, sie sind Spuren einer 300 Millionen Jahre zurückliegenden Eiszeit. Doch fanden sich diese Spuren nicht nur in Südamerika und Afrika, sondern auch in Indien, Australien und der Antarktis. Zudem kommen gleichaltrige Steinkohlevorkommen in Asien, in Nordamerika und in Europa vor. Hingen demnach früher nicht nur Südamerika und Afrika, sondern sogar alle Kontinente zusammen?

1912 vertrat Wegener auf einer Versammlung von Geologen die Meinung, dass es vor vielen Millionen Jahren eine einzige zusammenhängende Landmasse gegeben hatte. Er behauptete, dass dieser Urkontinent (den er Pangäa nannte) zerbrochen sei und dass seither die Bruchstücke als Kontinente umherschwimmen. Wegeners Theorie der Kontinentalverschiebung wurde jedoch von den Fachleuten abgelehnt. Sie fanden, dass die Antriebskraft der Kontinentbewegung nicht erklärt sei.

Auf einer Expedition, auf der er Grönland erforschen und durchqueren wollte, kam Wegener 1930 ums Leben. Danach geriet seine Theorie der Kontinentalverschiebung für über 30 Jahre in Vergessenheit.

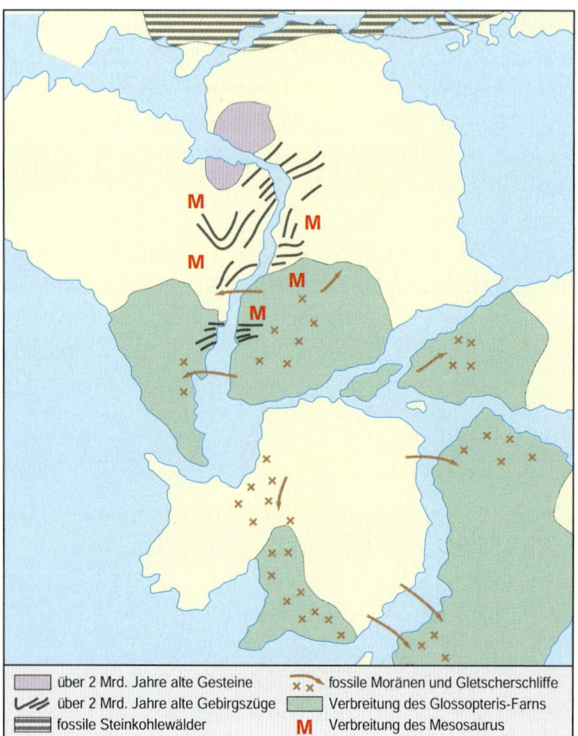


310.3 *Indizien für Wegeners Thesen*

**AUFGABEN >>**

1. Nennt Argumente Alfred Wegeners für seine Theorie der Kontinentalverschiebung. Wertet dazu den Text und Abb. 310.3 aus.
2. Aus welchem Grund wurde Wegeners Theorie abgelehnt?

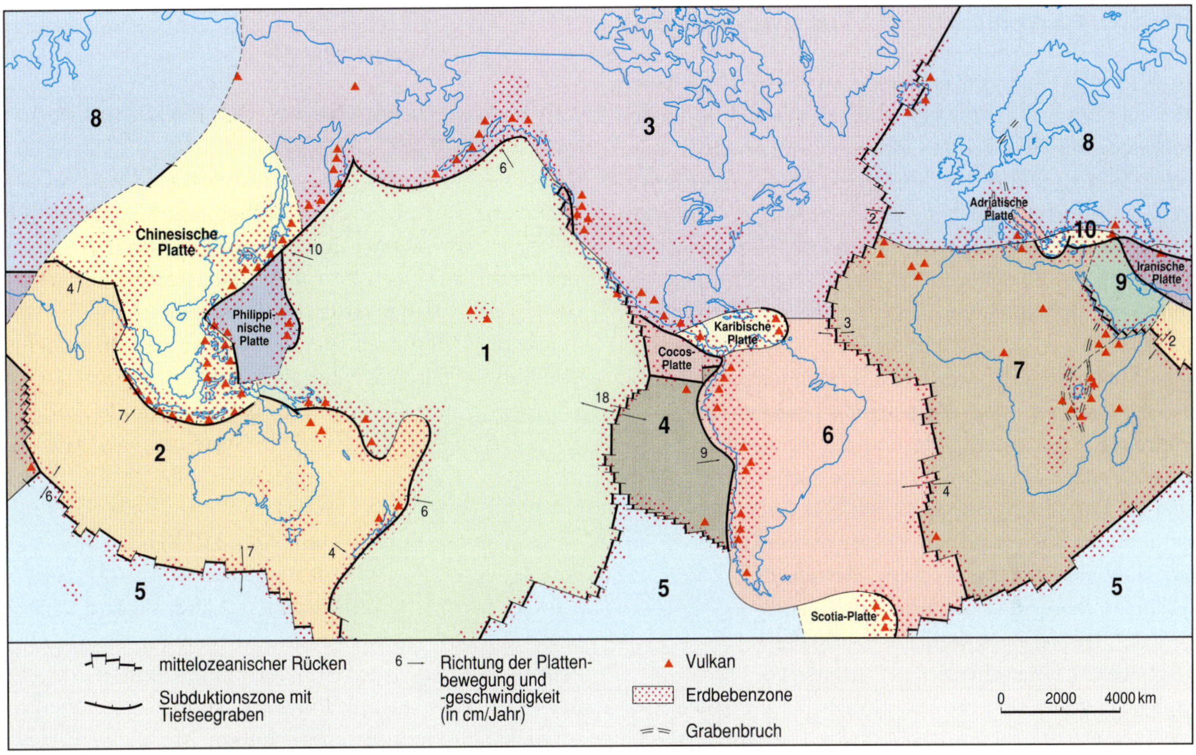


*311.1 Die Großplatten der Erde und ihre Bewegungen*

## Die Theorie der Plattentektonik

Als die Ozeanböden genauer erforscht wurden, erlebte Ende der 1960er-Jahre Wegeners Theorie eine Wiederbelebung. Man entdeckte auf dem Meeresboden lang gestreckte Gebirge mit Querverwerfungen und Gräben im Zentrum. Außerdem stellte man fest, dass aus diesen Gräben ständig Magma empordringt. Dadurch kommt es zu einer Ausweitung des Meeresbodens, was schließlich zum Auseinanderdriften der älteren Ozeanböden führt. Belegt wurde diese Bewegung durch Bohrungen, denn Forschungen ergaben, dass die Gesteine vom Kontinent zum Mittelatlantischen Rücken immer jünger werden. Eine Verschiebung der Kontinente ist seither in der Wissenschaft nicht mehr umstritten.

Eines dieser untermeerischen Gebirge, der Mittelatlantische Rücken, liegt genau zwischen Südamerika und Afrika. Daraus lässt sich schließen, dass – wie bereits Wegener vermutete – die beiden Kontinente vor langer Zeit zusammenhingen.

Die neue Theorie wurde als **Plattentektonik** bekannt. Sie beinhaltet auch ein neues Bild der Erde: Demnach wird die Erde nicht mehr in Kontinente und Ozeane eingeteilt, sondern in sieben große und viele kleine Platten. So gehören Indien, ein Teil des Indischen Ozeans und Australien zusammen.

Die Platten bewegen sich durch Konvektionsströme im Erdmantel wie auf Förderbändern. Motor für diese Ströme ist Wärme, die im Erdinnern entsteht. Dabei steigt Gesteinsschmelze aus dem Erdmantel auf. Im Grenzbereich teilen sich die Ströme und fließen seitlich ab. Dabei bewegen sich die Platten voneinander weg. Diese Plattenbewegungen betragen allerdings nur wenige Zentimeter im Jahr (> S. 309).

Mithilfe dieser Plattenbewegungen lassen sich der Bau und viele Veränderungen der Erdkruste erklären, z. B. die Entstehung von Gebirgen und Ozeanen, von Erdbeben und Vulkanausbrüchen.

## AUFGABEN >>

1 Benennt mithilfe eures Atlas die sieben großen und kleineren Platten (Abb. 311.1, Ziffern 1-10). Schreibt sie in euer Heft.

2 Erklärt mithilfe des Textes den Begriff Plattentektonik.

3 Warum meinen Wissenschaftler, durch die Plattentektonik sei ein neues Bild der Erde entstanden?

4 Informiert euch über den Begriff Konvektionsströme (Internet, Lexikon).

# Plattenbewegungen und ihre Folgen

Auf Seite 311 habt ihr erfahren, dass die Platten durch Konvektionsströme bewegt werden. Wenn nun in den mittelozeanischen Rücken neue Kruste entsteht oder wenn sich zwei kontinentale Platten auseinander bewegen, so muss an einer anderen Stelle Kruste verschwinden. Den Vorgang, der an den mittelozeanischen Rücken zu einem Auseinanderdriften der Platten führt, nennt man Sea-Floor-Spreading. Driften zwei kontinentale Platten auseinander, so entsteht ein Graben. Wenn Kruste an den Plattenrändern untertaucht, spricht man von Subduktion. Durch das Auseinanderbewegen von Platten auf der einen Seite und das Abtauchen zweier Platten auf der anderen Seite, stellt man sich die Entstehung von Ozeanen und Gebirgen heute als Kreislauf vor. Dieser erstreckt sich über einen Zeitraum von Hunderten von Millionen Jahren und wiederholt sich ständig (> Text „Beispiel eines Kreislaufs). Abb. 312.1 zeigt, welche unterschiedlichen Plattenbewegungen es gibt.

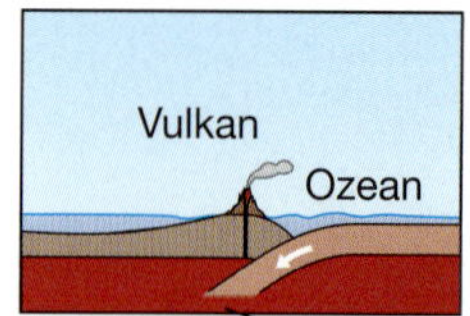

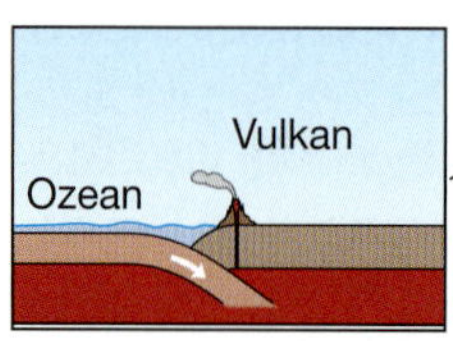


312.1

### Beispiel eines Kreislaufs

Um den Kreislauf zu verstehen, beginnen wir unsere Beschreibung an einer Kontinentalplatte im Ruhezustand. Als Beispiel betrachten wir Afrika vor den ostafrikanischen Gräben. Trifft dort ein Konvektionsstrom auf die Platte, so bildet sich allmählich ein Graben. Weitet sich der Graben, so entsteht – zwischen der kontinentalen Kruste – durch aufsteigendes Magma eine ozeanische Kruste. Über dieser bildet sich schließlich ein Meer. Vergrößert sich die ozeanische Kruste weiter, so entsteht ein Ozean wie der Atlantik. Doch kann sich die ozeanische Kruste nicht endlos ausdehnen. Wenn sich an einer Stelle Erdkruste ausdehnt, muss folglich an einer anderen Stelle Erdkruste „abtauchen". Dadurch wird der Ozean kleiner. Dies ist im Pazifik der Fall. Die schwerere ozeanische Platte schiebt sich unter die leichtere kontinentale Platte. Dabei kommt es zu Aufschmelzung des abtauchenden Gesteins. Die Folge ist der Vulkanismus rund um den Pazifik (zirkumpazifischer Feuerkreis). Außerdem wird bei der Subduktion die kontinentale Platte gestaucht. Dadurch entsteht ein Faltengebirge. Setzt sich die Subduktion weiter fort, wird das Meer immer kleiner, bis es zuletzt verschwindet. Die kontinentalen Platten werden verschmolzen, was zu einer starken Gebirgsbildung führt. Dabei kann früherer Meeresboden gehoben werden. Dies erklärt, warum Forscher im Himalaja in mehr als 4000 m über dem Meeresspiegel Meeresschnecken gefunden haben.

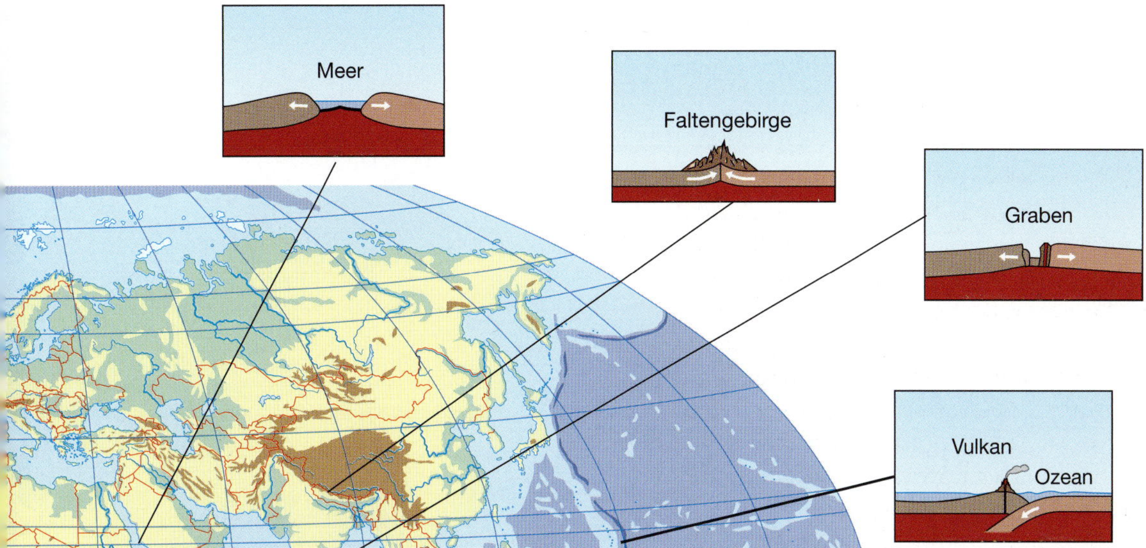


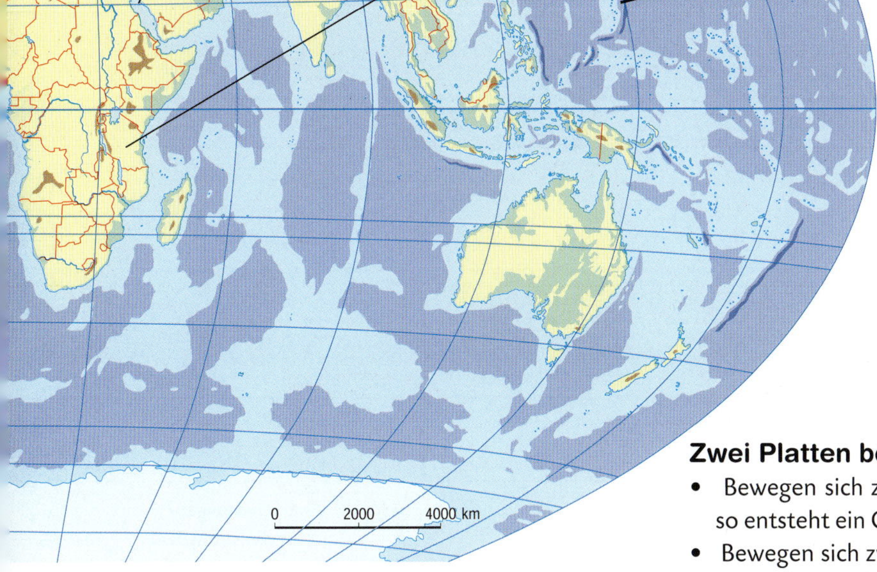


## Zwei Platten gleiten aneinander vorbei

Gleiten zwei Platten aneinander vorbei, so spricht man von einer Horizontalverschiebung. Dabei können sich die Platten verhaken und es bauen sich enorme Spannungen auf. Diese lösen sich in Form von oft starken Erdbeben, wie z. B. an der San Andreas-Verwerfung in Kalifornien.

## Zwei Platten treffen aufeinander

- Trifft *ozeanische* auf eine *kontinentale* Kruste, so taucht die schwerere ozeanische unter die kontinentale Kruste. Es entstehen Tiefseegräben und Faltengebirge. Dabei gilt: Je höher das Gebirge, desto tiefer taucht die kontinentale Kruste in den Erdmantel. Erdbeben und Vulkanismus begleiten häufig diese Plattenbewegung.
- Treffen *zwei kontinentale* Platten aufeinander, so entsteht ein Faltengebirge. Durch das Aufeinanderstoßen der Indischen und Eurasischen Platte entstand z.B. der Himalaja. Auch bei dieser Plattenbewegung kann es zu Erdbeben kommen.
- Treffen zwei *ozeanische* Krusten aufeinander, so entstehen Tiefseegräben, wie z.B. der Marianengraben.

## Zwei Platten bewegen sich auseinander

- Bewegen sich zwei *kontinentale* Krusten auseinander, so entsteht ein Graben (z.B. Oberrheingraben).
- Bewegen sich zwei *ozeanische* Krusten auseinander, so entsteht ein Mittelozeanischer Rücken. An diesem dringt Magma an der Oberfläche empor und es bilden sich vulkanische Inseln, die weit über die Meeresoberfläche hinausragen können (z.B. Island).

**AUFGABEN >>**

1 Übertragt die Skizzen der Plattenbewegungen und beschriftet sie. Ordnet den Skizzen folgende Erscheinungen zu: Erdbeben, Vulkanismus, Gebirgsbildung, Tiefseegräben, Grabenbildung, Sea-Floor-Spreading.

2 Wie kann man die verschiedenen Plattenbewegungen unterteilen?

3 Sucht weitere Beispiele für die unterschiedlichen Plattenbewegungen (Text, Abb. 312.1, Atlas).

# Wissen: Schwächezonen der Erde

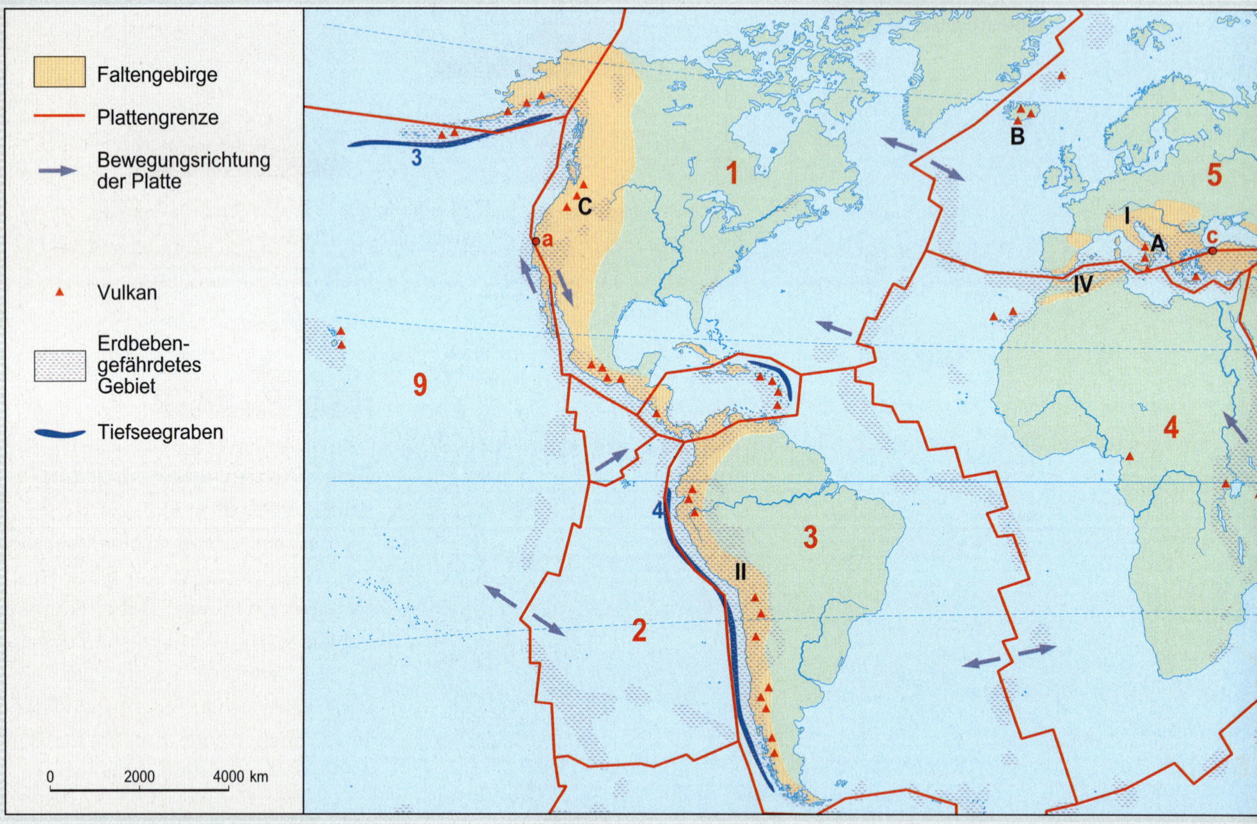


314.1 *Schwächezonen der Erde*

| Ort | Jahr | Anzahl der Todesopfer |
|---|---|---|
| Tschangtschih, China | 1556 | 830 000 |
| Catania, Italien | 1693 | 60 000 |
| Hokkaido, Japan | 1730 | 137 000 |
| Lissabon, Portugal | 1755 | 60 000 |
| San Francisco, USA | 1906 | 1 000 |
| Messina, Italien | 1908 | 83 000 |
| Jokohama, Japan | 1923 | 143 000 |
| Peru (Norden) | 1970 | 67 000 |
| Tangschan, China | 1976 | 240 000 |
| Armenien (Norden) | 1988 | 55 000 |
| Izmit, Türkei | 1999 | 14 000 |
| Gujarat, Indien | 2001 | 30 000 |
| Bam, Iran | 2003 | 45 000 |
| Indonesien | 2004 | 300 000 |
| Kaschmir/Pakistan (Indien) | 2005 | 73 000 |

314.2 *Erdbebenkatastrophen (Auswahl)*

| Ort | Jahr | Erscheinungen/ Verwüstungen |
|---|---|---|
| Vesuv (Italien) | 79 | Ascheregen, Schlammströme vernichten drei Städte |
| Krakatau (Sumatra) | 1883 | Vulkanexplosion: 33 km hohe Aschesäule 30 m hohe Flutwelle |
| Insel Heimaey (Island) | 1973 | Lava- und Aschestrom schaffen in 2 Tagen einen 215 m hohen Berg |
| Mt. St. Helens (USA) | 1980 | Glut- und Aschewolken verwüsten 600 km² |
| Pinatubo (Philippinen) | 1991/92 | Ascheregen Schlammfluten |
| Montserrat (Karibik) (nicht in Abb. 314.1) | 1997 | Ascheregen, Verwüstung, Evakuierung der Insel |

314.3 *Vulkanausbrüche*

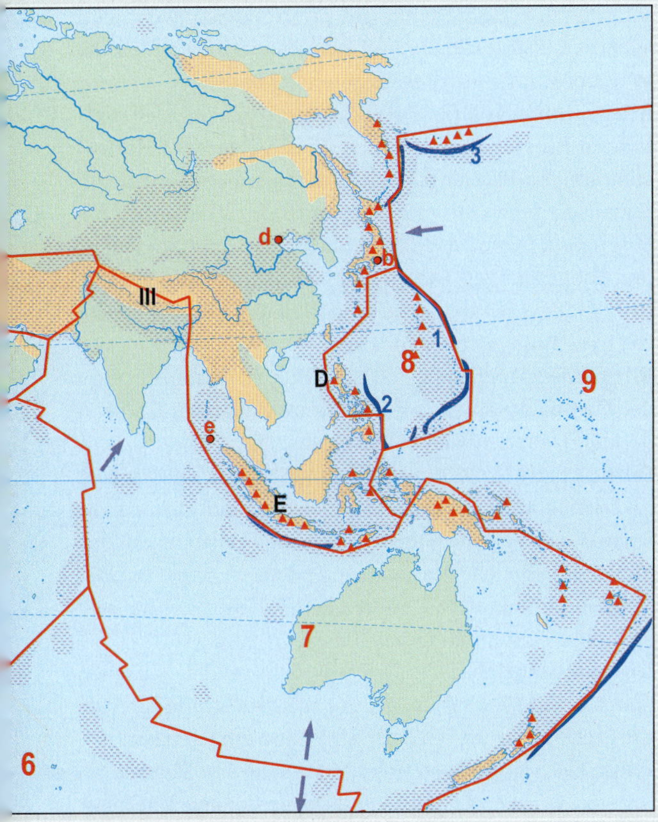


## AUFGABEN >>

Ursachen für die Entstehung von Vulkanen, Erdbeben, Faltengebirgen und Tiefseegräben habt ihr auf den Seiten 304-312 kennen gelernt. Folgende Aufgaben könnt ihr mithilfe von Abb. 314.1 und dem Atlas lösen.

1 Ordnet auf der Karte die Vulkanausbrüche (Abb. 314.3) den Buchstaben A-E, – ausgewählte Erdbeben (Abb. 314.2) den Buchstaben a-e zu.

2 Benennt die Faltengebirge bzw. Tiefseegräben (Ziffern I-IV sowie 1-4).

3 In welchen Bereichen der Meere gibt es gehäuft Vulkanausbrüche und Erdbeben?

4 Die Kapitelüberschrift heißt: „Schwächezonen der Erde." Erklärt den Begriff Schwächezone.

5 Beschreibt Folgen von Erdbeben bzw. Vulkanausbrüchen. Nutzt dazu auch Abb. 315. 1-4.

6 Ordnet folgende Begriffe den Abb. 315.1-4 zu: Erdbebenschäden, Lava, Aschewolke, Horizontalverschiebung, Ascheablagerung, Vulkanausbruch.

*315.1-4*

**Ablass** (S. 116): Im 15./16. Jahrhundert kauften die Menschen von der Kirche päpstliche Ablassbriefe, um sich von ihren Sünden zu befreien und dem „Fegefeuer" zu entgehen oder die Zeit in diesem abzukürzen. Die Kirche finanzierte mit diesem Geld das aufwändige Leben der Bischöfe und Kardinäle und baute neue, prunkvolle Kirchen.

**Aquakultur** (S. 217): Kontrollierte Aufzucht von Fischen (Fischfarmen) und anderen im Wasser befindlichen Organismen wie Muscheln oder Krebstiere in sich unter Wasser befindenden Netz- oder Käfiggehegen. Die Tiere können in stehenden und fließenden Gewässern sowie im Meer gezüchtet werden.

**Arbeitslosengeld** (S. 296): Wird an Menschen gezahlt, die in die Arbeitslosenversicherung eingezahlt haben und erwerbslos geworden sind.

**Atmosphäre** (S. 170): Gasförmige, mehrschichtige Lufthülle der Erde (bis zu 1 000 km hoch), die uns vor gefährlichen Strahlungen aus dem Weltall schützt. In der untersten Schicht (Troposphäre, 0-10 km Höhe), spielen sich die Wettervorgänge ab. Die Hauptbestandteile der Atmosphäre sind Stickstoff (77 %), Sauerstoff (20,7 %) und Wasserdampf. Der Begriff Atmosphäre stammt aus dem Griechischen und bedeutet „Dunstkugel".

**Ballungsraum** (S. 49): Ein Gebiet, in dem Arbeitsstätten, Siedlungen und Verkehrswege dicht beieinander liegen und in dem viele Menschen auf engem Raum zusammenleben. Ein Beispiel für einen Ballungsraum in Deutschland ist das Ruhrgebiet und der Rhein-Main-Neckar-Raum.

**Bauernkrieg** (S. 121): Bauernaufstände in Mitteleuropa (1524/1525). Die Bauern lehnten sich vergeblich gegen die Unterdrückung durch die Grundherren auf.

**Bevölkerungsdiagramm** (S. 210): Grafische Darstellung der Altersstruktur einer Bevölkerung. Auf der Hochachse sind die Altersgruppen, auf der Querachse ist die Anzahl der Menschen in diesen Altersgruppen eingetragen. Die Frauen stehen normalerweise rechts von der Hochachse, die Männer links. Das Diagramm kann je nach Altersstruktur verschiedene Formen annehmen, z.B. eine Pyramidenform, eine Glockenform oder eine Urnenform.

**Bewässerungsfeldbau** (S. 188): Form der landwirtschaftlichen Nutzung, bei der fehlende Niederschläge in der Wachstumsphase durch künstliche Wasserzufuhr ausgeglichen werden. Bei zu starker Bewässerung kann es zur Versalzung des Bodens kommen.

**Bodenversalzung** (S. 216): Begleiterscheinung der künstlichen Bewässerung in Gebieten mit hoher Wasserverdunstung. Die im Wasser gelösten Salze bilden auf der Bodenoberfläche eine Salzkruste.

**Bundesrat** (S. 248): Vertretung der Länder auf Bundesebene. Der Bundesrat wirkt bei der Gesetzgebung mit.

**Bundestag** (S. 246): > Parlament der Bundesrepublik Deutschland.

**Bürgerentscheid** (S. 234): Möglichkeit der Bürgerinnen und Bürger bei Gemeindeangelegenheiten selbst zu entscheiden. Der Bürgerentscheid ist erfolgreich, wenn eine Mehrheit dafür stimmt und sich mindestens 25 % der Wahlberechtigten an der Abstimmung beteiligen.

**Bürgerinitiative** (S. 234): Zusammenschluss gleich gesinnten Bürger, um Interessen ihrer Mitglieder oder bestimmter Bevölkerungsgruppen zu vertreten. Anstoß zur Gründung geben Missstände bzw. die Unzufriedenheit mit politischen, sozialen oder ökologischen Entscheidungen und Entwicklungen. Mit ihrer Arbeit nehmen Bürgerinitiativen Einfluss auf die öffentliche Meinung und auf staatliche Einrichtungen oder Parteien.

**Bürgermeister(in)** (S. 230): Der Bürgermeister ist Leiter der Gemeindeverwaltung und Vorsitzender des Gemeinderats. Er wird von den Bürgern gewählt.

**Demokratie** (S. 240): Griechisch = Herrschaft des Volkes. Als Demokratie bezeichnet man eine Staatsform, in der die Staatsbürger an wichtigen politischen Entscheidungen mitwirken können. Das geschieht entweder direkt in einer Volksversammlung (z.B. im antiken Athen) oder indirekt über eine Versammlung gewählter Vertreter.

**Dreieckshandel** (S. 115): Form des Handels zwischen dem 17. und 19. Jahrhundert. Europäische Schiffe lieferten z.B. Stoffe, Feuerwaffen nach Afrika und erhielten von afrikanischen Häuptlingen und Sklavenjägern Sklaven. In Amerika wurden die Sklaven z.B. gegen Baumwolle, Tabak eingetauscht. Mit diesen Rohstoffen beladen kehrten die Schiffe nach Europa zurück.

**Dreifelderwirtschaft** (S. 87): Im Mittelalter entwickelte Form der Landwirtschaft, bei der im jährlichen Wechsel ein Drittel des Bodens mit Wintergetreide, ein Drittel mit Sommergetreide bepflanzt und ein Drittel unbebaut (Brache) blieb oder als Weide genutzt wurde.

**Erdbeben** (S. 306): Die Erdplatten sind ständig in Bewegung. Dabei entstehen Spannungen, wenn die Erdplatten aneinander reiben oder sich verhaken. Löst sich die Spannung, entsteht ein Beben. Diese Erschütterungen dauern oft nur wenige Sekunden. Einstürzende Gebäude, aber auch Erdrutsche, Schlammfluten und Risse in der Erdoberfläche können die Folgen sein.

**Feedlot** (S. 188): Offene Ställe mit arbeitssparenden technischen Einrichtungen zur Fütterung des Viehs und zur Dungbeseitigung im Rahmen großbetrieblicher, industrieähnlicher Massentierhaltung.

**Föderalismus** (S. 248): Organisationsprinzip eines Staates, bei dem die einzelnen Bundesländer (z.B. Hessen) über eine gewisse Eigenständigkeit verfügen, aber zu einer übergreifenden Gesamtheit (z.B. Bundesrepublik Deutschland) zusammengeschlossen sind.

**Gegenreformation** (S. 123): Re-Katholisierung der im Zuge der Reformation protestantisch gewordenen Gebiete.

**Gemeindevertretung** (S. 225): Von Bürgerinnen und Bürgern gewählte Vertretung der Gemeinde. Die Gemeindevertretung entscheidet über alle wichtigen Angelegenheiten der Gemeinde.

**Generationenvertrag** (S. 298): Prinzip der Alterssicherung in Deutschland. Die auszuzahlenden Renten werden durch die Beiträge der gesetzlichen Rentenversicherung finanziert. Diese Beiträge bezahlt die im Erwerbsleben stehende jüngere Generation und erwirbt damit selbst einen gesetzlichen Rentenanspruch im Alter.

**Getto** (S. 106): Stadtviertel, in dem eine Bevölkerungs- oder kulturell geprägte Gruppe freiwillig oder gezwungen von anderen Menschen abgetrennt lebt. Ursprünglich Bezeichnung für behördlich erzwungene jüdische Wohnviertel.

**Gleichberechtigung** (S. 284): Das im Grundgesetz garantierte Grundrecht auf rechtliche Gleichberechtigung von Mann und Frau.

**Globalisierung** (S. 50, 57, 65): Bezeichnung für die weltweite Durchdringung von Märkten. Sie wird vor allem bewirkt durch die zunehmende Bedeutung der internationalen Finanzmärkte, den Welthandel sowie die internationale Ausrichtung von Unternehmen und wird begünstigt durch neue Kommunikationstechniken.

**Gradnetz** (S. 168): Unterteilung der Erde mit gedachten Linien, den Längen- und Breitenkreisen. Mithilfe des Gradnetzes lässt sich ein bestimmter Punkt auf der Karte oder dem Globus schnell wiederfinden.

**Grundgesetz** (S. 242): Verfassung der Bundesrepublik Deutschland. Es enthält in den Artikeln 1-19 die Grundrechte der Menschen. In den weiteren Artikeln beschreibt es den Staatsaufbau und die Rechte und Pflichten der staatlichen Einrichtungen.

**Hackbau** (S. 190): Einfache Form des Ackerbaus, bei der als Hilfsgerät eine Hacke verwendet wird.

**Haushaltsplan** (S. 227): Plan, der von einer Gemeinde aufgestellt wird, in dem die geplanten Ausgaben den zu erwartenden Einnahmen gegenübergestellt werden.

**Heliozentrisches Weltbild** (S. 262): Weltbild, bei dem nicht die Erde, sondern die Sonne im Zentrum unseres Planetensystems steht (Helios = griechischer Sonnengott).

**Hexe** (S. 270): Im Volksglauben in der Regel ein weibliches Wesen, das über Zauberkräfte verfügt und mit dem Teufel im Bunde steht.

**Höhenstufen** (S. 192): Mit zunehmender Höhe ändern sich im Gebirge Klima, Boden und Pflanzendecken. Diese unterschiedlichen Stufen nennt man Höhenstufen.

**Infrastruktur** (S. 68): Ausstattung eines Gebietes mit Einrichtungen wie Verkehrsnetz, Wasser- und Stromversorgung, Müllabfuhr, Krankenhäusern oder kulturellen Einrichtungen.

**Investitur** (S. 90): Einweisung in ein Kirchenamt.

**Jugendgericht** (S. 142): Gericht, das bei Straftaten von Jugendlichen zuständig ist.

**Jugendschutz** (S. 147): Vorschriften in verschiedenen Gesetzen sollen Kinder und Jugendliche vor Einflüssen und Gefahren schützen, die eine gesunde Entfaltung ihrer körperlichen, seelischen und geistigen Anlagen gefährdet.

**Kastell** (S. 20): Ein durch Mauern oder Holzzäune gesichertes Militärlager der Römer. Ein Kastell hatte meist verschiedene Gebäude zur Unterbringung und Versorgung der Soldaten.

**Klimadiagramm** (S. 178): Stellt die wichtigsten Klimaelemente, Temperatur und Niederschlag, im Verlauf eines Jahres übersichtlich dar. Ein Vergleich der Messwerte unterschiedlicher Klimastationen ist leicht möglich.

**Klimazone** (S. 184): In der Regel breitenkreisparallel angeordnete Zonen mit typischen allgemeinen Klimavoraussetzungen, die im Wesentlichen durch die unterschiedlichen Einstrahlungsverhältnisse der Sonne bedingt sind.

**Koedukation** (S. 291): Gemeinschaftlicher Unterricht von Mädchen und Jungen.

**Kurfürst** (S. 80): Fürsten bzw. Bischöfe, die im Heiligen Römischen Reich das Recht hatten, den König zu wählen.

**Lehen** (S. 73): Grundlage der gesellschaftlichen Ordnung des Mittelalters. Im Lehnssystem verlieh der Lehnsherr (z.B. der König) seinen Gefolgsmännern Grundbesitz und Ämter als Lehen. Dafür schuldeten diese ihrem Lehnsherrn lebenslange Treue und Gefolgschaft im Kriegsfall.

**Limes** (S. 24): Befestigte römische Grenze, die aus Wall, Graben und oben zugespitzten Holzpfählen (Palisaden) bzw. aus Steinmauern bestand.

**Massentourismus** (S. 68): Die Touristenströme steigen durch mehr Urlaub, mehr Autos und Geld an und gefährden in hohem Maße die Umwelt. Verkehrsstau, Zersiedelung, Lärm- und Luftbelastung, Landschaftsschäden sind die Folgen von Massentourismus.

**Menschenrechte** (S. 284): Jeder Mensch hat Rechte, die ihm von Geburt an zustehen, z.B. das Recht auf Leben. Menschenrechte sind unantastbar, d.h. keine Regierung darf einem Menschen diese Rechte absprechen. Sie sind z.B. im Grundgesetz der Bundesrepublik Deutschland oder in der Deklaration der Vereinten Nationen garantiert.

**Meteorologe** (S. 170): Die Meteorologen (Wetterkundler) beobachten und messen jeden Tag die Wettererscheinungen. Mithilfe ihrer Informationen und Berechnungen versuchen sie, das Wetter vorauszusagen.

**Migration** (S. 219): M. bedeutet Wanderung. Jeder Mensch, der aus- oder einwandert, also dauerhaft seinen Wohnsitz aufgibt und woanders hinzieht, ist ein Migrant. Jemand, der sein Land verlässt, ist ein Emigrant, jemand der in ein anderes Land zieht, ist dort ein Immigrant.

**Mittelalter** (S. 73): Die Zeit zwischen Altertum und Neuzeit. Das Mittelalter beginnt um 400 (Völkerwanderungen, Teilung des Römischen Reiches) und endet mit den Entdeckungen und der Reformation (um 1500).

**Monokultur** (S. 191): Anpflanzung einer bestimmten Nutzpflanze über einen langen Zeitraum. Durch die einseitige Beanspruchung laugt der Boden schnell aus. Zudem sind die Pflanzen gegen Schädlinge besonders anfällig.

**Öffentliches Recht** (S. 135): Regelt die Rechtsbeziehungen zwischen Bürger und Staat (z.B. Verkehrsrecht, Steuerrecht, Strafrecht).

**Ozonloch** (S. 196): Ungewöhnlich starke, geografisch abgegrenzte Abnahme der Ozonschicht, die auf chemischen Abbauprozessen beruht. Der Abbau des Ozons wird durch gasförmige chemische Verbindungen verursacht, vor allem durch die vom Menschen zusätzlich in die Atmosphäre gebrachten Fluorchlorkohlenwasserstoffe (FCKW).

**Parlament** (S. 246): Gewählte Volksvertretung, bei uns der > Bundestag.

**Partei** (S. 242): Parteien haben den Auftrag, bei der politischen Willensbildung des Volkes mitzuwirken. Sie legen ihre politischen Zielsetzungen in Programmen fest.

**Patrizier** (S. 14): Im alten Rom adelige Landbesitzer. Davon abgeleitet wird auch die Oberschicht in vielen mittelalterlichen Städten als Patriziat bezeichnet.

**Peer Group** (S. 150): Gruppe von Gleichaltrigen, meist auch ähnlicher sozialer Herkunft und gleichen Geschlechts.

**Plantage** (S. 191): Landwirtschaftlicher Großbetrieb, der auf riesigen Flächen v.a. im Bereich der Tropen zumeist nur ein landwirtschaftliches Produkt (z.B. Bananen, Kaffee, Kautschuk) für den Weltmarkt anbaut. Die Weiterverarbeitung des Produktes erfolgt meist auf der Plantage.

**Plattentektonik** (S. 311): Theorie von der Entwicklung der Erdkruste: Demnach besteht diese aus mehreren großen und kleinen Platten. Sie bewegen sich durch aus dem Erdmantel auf- und absteigende Wärmeströmungen auseinander, gegeneinander oder aneinander vorbei, drücken sie in die Höhe und ziehen sie in die Tiefe. Dabei entstehen ozeanische Rücken, Gebirge, Vulkane und Tiefseegräben.

**Plebejer** (S. 14): (Lateinisch plebs = Menge, Volk), alle römischen Bürger, die keine > Patrizier waren.

**Privatrecht** (S. 135): Regelt die Rechtsbeziehungen einzelner Bürger zueinander.

**Renaissance** (S. 264): (Französisch = Wiedergeburt), Kulturepoche um 1500, in der sich die Menschen wieder auf die klassische griechische und römische Kunst besannen und sich von der kirchlich-religiösen Bevormundung zu lösen begannen.

**Republik** (S. 14): (Lateinisch res publica = öffentliche Angelegenheit), Staatsform, die sich am Gemeinwohl orientiert und als Gegenmodell zur Monarchie (= Königsherrschaft) verstanden wird.

**Resozialisierung** (S. 145): Wiedereingliederung eines Straftäters in die Gesellschaft.

**Rohstoff** (S. 42): Ausgangsmaterial, das zur Herstellung von Gütern benötigt wird. Je nach Herkunft wird in pflanzliche oder tierische Rohstoffe und Bodenschätze (z.B. Erze, Mineralien, Erdöl, Erdgas) unterschieden.

**Rolle** (S. 283): Erwartungen, die an das Verhalten einer Person in einer bestimmten Situation gerichtet werden.

**Romanisierung** (S. 23): In der Römerzeit die sprachliche und kulturelle Anpassung der Menschen unter Aufgabe oder Umgestaltung eigener Kulturformen.

**Schichtvulkan** (S. 304): Ein durch wechselhafte Ausbruchstätigkeit von ausgeworfenen Aschen bzw. Schlacken und ausfließenden Lavaströmen entstandener Vulkan. Dabei entstehen typische Vulkankegel.

**Schildvulkan** (S. 305): Flacher, schildförmiger Vulkan, der durch das gleichmäßige und weitflächige Abfließen dünnflüssiger Lavaströme entsteht.

**Selbstversorger** (S. 190): Die Selbstversorgung ist eine Wirtschaftsform, bei der die Menschen alles selbst erjagen, anbauen oder herstellen, was sie zum Lebensunterhalt brauchen. Die landwirtschaftliche Produktion dient vor allem der Deckung des Eigenbedarfs.

**Sklave** (S. 114): (Griechisch = Unfreier), rechtlich und wirtschaftlich abhängiger Mensch, der Eigentum eines anderen ist. Er wurde als Sache betrachtet und konnte nach Belieben verkauft oder sogar getötet werden. Je nachdem, ob ein Sklave im Bergwerk, in der Landwirtschaft oder im Hause eingesetzt wurde, hatte er ein unterschiedliches Schicksal. Kinder von Sklaven wurden wieder Sklaven.

**Sozialstaat** (S. 292): Der S. ist verpflichtet, für soziale Gerechtigkeit zu sorgen. Bei staatlichen Entscheidungen müssen also auch soziale Aspekte berücksichtigt werden.

**Standortfaktor** (S. 48): Einflussgrößen, die bei der Auswahl eines Standortes für Unternehmen eine wichtige Rolle spielen. Aufgrund der Bewertung der Standortfaktoren wird die Entscheidung über den Standort getroffen. Zu den Standortfaktoren zählen die Verkehrslage, das Lohnniveau, das Angebot an Fachkräften oder die Nähe zum Absatzmarkt.

**Steigungsregen** (S. 180): Niederschläge an Gebirgen, die durch aufsteigende feuchte Luftmassen verursacht werden. Die im Luv (= dem Wind zugewandte Seite) von Gebirgen zum Aufsteigen gezwungenen Luftmassen kühlen ab, der Wasserdampf kondensiert und geht dann als Regen oder Schnee nieder.
**Strukturwandel** (S. 53): Veränderung in der Struktur der Wirtschaft eines Landes oder einer Region. Der Wandel hängt von wirtschaftlichen Faktoren ab, kann aber auch durch gezielte politische Maßnahmen eingeleitet werden. Das Ruhrgebiet ist ein Beispiel für eine Region, die einen Strukturwandel durchgemacht hat: Waren früher Bergbau und Schwerindustrie im hohen Maße vertreten, ist deren Bedeutung heute stark zurückgegangen zugunsten anderer Wirtschaftszweige, z.B. von Automobilindustrie oder Dienstleistungsunternehmen.
**Suchtmittel** (S. 156): Drogen wie Alkohol, Rauschgift oder Arzneimittel, die körperlich abhängig machen. Im weitesten Sinne gehören auch stoffungebundene Suchtmittel wie Computerspiele dazu, denn auch sie verändern das Bewusstsein, das Erleben und die Gefühle der Betroffenen.
**Täter-Opfer-Ausgleich** (S. 145): Maßnahme zur außergerichtlichen Konfliktschlichtung. Kann nicht zur Regelung bei schweren Verbrechen verwendet werden, eignet sich aber bei Diebstahl, Sachbeschädigung, Bedrohung oder Beleidigung. Wird häufig bei Jugendlichen eingesetzt.
**Temperaturzonen** (S. 183): Zonen auf der Erde mit ähnlichen Temperaturen, die sich aus dem unterschiedlichen Einfall der Sonnenstrahlen ergeben.
**Treibhauseffekt** (S. 200): Durch die Lufthülle kann die kurzwellige Sonnenstrahlung bis zur Erdoberfläche vordringen, diese aufheizen und von dort reflektiert werden. Als langwellige Abstrahlung der Erdoberfläche dringt sie nicht mehr durch die mit Kohlendioxid, Wasserdampf und Ozon angereicherte Atmosphäre und sorgt dadurch für eine allmähliche Erwärmung der Erdatmosphäre. Dieser Vorgang ist mit der Erwärmung unter einem Glasdach vergleichbar und wird daher Treibhauseffekt genannt. Er beeinflusst global den Wärmehaushalt der Erde und kann langfristig zur weltweiten Erhöhung der Temperatur führen.
**Überhangmandat** (S. 245): Zu einem Überhangmandat kommt es im > Bundestag, wenn eine Partei durch die Anzahl der gewonnenen Direktmandate mehr Sitze erhält, als ihr aufgrund der Sitzverteilung durch die Zweitstimme eigentlich zustehen würden.
**Vegetationszone** (S. 185): Region mit einheitlichen Pflanzengesellschaften. Die Vegetationszonen sind von den klimatischen Bedingungen abhängig und können daher entsprechenden Klimazonen zugeordnet werden.
**Verfassung** (S. 246): Politische Grundordnung eines Staates. Die deutsche Verfassung heißt Grundgesetz.
**Völkerwanderung** (S. 32): Abwanderung einer Volksgruppe in ein anderes Gebiet aufgrund verschlechterter Lebensbedingungen durch Naturkatastrophen oder politische Ereignisse, Krankheiten oder Überbevölkerung. Es können mehrere Ursachen zusammenkommen und eine Völkerwanderung auslösen.
**Volksvertreter** (S. 240): Abgeordneter in einem Parlament.
**Volkssouveränität** (S. 240): Das Prinzip der Volkssouveränität bestimmt das Volk zum Träger der Staatsgewalt.
**Zensur** (S. 266): Überwachung und Kontrolle von Äußerungen mit dem Ziel, unerwünschte Äußerungsinhalte zu verändern oder zu verhindern.
**Zunft** (S. 97): Zusammenschluss von Handwerksmeistern eines Gewerbes im Mittelalter. Die Zunft hatte eine strenge, geschriebene Satzung. Sie bestimmte z.B. die Zahl der Meister die Ausbildung und schrieb die Qualität, die Menge und den Preis der Waren vor.

## Register für Methoden und Arbeitsweisen

A1PIX, Taufkirchen: 278.2; Action Press, Hamburg: 17.3, 138.1; AG der Dillinger Hütten-werke, Dillingen: 44.1b; akg-images, Berlin: 4.3, 22.2, 23.2, 30.1, 31.3, 71.1, 71.2, 78.2, 91.1, 92.1, 98.2, 99.1, 102.2, 104.1, 107.3, 110.2, 111.1, 117.3, 118.2, 118.3, 119.3, 123.1, 146.1a, 150.1, 262.1, 263.1, 265.2, 266.1, 268.1, 269.2, 270.1, 274.1, 276.1a-c, 278.1, 279.2, 279.3, 279.5, 284.2, 310.2; ALIMDI.NET, Deisenhofen: 256.1 (Ulrich Niehoff); altro - die foto-agentur, Regensburg : 74.1; Andia.fr: 66.1 (Aldo Liverani); Astrofoto, Sörth: 169.1, 309.1; ATC, Australia : 166.4, 182.2; Baaske Cartoons, Müllheim: 212.1 (Karl Gerd Striepecke), 300.2 (Gerhard Mester); Bauer, Möhrendorf: 109.1, 137.2; Bax, Hannover: 153.1; Bibli-othèque Nationale, Paris: 105.2; Bildarchiv Preußischer Kulturbesitz, Berlin: Titelbild li., 11.1, 13.1, 20.1, 30.2, 31.2, 38.2, 39.3b, 78.1, 94.1, 96.1, 103.2, 108.3, 116.1, 116.2, 117.1, 121.1, 124.1d, 124.1e, 273.2, 275.1; BilderBox.com, Thening/Österreich: 61.2; Braun, Offenbach : 240.2; British Library, London : 104.2; Bundesrat Pressestelle, Berlin: 259.1; Bundesverband Deutscher Zeitungsverleger e.V., Berlin: 245.1; Bütow, Kemnitz: 176.4, 200.2; CCC, www.c5.net: 131.1 (Rauschenbach), 206.1 (Birg), 257.1 (Haitzinger), 288.1 (Rubinowitz); CDU: 242.2a; Christoph & friends/Das Fotoarchiv, Essen: 7.9, 281.3 (Ksonsek), 302/303, 315.2; Coca-Cola GmbH, Berlin: 67.3; Corbis, Düsseldorf: 3.1 (Heaton), 8/9 (Heaton), 58.1 (Graves), 218.1, 302.1, 315.3; CSU: 242.2b; Daimler, Stuttgart: 55.3; ddp, Berlin: 56.1 (Koch); Deiseroth, Niederaula: 138 o., 144 li., 144 re., 145 mi. li., 145 o., 148 1i., 149.1, 222.1-4, 222.6, 222.7, 222.9, 223.4, 223.7; Denzer, Berlin: 192.1, 192.2; Der Spiegel, Ham-burg: 58.2, 300.1; Deutsche Welthungerhilfe, Bonn: 215.3; Deutscher Bundestag, Berlin: 254.3; Deutsches Historisches Museum – GmbH, Berlin: 119.2; Die Linke: 242.2f; Dietz, Bad Bergzabern: 304.3, 304.4; DLR, Oberpfaffenhofen: 170.4; DWD, Offenbach: 164/165.; EB-STOCK, Dortmund: 152.1 (Emanuel Bloedt); Edizioni White Star, Vercelli: 35.2; Eger, Eichborn: 215.2; Ernszt, Kaufbeuren: 70.1; Fabian, Hannover: 7.8, 57.1, 130.1, 133.1, 133.3, 133.5, 133.6, 137.1, 140.1, 285.2, 287.2a, 292.1; FDP: 242.2d; Fiedler, Güglingen: 190.1; FIRE Foto, München: 295.1 (Thomas Gaulke); Focus, Hamburg: 303.1; Fotoagentur Frank Boxler, Lauf: 146.1b; Fraport AG, Frankfurt: 40.1, 50.1, 50.3, 51.2, 51.3; Freilichtmuseum, Hechingen-Stein : 37.2; Gehrke, Mahlberg: 175.2, 175.3; Germanisches Nationalmuseum, Nürnberg: 262.3; Gerster, Zumikom (CH): 5.5, 164.2; Grüne: 242.2e; Gutenberg-Museum, Mainz: 267.1, 278.3; Hachette Litératures, Paris: 26.1; Hellige, Iserlohn: 108.2; Herzig, Wie-senburg: 69.1; Hess natur, Butzbach: 289.1, 289.2; Hessische Landes- und Hochschulbiblio-thek, Darmstadt: 106.1; Hewlett-Packard, Bristol: 53.2; Hey, Hannover: 287.2d; Hirsch, Nördlingen: 271.1; Historisches Museum St. Gallen: 88.1; Hoechst, Frankfurt: 290.2; IFA-Bilderteam, Ottobrunn: 176.2, 215.4; i.m.a, Bonn: 170.1, 186.1b; Imaginechina, Shanghai: 62.1; Junge, Wolfenbüttel: 102.1, 176.1, 177.2, 215.1, 305.2; Kahlert, Bliesransbach: 186.1a; KEYSTONE Pressedienst, Hamburg: 259.5; Kindler, Tokio: 67.2; Kloeckner, Wiesbaden: 61.3; Klohn, Vechta: 188.1, 188.2, 216.2, 216.3; Kluge, Chemnitz: 187.1g, 187.1h; Knop, Hannover: 280.4; Köcher, Hannover: 143.1, 236.1; Köhler, Wiesbaden: 247.2; KPA photo archive, Köln: 220/221 (Transglobe Agency); Kuhnle, Freiburg: 128.5; Kunsthistorisches Museum, Wien: 81.1; Kunz, Neustadt: 133.b, 158.2; laif, Köln: 89.3 (Zuder), 254.2, 296.1; Landesbildstelle Baden, Karlsruhe: 124.1c; Landeshauptarchiv Koblenz: 81.2; Landeshaupt-stadt Wiesbaden: 225.2; Landesmedienzentrum Baden-Württemberg, Stuttgart: 55.1, 166.1 (Luftbild Brugger); Landesmedienzentrum Rheinland-Pfalz, Koblenz: 190.3; Loewe Verlag, Bindlach: 308.1; Look, München: 167.1; Louvre, Paris: 14.1; Macaulay, David: 125.2, 125.3; mauritius images, Mittenwald: 39.3c, 176.3, 191.1, 208.1 (Photolibrary), 209.2 (Umstätter), 216.1 (Photri), 294.2; Meier, Ditzingen: 147.2, 223.8, 230.1; Meinel, Hannover: 224.1, 224.2; Menzel, Rohlsdorf: 171.1; Mertins, Vollbüttel: 204.1, 205.1-3; Ministerium für Kultus, Ju-gend und Sport, Stuttgart: 224.4; Mitschke, München: 129.2; Möller, Erik: 274.2; Mose, Vechta: 52.1; Mühlberger, Gauting: 170.2, 170.3, 173.2, 174.2, 174.4, 174.5; Müller, Bar-tensleben: 17.1, 17.2, 23.1, 25.1, 25.2, 26.2, 27.1, 28.1, 29.1, 38.3, 202.4, 283.1, 286.1; Mül-ler, Berlin: 166.2; Museumsverein Dillenburg: 75.1 (Katarina Weber); National Maritime Museum, London: 7.7, 260/261, 265.1; Nawa, Hannover: 68.2; Niedersächsische Landesstelle für Suchtgefahren, Hannover: 155.2; NOAA, Vancouver: 315.1; Nummer gegen Kummer e.V., Wuppertal: 133.1; Ochsenwadel, Möckmühl: 310.1; Okapia KG, Frankfurt: 197.2 (Neufried); Ollertz, Berlin: 61.1; Opel AG, Rüsselsheim: 3.2, 40/41.1, 46.1-3, 47.2; Österreichische Nationalbibliothek, Wien: 98.1; Ötzikeller, Sölden: 157.1; Pfennigparade, München: 129.1; Philipp, Dr. E., Berlin: 199.2; photothek.net, Berlin: 140.2 (Thomas Köhler), 259.4 (Thomas Köhler); picture-alliance/dpa, Frankfurt: Titelbild re., 4.4, 6.6, 60.2, 62.2, 67.1, 126/127, 128.3 (Lenz), 128.4 (Herrmann), 128.6 (Eilmes), 151.1, 155.1, 165.1, 165.2, 198.1, 214.1, 217.1, 221.1, 221.2, 238.1 (Wolfram Steinberg), 238.2, 238.3 (Matthias Hiekel/ZB), 239.1 (Thomas Eisenhuth/dpaweb), 240.1, 246.1, 250.2 (Uwe Zucchi), 255.1, 259.3, 280.2 (Powell/Helga Lade), 285.1, 287.2b (Brakemeier), 287.2c (Seeger), 289.3 (Weihrauch), 289.4 (May), 289.5 (Fishman), 289.6 (Leukert), 304.2, 306.2, 315.4; Picture Press, Hamburg: 280.3; Raach, Merzhausen: 164.1; Ritter, T., Landshut: 172.2; Römerkastell Saalburg - Archäologischer Park: 36.2, 37.1; Römische Badruinen Baden-Baden: 35.1; Römisch-Germanisches Museum, Köln: 39.3d; Römisch-Germanisches Zentralmuseum, Mainz: 36.1; Ruckenbrod, Ettlingen: 182.3, 183.1; Scala, Florenz: 12.1, 15.1, 39.3a; Schmidtke, Melsdorf: 55.2, 59.1, 60.1, 166.3, 167.2, 167.3, 174.1, 190.2, 191.2 200.1, 202.3, 214.2; Schnabel, Amberg: 281.2; Schnecke, W., Chemnitz: 69.2; Schneider, Bernd: 264.1; Schutzbach, Waldstetten: 42.1, 174.6, 174.7; Seifert, Hannover: 280.1; Simper, Wennigsen: 44.1a; SPD Hessen: 250.3; SPD: 242.2c; Staats- und Stadtbibliothek, Augsburg: 118.1; Stadt- und Universitätsbibliothek, Bern: 279.1; Stadtarchiv Friedberg, Fotosammlung: 25.3 (Peter Kynast); Stadtarchiv Nürnberg: 95.2; Stadtarchiv Würzburg: 97.1; Stadtbibliothek Nürnberg: 94.2; Stadler, Fürstenfeldbruck: 55.4; Stadtverwaltung, Aalen: 231.1; Stadtverwaltung, Augsburg: 264.2; Steffen, Hanau: 160.3, 160.4, 161.1, 161.2; Storm, Stuttgart: 149.b; Stuttmann, Klaus, Berlin: 251.2; Superbild, München: 39.3f (Binder); Sutor, Karlsruhe: 64.2, 114.2, 219.1, 269.3; Technisches Hilfswerk, Bonn: 307.2, 307.3; ThyssenKrupp Steel AG, Duisburg: 44.1c, 44.1e, 55.5; TOM: 297.1; Tönnies, Laatzen: 175.1, 182.1; TopicMedia Service, Ottobrunn: 217.2; Topkapi Saray Museum Istanbul: 100.2; tranist-Archiv, Leipzig: 259.2 (Christiane Eisler); ullstein bild, Ber-lin: 35.3 (Gerstenberg), 107.2 (Gerstenberg), 109.2 (Gerstenberg), 113.1 (Gerstenberg), 113.2 (Gerstenberg), 114.3 (Gerstenberg), 277.2 (Gerstenberg), 281.1, 291.1; United Features Comp./Charles M. Schulz: 131.2; Universitätsbibliothek Heidelberg: 86.1, 124.1b; VISUM, Hamburg: 75.2 (Martin Leissl); Wagner, Amberg: 136.1, 139.1, 141.1, 158.1, 298.1; WDV Wirtschaftsdienst, Bad Homburg: 128.2; Wedemeyer, Osterode: 291.2; Wetzel, Freiburg: 69.3; Wolf, Steinheim: 145 mi. re., 145 u., 149.3-5, 151.4, 154.1, 156.2, 156.3, 222.8, 223.1, 223.3, 223.5, 232.1, 233.1, 252.1; Wrba, Ernst, Wiesbaden: 74.2; Ziegler, Hanau: 234.1, 235.1;